材料力学性能

彭瑞东 编著

机 械 工 业 出 版 社

本书比较全面和系统地介绍了固体材料在外加载荷及环境因素作用下的变形破坏特点以及相应的力学性能指标表征方法和测试方法。本书绪论中对一些描述力学状态及行为的基本概念做了简要介绍，然后分3篇详细介绍了材料力学性能的有关知识。第1篇为材料力学性能的试验评测，第1~8章。该篇内容主要围绕材料力学性能的试验测试方法展开，介绍了拉伸、压缩、扭转、弯曲、剪切等静载试验以及硬度试验方法，动态力学分析、疲劳、冲击等动载试验以及摩擦磨损试验方法，还有材料的缺口敏感性试验、断裂韧度试验、疲劳裂纹扩展试验以及环境温度和介质影响下的试验。这一部分旨在描述材料的各种力学行为，并测定相应的力学性能指标。第2篇为材料力学行为的机理分析，第9~11章。该篇内容主要围绕材料变形破坏的规律和机理展开，介绍了材料的弹性变形、塑性变形以及断裂和损伤。这一部分旨在解释材料各种力学行为的特点和机制，并探讨相应的影响因素，揭示材料力学性能的共性规律。第3篇为典型材料的力学性能特点，第12~13章。该篇内容主要分析了不同种类材料的力学性能特点，包括金属材料、陶瓷材料、高分子材料、复合材料、岩土材料等。第3篇是前两篇内容的综合应用，并进一步补充说明了各种材料的一些个性规律。这种架构体现了从现象到本质、再到应用的工程科学思想。本书着力强调宏观规律与微细观机理的结合，注重各种力学性能指标的测试方法和物理意义研究，对材料的变形和破坏规律进行了科学的分类和比较。

本书可作为材料科学与工程、工程力学、机械、采矿、化工等专业本科生的教材，也可作为相关专业研究生、教师、科研人员及工程技术人员的参考书。

图书在版编目（CIP）数据

材料力学性能/彭瑞东编著. —北京：机械工业出版社，2017.12
（2022.8重印）

ISBN 978-7-111-58398-1

Ⅰ.①材… Ⅱ.①彭… Ⅲ.①材料力学性质 Ⅳ.①TB303.2

中国版本图书馆 CIP 数据核字（2017）第 320126 号

机械工业出版社（北京市百万庄大街 22 号　邮政编码 100037）
策划编辑：赵红梅　责任编辑：赵红梅　杨　璇　责任校对：肖　琳
封面设计：马精明　责任印制：李　昂
北京捷迅佳彩印刷有限公司印刷
2022 年 8 月第 1 版第 3 次印刷
184mm×260mm · 22 印张 · 537 千字
标准书号：ISBN 978-7-111-58398-1
定价：59.80 元

电话服务　　　　　　　　网络服务
客服电话：010-88361066　机 工 官 网：www.cmpbook.com
　　　　　010-88379833　机 工 官 博：weibo.com/cmp1952
　　　　　010-68326294　金 书 网：www.golden-book.com
封底无防伪标均为盗版　机工教育服务网：www.cmpedu.com

前 言

　　人类的文明史，就是一部人类利用材料改造自然的历史。人类从最早只能利用石块、树枝，发展到冶炼并使用铜、铁、钢等各种金属材料，20世纪初又出现并开始使用塑料、橡胶等高分子材料。目前，人类已经可以制造并使用纳米材料。综观历史，充分研究并合理认识材料的性能，对于更为有效地利用已有材料以及开发新的材料都是大有裨益的。

　　材料力学性能是材料性能的一个重要方面，是对材料变形和破坏行为的表征。对材料力学性能的研究也是对材料所有性质的研究中较为透彻和成熟的。因为不管是石器时代还是青铜器时代，人类最初利用材料都是力学方面的应用。发展至今，材料力学方面的应用仍是最广泛和最基础的。不过，对材料的力学研究比对材料力学方面的应用要晚得多。最初，人们根据建筑和机械制造的要求去积累材料的宏观力学性能，然后借此经验去选材、设计，这是相当粗糙的，直至后来数学和物理学的发展，人类才开始定量研究材料的宏观力学性能。如今，随着物理学、化学的蓬勃发展，随着材料科学、信息科学的日新月异，通过各种先进的检测技术，人类对材料力学性能的研究也越来越深入，越来越完善。借助高性能计算机，人类可以迅速完成对某一复杂结构的力学计算，优选出合理的方案。借助各种电子显微镜，人类可以了解材料力学行为的微细观状况，进而揭示材料力学性能的内在机理。

　　研究揭示材料变形破坏的力学行为特点和规律不仅是材料学和力学研究的重点，也是诸多相关工程实践中的一个基本科学问题。材料的力学行为表征和控制是一个涉及材料学、力学、物理学、化学、冶金、机械、化工、测控、安全等诸多学科的交叉领域。各种工程技术的发展对材料的力学稳定性和安全性提出了越来越高的要求，而现代测试技术以及材料加工技术的发展也为材料满足这些要求提供了保障。随着科技的发展，材料力学性能的研究也不断深入，从而得以更加科学合理地控制材料的变形破坏过程。

　　材料力学性能作为相关专业的一门专业基础课，在培养相关领域的科研人员和工程技术人员方面发挥着重要的作用。了解和掌握材料的力学行为规律和性能特点，不仅是材料制备和加工的基础，也是合理开展力学分析的基础。随着材料学的蓬勃发展，各种新材料层出不穷，既有材料的潜能也不断得以提升。随着力学的蓬勃发展，各种新理论不断涌现，既有理论的局限性也不断得以修正。编者在多年的教学过程和科研过程中积累了一些心得体会，深感这门课程涉及面极广，不仅有许多经典的概念和方法需要认真学习掌握，也有不少新兴的概念和方法值得了解和借鉴。尽管目前国内外有许多相关的教材，其中不乏经典传世之作，也有一些新颖独特的专著，这些都让人受益匪浅。编者还是希望能将这十几年的教学与科研体会整理出来，通过本书与大家交流，希望能对学习和了解材料的力学性能特点有所帮助。

在本书的编撰过程中，编者力求既能涵盖相关的基本知识，又能体现一些最新知识。限于许多本科高校教学学时设置，为了便于学生自学，本书尽可能对各个知识点给出详尽解释说明，力图做到浅显易懂。

首先，本书绪论对一些描述力学状态及行为的基本概念做了简要介绍，包括载荷与应力、变形与应变，以及材料力学性能的概念。然后，为适用不同的需求，本书又分3篇进行介绍，但这3篇并不是彼此独立的，而是有机联系在一起的。

第1篇为材料力学性能的试验评测，从第1章到第8章。该篇内容主要围绕材料力学性能的试验测试方法展开，介绍了拉伸、压缩、扭转、弯曲、剪切等静载试验以及硬度试验方法，动态力学分析、疲劳、冲击等动载试验以及摩擦磨损试验方法，还有材料的缺口敏感性试验方法、断裂韧度试验方法、疲劳裂纹扩展试验方法以及环境温度和介质影响下的试验方法。这一部分旨在描述材料的各种力学行为，并测定相应的力学性能指标。通过介绍一系列试验测试方法，有助于在感性层面了解材料在不同载荷、不同环境下的力学行为特点，并掌握表征这些力学行为的一些性能指标。对于大部分工程技术人员，学习这一部分内容后即可开展相关的试验测试工作。

第2篇为材料力学行为的机理分析，从第9章到第11章。该篇内容主要围绕材料变形破坏的规律和机理展开，介绍了材料的弹性变形、塑性变形以及断裂和损伤，旨在解释材料各种力学行为的特点和机制，并探讨相应的影响因素，揭示材料力学性能的共性规律。该篇内容采用宏观规律与微细观机理相结合的方法来分析材料为什么会出现各种各样的力学行为，以及影响这些行为的内在因素和外在因素。具备一定的力学和材料学知识将有助于学习和理解这一部分的内容。只有掌握了分析材料变形破坏规律和机理的方法，才能更加能动地完成第1篇介绍的试验测试工作，才能对试验测试过程中观察到的现象做出科学合理的解释。这也是在工程实践中解决材料变形破坏问题的基础。只有掌握了这些基本方法，才能科学合理地分析各种工程材料的力学性能特点，才能科学合理地实现材料的增强增韧，才能科学合理地选用材料以避免失效破坏。

第3篇为典型材料的力学性能特点，第12章和第13章。该篇内容主要围绕典型材料的结构特点分析了各自的力学性能特点，包括金属材料、陶瓷材料、高分子材料、复合材料、岩土材料等。本篇是前两篇内容的综合应用，并进一步补充说明了各种材料的个性规律。同时，这些内容也与相关专业的专业课相衔接，可供读者初步了解不同专业的研究对象，并从中得到启发并加以借鉴。

这种架构遵循了从具体到抽象再到具体的科学研究规律，体现了从现象到本质再到应用的工程科学思想。需要说明的是，3篇的内容不是彼此割裂的。第1篇以试验测试为主，重点介绍力学性能指标的定义和测定方法；第2篇以理论分析为主，重点阐释力学性能指标的意义和影响因素；第3篇以实际应用为主，重点阐释力学性能指标的评价和作用。

本书的内容遵循了大部分材料力学性能教材的主要内容，涵盖了基本静载试验、硬度试验，以及疲劳、冲击、蠕变、环境腐蚀等载荷工况，解释了弹性变形、塑性变形、断裂等力学行为特点。此外，本书在试验部分和理论分析部分又增加了一些重要内容。在试验方面，增加了有关动态力学分析的内容，将其与疲劳相衔接，构成了材料的振动与疲劳这一章，分别解决周期载荷下黏弹性变形和疲劳破坏的问题。在冲击破坏这章中增加了有关 SHPB 冲击试验的介绍，充实了动态试验测试方法。对于断裂韧度试验、疲劳裂纹扩展试验、摩擦磨损试验也给予了相对比较详细的介绍。在理论分析部分，增加了有关损伤力学的内容。最后本书对包括岩土材料在内的各种结构材料的力学性能特点进行了简要介绍。

本书由编者在多年教学经验和教学资料的基础上整理完善、编写而成，期间得到了诸多专家学者的指正，他们提出了许多宝贵的意见，为本书的最终定稿提供了很多帮助，编者谨在此表示衷心感谢。在本书编写过程中，参考了国内外一些教材、专著以及论文，引用了一些网络资料，在此向所有作者表示感谢。

由于编者的水平有限，书中难免会有疏漏，敬请广大读者批评指正。

编　者

目 录

第 3 篇　典型材料的力学性能特点

绪　论

材料的力学状态可通过材料内各点的应力状态和应变状态进行描述。材料内的应力和应变不仅与各点的位置有关，还与所关注的方向有关。通过一点的不同截面上的应力和应变是不同的。工程中常常采用近似简化的名义应力和名义应变来表示材料的受力和变形状况。严格的理论分析中就需要采用应力张量和应变张量来描述材料的力学状态。借助特定的试验技术手段，可以定量测量材料中的应力和应变大小及分布情况。对于不同材料，在不同的外载条件和环境下，材料力学状态的变化有着不同的规律，表现出弹性、塑性、黏性等不同的力学行为。材料力学行为的研究就是要解释材料力学状态变化的规律，材料力学性能的研究则是要揭示材料所能达到的极限力学状态，这两者是有机联系在一起的。描述材料力学行为和性能的物理量分为两大类，统称为材料力学性能指标。一类关注的是材料所能达到的极限状态，如屈服强度、断裂强度、疲劳强度、断裂韧度、持久强度、形变强化容量、极限延伸率等。另一类关注的是材料力学状态的变化过程，如弹性模量、形变强化指数、黏度等，但其适用范围要根据材料的极限状态来确定，也就是说要在一定的强度范围之内。另外，根据力学性能指标的量纲，可将其分为应力指标、应变指标和能量指标等。例如：各种强度和弹性模量的单位为应力的单位 Pa，可称为应力指标，极限应变、断后伸长率、持久塑性等则可称为应变指标；而韧度等具有能量的量纲，可称为能量指标。或根据各个指标的应用场合分为弹性指标、塑性指标、黏性指标、硬度指标、疲劳指标、冲击指标、断裂韧性指标等。

1. 载荷与应力

材料发生变形时，其内部组织结构间的相对位置和距离会发生变化，同时将产生附加内力而抵抗外力，并试图恢复到变形前的状态。达到平衡时，附加内力与外力大小相等、方向相反。在材料力学中所研究的内力就是这种附加内力，而材料固有的结合力属于物理学的研究范畴。不失一般性，以后将附加内力简称为内力。材料内任一截面上的内力是其两侧材料相互作用的反映。在杆系结构中，根据横截面上内力的方向及其合成后的结果，可将其分为轴力、剪力、扭矩、弯矩四种类型。采用截面法，可以根据材料所受外载及约束情况求出材料内任一截面上的内力。

材料单位面积上所受的附加内力称为应力。在简单受力情况下，可以认为材料截面上的内力是均匀分布的，于是可定义应力为

$$\sigma = \frac{F}{S} \tag{0-1}$$

式中，S 是截面面积；F 是截面上的内力。当取变形前的原始截面面积计算应力时，称为工

程应力或名义应力,适用于小变形的情况。在大变形情况下,需采用变形后的真实面积计算应力,称为真应力。在复杂受力情况下,各点不同方向上所受内力不同,需考虑微元截面上的应力,即

$$\sigma = \lim_{\Delta S \to 0} \frac{\Delta F}{\Delta S} \tag{0-2}$$

式中,ΔS 是微元截面面积;ΔF 是微元截面上的内力。应力 σ 的单位为 Pa。工程中应力数值一般较大,常用单位为 kPa 或 MPa。需要注意的是,应力与压力具有相同的量纲,但两者的物理含义是不同的。压力是单位面积上受到的外力,而应力是单位面积上的内力。考虑到 $1Pa = 1N/m^2 = 1J/m^3$,应力的本质是材料内部单位体积附加势能的表现。

按照应力与截面的方向关系,可以将应力分为正应力 σ 和切应力 τ。同截面垂直的应力称为正应力或法向应力。根据其朝向性,背离力的作用平面的应力称为拉应力,朝向力的作用平面的应力称为压应力,同截面相切的应力称为切应力。

一般情况下,材料内各点处不同截面方向上的应力是不同的,但各个方向的应力之间存在一定关系。材料内各点处的应力状态可以通过围绕该点的某一单元体各个面上的应力组合来描述,可以取正六面体、正四面体、正八面体或正十二面体作为单元体。最普遍的形式是采用正六面体定义的应力状态,如图 0-1 所示,可以用一个二阶张量来表示应力,即

$$\sigma_{ij} = \begin{pmatrix} \sigma_{xx} & \tau_{xy} & \tau_{xz} \\ \tau_{yx} & \sigma_{yy} & \tau_{yz} \\ \tau_{zx} & \tau_{zy} & \sigma_{zz} \end{pmatrix} \tag{0-3}$$

式中,σ_{xx}、σ_{yy}、σ_{zz} 是正应力,方向分别垂直于单元体的六个面,其作用导致材料的伸长或缩短;τ_{xy}、τ_{yz}、τ_{zx} 是切应力,方向分别沿单元体的六个面,其作用引起材料的切向畸变。当单元体内没有力偶矩作用时,在单元体上两个相互垂直的平面上切应力必然成对存在,且数值相等,其方向共同指向或共同背离这两个平面的交线,即

$$\tau_{yz} = \tau_{zy}, \ \tau_{zx} = \tau_{xz}, \ \tau_{yx} = \tau_{xy} \tag{0-4}$$

因此这时应力张量是一个对称张量。

对于材料中的每一点,在其所有截面中,存在一组特殊的截面,其上只有正应力,切应力为零,称为单元体的主平面。由主平面构成的单元体称为主单元

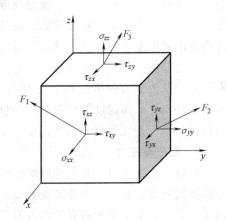

图 0-1 正六面体定义的应力状态

体,相应的应力称为该点的主应力。三个主应力通常按代数值大小排列,分别称为第一主应力 σ_1、第二主应力 σ_2 和第三主应力 σ_3,且 $\sigma_1 \geqslant \sigma_2 \geqslant \sigma_3$。因此,一点的应力状态可以用六个应力分量来表示,也可以用三个主应力大小及其方向来表示。在给定应力状态下,主应力的大小不会随坐标系的变化而改变,而且主应力之和保持不变,与任意三个相互垂直面上的正应力之和相等,这也就是应力状态的第一不变量,即

$$I_1 = \sigma_{xx} + \sigma_{yy} + \sigma_{zz} = \sigma_1 + \sigma_2 + \sigma_3 = 3\sigma_m \tag{0-5}$$

式中,σ_m 是平均应力,相当于静水压力作用。应力会随着外力的增加而增加,对于某一种

材料，应力的增加是有限度的，超过这一限度，材料就会被破坏。对某种材料来说，应力可能达到的这个限度称为该种材料的极限应力。极限应力值要通过材料的力学试验来测定。在简单应力状态下，极限应力可以用某一强度值表征，如抗拉强度、抗压强度、抗剪强度等。但在复杂应力状态下，需要用多个应力分量来表示应力，这些分量的组合有很多情形，所以必须结合相应的强度理论进行分析计算。材料要想安全使用，在使用时其内的应力应低于它的极限应力，否则材料就会在使用时被破坏。将测定的极限应力适当降低，规定出材料能安全工作的应力最大值，这就是许用应力。对于材料的力学行为研究，应力分布是一个重要参数。大至楼房、桥梁、公路，小到一个螺钉的设计，都要清楚明白应力分布，才能做出合适的设计，否则桥梁可能因为承重不当而塌陷，螺钉可能因为挤压过度而碎裂。

有些材料在工作时，其所受的外力不随时间而变化，这时其内部的应力大小不变，称为静应力；还有一些材料，其所受的外力随时间呈周期性变化，这时内部的应力也随时间呈周期性变化，称为交变应力。通常材料承受的交变应力远小于其静载下的强度极限时，破坏就可能发生。材料在交变应力作用下发生的破坏称为疲劳破坏。另外，材料会由于截面尺寸改变而引起应力的局部增大，这种现象称为应力集中。应力集中将大大降低构件的强度，在设计构件时应特别注意。

2. 变形与应变

在外力作用下，材料内部质点产生运动，导致材料的几何形状和尺寸发生变化。从宏观上看，有三种基本的变形形式，即线应变、切应变和体应变。

线应变表示材料在垂直于横截面方向上受到大小相等、方向相反并作用在同一条直线上的两个正应力时发生的变形，如图 0-2a 所示。

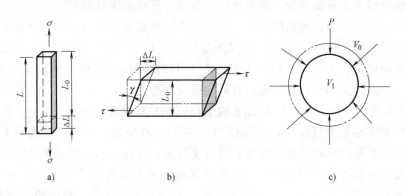

图 0-2 应变示意图
a）线应变 b）切应变 c）体应变

若材料在正应力 σ 作用下长度由 L_0 伸长（或缩短）至 L，则线应变为

$$e = \frac{L-L_0}{L_0} = \frac{\Delta L}{L_0} \tag{0-6}$$

这也被称为工程应变或名义应变。

切应变表示材料在平行于横截面方向上受到大小相等、方向相反的两个切应力时发生的变形，如图 0-2b 所示。

若材料在切应力 τ 作用下发生偏斜，偏斜角为 γ，则在小变形情况下切应变为

$$\gamma \approx \tan\gamma = \frac{\Delta L}{L_0} \qquad (0\text{-}7)$$

体应变表示材料周围受到均匀压应力时发生的变形，如图 0-2c 所示。

若材料在压应力 P 作用下体积由 V_0 收缩至 V_1，则体应变为

$$\Delta = \frac{V_1 - V_0}{V_0} = \frac{\Delta V}{V_0} \qquad (0\text{-}8)$$

上述工程应变（名义应变）适用于小变形的情况，在大变形时需根据实时长度来计算应变，即

$$\varepsilon = \frac{L_1 - L_0}{L_0} + \frac{L_2 - L_1}{L_1} + \cdots + \frac{L_n - L_{n-1}}{L_{n-1}} = \sum_{i=0}^{n-1} \frac{L_{i+1} - L_i}{L_i}$$

不妨定义真应变的微小增量为

$$\mathrm{d}\varepsilon = \frac{\mathrm{d}L}{L} \qquad (0\text{-}9)$$

于是可得真应变为

$$\varepsilon = \int_{L_0}^{L} \frac{\mathrm{d}L}{L} = \ln\frac{L}{L_0} = \ln(L + e) \qquad (0\text{-}10)$$

也称为自然应变。式中，e 是工程应变，即 $e = (L-L_0)/L_0$。在拉伸情况下，定义拉伸比为 $\lambda = L/L_0$；在压缩情况下，定义压缩比为 $\lambda' = L_0/L$。于是可得 $\varepsilon = \ln\lambda$ 或 $\varepsilon = -\ln\lambda'$，因此真应变也称为对数应变。不难看出，拉伸比或压缩比除了在原始状态时为 1 外，是一个恒大于 1 的无量纲数。而无论是工程应变还是真应变，除了在原始状态时为 0，在拉伸时恒为无量纲正数，在压缩时恒为无量纲负数。这与拉应力为正、压应力为负的规定是一致的。

考虑先后经两次变形达到最终状态，按照工程应变定义，最终的应变增量并不等于两次变形的应变增量之和，即 $(L_2-L_0)/L_0 \neq (L_1-L_0)/L_0 + (L_2-L_1)/L_1$，但按真应变定义，两次应变之和等于总的应变，即 $\ln(L_2/L_0) = \ln(L_1/L_0) + \ln(L_2/L_1)$。因此，工程应变是不可加的，但真应变是可加的，能够更加自然表示材料的应变状态。

图 0-3 所示为在不同的拉伸比 L/L_0 下的工程应变和真应变。由图 0-3 中可见：当应变大于零时，真应变 ε 小于工程应变 e；当应变小于零时，真应变 ε 的绝对值大于工程应变 e 的绝对值。这是因为每一时刻的真应变与瞬时长度有关，在相同的位移增量 $\Delta L>0$（或 $\Delta L<0$）下，瞬时长度 L 逐渐增大（或缩小），因此计算得到的真应变要小（或大）一些。不难发现，以长度伸长 2 倍（$L/L_0 = 2$）或缩小 2 倍（$L_0/L = 2$）为例，相应的工程应变分别为 100% 或 -50%，而相应的真应变为 69% 或 -69%。另外当压缩变形量很大，使 $L \to 0$ 时，工程应变 $e \to -100\%$，而真应变 $\varepsilon \to -\infty$，可见真应变在大变形时也能够很好地反映材料的变形量，而工程应变只能适用于小变形的情况。

事实上，将 $\ln(1+e)$ 展成幂级数可得：

$$\ln(1+e) = e - \frac{e^2}{2} + \frac{e^3}{3} - \frac{e^4}{4} + \cdots + (-1)^n \frac{e^{n+1}}{n+1} + \cdots \qquad (0\text{-}11)$$

因此当 $|e| \approx 0$，即在小变形情况下，近似有 $e \approx \varepsilon$。由图 0-3 也可看出，当 $L \to L_0$ 时，即小变形的情况下，工程应变与真应变是比较接近的。只有在大变形的情况下，两者才存在较大差异，这时需采用真应变的定义。

材料受力产生变形时，各点处变形程度一般并不相同。为此可在该点处选一单元体，比较变形前后单元体大小和形状的变化。图 0-4 所示为平面内某点 A 处一单元体变形和位移示意图。若点 A 的位移在 x、y 方向的分量分别为 u、v。根据材料变形的连续性，其他点的位移可用泰勒级数表示为

$$u_C = u + \frac{\partial u}{\partial x}\mathrm{d}x + \frac{1}{2!}\frac{\partial^2 u}{\partial x^2}\mathrm{d}x^2 + \cdots \tag{0-12}$$

在小变形情况下，可以略去二阶以上高阶项，于是可得点 C 的位移分量分别为 $u + \frac{\partial u}{\partial x}\mathrm{d}x$ 和 $v + \frac{\partial v}{\partial x}\mathrm{d}x$，点 B 的位移分量分别为 $u + \frac{\partial u}{\partial y}\mathrm{d}y$ 和 $v + \frac{\partial v}{\partial y}\mathrm{d}y$。因此点 A 处在 x 方向的线应变为

$$\varepsilon_{xx} = \lim_{AC \to 0}\frac{A'C'|_x - AC}{AC} = \lim_{AC \to 0}\frac{A'C_1 - AC}{AC} = \lim_{\Delta x \to 0}\frac{\left[\left(\Delta x + u + \frac{\partial u}{\partial x}\Delta x\right) - u\right] - \Delta x}{\Delta x} = \frac{\partial u}{\partial x}$$

在 y 方向的线应变为

$$e_{yy} = \lim_{AB \to 0}\frac{A'B'|_y - AB}{AB} = \lim_{AB \to 0}\frac{A'B_1 - AB}{AB} = \lim_{\Delta y \to 0}\frac{\left[\left(\Delta y + v + \frac{\partial v}{\partial y}\Delta y\right) - v\right] - \Delta y}{\Delta y} = \frac{\partial v}{\partial y}$$

在 Oxy 平面的切应变为

$$\gamma_{xy} = \alpha + \beta \approx \tan\alpha + \tan\beta = \frac{\frac{\partial v}{\partial x}\Delta x}{\Delta x + \frac{\partial u}{\partial x}\Delta x} + \frac{\frac{\partial u}{\partial y}\Delta y}{\Delta y + \frac{\partial v}{\partial y}\Delta y} = \frac{\frac{\partial v}{\partial x}}{1 + \frac{\partial u}{\partial x}} + \frac{\frac{\partial u}{\partial y}}{1 + \frac{\partial v}{\partial y}}$$

在小变形的情况下，$\frac{\partial u}{\partial x} = \varepsilon_{xx} \ll 1$，$\frac{\partial v}{\partial y} = \varepsilon_{yy} \ll 1$，于是上式近似为

$$\gamma_{xy} \approx \frac{\partial v}{\partial x} + \frac{\partial u}{\partial y}$$

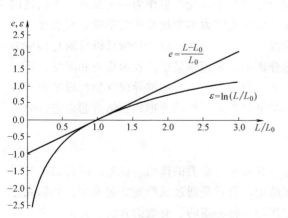

图 0-3　在不同的拉伸比 $\frac{L}{L_0}$ 下的工程应变和真应变

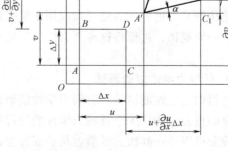

图 0-4　平面内某点 a 处一单元体变形和位移示意图

同理可得，过点 A 的单元体在各个方向上的应变为

$$\left.\begin{array}{cc} \varepsilon_{xx}=\dfrac{\partial u}{\partial x} & \gamma_{xy}=\dfrac{\partial v}{\partial x}+\dfrac{\partial u}{\partial y} \\[2mm] \varepsilon_{yy}=\dfrac{\partial v}{\partial y} & \gamma_{yz}=\dfrac{\partial w}{\partial y}+\dfrac{\partial v}{\partial z} \\[2mm] \varepsilon_{zz}=\dfrac{\partial w}{\partial z} & \gamma_{zx}=\dfrac{\partial w}{\partial x}+\dfrac{\partial u}{\partial z} \end{array}\right\} \tag{0-13}$$

因此，与应力张量类似，材料内某一点的应变状态可表示为二阶对称应变张量，即

$$\varepsilon_{ij}=\begin{pmatrix} \varepsilon_{xx} & \varepsilon_{xy} & \varepsilon_{xz} \\ \varepsilon_{yx} & \varepsilon_{yy} & \varepsilon_{yz} \\ \varepsilon_{zx} & \varepsilon_{zy} & \varepsilon_{zz} \end{pmatrix}=\frac{1}{2}\left(\frac{\partial u_i}{\partial x_j}+\frac{\partial u_j}{\partial x_i}\right) \tag{0-14}$$

式中，$\varepsilon_{ij}=\varepsilon_{ji}$。需要注意的是，这一定义只适用于小变形的情况，所以被称为小应变张量或柯西应变张量。另外，工程中的切应变 γ_{ij} 与柯西应变张量中的切应变 ε_{ij} 定义有所不同，即

$$\gamma_{xy}=\varepsilon_{xy}+\varepsilon_{yx}=2\varepsilon_{xy}，\gamma_{yz}=\varepsilon_{yz}+\varepsilon_{zy}=2\varepsilon_{yz}，\gamma_{zx}=\varepsilon_{zx}+\varepsilon_{xz}=2\varepsilon_{zx} \tag{0-15}$$

应变是材料尺寸的变化率，没有单位。由于材料应变一般很小，所以在工程中通常采用微应变 $\mu\varepsilon$ 来表示应变（$1\mu\varepsilon=10^{-6}$）。

材料变形时的体积变化可表示为体应变 Δ。单元体的体应变可表示为

$$\Delta=\frac{\Delta V}{V_0}=\frac{(1+\varepsilon_{xx})\mathrm{d}x(1+\varepsilon_{yy})\mathrm{d}y(1+\varepsilon_{zz})\mathrm{d}z-\mathrm{d}x\mathrm{d}y\mathrm{d}z}{\mathrm{d}x\mathrm{d}y\mathrm{d}z}=\varepsilon_{xx}+\varepsilon_{yy}+\varepsilon_{zz}+\varepsilon_{xx}\varepsilon_{yy}+\varepsilon_{yy}\varepsilon_{zz}+\varepsilon_{xx}\varepsilon_{zz}+\varepsilon_{xx}\varepsilon_{yy}\varepsilon_{zz}$$

在小变形的情况下，可略去应变的高阶项，于是可得

$$\Delta=\varepsilon_{xx}+\varepsilon_{yy}+\varepsilon_{zz}=3\varepsilon_0 \tag{0-16}$$

式中，ε_0 是平均应变。类似于应力张量，可以定义应变张量的主应变 ε_1、ε_2 和 ε_3。将切应变为零的方向称为应变主轴，在应变主轴方向的正应变即为主应变。在给定应变状态下，任意三个相互垂直面上的正应变之和相等，即 $\varepsilon_1+\varepsilon_2+\varepsilon_3=\varepsilon_{xx}+\varepsilon_{yy}+\varepsilon_{zz}=3\varepsilon_0$，称为应变状态的第一不变量。可见其物理意义即该点处的体应变。

应力和应变张量一旦确定，则任意坐标系下的应力和应变分量均可确定，因此应力和应变状态就完全确定。坐标变换后各应力和应变分量均发生改变，但作为一个整体，所描述的应力和应变状态并未改变，这可通过主应力和主应变或应力不变量和应变不变量来表征。由此可见，一点的应力和应变状态与坐标的选取没有关系，应力和应变张量可以反映材料应力和应变的本质特征。在弹性力学和塑性力学的分析中，采用张量形式表示应力和应变，不仅可以简化符号，更关键的是可以应用张量代数和场论中的数学方法推导建立弹性理论和塑性理论的一般规律，进而将这种严密的数学推导结果与实际材料的变形现象结合起来进行分析验证。

3. 材料力学性能的测试

材料的力学性能试验在材料力学性能研究中具有十分重要的作用。首先，试验是进行科学研究的重要方法。关于材料力学性能的许多结论、公式是通过试验建立起来的，如胡克定律、疲劳极限等；其次，试验也是验证理论推演的一种必需的、有效的方法；再次，力学性能试验是解决工程实际问题的重要手段。在工程设计中，许多力学性能指标要通过力学试验来测定，而且对于一些复杂的实际问题，理论分析有时误差较大，这就需要通过试验来进行

分析。

材料的力学性能试验是在特定的材料试验系统上实现的。随着科技发展，材料试验系统的精确度越来越高，自动化程度也不断加深。这为更加精确测定材料力学性能指标提供了物质保证。

试验测定材料的力学性能指标时，试样的尺寸规格、组织结构、缺陷分布、加工精度等会对试验结果带来较大影响，因此，试样加工是材料力学性能试验的重要一环，要考虑相似原理和尺寸效应。为使试验结果具有可比性，国家及相关组织对各种试验的试样取材、加工都做了统一规定。一般来说，试样分为两大类：一类是无缺口试样，也称为光滑试样，主要用于测定材料的承载性能；另一类是缺口试样，在光滑试样的基础上按一定要求预制一定规格、数量的缺口，主要用于测定材料的破断性能。

此外，根据试验过程中应力和应变的测量方式，可分为宏观试验与全场试验。借助载荷传感器、位移传感器以及应变片测量试样特定几点的应力应变与整体变形，这是材料力学性能试验的一种主要方式，称为宏观试验。它具有简便易行、技术成熟的特点，如各种传统的静载试验、疲劳试验、冲击试验等。借助激光干涉、红外成像、声波探测、CT 扫描等手段对试样各点的应力和应变进行测定，可以得到试样的应力和应变分布，称为全场试验。它具有形象直观的特点，如光弹法、云纹法、散斑法、声发射法等。

传统的力学测试设备关注的是试样所承受的载荷大小以及变形情况，通过应力和应变的测量来描述材料的力学响应与行为特点，如各种材料万能试验机、扭转试验机、疲劳试验机、冲击试验机、蠕变试验机等。传统的材料学测试设备关注的是试样的组织结构特点，通过光学成像、电子成像或衍射分析、能谱分析来描述材料的物质组成与结构特点，如各种光学显微镜、扫描电镜、工业 CT 机等。随着技术的进步，现在已经研发出了各种可以进行原位加载下实时观测试样组织结构变化的试验系统，如带有加载装置的扫描电镜、与材料试验机配合工作的 CT 扫描机等。这就使得从微细观尺度了解材料的变形破坏过程成为可能，从而为将材料宏观力学响应与微细观组织结构特点联系起来提供了试验支持。另外，将各种恒温箱、环境箱、高温炉等与材料试验机相配合，可以模拟研究材料在不同温度以及不同环境介质中的力学行为。

通过模拟材料的不同承载形式，材料力学性能试验分为静载试验（包括拉、压、弯、剪、扭以及硬度测试等）和动载试验（包括振动、冲击、疲劳以及摩擦磨损等），而且均可在常温或高温下进行试验。不同的承载形式表现出不同的特点，反映了材料某一方面的力学性能，因此要根据研究需要和材料特点选择合适的力学性能测试方法。

4. 材料力学行为的数值模拟

随着计算机科学和信息技术的发展，除传统的试验研究、理论分析这两种科学研究手段之外，数值模拟作为一种全新的研究手段正在兴起，而且已经受到了工程界的高度关注。它引起了科研工作和技术实践的变革，为多学科的交叉渗透提供了平台，加速了基础研究向应用开发的过渡。

材料的力学响应可以通过数值模拟进行分析研究，这为复杂工况下的材料力学行为模拟提供了有效手段，也对复合材料的力学行为研究开创了新的手段。数值模拟可用于各种参数研究，以探讨敏感参数及其影响规律，如尺寸、形状的影响，以及材料参数的影响等，也可用于研究材料内部结构对其宏观力学行为的影响，如孔隙分布、纤维分布等的影响。这种方法也被称为虚拟试验方法或数值试验方法，而将传统的实物试验方法称为物理试验方法。

材料是有结构层次的，按空间尺度可以分为宏观、细观、微观和纳观等不同层次，在不同尺度下有其适用的数值模拟方法。目前也在尝试将不同尺度下的数值模拟融合在一起的跨尺度或多尺度数值模拟方法，这包括不同数值计算模型的衔接或叠合。

宏观数值模拟是以连续介质力学为基础，采用计算力学和数值方法求解偏微分平衡方程，从而确定材料内部宏观应力应变量的分布规律。这是大多数工程实践中直接接触到的主要范围，其空间尺度从几毫米至几十米甚至数千千米。

数值模拟的可信度依赖于许多方面的因素，如材料模型、物理方程与初始条件和边界条件、计算算法等。其中材料模型指的是对材料在外载作用下力学响应的描述，包括三类基本方程，即物态方程（Equation of State）、本构方程（Constitutive Equation）和失效准则（Failure Criterion）。物态方程用于描述材料热力学响应，反映压力、体积和内能之间的联系。本构方程用于描述材料的变形规律，反映材料变形时应力、应变、应变率、温度、压力、变形历史、结构内变量等之间的联系。这两者都是等式方程。失效准则用于描述材料的强度特性，反映材料塑性屈服或起裂破坏的临界值，是一个不等式方程。建立材料力学行为的具体描述方程并确定其参数，需要发展相应的试验技术和测试技术，而且还得结合相应的模型验证方法。在合理应用材料数值模型的情况下，可以借助数值试验进一步展开和推进相关研究。

宏观数值模拟的方法有很多种，目前广泛采用的有有限差分法（FDM）、有限元法（FEM）、离散元法（DEM）、不连续变形分析法（DDA）、数值流形法（NMM）等。有限差分法和有限元法是基于连续介质模型建立的数值计算方法，是目前最主要的数值模拟方法，有许多商业软件如 FLAC、ABAQUS、ANSYS、COMSOL 等可供使用。但传统有限元法在模拟材料断裂方面还存在较大困难，因此发展了扩展有限元（XFEM）、单元生死等技术来弥补这一不足。离散元法有 UDEC、3DEC、PFC 等商业软件可供使用。鉴于材料变形破坏过程的复杂性，不同的方法具有不同的优缺点，可以适用于不同的场合。

细观数值模拟是以细观力学为基础，借助自洽理论、随机夹杂理论、分形理论、重整化群理论等，发展适合各种典型细观结构的专用算法，并构建可以表达宏细观相结合的统计型计算模型。细观数值模拟可以实现从位错、滑移、单晶和多晶不同层次探讨塑性变形的物理规律，以及从孔洞、微裂纹、局部化带、界面失效等细观损伤基元出发定量地刻画固体材料破坏行为的孕育和发展过程。细观数值模拟具体结合材料构造来定量表述金属材料、陶瓷材料、高分子材料、岩土材料、生物材料和复合材料的力学行为，探求材料细观组织结构的硬化与韧化机制。细观数值模拟研究的基本单元是材料的细观组织结构，如晶粒、夹杂、相组织等，其尺度在 $\mu m \sim mm$ 量级。

微观和纳观数值模拟是以统计力学为基础，研究单个或多个原子、分子的运动规律及其对材料宏观力学行为的影响。目前所采用的方法主要有分子动力学、蒙特卡罗方法和第一性原理计算方法等。经典的分子动力学（MD）是依靠牛顿力学来模拟分子体系的运动。首先在由分子体系的不同状态构成的系统中抽取样本，从而计算体系的构型积分，然后以构型积分的结果为基础进一步计算体系的热力学量和其他宏观性质。分子动力学是一种确定性的热力学计算方法，与蒙特卡罗法相比在宏观性质计算上具有更高的准确度和有效性。蒙特卡罗（Monte Carlo）方法，也称为统计模拟方法，是一种以概率统计理论为指导的数值计算方法。它首先构造或描述某一概率过程，然后使用随机数（或更常见的伪随机数）实现从已知概率分布抽样，从而得出各种随机变量的估计量。广义的第一性原理计算是指一切基于量子力学原理的计算。严格的第一性原理计算方法不使用经验参数，只用电子质量、光速、质子和中子质量等少数试验数据去做量子计算。但是这个计算速度很慢，所以就加入一些经验参数，可以大大加快计算速度，当然也会不可避免地牺牲计算结果精度。第一性原理是从头计算，不需要任何参数，只需要一些基本的物理常量，就可以得到体系基态的基本性质的原理。微观和纳观数值模拟方法可以在微纳观尺度上对材料的变形破坏机制进行模拟，但目前还很难应用到工程中。

作为一种开展研究以及辅佐工程的有效方法，数值模拟技术还在不断发展完善中。只要充分考虑各种控制方程及边界条件的影响，提供科学合理、行之有效的计算模型，就有可能给出接近真实情况的模拟结果，做出准确预测。

5. 材料力学性能的特点和分类

材料的各种力学行为都遵循一定的规律，探讨这种规律是研究材料力学性能的关键所在。只有了解了材料的本构关系、认识了材料的强度与破坏特点，才有可能合理利用材料的力学性能，并尽可能防止材料的失效与破坏。

材料力学性能是指材料在外加载荷或环境因素（温度、介质等）作用下表现出的变形能力。这种变形包括宏观可视的弹性变形、塑性变形甚至断裂，也包括各种细观损伤乃至微观晶格变形。事实上，材料的变形是一个时间、空间上的演化过程：变形是一个从无到有、从小到大的时间过程，是一个由量变到质变的发展过程。变形的宏观表象有其内在的微细观机理，材料的变形能力取决于材料的组成与结构。

材料的力学性能可分为弹性、塑性、断裂与损伤四个方面。

材料的弹性性能是指材料可恢复的变形性能。弹性变形是原子系统在外力作用下离开平衡位置达到新的平衡状态的过程。现在主要采用广义胡克定律描述材料的弹性本构关系。

材料的塑性性能是指材料不可恢复的永久变形性能。塑性变形的微观机制主要是滑移。对于实际材料，塑性变形一般伴随着形变强化。不同的材料需要采用不同的屈服判别准则和塑性本构关系。

材料的断裂是材料承载的极限结局。由于实际材料具有不可避免的缺陷，材料的实际断裂强度远低于理论断裂强度。断裂力学的分析基于裂纹理论对此做出了解释。

材料的损伤理论阐明了材料在外载作用下逐渐损伤劣化的演化特点，揭示了材料力学响应的本质特点。

研究材料力学性能，就是要**研究材料的本构关系、破坏形式及其物理基础，探讨化学成分和微观结构同宏观力学性能之间的关系，从而实现对材料力学性能的预言和改进**。这要从宏、细、微观三个层次考虑，建立宏观判据，找出微观机理。因此，材料力学性能的研究需综合力学、材料学、测试技术、分析技术等知识，是一种边缘性、综合性的研究。材料力学性能的研究要为材料的失效与破坏分析提供基础，从而促进材料的合理选用与科学应用。

一般说来，材料力学性能的研究主要包括两个方面：一是通过建立适当的模型简化研究对象，并给出定量的设计应用方法；二是借助微观分析，探讨材料力学性能的实质，以便能动地改造和提高材料的力学性能。前者注重材料宏观表现出的力学性能，故而为工程应用领域所重视；后者注重材料力学性能的机理，故而为材料学力学研究所重视。不过，宏观模型的建立和推演不能忽略材料的本征结构特点，微细观机理的研究也要最终归结到材料的宏观力学性能。所以这两方面是相辅相成的，只是各有侧重点。

材料的宏观力学计算在"材料力学"和"结构力学"等课程中重点讲授。"材料力学性能"将侧重研究以下内容。

1）各种力学性能指标的物理概念、实用意义及其相互联系。

2）影响材料力学性能的因素以及提高材料力学性能的方向和途径。

3）材料在各种服役条件下的失效现象及微观机理。

4）各种力学性能指标的测试和计算方法。

材料的力学行为是材料在特定载荷形式下的力学响应，不同载荷形式下材料的力学行为会有所不同。因此影响材料力学性能的外因包括载荷的加载方式、加载速度以及环境因素等。影响材料力学性能的内因主要有两个方面：一是物质结构，包括化学键性质和晶体结构，它们决定了材料本身的性能；二是组织形态，包括相分布、晶粒大小和形状、气孔大小和分布、杂质、缺陷等，它们对材料的性能影响极大。不同的材料具有不同的组织结构、加工工艺，因而具有不同的力学性能，适用于不同的工作环境。

根据研究角度的不同，材料力学性能的研究可划分为不同的情况。

从材料的类别出发，可分为金属材料力学性能、陶瓷材料力学性能、高分子材料力学性能、复合材料力学性能。由于同一类别材料的结构大同小异，它们也就具有相似的力学性能。例如：金属材料一般表现出较好的强度与塑性，而陶瓷材料则一般呈现出很大的脆性。

从材料所受载荷出发，可分为静载下的力学性能和动载下的力学性能。静载是指加载速率较慢（通常指应变速率在 $10^{-1}/s$ 以下），而动载是指加载速率较快（如冲击）或循环往复加载（如疲劳）。

从材料使用的温度出发，可分为低温的力学性能、常温的力学性能和高温下的力学性能。

从材料使用的环境出发，可分为普通气氛的力学性能和腐蚀气氛下的力学性能。前者通常是指干燥空气介质中的力学性能。

从材料的承载方式（应力状态）出发，可分为拉伸、压缩、扭转、弯曲、剪切等情况。

金属材料、陶瓷材料、高分子材料及复合材料这四大类材料的力学响应有类似之处，具有一些共性特征，这是基本规律。但它们也有不同之处，表现出明显的个性特征，因此在研究中各有侧重。

材料力学性能的研究是材料研究和应用中的关键性问题。其一，力学性能通常是工程结构或部件设计中最重要的数据和依据；其二，材料的失效分析在很大程度上也是围绕载荷、环境以及相关力学性能分析展开的；其三，力学性能往往是新材料能否由研制状态进入工程应用的基本考核指标。因此，研究材料的组织结构与力学性能之间的关系，了解温度、环境介质对力学性能的影响，对于充分发挥材料性能、研发新材料具有重要意义。

研究材料力学性能，既要重视试验，也要重视分析。各种力学试验是模拟材料力学行为的直观手段。通过试验检测材料的力学性能指标，观测材料的力学行为特点，这是材料力学性能研究的一种基本方法。除此之外，借助各种数值模拟方法和可视化计算也是一种研究材料力学性能的途径，这在新材料开发、尖端材料研究中有着重要意义。材料在试验中表现出的力学行为特点，既反映了材料的性能特点，又不可避免地受到各种随机因素的干扰影响。因此，在研究过程中科学分析试验现象，抓住本质特点，是正确认识材料力学性能的关键。

　　材料力学性能的研究必须与工程实践相结合，理论研究要为工程实践服务。各种力学性能指标都有其工程实用意义，因此不仅要了解这些性能指标赖以建立的依据、力学模型，以及由此导出的定理、公式，还要了解它们在工程应用中的适用范围和限制条件。

　　通过本课程的学习，应该掌握材料力学性能特点及其分析方法、应用方法，主要包括以下内容。

　　1）了解材料在外加载荷或环境因素作用下的力学行为特点。

　　2）了解评价材料力学性能的方法。

　　3）了解材料力学性能的测试原理和方法。

　　4）了解材料的失效过程、机制和力学模型。

　　5）了解改善材料力学性能的途径。

　　6）了解新材料、新技术发展对材料力学性能提出的要求。

第1篇 材料力学性能的试验评测

材料力学性能试验在材料力学性能研究中具有十分重要的作用。通过模拟材料的受力环境，按照特定的加载方式进行试验，可以在试验室观测分析材料的各种力学行为。

材料力学性能试验是一个涉及试验机和试样的系统过程，包括试样加工、加载测试、数据处理三个主要环节。借助特定的试验机和试样，可以按照预定力学模型模拟材料的力学行为，测定材料的力学性能指标。

在进行材料力学性能试验时，不应狭义地将其局限于在试验机上完成的测试过程，而是要综合考虑前期的试验准备以及后期的数据分析处理环节。只有根据明确的试验目的，合理选择试验机和试样，审慎处理试验数据，才能很好地完成试验评测工作。了解各种试验机的特点，掌握各种基本试验方法的原理，是制定试验计划的前提。根据具体的试验方法，按照试验机的要求精心准备试样，是正确完成加载测试的基础。在结束加载后，还必须遵照数据处理的要求和规范，消除试验误差，整理试验报告，对试验现象和测定结果进行科学分析。随着计算机技术的发展和广泛应用，现在试验加载控制以及试验数据采集和处理都是借助各种软件来实现的。这不仅提升了试验测试的稳定性，也提高了试验结果的可靠度。尤其对于批量检测，高度自动化的测试流程还可以加快试验过程。

根据材料的不同承载形式，力学性能试验主要有以下几种。

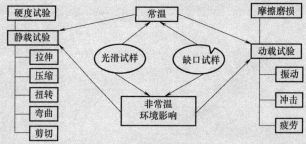

围绕各种试验测试方法，已经制定了众多国际标准、国家标准和行业标准，这为科学规范地开展试验工作提供了保障。本书主要讲述各种试验方法的一般原理和关键环节，具体试验操作过程和数据处理要求可参见相关标准。附录 C 列出了一些主要的国家标准。本书尽量按照最新的国家标准对相关专业术语以及符号进行规范，同时也兼顾相关术语及符号的使用历史和行业惯例。对于一些在不同场合有不同含义的符号给予了适当说明，具体可参见附录 D。

第1章
材料在单向静拉伸下的力学性能测试

单向拉伸试验是采用光滑试样测定材料力学性能的一种主要试验形式。试验时，在试样两端缓慢施加单向载荷，使试样标距部分受到轴向拉力而沿轴向伸长，直至试样被拉断为止。通过单向拉伸试验，可以测定材料弹性、塑性、强度、韧度等重要的基本力学性能指标，这些性能指标统称为材料的拉伸性能。

1.1　单向拉伸试样及应力场分析

单向拉伸试验采用光滑试样在拉伸试验机或万能试验机上进行，具体试验方法可参见国家标准 GB/T 228.1—2010、GB/T 1040.1—2006、GB/T 528—2009 等。拉伸试验的金属标准试样通常为圆柱试样或板状试样，一般分为夹持部分、过渡部分和标距部分（图 1-1）。试样要表面平整，不含缺陷。试样两端为夹持部分，是与试验机夹具连接的部分，要确保试样能够牢固地固定在拉伸夹具中。试样过渡部分必须有适当的台肩和圆角，从而避免应力集中过度导致在该处发生太大变形或断裂。试样中部是试样的主体，其长度即计算长度，称为标距。因此试样中部也被称为标距部分或工作部分。

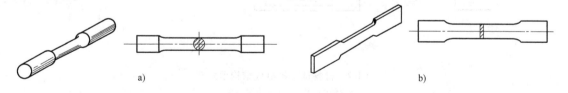

图 1-1　金属标准试样

a）圆柱试样　b）板状试样

材料试验机是最基本的、也是最重要的材料力学性能测试设备，一般可通过更换不同的夹具来进行拉伸、压缩、弯曲、剪切等力学试验，因此也被称为万能试验机。根据试验加载的动力源不同，试验机分为液压试验机和电子试验机两大类，如图 1-2 所示。现在的试验机一般采用伺服系统进行控制，以提供较高的精度和可靠性，并结合计算机软件提供丰富的加载控制及数据采集处理功能。

液压试验机通过液压泵驱动液压油流进或流出试验机的液压缸来实现作动器（活塞杆）的上下移动，从而对夹持试样施加载荷。由于液压缸的放大原理，可以施加较大的载荷。伺服阀是液压试验机的核心部件。采用普通静态伺服阀的试验机是静态试验机，主要用于简单

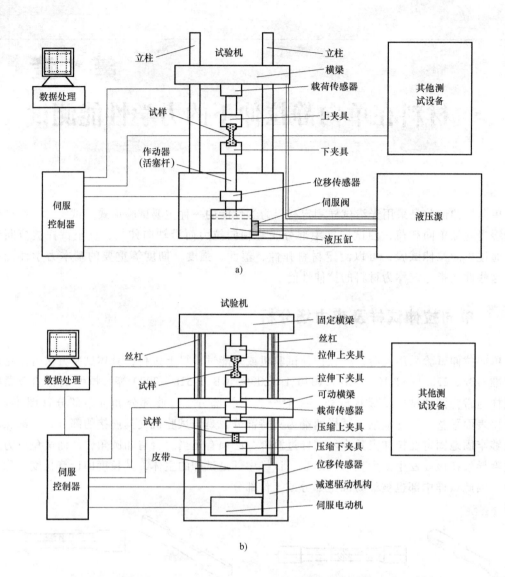

图 1-2　材料试验机组成结构示意图

a) 液压试验机　b) 电子试验机

单调加载过程。利用高精度的动态伺服阀，可以实现较高频率的反复加卸载过程，能够进行疲劳试验，这样的试验机称为动态试验机或疲劳试验机。

电子试验机通过电动机驱动丝杠正向或反向旋转来带动试验机的横梁上下移动，从而对夹持试样施加载荷。由于电动机输出转矩的限制，电子试验机所能提供的最大载荷有限，一般不适用于太高载荷的试验，而且局限于电动机旋转方向很难瞬时反复变化，一般只用于静态试验，不过载荷相对比较平稳。在中低载荷下，电子试验机结构紧凑、性能稳定，得到了广泛使用。

现在的试验机一般配备有载荷传感器，其可以精确测量施加载荷的大小。液压试验机一般采用差动变压器（LVDT）测量作动器的位移，电子试验机一般采用光电编码器测量转角并换算出横梁的位移。此外为了精确测量试样变形时的应变，还需采用应变片或特定的引伸计。在先进的伺服控制系统中，这些测量信号一般也可作为控制信号，从而提供载荷控制、位移控制、应变控制等多种加载方式。

夹具是试验机中根据材料试样变化而经常变化的部分，不同材料的不同试验需要不同的夹具，这是试验能否顺利进行以及试验结果是否准确可靠的一个重要影响因素。根据试验方法不同，夹具大致可分为拉伸类、压缩类、弯曲类、剥离类和剪切类等。根据驱动方式不同，夹具有机械式、液压式、气动式等类型。根据夹持方式不同，夹具有楔形类、对夹类、杠杆类、螺栓类、台肩类、缠绕类等不同形式。根据试样规格不同，夹具可用于各种平板样、圆柱样、丝线样、薄膜样的夹持和加载。合理的夹具应可以有效夹持试样，避免打滑，并易于操作，安全可靠。

在单向拉伸时，试样标距部分处于单向应力状态，是最简单的一种应力状态。在试样横截面上只有正应力，切应力为零，这也是最大主应力方向。正应力沿横截面均匀分布，其大小取决于外加拉伸载荷 F 及横截面面积 S。因此材料中各点的应力状态均可表示为

$$\begin{cases} \sigma_1 = \sigma = \dfrac{F}{S} \\ \sigma_2 = 0 \\ \sigma_3 = 0 \end{cases} \tag{1-1a}$$

最大切应力在与试样轴线成 45°的方向上，其大小为

$$\tau_{max} = \frac{\sigma}{2} \tag{1-1b}$$

为确保材料确实处于单向应力状态，对试样的形状、尺寸和加工精度都有一定要求，材料不同，对其要求也不同，具体参见相关国家标准及行业规范。

由于试样尺寸和形状对材料的塑性性能影响很大，国家标准对试样的原始标距 L_o 和原始直径 d_o（原始横截面面积 S_o）做了相应规定。圆柱标准试样有长、短两种规格，长试样 $L_o = 10d_o$，短试样 $L_o = 5d_o$。板状标准试样也有长、短两种规格，长试样 $L_o = 10\sqrt{4S_o/\pi} = 11.3\sqrt{S_o}$，短试样 $L_o = 5\sqrt{4S_o/\pi} = 5.65\sqrt{S_o}$。

1.2　拉伸曲线

将拉伸试样装在试验机上，缓慢施加拉伸载荷，试样逐渐伸长直至断裂。在此过程中，可以测绘出所加外载 F 与试样伸长量 ΔL 之间的关系曲线，称为拉伸曲线或拉伸图。除了表示为载荷-伸长曲线，拉伸曲线通常是指工程应力-工程应变曲线（R-e 曲线），此外也可表示为载荷-工程应变曲线、工程应力-伸长曲线、真应力-真应变曲线（σ-ε 曲线）等形式。

1.2.1　工程应力-工程应变曲线

在拉伸过程中，试样的长度增加，横截面面积减小，但在工程计算中，通常假设试样横截面面积和长度保持不变，据此可计算得到工程应力及工程应变。工程应力 R 是指按试样原始横截面面积计算的名义应力，即

$$R = \frac{F}{S_o} \tag{1-2}$$

式中，F 是试验机载荷传感器测得的拉伸载荷大小；S_o 是拉伸试样的原始横截面面积。在小变形的情况下，材料受到的实际拉伸应力近似等于该名义应力，即 $\sigma = R$。工程应变 e 是指按试样原始标距计算的名义应变，即

$$e = \frac{\Delta L}{L_o} \qquad (1\text{-}3a)$$

式中，L_o 是拉伸试样的原始标距；ΔL 是标距范围内的实际伸长，在要求不严格的情况下也可用试验机横梁或作动器的位移来替代，否则就要采用应变片或引伸计来精确测量标距段的伸长。当严格采用标距段的伸长来衡量试样的变形时，原始标距的伸长 ΔL_o 与原始标距 L_o 的比值称为伸长率，即

$$A = \frac{\Delta L_o}{L_o} \times 100\% \qquad (1\text{-}3b)$$

这与上述工程应变是一致的。当试样标距及其变化不易确定或拉伸变形很大时（如在塑料的拉伸试验中），也可根据拉伸夹具间的原始距离 L_{Do} 及其变化量 ΔL_D 来计算名义应变，这表示沿试样自由长度上总的相对伸长率，即

$$e = \frac{\Delta L_D}{L_{Do}} \qquad (1\text{-}3c)$$

式中，ΔL_D 可近似取为试验机横梁或作动器的位移。这是一种相对简便的方法，但在小变形情况下会带来较大误差，尤其是在测定弹性模量或者其他需要精确测定应变的性能指标时，不宜采用这种名义应变定义方式，而必须采用应变片或引伸计来测量应变。国家标准中规定，当采用引伸计测量试样的变形时，引伸计标距 L_e 的增量 ΔL_e 称为延伸，并定义延伸率为

$$A = \frac{\Delta L_e}{L_e} \times 100\% \qquad (1\text{-}3d)$$

显然，在弹性小变形的情况下，标距段范围内的伸长率、延伸率和工程应变是一致的，这也与粘贴应变片测得的应变结果一致。在考虑试验机刚度、夹具夹持时的滑移等因素并进行修正后，用某一等效计算距离 L_{De} 替代式（1-3c）中的实际原始距离 L_{Do}，也可得到与粘贴应变片或采用引伸计测得的延伸率相当的结果。当采用延伸率来测定屈服强度和规定强度时，应尽可能使引伸计的标距跨越试样的平行段，一般需满足 $0.5L_c \leqslant L_e \leqslant 0.9L_c$，其中 L_c 是试样平行段长度。考虑到引伸计的量程范围一般有限，在屈服之后的应变测量通常采用伸长率或名义应变来表示。

现在采用计算机控制的试验机一般可以直接测量记录拉伸过程中的载荷以及伸长数据，并实时绘制出载荷-伸长曲线。将载荷-伸长曲线的纵、横坐标分别除以拉伸试样的原始横截面面积、原始标距长度就得到了工程应力-工程应变曲线。因均是以一常数相除，故这两种曲线形状相似。

图 1-3 所示为退火低碳钢标准试样的拉伸曲线。在加载初期为一直线，载荷与伸长按照直线关系成正比地增加，即工程应力和工程应变之间呈线性关系。此时如果卸掉载荷，试样立即恢复原来的形状尺寸，这种变形即弹性变形。当载荷增加到一定程度后出现一个锯齿状平台，即在载荷不增加或上下波动的情况下变形继续增加，这一平台称为屈服平台。此时在试样表面可以观察到与载荷成 45° 的变形带（也称为滑移带或屈服线），称为吕德斯（Lüders）带。平台的长度随钢中碳的质量分数的增加而减小，当碳的质量分数增至 0.6% 以

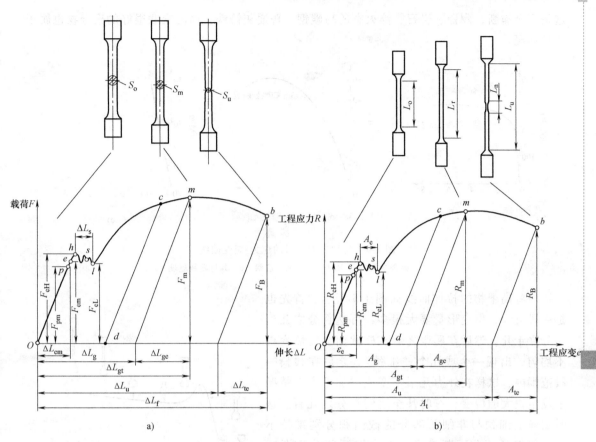

图 1-3　退火低碳钢标准试样的拉伸曲线

a）载荷-伸长曲线及试样横截面变化示意图　b）工程应力-工程应变曲线及试样伸长示意图

上后平台将消失。屈服之后，如果卸掉载荷也只能部分恢复原来的形状尺寸，而保留一部分残余变形，这也就是塑性变形。屈服平台结束后，试样继续变形则需要不断增加载荷，即变形抗力增加，这种现象称为形变强化。这一阶段试样表现出比较明显的均匀伸长，横截面均匀变小。若在这一阶段卸载，然后立刻重新加载，则材料的屈服强度将提高，产生应变时效。当达到最大载荷后，试样的某一局部截面开始急剧减小，出现缩颈现象，之后的变形也主要集中在这一局部区域。由于缩颈使试样横截面面积急剧减小，致使试样的承载能力下降，工程应力-工程应变曲线上表现为下降段，直至最后试样完全丧失承载力而断裂。

除了退火低碳钢，还有某些有色金属也具有类似的拉伸曲线，有一个比较明显的屈服平台，其对应的应变量可达 1%～3%。对其他多数金属材料，其拉伸曲线如图 1-4a 所示，屈服时没有明显的锯齿平台，不过最终断裂也是发生在缩颈区。但还有一些金属材料在拉伸时不会产生缩颈，如铝青铜等某些塑性较低的金属，会在未出现缩颈前的均匀变形过程中断裂。还有某些形变强化能力特别强的金属，如 ZGMn13 等高锰钢也不会发生缩颈，表现出较大的塑性和较高的强度。

对高分子材料，如聚氯乙烯，在拉伸开始时应力和应变就不呈线性关系，即不服从胡克定律，表现出黏弹性特征，如图 1-4b 所示。

苏打石灰玻璃的拉伸曲线如图 1-4c 所示，只发生弹性变形，没有塑性变形就立即断裂，

17

这是完全脆断,陶瓷、岩石、淬火态的高碳钢、普通灰铸铁、横向交联很好的聚合物也属于这种情况。

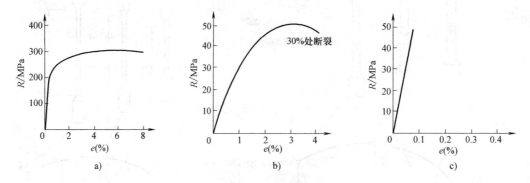

图 1-4 几种典型材料的应力-应变曲线

a)铝合金(5454-H34) b)聚氯乙烯 c)苏打石灰玻璃

一些高聚物的拉伸曲线如图 1-5 所示。首先也是一段直线,但变形量要大很多,可达百分之几到百分之十几。然后在屈服之后试样截面会突然变得不均匀,出现一个或几个"细颈"。之后在很长一段范围内,试样在外力几乎不变或增加不大的情况下发生很大的应变,有时甚至达到百分之几百。这时试样上细颈与非细颈部分的截面积分别维持不变,但细颈部分不断扩展,而非细颈部分逐渐减少,直至整个试样完全变细为止。最后变细的试样又开始发生均匀拉伸变形,应力随应变的增加而增大,直至断裂。

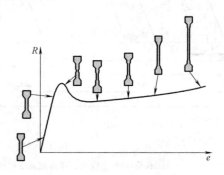

图 1-5 一些高聚物的拉伸曲线

还有一些拉伸不稳定材料的拉伸曲线如图 1-6e 所示,其变形特点是在形变强化过程中出现多次局部失稳,原因在于孪生变形机制的参与,当孪生应变速率超过试验机夹头运动速度时,导致局部应力松弛,在拉伸曲线上出现锯齿,如某些低溶质固溶体铝合金及含杂质的铁合金。

由于材料具有不同的组成与结构,在相同的试验条件下也会显示出不同的力学行为响应,但同一类材料往往具有相似的拉伸曲线。几种典型的拉伸曲线如图 1-6 所示。

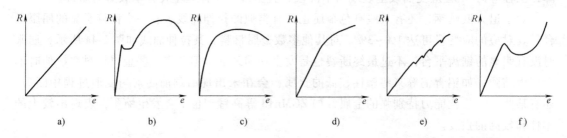

图 1-6 几种典型的拉伸曲线

a)脆性材料拉伸曲线 b)高塑性材料拉伸曲线 1 c)高塑性材料拉伸曲线 2

d)低塑性材料拉伸曲线 e)塑性材料拉伸曲线 1 f)塑性材料拉伸曲线 2

18

在拉伸过程中，材料的力学行为可分为四个阶段。

1) 弹性变形阶段。这是拉伸曲线的起始阶段，几乎所有材料的拉伸都会出现这一阶段。在弹性变形阶段，变形在外载卸除后可恢复。而且大多数材料基本上表现为线弹性，符合胡克定律 $\sigma = E\varepsilon$，在小变形下也就有 $R = Ee$，因此这一阶段的拉伸曲线近似为直线。在工程应力-工程应变曲线上，这一直线段与横轴夹角 α 的大小反映了材料对弹性变形的抗力，其正切值等于弹性模量，即 $E = \tan\alpha$。

2) 屈服阶段。超出弹性变形范围后，材料进入塑性变形阶段，变形将被永久保留，外载卸除后也不可恢复。有的材料在塑性变形初期会产生明显的塑性流动。这时，在外载不变或有微小波动的情况下仍将继续产生变形，拉伸曲线出现平台或锯齿。这一阶段即屈服阶段，但并非所有材料的拉伸曲线都会表现出明显的屈服平台。另外，若拉伸到超过屈服强度发生少量塑性变形后卸载，然后立即重新加载拉伸，则拉伸曲线不再出现明显屈服平台，此时试样不会发生屈服现象。若卸载后将试样放置一段时间或加热，然后再进行拉伸，则屈服现象又会出现，且屈服强度有所提高，这种与时间有关的屈服现象通常称为应变时效。

3) 宏观均匀变形阶段（形变强化阶段）。屈服后，只有外载继续增大材料才会继续产生变形。若在这一阶段卸载，然后重新加载，材料的屈服强度将提高。这种随塑性变形增大变形抗力不断增加的现象称为形变强化（在工程上也称为加工硬化或应变硬化），相应这一阶段称为形变强化阶段。材料在这一阶段的塑性变形是宏观均匀分布的，因此这一阶段也称为宏观均匀变形阶段。

4) 局部变形阶段。材料所承受的外载达到最大后，继续加载可能导致材料产生不均匀变形，出现缩颈，即材料某一局部变形显著，截面收缩直至断裂。由于拉伸曲线用工程应力-工程应变曲线表示，这一阶段的曲线呈下降状态。

上述拉伸曲线分类也正是基于是否表现出某一阶段的力学行为特点而确定的，它们相应代表了某一类材料的拉伸性能，见表 1-1。

表 1-1　几种典型的拉伸曲线

图号	力学行为特点	材料类别	典型材料举例
图 1-6a	纯弹性变形，无塑性变形	脆性材料	玻璃、陶瓷、岩石、低温下的金属、淬火态高碳钢、普通灰铸铁
图 1-6b	弹性变形→屈服→均匀变形→局部变形	不连续塑性变形高塑性材料	低碳钢、半导体硅、金属锗
图 1-6c	弹性变形→均匀变形→局部变形	连续塑性变形高塑性材料	中碳钢、有色金属
图 1-6d	弹性变形→均匀变形	低塑性材料	高锰钢、青铜
图 1-6e	弹性变形→局部变形	塑性材料	低溶质固溶体铝合金、含杂质的铁合金
图 1-6f	弹性变形→局部变形→均匀变形	塑性材料	结晶态高聚物

需要指出的是，塑性阶段仍然伴随有弹性变形，只不过弹性变形量很小，相对于较大的塑性变形可以忽略。

在弹性阶段卸载，卸载曲线与加载曲线重合，不产生残余变形。

在塑性变形阶段卸载，卸载曲线为一直线，与弹性阶段加载曲线平行，当应力卸载至零时，部分变形恢复，这部分变形即为弹性变形，部分变形残留下来，即为塑性变形，因此总应变量包括弹性变形和塑性变形两部分。如果重新加载，曲线沿直线 dc 上升至点 c 后再沿 cmb 进行（图1-3）。dc 与 Op 平行，属于弹性变形阶段，塑性变形在点 c 处开始，其相应的屈服强度值高于首次加载时的屈服强度值，这表明材料经历一定的塑性变形后，其屈服强度升高了，这也就是形变强化或加工硬化。

在工程实践中，常按材料在拉伸断裂前是否发生塑性变形将材料分为脆性材料和塑性材料两大类。脆性材料在拉伸断裂前不产生塑性变形，其拉伸曲线如图1-6a所示。若材料在拉伸断裂前不仅产生均匀塑性变形，而且发生局部变形，产生缩颈，塑性变形量较大，可认为是高塑性材料，其拉伸曲线如图1-6b、c所示。若材料在拉伸断裂前只产生均匀塑性变形，且塑性变形量较小，可认为是低塑性材料，其拉伸曲线如图1-6e所示。此外，还有部分材料表现出不均匀塑性、非线性弹性等特点，如图1-6d、f所示。图1-6e中拉伸曲线也可认为是形变强化阶段出现多次局部失稳，这与孪生变形机制有关。而图1-6f中拉伸曲线多见于结晶态高聚物，拉伸时由于晶态结构被破坏而发生缩颈，之后又重新形成结晶结构而发生均匀强化，曲线再次上升。

1.2.2 真应力-真应变曲线

应当指出，只有在弹性及小塑性变形范围内，采用工程应力-工程应变曲线表示的拉伸曲线才近似真实地反映了材料对拉伸外载的响应。随着塑性变形量增大，一旦由宏观均匀变形过渡到局部集中变形，工程应力-工程应变曲线也就不能真实反映材料对拉伸外载的响应了。所以，用真应力-真应变曲线来表征材料对外载的响应才更加合理。而且从应力和应变的严格定义来看，描述材料本构方程时所采用的也应当是真应力和真应变，仅当材料发生小变形且应力场均匀时才可近似用工程应力和工程应变表示。

真应力 σ 和工程应力 R 的关系为

$$\sigma = \frac{F}{S} = \frac{F}{S_o}\frac{S_o}{S} = R\frac{S_o}{S} = \frac{R}{1-(S_o-S)/S_o} = \frac{R}{1-Z} \tag{1-4}$$

真应变 ε 和工程应变 e 的关系为

$$\varepsilon = \int_{L_o}^{L} d\varepsilon = \int_{L_o}^{L}\frac{dL}{L} = \ln\frac{L}{L_o} = \ln\left(\frac{L_o+\Delta L}{L_o}\right) = \ln(1+A) = \ln(1+e) \tag{1-5}$$

式中，S_o 和 L_o 分别是试样的原始横截面面积和原始标距；S 和 L 分别是试样的瞬时实际横截面面积和标距；A 是试样的伸长率，其值也等于工程应变 e，即 $A=\Delta L/L_o=e$；Z 是试样的截面收缩率，即 $Z=\Delta S/S_o=(S_o-S)/S_o$。因为在拉伸时 $e>0$，由上式可见，真应力大于工程应力（$\sigma>R$），真应变小于工程应变（$\varepsilon<e$）。真应力-真应变曲线如图1-7所示。

根据试样标距段的总长度变化来定义其应变时，有可能认为该长度变化是一步达到的，或者是任意多步达到的，若采用真应变则适用叠加原理，即最终的真应变值等于各步真应变值之和，若采用工程应变则不能采用叠加原理计算，即最终的工程应变并不等于各步工程应变之和。例如：考虑钢丝分两步拉拔的情况，按照工程应变的定义，两次拉拔的应变值分别为 $e_1=(L_1-L_o)/L_o$ 和 $e_2=(L_2-L_1)/L_1$，但最后的应变值为 $e=(L_2-L_o)/L_o$，这并不等于两次应变值之和，即 $e\neq e_1+e_2$；而按照真应变的定义，最后的应变值为 $\varepsilon=\ln(L_2/L_o)$ 等于两次应

变值 $\ln(L_1/L_o)$ 和 $\ln(L_2/L_1)$ 之和，即 $\varepsilon = \ln(L_2/L_o) = \ln(L_1/L_o) + \ln(L_2/L_1) = \varepsilon_1 + \varepsilon_2$。

在均匀变形阶段，没有发生"缩颈"的情况，忽略微小的弹性变形，根据体积不变的条件可得 $L_o S_o = LS$，而 $L = L_o(1+A)$、$S = S_o(1-Z)$，于是可得 $(1-Z)(1+A) = 1$，因此试样的伸长率与截面收缩率具有一定关系，即

$$A = \frac{Z}{1-Z} \tag{1-6}$$

$$Z = \frac{A}{1+A} \tag{1-7}$$

由此可得

$$\varepsilon = \ln(1+e) = \ln(1+A) = \ln\left(\frac{1}{1-Z}\right) \tag{1-8}$$

$$\sigma = \frac{R}{1-Z} = R(1+A) = R(1+e) \tag{1-9}$$

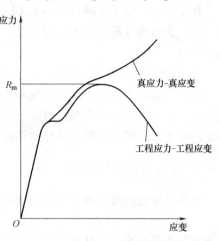

图 1-7　真应力-真应变曲线

发生"缩颈"后，相当于在试样中造成了切口，因而在缩颈区形成三向应力状态，如图 1-8 所示。径向和切向应力的共同存在，将使引起塑性变形的轴向应力提高，因此按上式计算的颈部平均真应力值将偏高。布里兹曼（Bridgeman）根据下列假定对颈部平均真应力值做了修正：①假设缩颈外形是一段圆弧，半径为 r_n；②在整个试验过程中"缩颈"区的截面依然是圆，半径为 a；③在缩颈区的截面上应变是常数，与距截面中心的距离 r 无关；④应用 Von Mises 屈服判据。由此得到，轴向真应力与按上式计算出的平均真应力之间的关系为

$$\sigma^* = \frac{\sigma}{(1+2r_n/a)\left[\ln(1+a/2r_n)\right]} \tag{1-10a}$$

只要在试验中测定了 r_n 和 a 的值，即可对真应力-真应变曲线进行修正，如图 1-9 所示。由于直接测定 r_n 和 a 的值很困难，费时费力，Bridgeman 根据大量试验数据，给出了 a/r_n 与伸长率 A 之间的经验关系式，即

$$a/r_n = 0.76 - 0.94(1-A) \tag{1-10b}$$

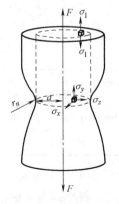

图 1-8　拉伸试样"缩颈"区应力状态

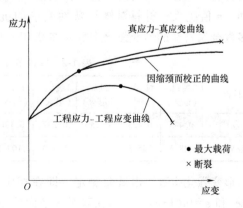

图 1-9　修正后的塑性变形阶段真应力-真应变曲线

在多数情况下，该经验关系是足够精确的，使用十分方便。

通常，在小应变范围内（$\varepsilon < 0.1$），真应力-真应变曲线与工程应力-工程应变曲线基本吻合，只有在塑性变形量很大，或发生"缩颈"现象，出现局部集中的变形时，两者差别才趋于明显。

在工程应力-工程应变曲线上，当载荷达到最大值后试样发生"缩颈"现象，工程应力在下降，但实际上真应力是在不断增大的，如真应力-真应变曲线所示，当真应力增大到一定程度，超过材料的断裂强度时发生断裂破坏。相对于工程应力-工程应变曲线，真应力-真应变曲线更加真实地反映了拉伸破坏过程中的应力和应变变化规律。

1.2.3 胡克定律与 Hollomon 方程

在弹性变形阶段，应力与应变成正比，满足胡克定律，即

$$\sigma = E\varepsilon \tag{1-11}$$

对于有形变强化特性的材料，可用双线性模型近似拟合材料的应力-应变曲线，即在弹性变形阶段服从上述胡克定律，屈服后服从线性强化规律 $\Delta\sigma = E_p\Delta\varepsilon$，这在数值模拟研究中被广泛采用。

在塑性变形阶段，材料的真应力-真应变曲线可用 Hollomon 方程来表示，即

$$\sigma = K\varepsilon^n \tag{1-12}$$

式中，σ 是真应力；ε 是真应变；n 是形变强化指数；K 是强度系数。形变强化指数 n 和强度系数 K 均为表征形变强化的参量。严格来讲，Hollomon 方程所表示的是塑性变形阶段的真应力-真应变曲线（图1-10），在弹性阶段仍应以胡克定律表示。Hollomon 方程曲线示意图如图1-10所示。

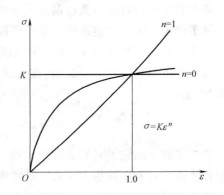

图 1-10　Hollomon 方程曲线示意图

形变强化指数 n 是一个常用的材料参数，表示材料抵抗塑性变形的能力。当 $n=0$ 时，$\sigma=K=$ 常数，材料在外力不增大的情况下可继续塑性变形，是理想塑性体。当 $n=1$ 时，Hollomon 方程类似于胡克定律，材料为线弹性体。材料的形变强化指数 n 一般在 $0\sim1$ 之间。n 值越大，材料对继续塑性变形的抗力越高。大多数金属材料的形变强化指数 n 在 $0.05\sim0.5$ 之间，见表1-2。

表 1-2　室温下几种金属的 n 值和 K 值

材料	纯铜（退火）	黄铜（退火）	纯铝（退火）	纯铁（退火）	T12 钢（退火）	40 钢（调质）	40 钢（正火）	T8 钢（调质）	T8 钢（退火）	60 钢（淬火+500℃回火）
n	0.443	0.423	0.250	0.237	0.170	0.229	0.221	0.209	0.204	0.100
K/MPa	448.3	745.8	157.5	575.3	1103.3	920.7	1043.5	1018.0	996.4	157.0

形变强化指数可由试验测定，即在真应力-真应变曲线上确定几个点求出对应的 $\sigma = R(1+e)$ 和 $\varepsilon = \ln(1+e)$，然后在双对数坐标系 $\lg\varepsilon \sim \lg\sigma$ 下作图求得直线斜率即为 n 值。试验表明，材料的强度越高，n 值越低。n 值与屈服强度近似地呈反比关系：$n \times \sigma_s = $ 常数。

需要指出的是，形变强化指数 n 与形变强化率 $\mathrm{d}\sigma/\mathrm{d}\varepsilon$ 是不同的。事实上，由 Hollomon 方程可得

$$\ln\sigma - \ln K = n\ln\varepsilon$$

两边求导后可得 $n = \dfrac{\mathrm{d}\ln\sigma}{\mathrm{d}\ln\varepsilon} = \dfrac{\varepsilon}{\sigma}\dfrac{\mathrm{d}\sigma}{\mathrm{d}\varepsilon}$，所以

$$\frac{\mathrm{d}\sigma}{\mathrm{d}\varepsilon} = n\,\frac{\sigma}{\varepsilon} \tag{1-13}$$

这说明，在 σ/ε 比值相近的条件下，n 值大的 $\mathrm{d}\sigma/\mathrm{d}\varepsilon$ 也大，真应力-真应变曲线也越陡。但是，形变强化指数 n 小的材料，当 σ/ε 比值大时，同样可以有较高的形变强化率 $\mathrm{d}\sigma/\mathrm{d}\varepsilon$。因此，不能从真应力-真应变曲线陡峭或平坦直观判断 n 值的高低。

1.2.4　缩颈条件

缩颈是塑性金属材料在拉伸试验时变形集中于局部区域的特殊现象，是形变强化（物理因素）与横截面减小（几何因素）共同作用的结果。

在缩颈前变形沿整个试样长度是均匀的，发生缩颈后变形则主要集中在局部区域，在此区域内横截面面积越来越小，局部应力越来越大，直至最终不能承受外载而断裂。因此缩颈是一个危险的信号，意味着材料将要发生断裂。

在拉伸过程中，试样承受的载荷为 $F = \sigma S$，因此有

$$\mathrm{d}F = \mathrm{d}(\sigma S) = S\mathrm{d}\sigma + \sigma\mathrm{d}S$$

上式表明，在拉伸过程中，一方面试样横截面面积不断减小，使 $\mathrm{d}S < 0$，$\sigma\mathrm{d}S$ 表示试样承载力下降，另一方面，材料正在发生形变强化，使 $\mathrm{d}\sigma > 0$，$S\mathrm{d}\sigma$ 表示试样承载能力升高。在开始缩颈时，这两个相互矛盾的方面达到平衡。

出现缩颈的位置是在拉伸曲线上的最大载荷处，即拉伸曲线上的极值点，因此有 $\mathrm{d}F/\mathrm{d}L = 0$，即

$$\frac{\mathrm{d}F}{\mathrm{d}L} = \frac{\mathrm{d}(\sigma S)}{L_0\mathrm{d}\varepsilon} = \frac{S\mathrm{d}\sigma}{L_0\mathrm{d}\varepsilon} + \frac{\sigma\mathrm{d}S}{L_0\mathrm{d}\varepsilon} = 0$$

于是可得 $-\dfrac{\mathrm{d}S}{S}\dfrac{\mathrm{d}\sigma}{\sigma}$。忽略相对来说很小的弹性变形，认为体积不变，即 $\mathrm{d}V = 0$。因 $V = SL$，则

$\mathrm{d}V = \mathrm{d}(SL) = L\mathrm{d}S + S\mathrm{d}L = 0$，所以就有 $-\mathrm{d}S/S =$ $\mathrm{d}L/L = \mathrm{d}\varepsilon = \mathrm{d}e/(1+e)$。因此出现缩颈的条件是

$$\frac{\mathrm{d}\sigma}{\mathrm{d}\varepsilon} = \sigma \tag{1-14}$$

即当形变强化速率等于该处的真应力时就开始缩颈。

按照缩颈条件，根据真应力-真应变曲线，并作相应的形变强化速率和真应力-真应变的关系曲线，这两条曲线的交点即表示在该应变量下将要开始缩颈，如图 1-11 所示。在交点的左侧，$\mathrm{d}\sigma/\mathrm{d}\varepsilon > \sigma$，则 $\mathrm{d}F > 0$，这意味

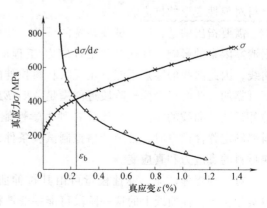

图 1-11　真应力-真应变曲线与
形变强化速率的关系

着形变强化作用占优势，在塑性变形较大的区域，强化导致的应力增加足以补偿因截面减小所引起的承载力下降，于是塑性变形将转移到其他区域，实现整个试样的均匀变形；但在交点的右侧，$d\sigma/d\varepsilon<\sigma$，则 $dF<0$，这意味着形变强化能力已经失去或十分微弱，在塑性变形较大的区域，强化导致的应力增加不足以补偿因截面减小所引起的承载力下降，于是塑性变形将在这一区域持续发展，导致缩颈的发生。

因此交点处的应变量是试样所能发生均匀塑性变形的最大值。

根据 Hollomon 关系可得

$$\frac{d\sigma}{d\varepsilon}=\frac{dK\varepsilon^n}{d\varepsilon}=nK\varepsilon^{n-1} \tag{1-15}$$

而由缩颈判据可知，在缩颈开始点有 $\dfrac{d\sigma}{d\varepsilon}=\sigma=K\varepsilon^n$，因此在开始发生缩颈时有 $nK\varepsilon_b^{n-1}=K\varepsilon_b^n$，所以可得

$$\varepsilon_b=n \tag{1-16}$$

式中，ε_b 是最大载荷处对应的真应变，被称为形变强化容量。这表明最大均匀真应变量 ε_b 在数值上等于形变强化指数 n，即 n 值决定了材料能够产生的最大均匀应变量，这一数值在冷加工成形工艺（如拉拔、挤压等）中是很重要的，可以保证得到尺寸均匀的丝、棒、板等冷加工制品。

1.3 拉伸性能指标

拉伸试验是最基本的材料力学性能试验之一，通过拉伸试验，可以测定材料的一些基本力学性能指标，这些指标也相应在拉伸曲线上表示出来。

1.3.1 弹性模量和泊松比

材料在弹性变形阶段，应力与应变服从胡克定律，应力与应变成正比，即

$$E=\frac{\sigma}{\varepsilon}=\frac{\Delta\sigma}{\Delta\varepsilon}=\frac{\Delta R}{\Delta e} \tag{1-17}$$

比例系数 E 称为弹性模量（Elastic Modulus）。弹性模量是度量材料刚度的系数，表征材料对弹性变形的抗力。

需要指出的是，由于试验系统的误差，如传感器响应、初始间隙量、夹持打滑、测量数据清零因素的影响，往往导致工程应力-工程应变曲线上在初始阶段出现一小段相对平缓的曲线，因此曲线的零点不能真正反映材料拉伸的零点。若不进行零点调整，计算得到的值是不可靠的。此时尽管弹性阶段近似满足 $\Delta R=E\Delta e$，但并不满足 $R=Ee$。于是可根据弹性阶段的外延调整曲线的零点，再计算各种力学性能指标。因此，采用工程应力-工程应变曲线的斜率确定弹性模量时，必须严格控制试验条件，确保工程应力和工程应变能够比较真实地反映材料的真应力和真应变。

对于理想弹性体，弹性模量可由其拉伸曲线上弹性变形阶段的斜率求得（图 1-12a）。但实际材料拉伸曲线上的这一阶段可能并非严格意义上的直线，则弹性模量可由曲线的切线（图 1-12b）或割线（图 1-12c）斜率求得，这在具体的试验标准中都有详尽规定。目前大多

数试验系统可测得大量试验数据值,并导出到数据文件中,因此也可通过对应力和应变数据进行线性拟合来求得斜率,并可根据相关系数对拟合结果进行分析。

弹性模量的量纲与应力的量纲一致,单位通常取 GPa($1\text{GPa} = 10^3\text{MPa} = 10^9\text{Pa}$)。不同类型的材料,其弹性模量可以差别很大,因而在给定的载荷下产生的弹性变形量也会相差悬殊。常见工程材料的弹性模量见附录 A。

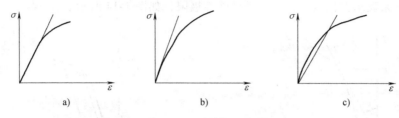

图 1-12 弹性模量的测量

a)理想线性 b)切线模量 c)割线模量

承受拉伸应力的材料除了产生轴向伸长外还伴随着径(横)向收缩。设原始直径为 d_o,拉伸后直径为 d,则径向应变 $\varepsilon_r = (d - d_o)/d_o$ 与拉伸应力有下列关系:$\varepsilon_r = -\nu\sigma/E = -\nu\varepsilon$。比例常数 ν 称为泊松比,也是材料的一个重要弹性常数。泊松比可按下式计算,即

$$\nu = -\frac{\varepsilon_r}{\varepsilon} \tag{1-18}$$

式中,ε 是轴向应变;ε_r 是径(横)向应变,也记为 ε_t,一般需借助应变片或引伸计来测量。对于多数金属材料 ν 取值为 $1/4 \sim 1/3$。常见工程材料的泊松比见附录 A。

1.3.2 强度指标

1. 比例极限

比例极限是指应力和应变成严格正比关系的上限应力值,即在应力-应变曲线上开始偏离直线时的应力,记为 σ_p。比例极限表征材料对非线性变形的抗力。可根据线性变形阶段的最大载荷 F_{pm} 计算,即

$$\sigma_p = R_{pm} = \frac{F_{pm}}{S_o} \tag{1-19}$$

在实际拉伸曲线上,很难完全精确地测定开始偏离直线的那一点应力值,因此通常通过比较某一点切线的正切值来测定比例极限。一般规定当过曲线上某点的切线和纵坐标夹角的正切值 $\tan\theta'$ 比直线部分和纵坐标夹角的正切值 $\tan\theta$ 增加 50% 时,该点对应的应力即为规定比例极限 σ_{p50}(简写为 σ_p),如图 1-13 所示。若要求精确时,也可采用规定偏离 25% 或 10% 时所对应的应力 σ_{p25} 或 σ_{p10},显然 $\sigma_{p50} > \sigma_{p25} > \sigma_{p10}$。此外,还可采用后面介绍的规定延伸强度来表示比例极限,称为条件比例极限。

2. 弹性极限

弹性极限是指材料发生可逆弹性变形的上限应力值,记为 σ_e。弹性极限表征材料对极微量塑性变形的抗力。可根据弹性变形阶段的最大载荷 F_{em} 计算,即

$$\sigma_e = R_{em} = \frac{F_{em}}{S_o} \tag{1-20}$$

理论上弹性极限的测定应该是通过不断加载与卸载，直到能使变形完全恢复的临界极限载荷。弹性极限定义的是由纯弹性变形过渡到塑性变形的应力的下限值。当应力超过弹性极限后，开始发生塑性变形，但弹性变形并不停止。因此弹性极限并不是材料对最大弹性变形的抗力，而是对开始微量塑性变形的抗力。

根据上述定义，很难由拉伸曲线精确测定材料的弹性极限，因此在工程应用中通常利用规定延伸强度来表示弹性极限，称为条件弹性极限，如图 1-14 所示。

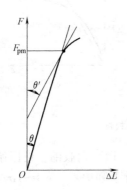

图 1-13 比例极限的测量

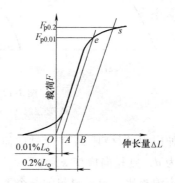

图 1-14 条件弹性极限的测量

3. 屈服强度

有的材料在拉伸时会表现出明显的屈服现象，如图 1-15 所示。当加载到点 A 时，材料发生突然的塑性变形，使载荷下降到点 B；同时在光滑的标准拉伸试样的过渡圆角处可观察到与拉伸方向成 45°的滑移带，即吕德斯带。随后，在应力微小波动的情况下材料变形继续增大，吕德斯带逐渐扩展到整个试样的标距范围内。当到达点 C 后，材料进入宏观均匀变形阶段，只有继续增大应力，材料的变形才会继续。屈服现象在拉伸曲线上表现为一段锯齿状水平台阶，称为屈服平台。点 A 称为上屈服点，对应于点 A 的应力称为上屈服强度 R_{eH}；点 C 称为下屈服点，对应于点 C 的应力称为下屈

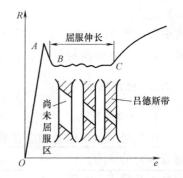

图 1-15 拉伸曲线上的屈服现象

服强度 R_{eL}。BC 段长度对应的延伸率称为屈服点延伸率 A_e。由于上屈服强度对试验条件变化敏感，试验结果相当分散，而下屈服强度再现性较好，因此，通常取下屈服强度 R_{eL} 作为材料的屈服强度，记为 σ_s 或 σ_y，也称为屈服极限。针对不同类型的屈服平台，屈服强度略有不同，如图 1-16 所示。

有些塑性材料在拉伸时没有明显的屈服现象，在这种情况下，一般采用规定延伸强度，即人为规定出现一定微量变形时的应力作为屈服强度，称为条件屈服强度，如图 1-16 所示。通常规定 $R_{0.2}$ 为屈服强度，也记为 $\sigma_{0.2}$。

因此，屈服强度的计算可表示为

$$\sigma_s = R_{eL} = \frac{F_{eL}}{S_o} \tag{1-21a}$$

或

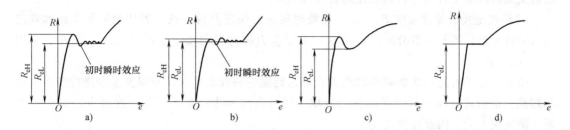

图 1-16　不同屈服平台的屈服强度

a）类型 1　b）类型 2　c）类型 3　d）类型 4

$$\sigma_s = \sigma_{0.2} = R_{0.2} = \frac{F_{p0.2}}{S_o} \qquad (1\text{-}21\mathrm{b})$$

屈服强度表征材料对起始塑性变形的抗力，是工程技术上最为重要的力学性能指标。塑性材料用于产品设计时，其许用应力是以屈服强度为依据的。

反映材料在屈服阶段塑性流动大小的指标是屈服点延伸率，指屈服应变，指试样从屈服开始至屈服阶段结束（形变强化开始）期间标距的延伸与原始标距的百分比，记为 A_e。

4. 规定延伸强度

当材料由弹性变形阶段进入塑性变形阶段，材料的拉伸变形表现出非比例伸长的特点。衡量这一阶段的变形，可用非比例伸长，也可用总伸长或残余伸长。一般来说，非比例伸长包括塑性伸长以及与时间有关的滞弹性伸长（随时间变化的可恢复的变形）、蠕变伸长（随时间变化的不可恢复的变形）等。总伸长则由总弹性伸长（弹性伸长、滞弹性伸长等）和总塑性伸长（塑性伸长、蠕变伸长等）组成。残余伸长是指材料卸载后的伸长，包括永久的总塑性伸长和随时间变化的滞弹性伸长。

由于非比例变形阶段的复杂性，衡量材料对非比例变形的抗力也较复杂。在工程应用中，通常使用规定延伸强度来描述。因为采用延伸率一般可以保证更高的精度，而且更加易于实施及标准化。它的测定方法在相应试验标准中都有详尽规定，在此仅介绍其含义及应用，如图 1-17 所示。根据测定延伸率的方法不同，规定延伸强度有三种表示方法。

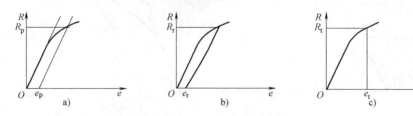

图 1-17　规定延伸强度

a）规定塑性延伸强度　b）规定残余延伸强度　c）规定总延伸强度

（1）规定塑性延伸强度 R_p　试样在加载过程中，塑性延伸率达到规定的引伸计原始标距某一百分率时的工程应力称为规定塑性延伸强度，也称为规定非比例延伸强度，记为 R_p，常用的有 $R_{p0.01}$、$R_{p0.05}$、$R_{p0.2}$ 等。

测定规定塑性延伸强度 R_p 可通过直接图解法进行。在用延伸率表示的拉伸曲线上作一条弹性直线段的平行线，使其与延伸率横轴的交点对应于规定的延伸率，此平行线与拉伸曲线的交点对应的工程应力就是规定塑性延伸强度。

（2）规定残余延伸强度 R_r　试样加载到某一工程应力后卸载，若残余延伸率达到规定的引伸计原始标距某一百分率时，将这一工程应力称为规定残余延伸强度，记为 R_r，常用的有 $R_{r0.2}$ 等。

由于一般不可能一次加载和卸载就正好达到规定的残余变形，所以要逐步进行多次加载和卸载，得到规定残余延伸率左右的数据，然后由内插法计算。可见，这种方法试验效率低、测定误差大，因此较少使用。

在规定延伸率相同的条件下，规定塑性延伸强度 R_p 和规定残余延伸强度 R_r 仅略有差别，若不强调测定方法，可统一表示为 $R_{0.01}$、$R_{0.05}$、$R_{0.2}$ 等。

（3）规定总延伸强度 R_t　试样在加载过程中，总延伸率达到规定的引伸计原始标距某一百分率时的工程应力称为规定总延伸强度，记为 R_t，常用的有 $R_{t0.5}$、$R_{t0.6}$、$R_{t0.7}$ 等。

在实际测量中，拉伸曲线上可能没有明显的弹性直线段，因此难以通过上述直接图解法来确定规定塑性延伸强度，这时可采用逐步逼近法或滞后环法来确定规定塑性延伸强度。

逐步逼近法适用于试验测得的拉伸曲线比较精确的情况，如图 1-18 所示。首先在拉伸曲线上估计至少超过规定塑性延伸强度的某一值 R_p^0 对应点 A_0，接着在曲线上分别确定 0.1 倍和 0.5 倍 R_p^0 对应点 B_1 和 D_1，过这两点作直线 B_1D_1。然后从原点沿水平方向取 OC 长度等于规定延伸率，过点 C 作直线平行于 B_1D_1，与拉伸曲线交于点 A_1，对应的工程应力为 R_p^1。如果 A_1 与 A_0 重合，则 R_p^1 就是待求的规定塑性延伸强度。否则再取 R_p^1 的 0.1 倍和 0.5 倍对应点 B_2 和 D_2，过点 C 作直线 B_2D_2 的平行线，与拉伸曲线交于点 A_2，对应的工程应力为 R_p^2。若 A_2 与 A_1 重合，则 R_p^2 就是待求的规定塑性延伸强度，否则继续上述操作，直到第 n 次交点 A_n 与上一次交点 A_{n-1} 重合，则 A_n 对应的工程应力 R_p^n 就是待求的规定塑性延伸强度。这样得到的 B_nD_n 直线斜率可作为确定各个规定塑性延伸强度的基准斜率，当然这个斜率也可作为材料弹性模量的参考值。

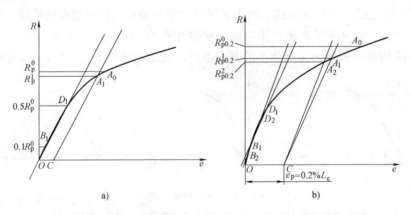

图 1-18　用逐步逼近法来确定规定塑性延伸强度

a）第一次的交点　b）延伸率为 0.2% 时重复多次后的交点

滞后环法需要在试验过程中进行卸载。首先对试样连续加载至与估计的规定塑性延伸强度相当的力，然后卸载至约为已达到的力的 10% 处，接着再次加载到超过原已达到的力，如图 1-19 所示。对于没有明显线弹性阶段的材料，这时一般会出现一个滞后环。通过滞后环的两端点画一直线 EF。从原点沿水平方向取 OC 长度等于规定延伸率，过点 C 作直线 EF 的平行线，与拉伸曲线的交点 A 所对应的工程应力 R_p 即为待求的规定塑性延伸强度。由于卸载点是预先估计的，很难恰到好处，所以直线 CA 可能在滞后环的左侧，也可能在滞后环的右侧。对于滞后环在右侧的情形，过点 C 的直线与拉伸曲线的交点即为点 A，如图 1-19a 所示。对于滞后环在左侧的情形，点 A 需要根据过点 C 的直线与拉伸曲线的包络线的交点来确定，如图 1-19b、c 所示。需要指出的是，滞后环法不考虑损伤对弹性模量的劣化影响，认为卸载前后材料的弹性模量基本不变，这也正是滞后环法确定规定塑性延伸强度的依据。

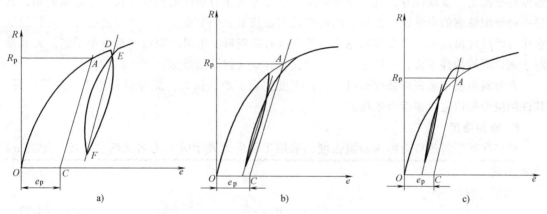

图 1-19　用滞后环法确定规定塑性延伸强度

a) 滞后环在右侧　b) 滞后环在左侧　c) 滞后环在左侧

可以认为，规定延伸率较小的强度值更适合表征材料抵抗弹性变形的能力，与材料的弹性极限性质类似；而规定延伸率较大的强度值更适合表征材料抵抗塑性变形的能力，与材料的屈服强度性质类似。如前所述，在实际材料的拉伸曲线上往往很难精确测定材料的比例极限、弹性极限、屈服强度等指标，这时可用相应的规定延伸强度来近似描述。条件弹性极限通常取 $R_{0.01}$ 或 $R_{0.05}$，条件屈服强度通常取 $R_{0.2}$ 或 $R_{0.5}$。

在结构设计中，一般不允许发生塑性变形，因此通常将材料的屈服强度作为设计和选材的主要依据。而对于要求特别严格的构件，应根据材料的比例极限或弹性极限来设计。

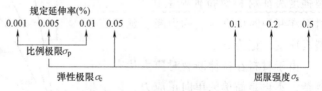

图 1-20　各种规定延伸强度与材料强度指标的关系

各种规定延伸强度与材料强度指标的关系如图 1-20 所示。

5. 抗拉强度

材料在拉伸断裂前所能承受的最大工程应力称为抗拉强度，记为 σ_t 或 R_m，可由拉伸时的最大载荷 F_m 和试样的原始横截面面积 S_o 求得，即

$$\sigma_t = R_m = \frac{F_m}{S_o} \tag{1-22a}$$

考虑到材料屈服之后的塑性变形一般不再是小变形，需要采用真应力，抗拉强度可记为 σ_b，即

$$\sigma_b = \frac{F_m}{S_m} \qquad (1\text{-}22b)$$

式中，S_m 是最大载荷下试样的实际横截面面积。

抗拉强度表征材料对均匀拉伸塑性变形的抗力，但并不一定代表材料的断裂抗力。许多材料在宏观均匀变形阶段之后会进入局部变形阶段，发生缩颈现象，这时由于材料横截面的收缩，材料承受的工程应力减小，但真应力仍在增大，直至达到断裂。尽管如此，由于抗拉强度易于测定，重现性好，且与疲劳极限、硬度等其他力学性能指标存在一定经验关系，又是一种组织敏感的力学性能指标，因而仍是工程技术上一个重要的力学性能指标。抗拉强度常作为产品规格说明或质量控制标志，几乎所有的资料、手册、规范中都少不了它。尤其是对于钢丝绳等构件来说，抗拉强度是一个比较有意义的性能指标。

在材料不发生缩颈局部变形时，抗拉强度代表了断裂抗力。脆性材料用于产品设计时，其许用应力是以抗拉强度为依据的。

6. 断裂强度

材料在断裂时的应力称为断裂强度，采用工程应力表示时称为名义断裂强度，记为 σ_B 或 R_B，即

$$\sigma_B = R_B = \frac{F_B}{S_o} \qquad (1\text{-}23a)$$

采用真应力表示时称为实际断裂强度，记为 σ_f，即

$$\sigma_f = \frac{F_B}{S_u} \qquad (1\text{-}23b)$$

式中，F_B 是试样断裂时的载荷大小；S_u 是试样断裂后的最小横截面面积。实际断裂强度表征材料对拉伸断裂破坏的抗力。材料在断裂时的真应变称为断裂延性或断裂真应变，记为 ε_f。

由于材料在拉伸断裂时应力状态十分复杂，不再是简单的单向正应力，以上根据拉伸断口横截面面积计算得到的仅仅是一个平均指标，并不反映真实的断裂应力。但对于塑料等发生缩颈后不断扩展的材料，断裂强度是一个重要的力学性能指

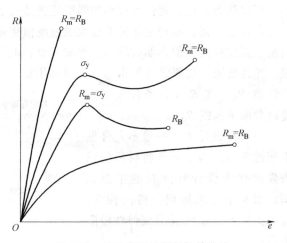

图 1-21　几种典型的塑料拉伸曲线

标。图 1-21 所示为几种典型的塑料拉伸曲线。可见有的材料抗拉强度等于断裂强度，而有的材料抗拉强度等于屈服强度。

脆性材料一般不产生缩颈，拉断前最大载荷就是断裂时的载荷，并且由于塑性变形小，试样横截面面积变化不大，$S_u \approx S_o$，所以抗拉强度 σ_t 就是断裂强度 σ_f，表征材料的断裂抗力。

1.3.3　塑性指标

塑性是指材料在断裂前发生塑性变形（不可逆永久变形）的能力，通常用断后伸长率和断面收缩率来表征材料的塑性。

断后伸长率是指试样断裂后标距的伸长与原始标距的百分比，记为 A_u，即

$$A_u = \frac{L_u - L_o}{L_o} \times 100\% \tag{1-24}$$

式中，L_o 是原始标距；L_u 是试样断裂后的标距，需将断裂后的两部分紧密对接在一起以保证其轴线共线后再来测量。

因为断裂后伸长 ΔL_u 由宏观均匀伸长 ΔL_b 和局部集中伸长 ΔL_n 两部分组成，相应地，断后伸长率 A_u 可分解为宏观均匀伸长率 A_b 和局部集中伸长率 A_n，即

$$A_u = \frac{L_u - L_o}{L_o} = \frac{\Delta L_u}{L_o} = \frac{\Delta L_b + \Delta L_n}{L_o} = A_b + A_n \tag{1-25}$$

式中，宏观均匀伸长率 A_b 主要取决于材料特性；局部集中伸长率 A_n 除了受材料特性的影响外，还与试样的几何形状有关，即

$$A_n = \delta \frac{\sqrt{S_o}}{L_o} \tag{1-26}$$

式中，δ 是与材料特性有关的常数。所以材料的断后伸长率与试样的几何尺寸有关，如图 1-22 所示。随着标距长度 L_o 的增大，局部集中伸长率 A_n 的贡献变小。当 L_o 很大时，$A_n \to 0$，因而 $A_u = A_b$。当 L_o 很小时，断后伸长率急剧增大，达到某一极限值 A_{max}。

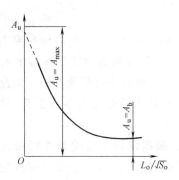

图 1-22　试样几何尺寸对断后伸长率的影响

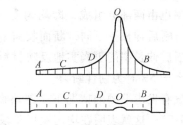

图 1-23　试样标距部分塑性变形的分布情况

为了使试验测定结果具有可比性，要求试样采用比例试样，保证 $\sqrt{S_o}/L_o$ 为一常数。通常采用两种标距，长标距为 $L_o/\sqrt{S_o} = 11.3$，短标距为 $L_o/\sqrt{S_o} = 5.65$。对于圆柱形试样，相当于长标距为 $L_o = 10d_o$，短标距为 $L_o = 5d_o$。于是分别以下标区分，将断后伸长率表示为 A_{u10} 或 A_{u5}。另外由上式可知，由于 A_b 和 δ 是与材料特性有关的常数，因此 $A_{u10} < A_{u5}$。当比较不同材料的塑性性能时，应注意采用相同的比例试样。由于短试样可以节约原材料且加工较方便，所以通常优先选用短试样来测定断后伸长率。

图 1-23 所示为试样标距部分塑性变形的分布情况。可以看出，缩颈断裂处变形最大，距离断裂位置越远变形越小。断裂位置对断后伸长率计算有一定影响，其中以断在正中的试

样的断后伸长率最大。为了便于比较，规定以断在标距中央 1/3 段试样的断后伸长率为测量标准，若断在标距两端的 1/3 段时，需要采用如下移位法进行换算。

试验前将标距细分为 N 等份，一般推荐每格长度为 5mm。试验后在断口长段一侧取基本等于短段一侧的格数，则断口基本位于 n 段小格 XY 的中央，如图 1-24 所示。然后根据长段一侧剩余格数进行修正计算。若 N-n 为偶数，记其中点为 Z，则修正后的断后伸长率为

$$A_\mathrm{u} = \frac{L_{XY} + 2L_{YZ} - L_\mathrm{o}}{L_\mathrm{o}} \times 100\% \tag{1-27a}$$

若 N-n 为奇数，分别减 1 格与加 1 格得到其中点 Z′ 和 Z″，则修正后的断后伸长率为

$$A_\mathrm{u} = \frac{L_{XY} + L_{YZ'} + L_{YZ''} - L_\mathrm{o}}{L_\mathrm{o}} \times 100\% \tag{1-27b}$$

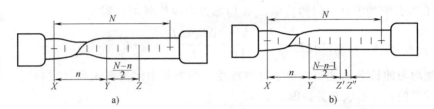

图 1-24　断裂位置不在中部时断后伸长率的修正计算

a）N-n 为偶数　b）N-n 为奇数

断面收缩率是指试样断裂后断口处横截面面积的最大缩减量与原始横截面面积的百分比，记为 Z_u，即

$$Z_\mathrm{u} = \frac{S_\mathrm{o} - S_\mathrm{u}}{S_\mathrm{o}} \times 100\% \tag{1-28}$$

式中，S_u 是断裂后断口处的最小横截面面积；S_o 是原始横截面面积。与断后伸长率类似，断面收缩率也由两部分组成，即均匀变形阶段的断面收缩率和局部集中变形阶段的断面收缩率，但与断后伸长率不同，断面收缩率与试样尺寸无关，只取决于材料的性质。因此断面收缩率较断后伸长率能更真实地反映材料的塑性变形。一般认为断面收缩率小于 5% 时为脆性断裂，大于 5% 时为韧性断裂。

在没有发生缩颈的情况下，忽略微小的弹性变形，根据体积不变的条件可得式（1-6）和式（1-7）。这就表明在均匀变形阶段伸长率 A 恒大于截面收缩率 Z。若某一试样的断后伸长率大于或等于断面收缩率（$A_\mathrm{u} \geqslant Z_\mathrm{u}$），则该试样只有均匀变形而未发生缩颈，其为低塑性材料。反之，若断面收缩率大于断后伸长率（$Z_\mathrm{u} > A_\mathrm{u}$），则为高塑性材料，且 Z_u 与 A_u 之差越大，缩颈越严重。例如：高锰钢拉伸时不产生缩颈，其 $A_\mathrm{u} \approx 55\%$，$Z_\mathrm{u} \approx 35\%$；12CrNi3 钢淬火加高温回火后拉伸时产生很显著的缩颈，其 $A_\mathrm{u} \approx 26\%$，$Z_\mathrm{u} \approx 65\%$。

除了用断后伸长率来表示材料的塑性，还可用最大力总延伸率、塑性延伸率或断裂总延伸率来表示材料的塑性。

当施加在材料上的应力达到抗拉强度时，试样的总延伸（包括弹性延伸和塑性延伸）与原始标距之比的百分率称为最大力总延伸率 A_gt，这时相应的塑性延伸与原始标距之比的百分率称为最大力塑性延伸率 A_g。在断裂时刻，试样的总延伸与原始标距之比的百分率称为断裂总延伸率 A_t，对应于前述的断裂延性 ε_f，这时相应的塑性延伸率相当于前述的断后

伸长率。对于有明显峰值点的拉伸曲线，最大力总延伸率 A_{gt} 可由直接图解法测定，即峰值应力对应的延伸率。对于峰值点不明显、呈平台形的拉伸曲线，最大力总延伸率 A_{gt} 可由拉伸失稳条件确定（即 $dR/de \leqslant 0$ 时），如图 1-25 所示。

显然，最大力总延伸率实际上是材料拉伸时能够产生的最大均匀塑性变形（忽略微小的弹性变形），这是以工程应变形式表示的。它对应的真应变称为极限应变，即

$$\varepsilon_b = \ln(1 + A_{gt}) \qquad (1\text{-}29)$$

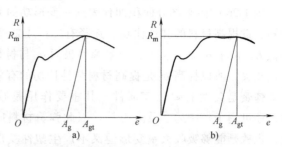

图 1-25 最大力总延伸率的测定
a）直接图解法 b）拉伸失稳条件法

而 $n = \varepsilon_b$，因此在拉伸试验时测出最大力总延伸率 A_{gt}，换算成 ε_b，就可求出材料的形变强化指数 n。所以与形变强化指数 n 类似，最大力总延伸率 A_{gt} 和极限应变 ε_b 也可反映材料形变强化的能力。

在评定冲压用板材的极限变形程度，如翻边系数、扩口系数、最小弯曲半径、胀形系数等时，A_{gt} 是一个重要的参数。试验表明，大多数材料的翻边变形程度与 A_{gt} 成正比。对于深拉伸用钢板，一般要求有很高的 A_{gt} 值。

综上，断后伸长率和断面收缩率表征了材料最大塑性变形的能力，最大力总延伸率和极限应变表征了材料均匀塑性变形的能力。

工程设计中不但要考虑材料的强度，同时还要考虑材料的塑性。尽管材料的塑性指标通常并不直接用于结构设计，因为塑性一般与材料服役行为之间没有直接联系。但对静载下工作的构件，一般都要求具有一定塑性，以防止偶然过载时突然破坏。这是因为塑性变形有缓和应力集中的作用，对于有裂纹的构件，塑性可以松弛裂纹尖端的局部应力，有利于阻止裂纹扩展。从这些方面来看，塑性指标也应属于安全力学性能指标。

尤其是对于具有形变强化特性的材料，如果其具有一定的塑性，则在应力集中部位，或者偶然过载时，局部塑性变形松弛可一定程度上缓冲集中应力，避免断裂，保证安全。另外，材料塑性变形能力是压力加工和冷成形工艺的基础。例如：在冷弯、冲压等过程中，为保证材料的流动性，必须具有足够的塑性，尤其是材料的均匀塑性变形能力十分重要。

另外，塑性对于材料的成形加工是很重要的。金属有了塑性才能通过轧制、挤压等冷热变形工序生产出合格产品。为了使机器装配、修复工序顺利完成，也需要材料有一定塑性。塑性还能反映冶金质量的优劣，故可用于评定材料质量。

金属材料的塑性常与其强度性能有关。当材料的断后伸长率与断面收缩率较高时，材料的塑性越高，但其强度一般较低。屈强比也与断后伸长率有关。通常，材料的塑性越好，屈强比越小。例如：高塑性的退火铝合金，$A_u = 15\% \sim 35\%$，$\sigma_{0.2}/\sigma_t = 0.38 \sim 0.45$；人工时效的铝合金，$A_u < 5\%$，$\sigma_{0.2}/\sigma_t = 0.77 \sim 0.96$。

1.3.4 能量指标

1. 弹性比功

单位体积材料所吸收的最大弹性变形功称为弹性比功，即

$$w_e = \frac{1}{2}\sigma_e\varepsilon_e = \frac{\sigma_e^2}{2E} \tag{1-30}$$

弹性比功反映了材料吸收变形功而不发生永久变形的能力。图 1-26 中阴影部分面积即代表这一变形功的大小。从上式可知，欲提高材料的弹性比功，途径有二：或是提高 σ_e，或是降低 E。由于 σ_e 是二次方，而且弹性极限 σ_e 与材料的组织结构密切相关，所以提高 σ_e 是提高材料弹性比功的有效途径。

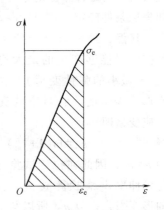

图 1-26 弹性比功计算示意图

弹簧是典型的弹性零部件，其重要作用是减振和储能驱动，还可用于控制运动及测力等。因此弹簧材料应有良好的弹性，也就是能够吸收大量变形但又不产生塑性变形，这就要求其具有尽可能大的弹性比功。生产上弹簧钢碳的质量分数较高，并加入 Si、Mn、Cr、V 等合金元素以强化铁素体基体和提高钢的淬透性，经淬火加中温回火获得回火托氏体组织以及冷变形强化等，可以有效地提高弹性极限，使弹性比功增加，满足各种钢制弹簧的技术性能要求。仪表弹簧因要求无磁性，常用磷青铜或铍青铜等软弹簧材料制造。这类材料既具有较高的弹性极限，又具有较小的弹性模量，故也有较高的弹性比功，因而能在较大变形量下仍然处于弹性变形状态，测力时可以提供较高的灵敏度。

2. 静力韧度（强塑积）

韧度是度量材料韧性的力学性能指标，通常可分为静力韧度、冲击韧度和断裂韧度。习惯上，韧性和韧度这两个名词常常混用。但严格来讲，韧性是材料的力学性能，是指材料断裂前吸收塑性变形功和断裂功的能力，或指材料抵抗裂纹扩展的能力，韧度则是对其的度量。

在静载荷作用下，材料在变形、裂纹形成、断裂过程中都会吸收能量。它的特征是：作用载荷变化速度缓慢，材料在断裂前吸收能量的本领主要依赖于材料的塑性变形能力和变形抗力。单位体积材料在断裂前所吸收的能量，也就是外力使材料断裂所做的功，称为材料的静力韧度或断裂应变能密度，记为 U_t。它包括三部分能量，即弹性变形能、塑性变形能和断裂能。反映在拉伸曲线上，即曲线下的面积，因而据此可知

$$U_t = \int_{L_o}^{L_u} \frac{F\mathrm{d}L}{V} = \int_{L_o}^{L_u} \frac{F}{S}\frac{\mathrm{d}L}{L} = \int_0^{\varepsilon_f} \sigma\mathrm{d}\varepsilon \tag{1-31}$$

韧度是与强度和塑性相关的综合力学性能指标。对于塑性材料，韧度主要取决于塑性，可近似计算为

$$U_t = \frac{1}{2}(\sigma_s + \sigma_f)\varepsilon_f \tag{1-32}$$

对于脆性材料，韧度主要取决于弹性，近似等于弹性变形能，与弹性比功一致。静力韧度的单位为 $\mathrm{J/m^3}$，不难发现这与强度单位 Pa 的量纲是一致的。

对于韧性材料，工程中一般近似计算其静力韧度为

$$U_t \approx \sigma_f\varepsilon_f \approx R_m A_t \tag{1-33}$$

因此静力韧度又称为强塑积，即抗拉强度与断裂总延伸率的乘积，该数值近似等于材料的拉伸曲线所包围的面积。

静力韧度是表征材料韧性的指标，对于在服役中有可能遇到偶然过载的机件（如链条、起重吊钩等），是必须考虑的重要指标。超轻钢汽车车身构件用钢板，要求材料强度高、塑性好、可成形、抗冲撞。石油天然气工程中的可膨胀管，也要求材料具有高强度、高塑性。这就均应具有较大的静力韧度。低碳钢和传统高强度钢的静力韧度仅为 10000 ~ 12000MPa·%（$1MPa·\% = 10^4Pa = 10^4J/m^3$），近年来已大量应用的相变诱发塑性钢（TRIP 钢）的静力韧度已达 20000 ~ 25000MPa·%，而孪生诱发塑性钢（TWTP）的静力韧度则高达 50000MPa·% 以上。高的静力韧度可以显著提高构件抗冲撞能力，也可以提高管件在井下的膨胀能力和抗挤毁能力。

严格来讲，在计算静力韧度时不能用整个试样的体积去考虑变形功，尤其是在发生缩颈后需要在试样的缩颈区域（缩颈体积）内计算变形功，但缩颈体积的测量和确定存在较大困难。因此，曲线包围的面积显然是弹性变形、均匀塑性变形、集中塑性变形和断裂等不同过程中吸收能量的总和，没有明确区分各种不同的物理机制。而通常意义上所讲的韧性好主要是指材料在裂纹扩展过程中吸收能量多，这需要用断裂韧度来衡量。另外需要注意的是，当拉伸曲线下面面积相同时，计算得出的静力韧度相等，但这并不能表明材料具有相同的韧性。因此，静力韧度这一指标存在一定的局限性，在实际应用中受到一定限制，没有被广泛使用。但尽管如此，这一指标还是反映了在缓慢加载条件下材料变形和断裂过程中所吸收的能量多少。显然曲线包围的面积越大，材料断裂之前吸收的能量越多，韧度越高。

为了获得较高的韧度，需要强度与塑性具有较好的配合。图 1-27 所示为几种不同强度和塑性的组合情况。在过分强调强度而忽视塑性的情况下，或者在片面追求塑性而不兼顾强度的情况下，均不会得到高韧度。

忽略拉伸曲线的弹性变形部分，形变强化从 σ_s 开始到 σ_f 断裂，对应的应变为 ε_f，如图 1-28 所示。拉伸曲线的斜率为形变强化模量 $E_p = \tan\alpha$，则材料的韧度可按式（1-32）计算，其中

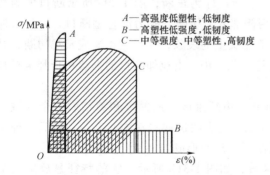

图 1-27　几种不同强度和塑性的组合情况

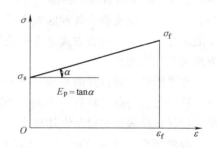

图 1-28　简化的拉伸曲线

$$\varepsilon_f = \frac{\sigma_f - \sigma_s}{E_p} \tag{1-34}$$

因此有

$$U_t = \frac{\sigma_f^2 - \sigma_s^2}{2E_p} \tag{1-35}$$

上式说明，在不改变材料断裂应力的情况下，提高材料的屈服强度将导致材料韧性降低。也就是说，这种情况下材料强度的提高是以牺牲材料的韧性为代价的。

1.4 拉伸断口与断裂方式

不同材料在拉伸断裂后所形成的断口形态是不同的，通过对断口位置、取向以及断裂面粗糙度进行分析，可以推断材料断裂时的受力状态以及塑性变形的大小。图 1-29 所示为典型的拉伸断口形貌。根据材料断裂前塑性变形的大小（如以断面收缩率 5% 为界），或者吸收能量的多少，可将材料的断裂分为韧性断裂和脆性断裂。

图 1-30 所示为几种典型的断裂破坏状态。图 1-30a 所示为脆性材料的完全脆性断裂，此时 $\sigma_f = \sigma_b = \sigma_t = \sigma_s$；图 1-30b 所示为低塑性材料在均匀塑性变形后的断裂，此时 $\sigma_f = \sigma_b > \sigma_t > \sigma_s$；图 1-30c 所示为塑性材料的断裂，此时 $\sigma_f > \sigma_b > \sigma_t > \sigma_s$；图 1-30d、e 所示为高塑性材料在缩颈后的断裂，尤其是很纯的金属（如金、铅等）最后可能缩颈到一点，此时 $\sigma_f \gg \sigma_b > \sigma_t > \sigma_s$。

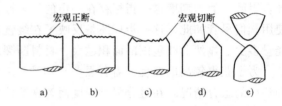

图 1-29　典型的拉伸断口形貌

a）韧性杯锥状断口　b）脆性平直断口

图 1-30　几种典型的断裂破坏状态

力学上常将断裂分为正断和切断。断面垂直于最大正应力方向断裂的称为正断，而沿着最大切应力方向断裂的称为切断。图 1-30a 所示断口即为正断，图 1-30e 所示断口即为切断，图 1-30c 所示断口中心部分大致为正断，两侧部分为切断，故为混合型断口。由于拉伸断裂时应力状况复杂，各种断裂方式仅仅是宏观意义上的表象，即宏观正断或宏观切断，并不能区分出本质的断裂方式是正断或切断。尽管如此，仍可由拉伸断口的形状初步判定材料表现为脆性或塑性。

光滑圆柱拉伸试样的宏观韧性断口呈杯锥状，由纤维区、放射区和剪切唇三个区域组成，这也被称为断口特征三要素，如图 1-31a 所示。这表明试样先在中心开裂，然后向外延伸，接近试样表面时沿最大切应力方向的斜面断开，从而形成如杯锥状的断口。

板状矩形拉伸试样断口也具有上述三个区域，如图 1-31b 所示。它的特征是放射区常呈现为人字形花样。人字的尖端指向裂纹源，且人字形花样的放射方向与裂纹扩展方向平行。

纤维区位于试样中心位置，裂纹首先在该区形成，其颜色灰暗，表面有较大的起伏，好似一束束纤维，这表明裂纹在该区扩展时伴有较大的塑性变形，裂纹扩展也较慢。

放射区位于纤维区外部，其表面光亮平坦，有较细的放射状条纹从试样中心指向外缘，裂纹在该区扩展较快。放射状条纹也是由于材料的剪切变形引起的，它是材料快速低能撕裂的结果。材料越脆，放射状条纹越细。

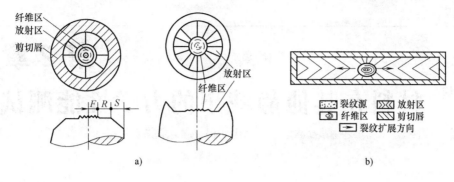

纤维区
放射区
剪切唇

$F\ R\ S$

放射区
纤维区

裂纹源　　放射区
纤维区　　剪切唇
裂纹扩展方向

a)

b)

图 1-31　拉伸宏观断口示意图

a) 圆柱试样　b) 板状试样

剪切唇位于试样断口边缘，与拉力轴向成 40°～50°，表面粗糙，呈深灰色。

宏观脆性断口一般比较平整，表现出冰糖状的结晶面断口。在晶粒比较粗大时，可以看到许多强烈反光的小平面，这也就是晶内的解理面。但如晶粒比较细小，则肉眼难以辨认出冰糖状的结晶面，此时断口一般呈晶粒状，但要比纤维状断口明亮。

试样塑性的好坏可由这三个区域的比例而定。如放射区较大，则材料的塑性低，因为这个区域是裂纹快速扩展部分，伴随塑性变形也小。反之如纤维区和剪切唇占很大比例，甚至中间的放射区几乎消失，则材料的塑性好。脆性断口纤维区很小、剪切唇几乎没有，表现为呈放射状或结晶状的平齐光亮断口。

各区域的形态、大小和相应位置受到试样形状、尺寸及材料性能以及试验温度、加载速率和受力状态的影响而表现出不同的变化。一般来说，材料强度提高、塑性降低时放射区的比例增大，特别是试样尺寸加大时，放射区增大明显，而纤维区变化不大。

1.5　单向静拉伸试验的特点

材料的拉伸分为单向拉伸、三向等拉伸、三向不等拉伸，通常若不特殊指明，一般是指单向拉伸。材料的单向静拉伸试验是一种相对较简单的试验方法，也是应用最广泛的、最重要的力学性能试验方法。

单向静拉伸试验下试样内部的应力场分布相对比较简单，可以揭示材料的基本力学行为规律，是研究材料力学性能的基本试验方法。因此拉伸试样要平直、光滑、无缺陷，试验中要做好夹具的对中夹持，以确保在试验材料内形成单向应力场。

当需要测量试样的变形以确定弹性模量、泊松比等力学性能指标时，一般需要设法测量试样标距段的变形，而不宜直接采用试验机横梁或作动器的位移来计算。通常可用引伸计或应变片来测量，这样可以避免试验机自身变形以及夹具微小滑动带来的测量误差。

通过单向静拉伸试验，可以测定材料的弹性、塑性、强度、韧性等许多基本的、重要的力学性能指标。而且根据材料的拉伸性能，可以预测材料的其他力学性能，如硬度、疲劳强度、断裂韧度等。在工程应用中，材料的拉伸性能经常作为结构设计、评定材料和优选工艺的主要依据，是十分重要和基本的力学性能。

第2章
材料在其他静载下的力学性能测试

大部分材料的力学应用是在常温静载下进行的，模拟并研究材料在常温静载下的力学行为，是材料力学性能研究的基础内容。基于不同的加载方式，可将材料的力学行为分为拉伸、压缩、扭转、弯曲和剪切等情况，进而通过相应的试验和分析研究其力学性能。这种划分只是一种研究手段，实际上材料所受的外载往往很复杂，有时可以简化为上述的某种方式，有时则是上述某几种方式的组合。

不同的加载方式表现出不同的特点，反映了材料某一方面的力学性能，下面首先讨论如何选择试验方式来评测材料的力学性能指标，研究其力学性能，然后就各种加载方式的特点及相应的试验方式、测量指标进行逐一介绍。

2.1 加载方式与应力状态

2.1.1 应力状态软性系数

材料在使用时承受的载荷形式不同，相应的力学响应也不同。因此，研究材料的力学性能要考虑加载方式的影响。测定材料的力学性能指标时要根据材料的特性（脆性或韧性）和实际使用时的承载方式确定加载方式。

在不同的加载方式下，材料具有不同的应力状态，因而最终破坏形式也不同。

在一般复杂应力状态下，最大切应力为

$$\tau_{max} = \frac{\sigma_1 - \sigma_3}{2} \tag{2-1}$$

按最大拉应变条件计算（第二强度理论）得到等效最大正应力为

$$\sigma_{max} = \sigma_1 - \nu(\sigma_2 + \sigma_3) \tag{2-2}$$

最大正应力与最大切应力在材料的变形和断裂过程中所起的作用是不同的。一般来说，最大正应力通常导致脆性断裂，而最大切应力则通常引起塑性变形，使材料产生韧性断裂。所以，从宏观上讲，可根据最大正应力与最大切应力的相对大小来推断材料在所受载荷下趋于哪种变形与断裂。为此，定义两者比值为应力状态软性系数 α，即

$$\alpha = \frac{\tau_{max}}{\sigma_{max}} = \frac{\sigma_1 - \sigma_3}{2[\sigma_1 - \nu(\sigma_2 + \sigma_3)]} \tag{2-3}$$

α 值越大，最大切应力的分量越大，表示该应力状态越"软"，材料越容易产生塑性变形和

韧性断裂。反之，α 值越小，最大切应力的分量越小，表示该应力状态越 "硬"，材料越不易产生塑性变形，而是容易产生脆性断裂。

表 2-1 给出了泊松比 $\nu = 0.25$ 的材料在不同加载方式下的应力状态软性系数。从表 2-1 可以看出，三向等拉伸和三向不等压缩是两种极端状态，而单向拉伸的 α 为 0.5，"软" "硬" 适中，因此在材料的所有力学性能试验中应用最为广泛。对于脆性材料，若选择偏 "硬" 的加载方式，材料将发生脆性正断，难以表征其塑性变形能力，因此通常采用压缩等 "软" 加载方式来研究其可能的塑性行为。反之，对于塑性较好的材料，可采用三向不等拉伸等 "硬" 加载方式来考察其脆断倾向。

灰铸铁在进行布氏硬度试验时相当于侧压应力状态（$\alpha > 2$），可以压出一个很大的压痕坑，表现出较好的塑性变形，在单向压缩时（$\alpha = 2$），也可表现出切断式的 "韧性" 断裂，但在单向拉伸时（$\alpha = 0.5$）却表现出典型的脆性断裂特征；淬火高碳钢在单向静拉伸下产生正断，很难表现出塑性，但在扭转和压缩等较软的应力状态下就可以测定塑性指标。因此，就材料本身而言，很难断定绝对是脆性或韧性材料。任何材料都有可能产生韧性断裂，也有可能产生脆性断裂，这与材料的加载方式即应力状态有关，还与试验条件如温度、加载速度等有关。反之，在同一种应力状态下，不同的材料必然具有不同的变形断裂类型。

表 2-1 不同加载方式下的应力状态软性系数（$\nu = 0.25$）

加载方式	主应力			软性系数 α
	σ_1	σ_2	σ_3	
三向等拉伸	σ	σ	σ	0
三向不等拉伸	σ	$(8/9)\sigma$	$(8/9)\sigma$	0.1
单向拉伸	σ	0	0	0.5
扭转	σ	0	$-\sigma$	0.8
二向等压缩	0	$-\sigma$	$-\sigma$	1
单向压缩	0	0	$-\sigma$	2
三向不等压缩	$-\sigma$	$-(7/3)\sigma$	$-(7/3)\sigma$	4
三向不等压缩	$-\sigma$	-2σ	-2σ	∞
三向等压缩	$-\sigma$	$-\sigma$	$-\sigma$	不适用（$\sigma_{max} < 0$）

2.1.2 力学状态图

对于不同的材料，只有选择与实际应力状态相适应的试验方法，才能测得材料的相应力学性能。同时，材料在实际使用中也需注意其在不同应力状态下的不同力学响应。为此，苏联的弗里德曼考虑了材料在不同应力状态下的极限条件和失效形式，提出了材料的力学状态图，用图解的方法把试验类型和应力状态之间的关系以及不同材料的响应做了很好的概括，如图 2-1 所示。力学状态图的绘制方法为：以最大正应力 σ_{max} 为横坐标，以最大切应力 τ_{max} 为纵坐标，则可过原点画出一系列射线，其斜率即代表在不同加载方式下的应力状态软性系数 α。此外，根据试验结果可画出三条直线表示材料对屈服、切断和正断三种失效形式的抗力，即剪切屈服线 τ_s、切断线 τ_k、正断线 σ_k。通常，τ_s 可由扭转的屈服强度 τ_s 确定，τ_k 可由扭转试验的抗扭强度 τ_b 确定，σ_k 可由拉伸试验的屈服强度 σ_s 或真实抗拉强度 σ_b 确定，

正断线 σ_k 在 τ_s 线以下与纵轴平行，超过 τ_s 线后，由于形变强化，随塑性变形的发展而增大，变为上斜线。由此，可在图中近似划分出四个区域：τ_k 线以上为切断区，σ_k 线以右为正断区，τ_s 线与 σ_k 线之间为弹性变形区，τ_k 线、τ_s 线及 σ_k 线围成的是塑性变形区。

对于不同的材料，剪切屈服线 τ_s、切断线 τ_k、正断线 σ_k 这三条线的位置也不同。根据 α 线穿过的区域可近似推断材料在相应加载方式下的力学行为。以图 2-1 所示材料为例，在单向拉伸时，将先产生弹性变形，然后发生均匀宏观塑性变形，最后发生正断；在扭转时，将在发生弹性变形、塑性变形后切断破坏。

图 2-2 所示为几种不同材料在不同应力状态下的表现。材料 A 的抗剪能力强而抗拉能力弱，如陶瓷材料；材料 C 抗剪能力弱而抗拉能力强，如金属材料；材料 B 介于两者之间。通常把易于拉断的材料称为硬性材料，易于引起拉断的应力状态称为硬性应力状态；把易于切断的材料称为软性材料，易于引起切断的应力状态称为软性应力状态。材料从 A 到 C 是由硬到软，应力状态从 1 到 4 是由软到硬。对材料 A 进行压入试验（三向不等压缩）可引起切断，但进行单向压缩试验时已不能引起材料 A 的屈服，而是直接脆断了。对材料 B 进行单向压缩可引起切断，但在进行扭转试验时就表现为由正应力引起的脆断了。

温度、加载速率等的影响也可以通过力学状态图表示出来，因为这些变化往往会导致剪切屈服线 τ_s、切断线 τ_k、正断线 σ_k 这三条线的位置变化，将它们绘在一张图上即可形象表示温度等因素的影响。一般随着温度的降低和加载速率的升高，τ_s 升高较快而 σ_k 变化不大，因而增加了材料的脆断倾向。

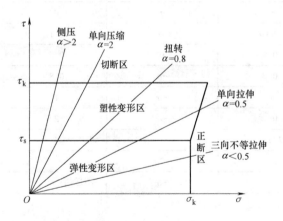

图 2-1　材料的力学状态图

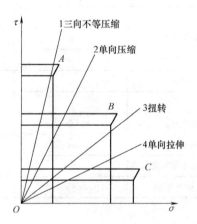

图 2-2　几种不同材料在不同应力状态下的表现

在力学状态图中，各种加载方式所引起的应力状态是固定不变的。但事实上，材料在屈服之后应力状态可能会发生变化。例如：缩颈时会在试样局部造成三向应力，而在缩颈试样中心形成裂纹之后，当发展到试样边缘时又接近单向拉伸状态，产生切断。

从力学状态图可以发现，材料的脆性或韧性只是一个相对的概念，它是材料性质与应力状态相互作用的结果。即便对于同一种材料，在某种应力状态下发生脆性断裂，若改变应力状态后也可能发生韧性断裂。于是可引入 $\beta_1 = \tau_s / \sigma_k$ 和 $\beta_2 = \tau_k / \sigma_k$ 表征材料发生塑性变形和韧性断裂的难易程度。当应力状态软性系数 $\alpha < \beta_1$ 时材料呈脆性，当 $\alpha > \beta_2$ 时材料呈韧性。

根据上面所述，力学状态图可用于以下力学性能分析。

1）预测材料在某种加载方式下的力学行为、破断形式。

2）当加载方式确定后，根据力学状态图可合理选择与利用材料。

3）当材料性能确定后，根据力学状态图可合理安排加载方式。

4）根据力学状态图可合理选择试验加载方式，测定材料某一方面的力学性能。

可见，力学状态图以试验测定的结果为依据，近似描述了材料在不同加载方式下的力学行为。

不过需要注意的是，将两种强度理论、材料性能、加载方式（应力状态）、断裂类型都联系起来的力学状态图只能是一种近似解释和估计，因为正断和切断往往与应力状态有关，而以应力表示的断裂抗力本身还有定义和测定上的困难，此外应力状态软性系数在大塑性变形发生后（如缩颈）也会有所变化。但尽管如此，力学状态图作为一种简单易行的方法，可以定性阐明材料的强度问题，工程实践中有时还在使用。

2.1.3 各种加载方式下的力学性能指标

不同的力学性能试验具有不同的特点，适用于不同的性能测定。在了解各种力学性能试验特点的基础上，可根据材料表现的脆性、低塑性、中等塑性或高塑性来选择不同的力学性能试验，此外还应考虑准备测定的力学性能指标以及材料实际使用中将承受的载荷情况。

表 2-2 列出了不同力学性能试验的特点。

表 2-2　不同力学性能试验的特点

性能曲线		测定指标						适用材料	其他特点
		弹性		塑性			能量		
		刚度	强度	屈服强度	极限强度	断裂强度	残余变形	韧度	
拉伸	$F\text{-}\Delta L$ $R\text{-}e$	E ν	σ_p σ_e	σ_s	σ_t σ_b	σ_f σ_b	A_u Z_u	$w_e,\ U_t$	低脆性塑性	—
压缩	$F\text{-}\Delta L$ $R\text{-}e$	E_c ν	σ_{pc} σ_{ec}	σ_{sc}	σ_c	σ_c	A_u Z_u	$w_e,\ U_t$	脆性中低塑性	间接拉伸
扭转	$T\text{-}\phi$ $\tau\text{-}\theta$	G	τ_{pm}	τ_s	τ_m	τ_{tm}	γ_{max}	—	中高塑性	表面分析 断口分析
弯曲	$F\text{-}f$	E_b	—	—	σ_{bb}	f_{rb}	v	脆性低塑性	表面分析
剪切	—	—	—	—	τ_b	—		脆性	抗剪分析,测定 C（黏聚力）、ϕ（内摩擦角）值

2.2　单向压缩

单向压缩试验时，在试样两端缓慢施加单向载荷，使试样受到轴向压缩而沿轴向缩短，直至试样被压裂为止。类似于单向拉伸试验，通过单向压缩试验，可以测定材料弹性、塑性等重要的基本力学性能指标，这些指标的特性统称为材料的压缩性能。

2.2.1 单向压缩试样及应力场分析

单向压缩试验采用光滑试样在压缩试验机或万能试验机上进行。压缩试验通常采用圆柱试样，也可用立方体或棱柱试样。具体试验方法可参见国家标准 GB/T 7314—2005，GB/T 7757—2009，GB/T 50081—2002 等。

为防止压缩时试样屈曲失稳，试样长度 L_0 和直径 d_0 之比应是 1~3。试样的长径比 L_0/d_0 对试验结果影响较大，为使试验结果具有可比性，国家标准对试样的长径比做了规定。

压缩试验时，试样端面与压头之间的摩擦阻力对试验结果有很大影响。这种摩擦阻力阻碍试样端面的横向变形，造成了试样呈上下端面小而中间凸的腰鼓形，即鼓胀效应。端面的摩擦阻力引起附加变形阻力，从而会提高总的变形抗力，降低变形能力。因此，为减少端面摩擦，要求试样两端必须光滑平整、相互平行，必要时可涂润滑油或石墨粉进行润滑。对有特殊要求的情况，还可将试样和压头加工成锥面（图 2-3），且使锥面的倾角 α 等于摩擦角，即 $\tan\alpha = f$，其中 f 为压头材料与试样材料接触时的摩擦因数。

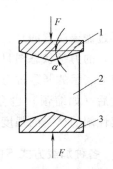

图 2-3 减小端面摩擦的压缩试样和压头形状

1—上压头 2—试样 3—下压头

2.2.2 压缩曲线

单向压缩可以看作是反向拉伸，相应可测绘出压缩曲线，如图 2-4 所示。对于塑性材料，压缩时只发生压缩变形而不断裂，采用工程应力形式表示的压缩曲线一直上升。

压缩试验通常将圆柱试样压缩成圆鼓肚形，如图 2-5 所示。变形集中在试样中心部分，而上下表面附近几乎没有横向扩展变形。这也表明试样端面状态及其与试验机压盘之间的润滑情况对试验结果有一定影响。端部的约束效应在试样较短时将会变得更加明显。端面摩擦力还会影响到破坏的形式，图 2-5 所示为端面摩擦力对压缩破坏的影响。另外，端面不平或倾斜会导致局部压溃，甚至引起偏心压缩。

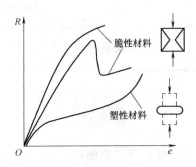

图 2-4 几种典型的压缩曲线

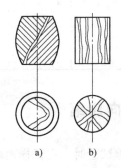

图 2-5 端面摩擦力对压缩破坏的影响

a）有摩擦 b）无摩擦

2.2.3　压缩性能指标及其测定

拉伸试验时所定义的各个力学性能指标和相应测定方法在压缩试验中基本上都能应用。只不过外载为压力而不是拉力，试样缩短而不是伸长，试样横截面不是缩小而是胀大。这些力学性能指标有压缩弹性模量 E_c、比例极限 σ_{pc}、弹性极限 σ_{ec}、屈服强度 σ_{sc}、抗压强度 R_{mc} 等，如图 2-6 所示。塑性不是很差的材料往往具有与拉伸曲线类似的压缩曲线；而脆性材料的压缩曲线与拉伸曲线往往不太一致，如图 2-7 所示。

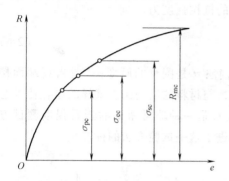

图 2-6　压缩时的力学性能指标测定

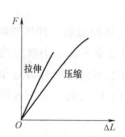

图 2-7　脆性材料的拉伸曲线与压缩曲线

与拉伸时类似，通常采用规定非比例压缩强度 R_{pc} 来计算材料压缩时的比例极限、弹性极限、屈服强度等。当试样标距段的非比例压缩变形达到规定的原始标距某一百分比时的压缩应力，称为规定非比例压缩强度。例如：$R_{pc0.01}$、$R_{pc0.2}$ 分别表示规定非比例压缩应变为 0.01%、0.2% 时的压缩应力。此外也定义了规定总压缩强度 R_{tc}，即标距段的总压缩变形达到规定的原始标距某一百分比时的压缩应力。例如：$R_{tc1.5}$ 表示总压缩应变为 1.5% 时的压缩应力。

压缩屈服强度 σ_{sc} 也是取下压缩屈服强度 R_{eLc} 或者规定非比例压缩强度 $R_{pc0.2}$。试样的抗压强度可根据压缩破坏时的最大载荷 F_{mc} 计算，即

$$\sigma_c = R_{mc} = \frac{F_{mc}}{S_o} \tag{2-4}$$

式中，S_o 是试样的原始横截面面积。对于塑性材料，压缩曲线一直上升，得不到断裂破坏的最大载荷，这时可根据试样的几何变形情况采用某一规定总压缩强度来表示抗压强度。

2.2.4　单向压缩试验的特点

材料承受单向压缩载荷时，其应力状态软性系数 $\alpha = 2$。因此一些在拉伸载荷下呈现脆性断裂的材料在压缩时也会显示一定的塑性。压缩试验主要用于测定脆性材料的力学性能。例如：灰铸铁试样在拉伸时表现为垂直于载荷轴线的正断，塑性变形几乎为零，但在压缩时会产生一定的塑性变形并沿与轴线成 45° 的方向产生切断。塑性材料压缩时只发生压缩变形而不断裂，压缩曲线一直上升，因此很少做压缩试验，即便做了也是为了考察其加工工艺的适应性。

脆性材料的抗压强度一般高于其抗拉强度，尤其是陶瓷材料的抗压强度约高于其抗拉强度一个数量级。例如：烧结致密的氧化铝多晶体的抗拉强度为 280MPa，而其抗压强度高达 2100MPa。

陶瓷材料经常制成管状部件，因此多采用压环强度试验，如图 2-8 所示。试样被压断

时，由材料力学知识可知 I—I 截面处受到最大弯矩，该处拉应力最大，即为压环强度

$$\sigma_r = 1.908 F_m \frac{D-t}{2Lt^2} \tag{2-5}$$

式中，F_m 是压环试样压断时的载荷；D 是压环的外径；t 是压环的壁厚；L 是压环的宽度。应注意保持压环试样的圆整度，表面无伤痕且壁厚均匀。

岩石材料难以直接测定其抗拉强度，因此多采用巴西劈裂（Brazilian）试验，通过压缩圆盘状试样来间接测定岩石的抗拉强度，如图 2-9 所示。试样被压裂时，由弹性力学知识可知中央部分受到最大拉应力，因此采用劈裂强度表示的抗拉强度为

$$\sigma_t = k \frac{2F_m}{\pi D t} \tag{2-6}$$

式中，F_m 是圆盘状试样压裂时的载荷；D 是圆盘的直径；t 是圆盘的厚度；k 是考虑端面接触条件以及非平面应力状态的影响而引入的修正系数，与材料的泊松比、试样的厚径比等有关，在要求不高的场合可近似取值为 1。巴西劈裂试验是一种非常重要的岩石强度测试方法，得到了广泛关注和深入研究，相关研究成果也促进了这一试验方法的标准化与可靠性。

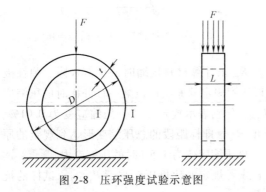

图 2-8　压环强度试验示意图

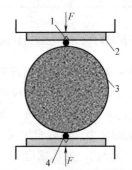

图 2-9　巴西劈裂试验示意图

1—V 形凹槽　2—垫板　3—岩石试样　4—钢制压条

2.3　扭转

扭转试验时，在试样两端缓慢施加扭矩，使试样受到扭转而变形，直至试样断裂为止。通过扭转试验，可以精确测定塑性材料的变形能力及变形抗力。

2.3.1　扭转试样及应力场分析

扭转试验通常采用实心或空心圆柱试样在扭转试验机上进行。具体试验方法可参见国家标准 GB/T 10128—2007 等。

图 2-10　扭转试样

试样端部的规格与尺寸根据试验机确定，直径 d_o 一般为 10mm，标距 L_o 一般为 100mm 或 50mm，中央平行部分尺寸 L_c 通常为 $L_c = L_o + 2d_o$，如图 2-10 所示。

等直径圆杆受到扭转作用时，其中的应力与应变分布如图 2-11 所示。

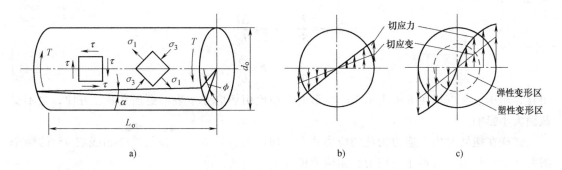

图 2-11　扭转时的应力与应变分布

a）扭转变形示意　b）横截面弹性变形　c）横截面弹塑性变形

扭转变形的标志是两个横截面间绕轴线的相对转角。圆杆两端面间的相对转角称为扭角 ϕ，扭角 ϕ 沿轴向的变化率 $d\phi/dx$ 称为单位长度扭角 θ。假定沿轴向扭转变形均匀连续，则可得 $\theta = \phi/L_o$。

发生扭转变形时，在横截面上无正应力而只有切应力作用，而且，在中心处切应力为零，在表面处切应力最大，沿径向切应力 τ 随距中心距离 ρ 增大而增大。因切应力作用而产生的切应变 γ 沿径向分布，与距中心距离 ρ 成正比，即 $\gamma = \rho\theta$，在表面处切应变最大，为

$$\gamma_{max} = \frac{1}{2}d_o\theta = \frac{\phi d_o}{2L_o} \tag{2-7}$$

在弹性范围内，切应力 τ 沿径向分布，与距中心距离 ρ 成正比，且符合剪切胡克定律，即

$$\tau = \frac{T\rho}{I_p} = G\gamma = G\rho\theta \tag{2-8}$$

式中，I_p 是横截面对圆心的极惯性矩；T 是外载产生的扭矩；G 是剪切模量。在表面处切应力最大，为

$$\tau_{max} = \frac{T}{W_t} \tag{2-9}$$

式中，W_t 是横截面的抗扭截面系数。对于实心圆杆，$W_t = \frac{1}{16}\pi d_o^3$，其中 d_o 是圆杆直径；对于空心圆杆，$W_t = \frac{1}{16}\pi d_o^3\left(1 - \frac{d_1^4}{d_o^4}\right)$，其中 d_o 是外径，d_1 是内径。

进入塑性范围，切应力 τ 沿径向分布仍随距中心距离 ρ 增大而增大，但与距中心距离 ρ 不再成简单正比关系，而变得十分复杂。但切应变 γ 沿径向分布始终与距中心距离 ρ 成正比。纳达依（Nadai）给出一个计算实心圆柱体扭转时塑性变形范围内表面处真实切应力的方法，即

$$\tau_{max} = \frac{4}{\pi d_o^3}\left(3T + \theta\frac{dT}{d\theta}\right) \tag{2-10}$$

式中，T 是单位长度扭角为 θ 时的扭矩；τ_{max} 是此时表面处的应力。

据以上分析，扭转变形时的扭矩 T 和扭角 ϕ 类同于拉伸（压缩）变形时的载荷 F 和伸

长 ΔL，即

$$\sigma = \frac{F}{S_o} \qquad \varepsilon = \frac{\Delta L}{L_o}$$

$$\tau = \frac{T}{W_t} \qquad \theta = \frac{\phi}{L_o} \tag{2-11}$$

而且，用单位长度扭角 θ 来表示扭转变形的大小比用切应变 γ 表示更加直观、方便，也不受截面大小影响。

试样在扭转时内部应力为纯切应力状态，切应力计算如上。在与试样轴线成 45° 的两个斜截面上承受最大与最小正应力，主应力值为

$$\begin{cases} \sigma_1 = \tau \\ \sigma_2 = 0 \\ \sigma_3 = -\tau \end{cases} \tag{2-12a}$$

在与试样轴线平行和垂直的截面上承受最大切应力，其数值与最大正应力相等，即

$$\tau_{\max} = \frac{\sigma_1 - \sigma_3}{2} = \tau \tag{2-12b}$$

可见最大正应力和最大切应力的位置与拉伸时的应力状态刚好相反。拉伸时最大正应力在横截面上，最大切应力在 45° 斜截面上，而扭转时最大正应力在 45° 斜截面上，最大切应力在横截面上。

2.3.2 扭转曲线

在扭转试验中，可以测绘出所加外载与材料变形之间的关系曲线，称为扭转曲线或扭转图。通常扭转曲线是指扭矩-扭角曲线（T-ϕ 曲线），此外也可表示为表面切应力-单位扭角曲线（τ-θ 曲线）。扭矩 T 是指施加在试样上的外载所形成的扭矩，扭角 ϕ 是指试样标距范围两端横截面的相对转角。

与拉伸（压缩）曲线类似，不同的材料表现出不同的扭转曲线，通过扭转试验测定材料的一些力学性能指标，这些指标也相应在扭转曲线上表示出来，如图 2-12 所示。

类似于拉伸（压缩）过程，材料在扭转时逐渐由弹性向塑性发展。当扭角较小时，材料在整个横截面内均表现为弹性变形，这一阶段的扭转曲线近似为一直线。当扭角增大到一定程度后，材料表面开始进入塑性变形阶段，而且随着扭角增大，材料沿横截面上的塑性变形区渐渐向中心扩展（图 2-11c），这一阶段的扭转曲线也就不再是直线。由于在扭转变形时，材料的横截面面积基本保持不变，因此扭转曲线比较类似于真应力-真应变拉伸（压缩）曲线。

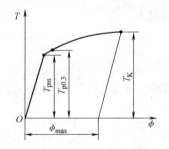

图 2-12　扭转曲线和扭转时的力学性能指标测定

2.3.3 扭转性能指标及其测定

通过扭转试验可以测定材料的剪切模量、屈服强度和抗扭强度等力学性能指标。

1. 剪切模量

材料在线弹性变形阶段，切应力与切应变服从胡克定律，切应力与切应变成正比，即

$$\tau = G\gamma \tag{2-13}$$

比例系数 G 称为剪切模量。<u>剪切模量也是度量材料刚度的系数，表征材料对弹性变形的抗力</u>。剪切模量的量纲也与应力的量纲一致，单位通常取 GPa。常见工程材料的剪切模量见附录 A。

材料的剪切模量可由其扭转曲线上线弹性阶段的斜率求得，即

$$G = \frac{\tau}{\gamma} = \frac{\Delta T L_e}{I_p \Delta\phi} = \frac{L_e \Delta T}{I_p \Delta\phi} \tag{2-14}$$

式中，L_e 是扭转计标距；ϕ 是扭转机测得的扭角，ΔT 是扭转曲线上线弹性阶段两点间扭矩变化量，$\Delta\phi$ 是相应的扭角变化量。对于实心圆柱试样，材料的剪切模量可计算为

$$G = \frac{32 L_e \Delta T}{\pi d_o^4 \Delta\phi} \tag{2-15}$$

由于实际材料扭转曲线上的这一阶段可能并非严格意义上的直线，因此上式中的 $\Delta T/\Delta\phi$ 可由扭转曲线的切线或割线斜率求得（图 2-13），在相应的具体试验标准中有详尽规定。这与由拉伸（压缩）曲线求弹性模量是类似的。

2. 规定非比例扭转强度

类似于拉伸（压缩）曲线，规定当使试样标距部分外表面上的非比例切应变 γ_p 达到某一百分比时的切应力为相应的规定非比例扭转强度 τ_p。常用的规定非比例扭转强度有 $\tau_{p0.015}$、$\tau_{p0.3}$，分别表示规定的非比例切应变 γ_p 达到 0.015% 和 0.3% 时的切应力。在扭矩-扭角曲线（图 2-14）上，延长弹性段交扭角横轴于点 O，在横轴上截取 $OC = 2L_e\gamma_p/d_o$，过点 C 作弹性段的平行线交扭转曲线于点 A，根据点 A 对应的扭矩 T_p 即可确定规定非比例扭转强度为 $\tau_p = T_p/W_t$，对于圆柱试样 $W_t = \pi d_o^3/16$。

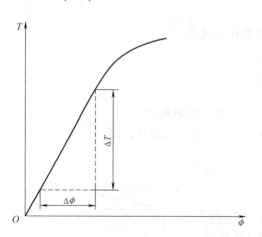

图 2-13　扭转剪切模量的测定

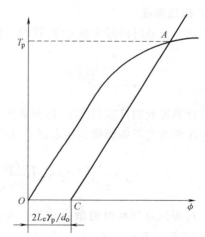

图 2-14　规定非比例扭转强度的测定

3. 扭转比例极限

扭转比例极限 τ_{pm} 是指切应力与切应变成严格正比关系的上限值，按弹性扭转计算为

$$\tau_{pm} = \frac{T_{pm}}{W_t} \qquad (2\text{-}16)$$

可用作图法确定 T_{pm}，若某点的切线与纵轴夹角的正切值比弹性段直线与纵轴夹角的正切值刚好大 50%，则该点所对应的扭矩即为 T_{pm}。这与拉伸试验时测定比例极限类似。

4. 扭转屈服强度

若扭转曲线上有明显屈服现象，则可由曲线读出屈服时的上屈服扭矩 T_{eH} 和下屈服扭矩 T_{eL}，从而计算出扭转屈服强度为

$$\tau_s = \frac{T_{eL}}{W_t} \qquad (2\text{-}17a)$$

若扭转曲线上没有明显屈服现象，一般取规定非比例扭转强度 $\tau_{p0.3}$ 为扭转屈服强度，即根据试样外表面非比例切应变为 0.3% 时的扭矩 $T_{p0.3}$ 计算

$$\tau_s = \frac{T_{p0.3}}{W_t} \qquad (2\text{-}17b)$$

根据胡克定律进行应力分析，这时与确定拉伸屈服强度时规定非比例延伸为 0.2% 相当。因为在单向拉伸时有

$$\varepsilon_1 = \frac{1}{E}\left[\sigma_1 - \nu(\sigma_2 + \sigma_3)\right] = \frac{\sigma}{E} = \varepsilon$$

$$\varepsilon_3 = \frac{1}{E}\left[\sigma_3 - \nu(\sigma_1 + \sigma_2)\right] = \frac{-\nu\sigma}{E} = -\nu\varepsilon$$

于是可得

$$\gamma_{max} = \varepsilon_1 - \varepsilon_3 = (1+\nu)\varepsilon$$

当取 $\varepsilon = 0.2\%$ 时，若令 $\nu = 0.5$，则有 $\gamma = 0.3\%$。对于常规材料，$\nu = 0.5$ 已经是最大值，表示体积不可压缩材料，所以与拉伸屈服应变 0.2% 相应的最大扭转切应变也就是 0.3%。

5. 抗扭强度

由试样扭断时的最大扭矩 T_m 按弹性扭转计算抗扭强度为

$$\tau_m = \frac{T_m}{W_t} \qquad (2\text{-}18)$$

按此式计算得到的抗扭强度 τ_m 称为条件抗扭强度或名义抗扭强度。

考虑塑性变形的影响，实心圆柱试样真实断裂强度可按下式计算，即

$$\tau_{tm} = \frac{4}{\pi d_o^3}\left(3T_K + \theta_K\left(\frac{dT}{d\theta}\right)_K\right) \qquad (2\text{-}19)$$

式中，T_K 是试样扭断时的最大扭矩；θ_K 是试样扭断时的单位长度扭角，即 $\theta_K = \phi_K / L_e$；如图 2-15 所示为 $T\text{-}\theta$ 曲线，则上式可由图计算为

$$\tau_{tm} = \frac{4}{\pi d_o^3}(4T_K - T_B) = \frac{4}{\pi d_o^3}(3AK + DK)$$

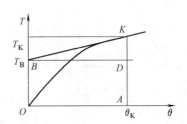

图 2-15 求真实抗扭强度的图解法

即过扭转曲线上的断裂点 K 作切线交扭矩纵轴于点 B，K、B 点对应的扭矩分别为 T_K 和 T_B。

若试验测得的 $T\text{-}\theta$ 曲线在最后部分与 θ 轴接近平行，即 $(\mathrm{d}T/\mathrm{d}\theta)_K \approx 0$，则真实断裂强度近似为

$$\tau_{tm} = \frac{12T_K}{\pi d_o^3} = \frac{3}{4}\frac{T_K}{W_t} \tag{2-20}$$

若试验测得的 $T\text{-}\theta$ 曲线近似为一直线，如脆性材料的曲线，则不需考虑塑性修正，真实断裂强度可由弹性扭转计算为

$$\tau_{tm} = \frac{T_K}{W_t} \tag{2-21}$$

6. 最大非比例切应变

试样扭断时其外表面上的最大非比例切应变可根据扭断时的非比例扭角 ϕ_{max} 计算为

$$\gamma_{max} = \frac{\phi_{max} d_o}{2L_e} \times 100\% \tag{2-22}$$

式中，L_e 是扭转计标距；d_o 是试样直径。过断裂点 K 作扭转曲线的线弹性直线段的平行线交扭角横轴于点 E，取点 O 为线弹性直线段延长线与扭角横轴的交点，则 OE 即为最大非比例扭角 ϕ_{max}。最大非比例扭角与试样的直径和标距有关，而最大非比例切应变反映了材料的塑性变形能力。

2.3.4　扭转试验的特点

扭转的应力状态软性系数 $\alpha = 0.8$，比单向拉伸时 $\alpha = 0.5$ 大，易于显示材料的塑性行为，特别是那些在拉伸时呈脆性的材料的塑性性能。此外，基于材料扭转时独特的应力分布，可通过扭转试验进行断裂方式、表面强度等方面的力学性能分析。

扭转试验的主要特点如下。

1）在扭转试验中，整个长度方向上的塑性变形始终是均匀的，试样截面及标距基本保持不变，不会出现拉伸或压缩时的缩颈、鼓胀等现象。因此，扭转试验可精确测定塑性材料，尤其是高塑性材料的变形及抗力，而这在拉伸或压缩时是难以做到的。

2）在扭转试验中，试样截面上的应力和应变分布表明，它对表面缺陷将显示很大的敏感性，因此可用于表面处理的分析及表面处理质量的监控。同时，由于它对芯部缺陷不敏感，因此不适于研究内部材质的影响。

3）扭转时试样中的最大正应力与最大切应力在数值上相等，考虑到大部分材料的正断抗力大于切断抗力，因此扭转试验是测定材料切断抗力的最可靠的方法。

4）扭转试验可以明确区分材料的断裂方式是正断还是切断。对于塑性材料，断口与试样的轴线垂直，断口平整并有回旋状塑性变形痕迹，如图 2-16a 所示，这是由切应力造成的切断。对于脆性材料，断口与试样的轴线成 45°角，表现为螺旋状，如图 2-16b 所示，这是由正应力造成的正断。此外，若材料的轴向切断抗力比横向低，扭转断裂时可能出现层状断口，如图 2-16c 所示。因此，根据扭转试样的断口特征，确定其断裂原因，可以判断材料的抗拉（压）强度与抗扭（剪）强度的相对大小。

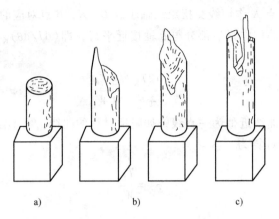

图 2-16 扭转试样断口形态

a）切断 b）正断 c）层状断口

5）在扭转试验中，材料受到较大的切应力，可用于研究一些对切应力敏感的力学行为。

6）在扭转试验中，试样表面切应力最大，越往芯部切应力越小，当表层发生塑性变形时，芯部仍处于弹性状态，很难精确测定表层开始塑性变形的时刻，因此不适用于对起始塑性变形的分析研究。

2.4 弯曲

弯曲是材料在实际使用中的一种常见承载方式，通过弯曲试验，可以直接模拟并测定脆性材料及低塑性材料在弯曲时的力学性能指标。弯曲试验的加载方式主要有集中加载（三点弯曲）和等弯矩加载（四点弯曲）两种。

2.4.1 弯曲试样及应力场分析

弯曲试样通常采用矩形或圆形截面试样。具体试验方法可参见国家标准 GB/T 232—2010，YB/T 5349—2014，GB/T 6569—2006 等。试验时，将试样放在有一定跨度的支座上，施加一集中载荷（三点弯曲）或二等值载荷（四点弯曲），如图 2-17 所示。试样的跨距 L 一般应为试样直径 d 或高度 h 的 10 倍以上。

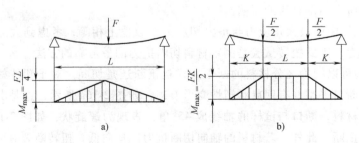

图 2-17 弯曲试验加载方式

a）三点弯曲 b）四点弯曲

采用四点弯曲时，在两加载点之间试样受到等弯矩的作用，因此弯曲断裂处通常是组织缺陷处，故能较好地反映材料的性质，而且试验结果也较精确。但需注意的是，在试验中必须注意加载的均衡。

采用三点弯曲时，试样一般总是在最大弯矩附近断裂，对材料的组织不敏感。不过，由于三点弯曲试验方法简单，得到了广泛应用。

材料在弯曲时，横截面上既有正应力，也有切应力，而且往往在试样两侧分别受到拉应力和压应力的作用，应力状况比较复杂。因此，材料在弯曲加载方式下所表现出来的力学行为与单纯的拉应力或压应力作用下的行为不完全相同。尤其是对于拉压性能不同的材料，其弯曲刚度、强度等力学性能指标只能是对多种应力综合作用下的宏观唯象反映。

在弯矩为 M 的截面上，表面处弯曲正应力最大，可由下式计算

$$\sigma_{max} = \frac{M_{max}}{W} \tag{2-23}$$

式中，W 是横截面的抗弯截面系数。对于圆柱试样，$W = \pi d_o^3 / 32$，其中 d 是试样直径；对于矩形试样，$W = bh^2/6$，其中 b 是矩形横截面的宽，h 是矩形横截面的高。由弯矩图可以看出，对于三点弯曲，最大弯矩为 $M_{max} = FL/4$；对于四点弯曲，最大弯矩为 $M_{max} = FK/2$，其中 L 为跨距，K 是支承点与加载点间的距离，是试样所受弯曲力臂的长度，如图 2-15 所示。材料的弯曲变形可由挠度 f 表示，在跨距中心处挠度最大。

2.4.2　弯曲曲线

在弯曲试验中，可以测绘出所加外载与材料变形之间的关系曲线，称为弯曲曲线或弯曲图。通常弯曲曲线是指载荷-挠度曲线（F-f 曲线）。载荷 F 是指施加在试样上的集中外载，f 是指试样跨距中心处测得的最大挠度。图 2-18 所示为几种典型的弯曲曲线。

对于塑性材料，弯曲一般不能使试样断裂破坏，其弯曲曲线的最后部分可延伸很长。因此，弯曲试验难以测定塑性材料的抗弯强度，而且试验结果分析也很复杂。故塑性材料的力学性能指标通常不采用弯曲试验测定。

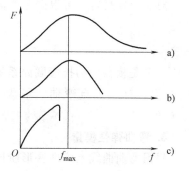

图 2-18　几种典型的弯曲曲线
a）高塑性材料　b）中等塑性材料　c）脆性材料

2.4.3　弯曲性能指标及其测定

通过弯曲试验可以测定材料的弯曲弹性模量、抗弯强度等力学性能指标。

1. 规定塑性弯曲强度

试样弯曲时，当表面上的最大非比例弯曲应变 ε_{pb} 达到规定值时，按弹性弯曲应力公式计算的最大弯曲应力，称为规定塑性弯曲强度 R_{pb}，相应的最大挠度称为规定塑性弯曲挠度 f_{pb}。例如：规定非比例弯曲应变 ε_{pb} 为 0.01% 或 0.2% 时的弯曲应力，分别记为 $R_{pb0.01}$ 或 $R_{pb0.2}$。

对试样施加一定弯曲载荷后卸除此力，试验外表面上的残余弯曲应变 ε_{rb} 达到规定值时，按弹性弯曲应力公式计算的最大弯曲应力，称为规定残余弯曲强度 R_{rb}，相应的最大挠度称

为规定残余弯曲挠度 f_{rb}。

图 2-19 所示为弯曲载荷-挠度曲线，过点 O 截取相应于规定非比例弯曲应变的线段 OC，其长度按下式计算，即

$$OC = \frac{nL^2}{12Y}\varepsilon_{pb} \quad （三点弯曲） \quad (2\text{-}24a)$$

$$OC = \frac{n(23L_s^2 - 4K^2)}{24Y}\varepsilon_{pb} \quad （四点弯曲）(2\text{-}24b)$$

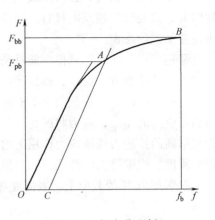

图 2-19　规定非比例
弯曲应力的计算

式中，$L_s = L + 2K$；n 是挠度放大倍数，即作图比例；Y 是圆柱试样横截面的半径（$d/2$）或矩形试样横截面的半高（$h/2$）。过点 C 作弹性直线段的平行线 CA 交曲线于点 A，点 A 所对应的力值即为所测的规定塑性弯曲强度对应力值 F_{pb}，然后由此计算出最大弯矩 M_{pb}，再按式（2-23）即可计算出规定塑性弯曲强度 R_{pb}，即

$$R_{pb} = \frac{3F_{pb}L}{2bh^2} \quad （三点弯曲） \quad (2\text{-}25a)$$

$$R_{pb} = \frac{3F_{pb}l}{bh^2} \quad （四点弯曲） \quad (2\text{-}25b)$$

2. 抗弯强度

对于脆性材料，可根据弯曲曲线，由下式确定抗弯强度 σ_{bb}，即

$$\sigma_{bb} = R_{bb} = \frac{M_b}{W} \quad (2\text{-}26)$$

式中，W 是横截面的抗弯截面系数；M_b 是试样断裂时的弯矩，可由试样断裂时的最大载荷 F_{bb} 求得。对于三点弯曲，最大弯矩为 $M_b = F_{bb}L/4$；对于四点弯曲，最大弯矩为 $M_b = F_{bb}K/2$。

3. 弯曲弹性模量

根据弯曲曲线上弹性变形阶段的斜率可求得弯曲弹性模量 E_b，即

$$E_b = \frac{L^3}{48I}\left(\frac{\Delta F}{\Delta f}\right) \quad （三点弯曲） \quad (2\text{-}27a)$$

$$E_b = \frac{l(3L_s^2 - 4K^2)}{48I}\left(\frac{\Delta F}{\Delta f}\right) \quad （四点弯曲） \quad (2\text{-}27b)$$

式中，I 是横截面的惯性矩；$(\Delta F / \Delta f)$ 为 $F\text{-}f$ 曲线上直线段的斜率。需要注意的是，以上公式的计算结果仅在试验条件得到严格保障时才能较为真实反映出材料的弯曲弹性模量。

4. 弯曲断裂能

在混凝土材料的力学测试分析中，基于三点弯曲试验的断裂能测定是一个重要方法。可通过求取弯曲载荷-挠度曲线下包围的面积来计算弯曲断裂能 U。需要注意的是，该方法受到试样尺寸效应以及加载约束条件等的影响，对试样自重、夹具缝隙等存在一定敏感度，只能是近似反映试样断裂过程中消耗的能量。

2.4.4　弯曲试验的特点

弯曲试验也是一种常见的试验测试方法，但其导致的应力状态比较复杂，难以反映材料在单一应力作用下的响应，是材料的一种综合力学响应。弯曲试验的主要特点如下：

1）弯曲试验不受试样偏斜的影响，可以稳定测定脆性和低塑性材料的抗弯强度，尤其适用于测定硬度高、塑性差、难于加工成形的材料，如铸铁、工具钢、陶瓷、硬质合金、岩石等。

2）弯曲试验不能使塑性很好的材料断裂破坏，不能测定其抗弯强度，但可相对比较一定条件下不同材料的塑性。

3）类似于扭转试验，弯曲试验时，试样表面应力最大，它对表面缺陷将显示很大的敏感性，因此可用于表面处理的分析及表面处理质量的监控，如钢的渗碳层或表面淬火层。

2.5　剪切

2.5.1　剪切试验的特点

一些材料在使用时要承受剪切载荷，如锅炉和桥梁上的铆钉、机器上的销等。模拟并研究材料在剪切时的力学行为也是脆性材料力学性能研究的一个重要方面。为使试验结果尽可能接近实际情况，剪切试验通常用各种剪切试验装置和相应的试验方法来模拟实际工况条件，对试样施加剪力直至断裂，以测定其抗剪强度；也可在万能试验机上进行，将试样置于剪切夹具内。常用的剪切试验有单剪试验、双剪试验和冲孔式剪切试验，如图 2-20 所示。

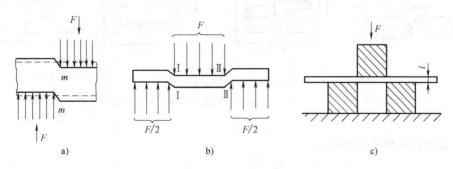

图 2-20　剪切试验

a）单剪试验　b）双剪试验　c）冲孔式剪切试验

材料在剪切时受力和变形特点是：作用在试样两侧面上的横向外力的合力大小相等、方向相反、作用线相隔很近，使材料沿受剪面发生错动。剪切试验就是测定最大错动力和相应的应力。试样有一个剪切面时称为单剪试验，有两个剪切面时称为双剪试验，另外还有冲孔式剪切试验，其剪切面为环面。试样在受到剪切作用时还会发生挤压和弯曲，这对试验数据的分析处理有较大影响。因此在设计剪切试验时必须尽可能消除挤压和弯曲带来的不利影响，选择合适的试样规格和剪切装置。

剪切试验一般可分为限制性剪切试验和非限制性剪切试验两大类。非限制性剪切试验在剪切面上只有切应力，没有正应力，而限制性剪切试验在剪切面上除了切应力外，还有正应力存在。典型的非限制性剪切试验包括单面剪切、双面剪切、冲孔式剪切和扭转剪切，如图2-21所示。限制性剪切试验如图2-22所示。其中直剪仪主要用于土样，角模压剪主要用于岩石和混凝土试样，可根据需要调整剪切面角度。

对于复合钢材等层叠复合材料，层间抗剪能力是其一个重要力学性能。为此发展了复合钢板剪切试验，即通过相应的试验装置，使平行于试验力方向的基材与覆材结合面承受剪力直至断裂，以测定层间抗剪强度。

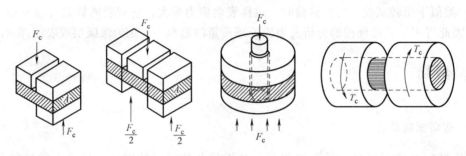

图 2-21　非限制性剪切试验

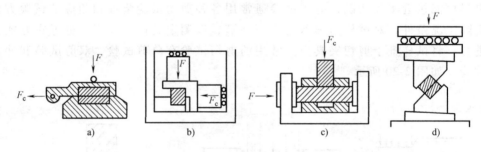

图 2-22　限制性剪切试验

a）直剪仪压剪（圆柱试样）　b）立方体试样压剪　c）端部受压双面剪切　d）角模压剪

2.5.2　剪切性能指标及其测定

1. 单剪试验

试验时，将试样固定在底座上，然后给上压模加压，直到试样沿剪切面 m-m 剪断，如图2-20a所示。这时，剪切面上的最大切应力即为材料的抗剪强度，可根据试样被剪断时的最大载荷 F_b 和试样的原始截面积 S_o 计算抗剪强度 τ_b 为

$$\tau_b = \frac{F_b}{S_o} \tag{2-28}$$

因为伴随剪切还会发生挤压、弯曲，剪切面 m—m 上的应力分布往往很复杂，所以剪切试验只能测定宏观抗剪强度，而不能测定弹性比例极限、屈服强度等力学性能指标。

2. 双剪试验

双剪试验是最常用的剪切试验。试验时，将试样装在压式或拉式剪切器内，然后加载。这时，试样在 Ⅰ-Ⅰ 和 Ⅱ-Ⅱ 两个剪切面上同时受到剪力作用，如图 2-20b 所示。试样剪断时载荷为 F_b，每个剪切面面积均为 S_o，则抗剪强度 τ_b 为

$$\tau_b = \frac{F_b}{2S_o} \tag{2-29}$$

双剪试样一般采用圆柱试样，而且其被剪部分长度不能太长。因为在剪切过程中除了两个剪切面受到剪切外，试样还受到弯曲作用。为了减少弯曲的影响，被剪部分的长度与试样直径之比不要超过 1.5。剪断后若试样发生明显的弯曲变形，则试验结果无效。

3. 冲孔式剪切试验

金属薄板的抗剪强度可用冲孔式剪切试验测定，如图 2-20c 所示。试样剪断时载荷为 F_b，剪切面为一圆柱面，直径为 d_0，板厚为 t，则抗剪强度 τ_b 为

$$\tau_b = \frac{F_b}{\pi d_0 t} \tag{2-30}$$

在冲孔式剪切试验中，试样受到的载荷是冲击载荷，严格来讲不再是静载作用。但由于实际工况中常常出现冲孔加工工艺，这一指标值也具有重要现实意义。

4. 黏聚力和内摩擦角

在岩土材料的测试中，剪切试验是一种重要的试验方法（图 2-23），可用于测定材料的抗剪强度，并根据莫尔库仑准则计算岩土材料的内摩擦角 ϕ 和黏聚力 C。岩土材料的抗剪强度可按莫尔库仑准则表示为

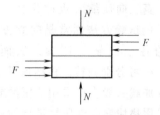

图 2-23　岩土材料直接剪切试验

$$\tau_b = C + \sigma \tan\phi \tag{2-31}$$

式中，C 是黏聚力；ϕ 是内摩擦角，是岩土材料的强度指标；σ 和 τ_b 是剪切面上的正应力和切应力。如图 2-23 所示，通过直接剪切试验，测得同一种岩土材料的几个试样在不同垂直压力 N 作用下的最大载荷 F_b，于是可得到几组 (σ, τ_b) 值，通过线性回归拟合求得斜率和截距，即为材料的内摩擦角正切值 $\tan\Phi$ 和黏聚力 C。

2.6　多向拉伸与压缩

2.6.1　三向压缩试验

若对脆性材料施加多向不等压缩载荷，由于应力状态软性系数 $\alpha > 2$，更易产生塑性变形，三向压缩试验分为伪三向和真三向压缩试验。材料在三向压缩的条件下会表现出不同于单向压缩的特性，抗压强度将增大，塑性变形也趋于增大。

伪三向压缩（也称为伪三轴、假三轴压缩）的试验方法通常是将圆柱试样置于密闭腔室内，通入液压油产生均匀的侧向应力，即 $\sigma_x = \sigma_y = \sigma$，称为围压，轴向则仍由加载活塞产生应力 σ_z，因 σ_x、σ_y 始终相等，只有侧向与轴向两个方向的压力可调节，从而并非严格意

义上的三向调节，称为伪三向。一般的伪三向试验机如图 2-24 所示，需解决好试样的密封问题，以免液压油进入试样中。另外需注意液压油作用到轴向加载活塞上时的影响，这会导致轴向作用力包括轴向活塞压力和液压油沿轴向的压力两部分。有的试验机也采用补偿液压缸来消除围压对轴向作用力的影响。

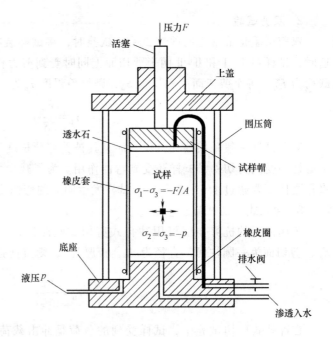

图 2-24　伪三轴压缩试验机

通过对试样施加围压，还可进行三轴伸长试验（Triaxial Extension Test），如图 2-25 所示。此时试样端部不施加载荷，但在环向施加围压，因而使试样受到挤压而伸长，也是一种间接拉伸的试验方法。

真三向压缩（也称为真三轴压缩）的试验方法通常是向立方体试样的各个面施加压力，从而 σ_x、σ_y、σ_z 可分别调整。根据加载方式的不同，可分为柔性加载和刚性加载，如图 2-26 所示。柔性加载一般直接采用液压油或使用油囊进行加载，加载端面摩擦力可以忽略。刚性加载一般采用垫块通过液压缸进行加载，加载端面的摩擦力对试验的影响较大，经常垫入聚四氟乙烯板来降低摩擦阻力。

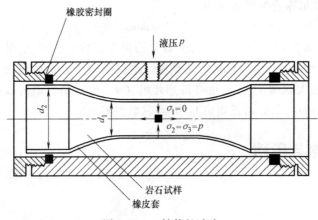

图 2-25　三轴伸长试验

三轴压缩试验是岩土材料的一种重要力学性能测试方法，可用于模拟岩土材料的实际受力状态，测定岩土材料的三轴抗压强度以及内摩擦角 ϕ 和黏聚力 C。在伪三向压缩情况下，有些岩土材料的莫尔包络线可拟合为直线，这时有

$$\sigma_{ct} = 2C\sqrt{\frac{1+\sin\phi}{1-\sin\phi}} + \frac{1+\sin\phi}{1-\sin\phi}\sigma_{cf} \tag{2-32}$$

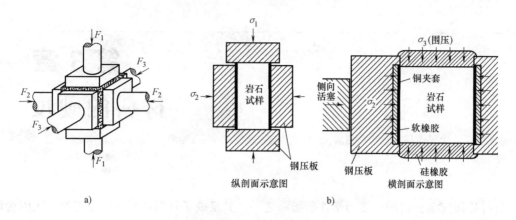

图 2-26　真三轴压缩的加载方式

a) 三向全刚性加载　b) 两刚一柔加载

式中，σ_{cf} 是围压；σ_{ct} 是相应的轴向抗压强度。于是根据上式就可通过线性回归分析求得内摩擦角 ϕ 和黏聚力 C。

2.6.2　双向拉伸试验

典型的双向拉伸试样及装置如图 2-27 所示。试样一般采用十字形式，中心区厚度要比十字臂的厚度薄一些，使绝大部分变形集中在中心区，并尽量避免其他区域的应力集中。在试验过程中，中心区在水平和垂直方向处于双向拉伸状态，四个十字臂处于单向拉伸状态。为避免试验时十字臂先发生断裂，还可采用臂间开设圆形缺口（图 2-27b）或臂上开设切槽（图 2-27c）的方法。比较简单的加载方式是采用球头胀形加载，如图 2-27d 所示，这可以保证各个方向同步加载。现在还发展了电液伺服的双轴试验机，可以实现双向四个方向的独立控制加载，以实现各种形式的双向等拉伸或双向不等拉伸试验，也可实现双向拉压组合试验。

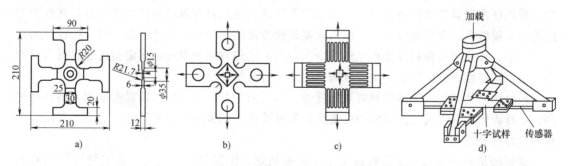

图 2-27　典型的双向拉伸试样及装置

a) 典型的板材试样　b) 开设圆形缺口的十字试样　c) 开设切槽的十字试样　d) 双向拉伸试验装置

双向拉伸试验旨在考查材料在双向应力状态下的变形能力和断裂特点。试验结果以两个方向的强度指标来综合表示，或者是给出不同加载路径下的材料变形破坏规律。

第 3 章
材料的硬度

材料的硬度是材料的重要力学性能指标之一，其反映了材料的相对软硬程度。正因为硬度是一个相对的量，所以硬度的大小不仅与材料的成分和组织有关，还取决于测量方法和条件。测定硬度的方法很多，主要分为压入法、回跳法和刻划法三大类。所谓"布氏""洛氏""维氏""肖氏""莫氏"硬度等，是以首先提出这种硬度试验方法的人的姓氏或以首先生产这种硬度计的厂家名称来命名的。硬度测定简便，造成的表面损伤小，基本属于"无损"检测的范畴，可直接在零部件上测量，而且硬度同材料的其他力学性能指标之间存在一定的关系，因此在工程应用中，硬度测量被广泛采用，尤其是在现场实时检测中更为有效。但硬度对材料的内部组织不敏感，更大程度上反映的是材料表层的力学性能，与材料的耐磨性和耐久性关系更大。

3.1 硬度测量的特点

硬度试验按测量方法的不同可分为压入法、回跳法和刻划法三大类。表 3-1 列出了几种常见的硬度试验方法及其特点。

压入法是将特定的压头以一定压力压入材料的表面，然后测量材料表面留下的压痕的尺寸。压痕越大、越深则硬度越低。根据压头和测量方法的不同又可分为布氏硬度、洛氏硬度、维氏硬度和显微维氏硬度等。压入法测得的硬度表征材料表面抵抗外载时引起塑性变形的能力。硬度大，变形抗力也大。压入硬度试验方法的应力状态软性系数 $\alpha>2$。在这样的应力状态下，几乎所有材料都能产生塑性变形。因此这种方法不仅可以测定塑性金属材料的硬度，也可测定淬火钢、硬质合金甚至陶瓷等脆性材料的硬度。

回跳法是使特定的小球被材料表面反弹，然后测量弹起的高度，回跳高度越大则硬度越高，如肖氏硬度。回跳法测得的硬度表征材料弹性比功的大小。对变形能力的反映则依赖于材料的弹性模量。

刻划法是通过不同硬度的材料相互在表面刻划，根据留下的划痕来确定硬度的相对大小，如莫氏硬度。刻划法测得的硬度表征材料表面对破坏的抗力。

压入硬度的测量属于静力测定法，而回跳硬度的测量则属于动力测定法。

由此可见，硬度不是一种基本力学性能指标，根据测量方法不同，分别与材料的塑性变形、弹性比功和破坏抗力有关。因此在比较不同材料的硬度时要注意硬度测量方法的一致性。

表 3-1　几种常见的硬度试验方法及其特点

试验方法		标记	计算方法	硬度单位	特点
测定原理	硬度类别				
压入法	布氏硬度	HBW	$\mathrm{HBW}(F/D^2,d)$	kgf/mm²	稳定、精度高,但不宜测定高硬度及薄材
	洛氏硬度	HRC HRA	HRC/HRA = $(0.2-e)/0.002$	度	效率高、检测范围广,但可比性差
		HRB	$\mathrm{HRB}=(0.26-e)/0.002$		
		HR15N HR15T	$\mathrm{HR}=(0.1-e)/0.001$		
	维氏硬度	HV	$\mathrm{HV}=1.854F/d^2$	kgf/mm²	可比性好、范围广、精度高,但效率不高
	显微维氏硬度	HV	$\mathrm{HV}=1.854F/d^2$	kgf/mm²	微、薄件测定
	努氏硬度	HK	$\mathrm{HK}=14.22F/l^2$	kgf/mm²	
回跳法	肖氏硬度	HS	$\mathrm{HS}=Kh/h_0$	度	迅速,但结果分散
刻划法	莫氏硬度		10 级互比	级	定性描述

　　对于硬度和其他力学性能指标之间的关系,在不同的测量方法下,针对不同材料也给出了一些经验公式,这为通过简便易行的硬度测量来推断材料的其他力学性能带来方便。

　　尽管各种不同的硬度之间可以进行比较和换算,并有专门的国家标准(见附录 A)。但是这样的换算可能带来不必要的麻烦或者错误,因此要尽可能采用相同的硬度测量方法来进行比较,这种不同硬度之间的换算只能作为参考。

3.2　布氏硬度

　　布氏硬度试验是应用最久,也是最为广泛的压入法硬度试验之一,最早于 1900 年由瑞典工程师布利奈尔(J. B. Brinell)提出。

3.2.1　布氏硬度的试验方法和测定原理

　　测定布氏硬度时,用一定的压力将硬质合金球压头压入试样表面,保持规定时间后卸除压力,于是在试样表面留下压痕(图 3-1),计算单位面积上所承受的平均压力即定义为布氏硬度,记为 HBW。以前使用淬火钢球做压头时的布氏硬度记 HBS。

　　已知施加的压力为 F,压头直径为 D,测得压痕深度为 h(实际中测压痕直径 d 要比测压痕深度 h 方便),即可求出布氏硬度为

$$\mathrm{HBW}=\frac{F}{A}=\frac{F}{\pi Dh}=\frac{2F}{\pi D\left(D-\sqrt{D^2-d^2}\right)} \tag{3-1}$$

　　布氏硬度测试在布氏硬度试验机上进行,测试时必须保持所加压力与试样表面垂直,施加压力应均匀平稳,不得有冲击和振动。为使用方便,按上式制出布氏硬度数值表,测得压痕直径后,即可查表求出布氏硬度 HBW。布氏硬度的试验方法和技术条件详见国家标准

GB/T 231—2009。

与布氏硬度的试验原理一样，如将压痕的表面积改为压痕的投影面积，则可得到梅氏（Meyer）硬度 HM，即

$$HM = \frac{4F}{\pi d^2} \qquad (3-2)$$

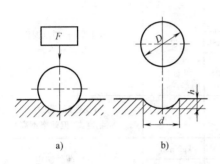 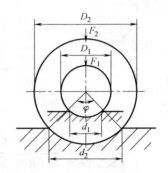

图 3-1　布氏硬度测定原理

a）压入　b）卸除压力

图 3-2　压痕几何相似示意图

3.2.2　压痕相似性规律

由于材料的硬度差别较大，试样厚度也不尽相同，若只采用一种压力 F 和一种压头直径 D，就有可能导致压痕太浅或过深，前者 d 值不易测准，后者 d 值受试样垫块硬度影响。因此通常限定 d 与 D 的比值为 $0.24D < d < 0.6D$，所以需要采用不同直径的球和不同的压力。这样一来，为使同一材料的布氏硬度在不同的 F 和 D 下相同，以及不同材料的布氏硬度具有可比性，就需要遵循相似性规律。如图 3-2 所示，压痕直径 d 与压头直径 D 存在关系 $d = D\sin(\varphi/2)$，其中 φ 是压入角。则布氏硬度为

$$HBW = \frac{F}{\pi D^2} \cdot \frac{2}{1 - \sqrt{1 - \sin^2(\varphi/2)}} \qquad (3-3)$$

可见在不同压力 F 和压头直径 D 下，只要保证 F/D^2 为一常数，若同一材料的布氏硬度相同，则压入角相等，从而不同材料的布氏硬度也就具有了可比性。布氏硬度应用很广，在力的单位采用 kgf 时就积累了大量数据，为了沿用这一批数据，现在计算布氏硬度时仍采用 kgf 为压力 F 的单位，mm 为球径 D 的单位，保证 F/D^2 的取值为定值（通常有六种，即 30kgf/mm^2，10kgf/mm^2，5kgf/mm^2，2.5kgf/mm^2，1.25kgf/mm^2 和 1kgf/mm^2），见表 3-2。需要指出的是，试验测得的 d 与 D 的比值应符合 $0.24D < d < 0.6D$，否则试验结果无效，需重新调整 F 与 D 的大小或 F/D^2 的值。在新的国家标准中采用了国际单位，这时需对 F 乘以系数 0.102。

表 3-2　布氏硬度试验的 F/D^2 值选择表　　　　　　　　　　　　（单位：kgf/mm^2）

材料	铸铁		铜及其合金			轻金属及其合金						铅、锡		钢、镍合金、钛合金
布氏硬度范围	<140	>140	<35	35~130	>130	<35		35~80			>80	—		—
F/D^2	10	30	5	10	30	1.25	2.5	5	10	15	10	15	1	1.25	30

3.2.3　布氏硬度的表示方法

除了 F/D^2 的取值，试验时的压力保持时间也对材料的布氏硬度有影响，因此在压力作用下的保持时间也有规定。通常对黑色金属为 10s，有色金属为 30s，对 ≤35HBW 的有色金属为 60s。这是因为测定较软材料的硬度时，会产生较大塑性变形，因而需要保持较长时间，使其塑性变形发展充分。不同试样厚度下布氏硬度试验条件的选择见表 3-3。

此外，还应注意，钢球只适于布氏硬度小于 450 的材料，而布氏硬度大于 350（特别是大于 450）但小于 650 时需用硬质合金球。

表 3-3　不同试样厚度下布氏硬度试验条件的选择

材料类型	布氏硬度 HBW	试样厚度/mm	F/D^2 /(kgf/mm²)	压头直径 D /mm	压力 F /kgf	压力保持时间/s
黑色金属	140~450	6~3	30	10	3000	10
		4~2		5	750	
		<2		2.5	187.5	
	<140	>6	10	10	1000	10
		6~3		5	250	
		<3		2.5	62.5	
有色金属	>130	6~3	30	10	3000	30
		4~2		5	750	
		<2		2.5	187.5	
	36~130	9~3	10	10	1000	30
		6~2		5	250	
		<3		2.5	62.5	
	8~35	>6	2.5	10	250	60
		6~3		5	62.5	
		<3		2.5	15.6	

综上所述，为使材料的布氏硬度具有可比性，试验测得的结果应标记为以下形式，即

| 布氏硬度 | HBW | 硬质合金球直径 D | / | 压力 F | / | 压力保持时间 |

例如：150HBS10/3000/30 表示用直径为 10mm 的淬火钢球加压 3000kgf（29.4kN）保持 30s 测得的布氏硬度为 150；500HBW5/750 表示用直径为 5mm 的硬质合金球加压 750kgf（7.35kN）保持 10~15s 测得的布氏硬度为 500。通常，当压力保持时间为 10~15s 时不予标注。

3.2.4　布氏硬度与抗拉强度

试验证明，在一定条件下，材料的布氏硬度与抗拉强度存在如下经验关系式，即

$$\sigma_t = k \mathrm{HBW} \tag{3-4}$$

式中，k 是经验常数，随材料不同而异。表 3-4 列出了常见金属材料的抗拉强度与布氏硬度的比例常数 k。因此，测定了布氏硬度，即可估算出材料的抗拉强度。相类似，布氏硬度与疲劳极限之间也存在一定的近似关系 $\sigma_{-1} = \alpha \mathrm{HBW}$，见表 3-5。

对于不会发生形变强化的延性材料，可以证明 HM 约等于 $3\sigma_s$，其中 σ_s 是单轴屈服强度，HM 和 σ_s 的单位均用 MPa。

从数值上看，材料的布氏硬度大于其屈服强度，这是因为在压痕形成之前压头下方的所有材料都必须发生屈服，而且布氏硬度的计算采用的是压痕球面面积。

表 3-4　常见金属材料的抗拉强度与布氏硬度的比例常数 k

材　料	HBW 范围	$k = \sigma_t / \text{HBW}$	材　料	HBW 范围	$k = \sigma_t / \text{HBW}$
退火、正火碳钢	125~175 >175	3.4 3.6	退火铜及黄铜 加工青铜及黄铜 冷作青铜	— — —	5.5 4.0 3.6
淬火碳钢 淬火合金钢	<250 240~250	3.4 3.3	软铝 硬铝 其他铝合金	—	4.1 3.7 3.3
正火镍铬钢 锻轧钢材	— —	3.5 3.6			
灰铸铁	$\sigma_t \geq 200\text{MPa}$	HB = RH $(100 + 0.438\sigma_t)$	锌合金	—	0.9
	$\sigma_t < 200\text{MPa}$	HB = RH $(44 + 0.724\sigma_t)$			

注：1. 抗拉强度 σ_t 单位为 MPa。
　　2. RH 为相对硬度值，一般为 0.8~0.12，由原材料、熔炼工艺、处理工艺及铸件冷却速度等因素确定。

表 3-5　常见金属材料的布氏硬度与抗拉强度及疲劳极限的关系

金属及合金名称		HBW	σ_t / MPa	$k(\sigma_t / \text{HBW})$	σ_{-1} / MPa	$\alpha(\sigma_{-1} / \text{HBW})$
有色金属	铜	47	220.30	4.68	68.40	1.45
	铝合金	138	455.70	3.30	162.68	1.18
	硬铝	116	454.23	3.91	144.45	1.24
黑色金属	工业纯铁	87	300.76	3.45	159.54	1.83
	20 钢	141	478.53	3.39	212.66	1.50
	45 钢	182	637.98	3.50	278.02	1.52
	T8 钢	211	753.42	3.57	264.30	1.25
	T12 钢	224	792.91	3.53	338.78	1.51
	12Cr18Ni9	175	902.33	5.15	364.56	2.08
	20Cr13	194	660.81	3.40	318.99	1.64

3.2.5　布氏硬度的特点和适用范围

由于布氏硬度测量时压痕面积较大，能较好地反映较大体积范围内的综合平均性能，故而其数值比较稳定，分散性小，重复性好。

但也正由于压痕面积较大，布氏硬度适用于有较大晶粒或组成相的材料，而且试样不能过薄。因此不适宜于测定薄件或表面硬化层的布氏硬度。

此外，布氏硬度的缺点是对不同材料需要更换压头直径和改变试验压力，而且测量时需保持压力一定时间，压痕直径的测量也较麻烦，所以布氏硬度在批量检测和快速检测时不太适宜。

3.3 洛氏硬度

洛氏硬度试验也是最为广泛的压入法硬度试验之一，最早在 1919 年，美国的洛克威尔（S. P. Rockwell 和 H. M. Rockwell）提出了直接用压痕深度来衡量硬度的方法。

3.3.1 洛氏硬度的试验方法和测定原理

洛氏硬度是直接测量压痕深度并以压痕深浅表示材料的硬度，这是与布氏硬度定义的主要区别。

常用的洛氏硬度压头有两类，分别是顶角为 120°的金刚石圆锥或直径为 1.588mm（1/16in）的钢球。测量时，先施加一定预压力（通常为 10kgf），得到一初始压痕深度 h_0；随后施加主压力，压痕深度增加 h_1，它包括弹性变形和塑性变形两部分；卸除主压力后，弹性变形部分恢复，压头回升一段距离，得到在预压力下的残余压痕深度 h，以 h 的大小计算洛氏硬度，如图 3-3 所示。为使计算结果符合思维习惯，即硬度大洛氏硬度也大，用一人为规定的长度（通常为 0.2mm）减去 h，并规定 0.002mm 的残余压痕深度为一个硬度单位（简称为度），由此定义洛氏硬度为

$$HRC = \frac{0.2-h}{0.002}（硬度单位）\tag{3-5}$$

实际使用的洛式硬度计，其测量压痕深度的百分表表盘上的刻度已根据这一线性关系式换算成相应的洛氏硬度，因此试验时在主压力卸除后即可由百分表指针位置直接读出洛氏硬度。洛氏硬度的试验方法和技术条件详见国家标准 GB/T 230—2009。

3.3.2 洛氏硬度的各种标尺

为了能在一台洛氏硬度计上测定不同软硬、不同厚薄试样的硬度，可采用不同压头及试验力组合成的几种不同的洛氏硬度标尺。洛氏硬度有九种不同的标尺，用洛氏硬度符号 HR 后面加标尺字母表示，字母开始有 A、B、C、D、E、F、G、H、K 九个，后来又发展了 L、M、P、R、S、V 六个，见表 3-6。不同标尺表示不同的实验条件和计算方法。常用的为 HRA、HRB、HRC 三种。

HRC 标尺和 HRA 标尺的硬度计算方法是相同的，考虑到个别情况下残余压痕深度可能大于 0.2mm，为避免出现硬度为负，定义了 HRB 标尺，其计算方法是按 HRC 或 HRA 计算方法计算出后再加 30 个硬度单位，这就相当于

$$HRB = \frac{0.26-h}{0.002}（硬度单位）\tag{3-6}$$

也就是说，HRC 标尺和 HRA 标尺的满刻度为 100 度，HRB 标尺的满刻度为 130 度。

总之洛氏硬度可统一定义为

$$HR = K - \frac{h}{0.002}（硬度单位）\tag{3-7}$$

式中，K 是常数，采用金刚石圆锥压头时为 100，采用钢球压头时为 130，见表 3-6。实际测量洛氏硬度时，可由硬度计压头上的百分表表盘直接读出。

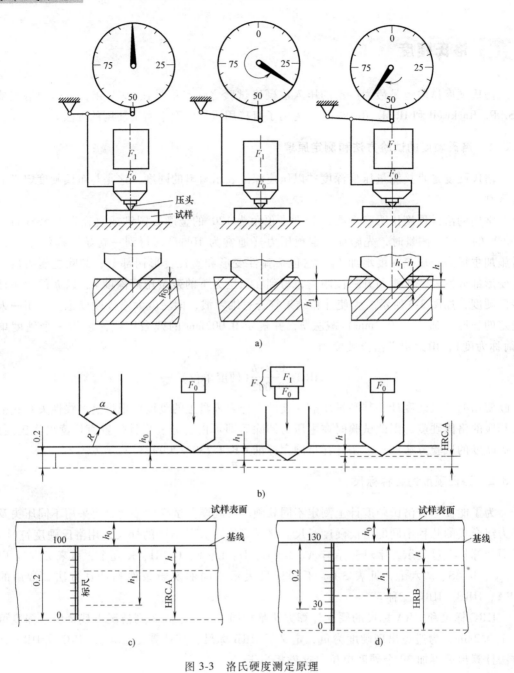

图 3-3　洛氏硬度测定原理

a）试验过程　b）各级载荷与压痕深度变化示意图　c）HRC 和 HRA 计算　d）HRB 计算

　　洛氏硬度的标记比较简单，采用硬度加标尺符号的方法。例如：45HRC 表示采用洛氏硬度 C 标尺测定的硬度为 45 度。

　　洛氏硬度测试时，试样表面应为平面。若在圆柱面或球面上测定洛氏硬度，得到的压痕偏深，致使测得的硬度比实际要低，需将测试结果加以修正。洛氏硬度 C 标尺下的修正量为

$$\Delta HRC = \frac{k(100-HRC')^2}{D} \tag{3-8}$$

表 3-6　洛氏硬度标尺

标尺	压头类型	预压力/N(kgf)	主压力/N(kgf)	硬度计算公式	测量范围(洛氏硬度单位)	应用实例
HRA	金刚石圆锥		490.3 (50)	HRA = 100−h	20~88	高硬度的金属薄件、表面处理钢件、硬质合金等
HRB	φ1.588mm 钢球		882.6 (90)	HRB = 130−h	20~100	铜合金、铝合金等有色金属、退火钢材、可锻铸铁等
HRC	金刚石圆锥		1373 (140)	HRC = 100−h	20~70	硬度大于 100HRB 的淬火及回火钢、钛合金等
HRD	金刚石圆锥		882.6 (90)	HRD = 100−h	40~77	中等硬度表面淬火钢
HRE	φ3.175mm 钢球		882.6 (90)		70~100	灰铸铁、铝合金、镁合金、轴承合金
HRF	φ1.588mm 钢球		490.3 (50)		60~100	退火铜合金、软质薄合金板
HRG	φ1.588mm 钢球		1373 (140)		30~94	珠光体钢、铜、镍、锌合金
HRH	φ3.175mm 钢球	98.07(10)	490.3 (50)		80~100	铝、铅、锌合金
HRK	φ3.175mm 钢球		1373 (140)		40~100	较软金属、薄材
HRL	φ6.350mm 钢球		490.3 (50)	HR = 130−h	—	有色金属、塑料
HRM	φ6.350mm 钢球		882.6 (90)		—	
HRP	φ6.350mm 钢球		1373 (140)		—	
HRR	φ12.70mm 钢球		490.3 (50)		—	软金属、非金属软材料
HRS	φ12.70mm 钢球		882.6 (90)		—	
HRV	φ12.70mm 钢球		1373 (140)		—	

式中，HRC′是在圆柱面或球面上测得的硬度；D 是圆柱或球体的直径；对于圆柱面取修正系数 $k = 0.06$，对于球面取修正系数 $k = 0.012$。其他修正方法可参见有关标准及文献。

3.3.3　表面洛氏硬度

为了测定较薄零件以及渗层等的硬度，发展了表面洛氏硬度试验，其预压力、主压力均相对较小，可避免破坏试样及硬化层，其规定长度和单位残余压痕深度分别为 0.1mm 和 0.001mm，即表面洛氏硬度计算为

$$HR = \frac{0.1-h}{0.001}(硬度单位)$$ (3-9)

表面洛氏硬度标尺见表 3-7。

表 3-7　表面洛氏硬度标尺

标　尺	预压力 /N(kgf)	主压力 /N(kgf)	压头类型	测量范围 (洛氏硬度单位)	
HR15N HR30N HR45N	29.42(3)	117.7(12) 264.8(27) 411.9(42)	金刚石圆锥	70~94 42~86 20~77	渗氮钢、渗碳钢、极薄钢板、切削刃、零件边缘部分、表面镀层
HR15T HR30T HR45T	29.42(3)	117.7(12) 264.8(27) 411.9(42)	钢球	67~93 29~82 10~72	低碳钢、铜合金、铝合金等薄板

3.3.4　洛氏硬度的特点和适用范围

由于洛氏硬度试验使用了金刚石压头，所以它的硬度检测范围上限高于布氏硬度，如 20~70HRC 就相当于 230~700HBW，而且因为有预压力，可消除材料表面不平度对硬度测量的影响。

洛氏硬度压痕小，基本不损伤材料，故可直接用于零部件的检测。洛氏硬度操作迅速、直接读数，效率很高，非常适宜于大批量检测和自动检测。

但洛氏硬度不适于测量具有粗大组成相（如灰铸铁中的石墨片）或不均匀组织的材料，因为较小的压痕使数据缺乏代表性，而且由于压痕较小，洛氏硬度对材料组织不敏感，故而测试结果较分散，数据稳定性差。

与布氏硬度类似，洛氏硬度试验方法可测定软硬不同及各种厚薄的试样硬度，但其所测得的硬度应在该方法所允许的范围内。若材料硬度小于 20HRC，则应选用 B 标尺；若大于 70HRC，则应选用 A 标尺。对于较小、较薄的试样，应选用表面洛氏硬度法。

另外从材料的角度看，淬火后不同温度回火的钢材及各种工模具钢等较硬的材料，常采用洛氏硬度 C 标尺；而硬质合金之类的很硬材料，常采用洛氏硬度 A 标尺；当零件或工模具的渗层较浅时（如氮化层、渗碳层），可选用表面洛氏硬度。

此外，需要注意的是，采用不同标尺可测定各种软硬不同的材料和厚薄不同的试样的硬度，但不同标尺下的洛氏硬度不具有可比性，因为它们之间不存在相似性，是各种人为的规定。

3.4　维氏硬度

维氏硬度是 1925 年由英国人史密斯（R. L. Smith）和塞德兰德（C. E. Sandland）提出的，因在维克斯（Vickers）厂最早使用而得名。

3.4.1 维氏硬度的试验方法和测定原理

布氏硬度测定要求满足 F/D^2 为定值才能使其硬度统一，而洛氏硬度的各种标尺无法统一，维氏硬度则正是针对可比性差这一缺点设计的。

维氏硬度的测定原理和方法与布氏硬度类似，也是根据单位压痕表面积上所承受的压力来定义硬度。但维氏硬度所用的压头是金刚石制成的正四棱锥体，两相对面间的夹角为136°，以使测量结果与布氏硬度有最佳配合（布氏硬度要求 d 与 D 的比值为 $0.24 \sim 0.6$，平均可取 $d = 0.4D$，此时压痕外切正四棱锥体相对面间夹角为 136°），而且可提高测量范围，几乎适用于任何硬质材料。维氏硬度的试验方法和技术条件详见国家标准 GB/T 4340.1—2009。

由于维氏硬度采用了正四棱锥体，压痕轮廓清晰，测量精度高，可更准确测得压痕的几何特征参数，即对角线长度。试验测量时通常分别测得两对角长度 d_1、d_2，然后取平均值 d 作为压痕的对角线长度，如图 3-4 和图 3-5 所示。

采用正四棱锥体时，无论压力 F 为多大，压入角始终为定值，压痕的几何形状总保持相似，因此任意选取压力测得的结果都具有可比性。

若已知施加的压力为 F，而压痕面积 $S = d^2/2\sin 68°$，则可求出维氏硬度为

$$HV = \frac{F}{S} = \frac{2F\sin 68°}{d^2} = 1.854\frac{F}{d^2} \tag{3-10}$$

维氏硬度试验常用的压力范围为 $5 \sim 100$ kgf。使用时应视试样厚度及硬度，尽可能选择较大的压力，以减小压痕尺寸的测量误差。维氏硬度测定时，试样硬度、压力和试样最小厚度之间的关系如图 3-6 所示。

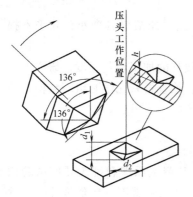

图 3-4 维氏硬度试验压头和压痕

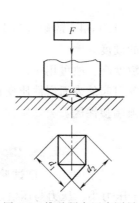

图 3-5 维氏硬度压痕测量

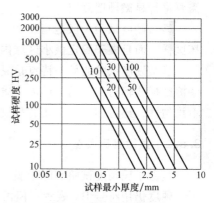

图 3-6 维氏硬度测定时，试样硬度、压力和试样最小厚度之间的关系

在圆柱面或球面上直接进行维氏硬度测定时，得出的硬度要修正，可在测得的维氏硬度上乘一个系数，即

$$HV = \alpha HV' \tag{3-11}$$

式中，HV' 是在圆柱面或球面上测得的硬度；修正系数 α 可按 d/D 值从有关标准及文献中查到。

维氏硬度的标记方法同布氏硬度一样，只不过不须标注直径 D 而已，如 640HV30/20 表示加压 30kgf（0.294kN）保持 20s 测得的维氏硬度为 640N/mm^2。

3.4.2　维氏硬度的特点和适用范围

维氏硬度的主要优点在于可灵活选择压力而试验结果仍具可比性。这就不存在布氏硬度试验时对压力 F 和压头直径 D 之间的约束，也不存在洛氏硬度试验时不同标尺下硬度无法统一的弊端。此外，它的测量范围广，准确度高。它的不足之处在于效率不高，测量结果不直接，需要将测得的压痕对角线长度进行计算或查表后才能得到硬度。

当材料的硬度小于 450 时，维氏硬度与布氏硬度大致相同。

3.5　显微硬度

显微硬度试验一般是指压力很小的高灵敏度硬度试验，通常要在显微镜下操作。常用的有显微维氏硬度和努氏硬度两种。相应的试验方法和技术条件详见国家标准 GB/T 9790—1988。

3.5.1　显微硬度的特点

前面介绍的布氏、洛氏及维氏三种硬度试验法由于压力较大，只能测得材料组织的平均硬度。如果要测定极小范围内材料（如某个晶粒、某个组成相或夹杂物）的硬度；或者是研究扩散层组织、偏析相、硬化层深度以及极薄板等，上述三种硬度就不适用了。此外，它们也不能测定陶瓷等脆性材料的硬度，因为陶瓷材料在这么大的压力作用下容易破裂。这就需要进行显微硬度测定。

显微硬度试验一般是指压力小于 1.9614N 的硬度试验，此时压痕极其微小，几乎不损坏试样，而且便于测定微小区域内的硬度。

显微硬度试验的另一特点是灵敏度高，故可用于评定细线材的加工硬化程度，研究由于摩擦磨损或辐射、磁场、环境介质等引起的表面层性质变化，检查材料化学和组织结构上的不均匀性，还可用于测定疲劳裂纹顶端塑性区。

3.5.2　显微维氏硬度

显微维氏硬度试验实际上就是小压力的维氏硬度试验，其测试原理和维氏硬度试验相同，硬度仍用符号 HV 表示。但由于压力小，压力与压痕之间的关系就不一定像维氏硬度试验那样符合几何相似原理，因此测试结果必须注明压力大小，以便能进行有效的比较，如 340HV0.1 表示用 0.1kgf（0.98N）的压力测得的显微维氏硬度为 340，而 340HV0.05 则表示用 0.05kgf（0.49N）的压力测得的显微维氏硬度为 340。

显微维氏硬度可以测定尺度约 10μm 以上的显微颗粒和晶粒的硬度。表 3-8 列出了钢中一些合金相的显微维氏硬度。

3.5.3　努氏硬度

努氏（knoop）硬度是维氏硬度试验方法的发展。它采用金刚石长棱形压头，两长棱夹

表 3-8　钢中一些合金相的显微维氏硬度

合金相	显微维氏硬度 HV	合金相	显微维氏硬度 HV
奥氏体	340~450	Al_2Cu	560
铁素体	150~250	Al_3Ni	610
渗碳体	750~980	SiC	1800~3500
马氏体	670~1200	TiC	2850~3200
珠光体	350~500	WC	1430~2470

角为 172°30′，两短棱夹角为 130°，如图 3-7 所示。在试样上产生长对角线长度 l 比短对角线长度 w 大 7 倍的棱形压痕。努氏硬度的定义与维氏硬度略有不同，它是用单位压痕投影面上所承受的压力来定义的。已知压力为 F，测得压痕长对角线长度 l 后，可按下式计算努氏硬度，即

$$HK = 1.451 \frac{F}{l^2} \tag{3-12}$$

式中，压力 F 单位是 N；长度 l 单位是 mm。努氏硬度压力通常为 1~50N。试样应按合金相试样的要求制备。努氏硬度试验由于压痕浅而细长，在许多方面较维氏法优越。努氏硬度更适用于极薄层或极薄零件、丝或带等细长件以及硬而脆的材料（如玻璃、玛瑙、陶瓷等）。此外，它的测量精度和对表面状况的敏感程度也更高。

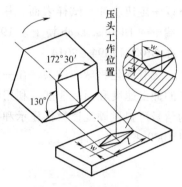

图 3-7　努氏硬度试验压头和压痕

3.6　肖氏硬度和里氏硬度

肖氏（Shore）硬度又称为回跳硬度，这一试验法是 1907 年由肖尔（A. F. Shore）提出的一种动载荷试验法。它的测定原理是将规定形状的金刚石冲头从一定高度 h_0 自由下落到试样表面，然后由于试样的弹性变形使其回跳到某一高度 h，用这两个高度的比值来定义肖氏硬度，即

$$HS = K \frac{h}{h_0} \tag{3-13}$$

式中，HS 是肖氏硬度；K 是肖氏硬度系数，对于 C 型肖氏硬度计 $K = 10^4/65$，对于 D 型肖氏硬度计 $K = 140$。肖氏硬度的试验方法和技术条件详见国家标准 GB/T 4341—2014。

肖氏硬度的符号为 HS。HS 前边的数字为肖氏硬度，HS 后边的符号为肖氏硬度计类型。例如：25HSC 表示用 C 型（目测型）肖氏硬度计测得的肖氏硬度为 25，51HSD 表示用 D 型（指示型）肖氏硬度计测得的肖氏硬度为 51。

可见，冲头回跳高度越高，则试样的肖氏硬度越高。也就是说，冲头从一定高度落下，以一定的能量冲击试样表面，使其产生弹性和塑性变形；冲头的冲击能一部分消耗于试样的塑性变形上，另一部分则转变为弹性变形功存储在试样中，当弹性变形恢复时，能量就释放出来使冲头回跳到一定的高度。消耗于试样的塑性变形功越小，则存储于试样的弹性变形功

就越大，冲头回跳高度便越高。这也表明，硬度的大小主要取决于材料的弹性性质。因此，弹性模量不同的材料，其结果不能相互比较，如钢和橡胶的肖氏硬度就不能比较。肖氏硬度只能在弹性模量相同的材料之间进行比较，否则就会得出橡胶比钢更硬的结论。

肖氏硬度具有操作简便，测量迅速，压痕小，可到现场进行测试等特点。肖氏硬度计是一种轻便的手提式硬度计，主要用于检验轧辊的质量和一些大型零件，如机床床面、导轨、曲轴、大齿轮等的硬度。它的缺点是测量结果精度较低，重复性差。由于其准确性受人为因素影响较大，在科学研究中较少使用。

里氏硬度试验法也是动载荷试验法。它是用规定质量的冲头（碳化钨球）在弹力作用下以一定速度冲击试样表面，用冲头的回弹速度表征材料的硬度。里氏硬度的符号为 HL，由瑞士的 Dietmar Leeb 博士于 1978 年首次提出。里氏硬度的试验方法和技术条件详见国家标准 GB/T 17394—2014。

装有碳化钨球的冲头，在一定的弹力作用下冲击试样表面，测量冲头距试样表面 1mm 处的冲击速度和回跳速度。利用电磁原理，感应出与速度成正比的电压，经过电子技术处理的信号可提供硬度读数供显示和存储。里氏硬度以冲头的回弹速度 v_R 与冲击速度 v_A 之比乘以 1000 来定义，即

$$HL = 1000 \frac{v_R}{v_A} \tag{3-14}$$

里氏硬度计和肖氏硬度计一样，均为手提式，其硬度传感器小如一只笔，可用手直接操作，使用方便，易于在现场测量大型零件的硬度。

肖氏及里氏硬度试验法均属动载荷试验法，但肖氏考察的是冲头回跳的垂直高度，因此决定了肖氏硬度计要垂直向下使用，这势必在实际使用中造成很大的局限性；而里氏硬度计就不同了，里氏硬度试验法考察的是冲头回弹和冲击的速度，通过速度修正，可在任意方向上使用，极大地方便了使用者。

3.7 莫氏硬度

莫氏（Mohs）硬度采用的是刻划法，在矿物学或宝石学上经常使用。它最早于 1812 年由德国矿物学家腓特烈·摩斯（Frederich Mohs）首先提出。它是将矿物的硬度分为 10 级，最硬的金刚石为 10 级，最软的滑石为 1 级。用一种矿石去划另一种矿石，被划出痕迹者硬度较低，由此确定中间硬度级别。起初莫氏硬度分为 10 级，后来因为出现了一些人工合成的高硬度材料，故又将莫氏硬度分为 15 级。表 3-9 中列出了两种莫氏硬度的分级顺序。现在通常用棱锥形金刚石针刻划所试矿物的表面而发生划痕，根据测得的划痕深度分级来表示硬度。

表 3-9　两种莫氏硬度的分级顺序

分级顺序	材料	分级顺序	材料
1	滑石	1	滑石
2	石膏	2	石膏
3	方解石	3	方解石

（续）

分级顺序	材料	分级顺序	材料
4	氟石	4	氟石
5	磷灰石	5	磷灰石
6	正长石	6	正长石
7	石英	7	SiO_2玻璃
8	黄玉	8	石英
9	刚玉	9	黄玉
10	金刚石	10	石榴石
		11	熔融氧化锆
		12	刚玉
—		13	碳化硅
		14	碳化硼
		15	金刚石

可见，莫氏硬度实际上是一种比较硬度。硬度并非绝对硬度，而是按硬度的顺序表示的值。鉴于上述矿物有时不易找到，试验时可近似选取表 3-10 列出的材料来比较莫氏硬度。

表 3-10　常见材料的莫氏硬度

常见材料	皮肤	指甲	黄金、银	黄铜	钢刀	牙齿	玻璃
莫氏硬度	1.5	2.5	2.5	3.5	5.5	6	6.5

类似的方法还有刻划硬度，这也可视为莫氏硬度的一种扩展，即用划痕的宽度来表示硬度。具体做法是用 90°圆锥角的金刚石锥施加一定载荷压入试样表面，然后沿水平方向拖动，在试样表面划出划痕，用显微镜测量划痕宽度，将宽度的 μm 值表示为硬度。这种方法会在试样表面留下比较长的划痕，所以尽可能找非常清晰的地方测量，或者是多处测量取平均值，试验数据比较准确，但也对试样表面造成一定损伤。刻划硬度可以比较准确地反映材料抵抗剪切的能力，测量数据与材料的加工硬化等没有关系。表 3-11 列出了黄铜（70%Cu+30%Zn）在不同轧制变形量下的刻划硬度、布氏硬度和肖氏硬度。

表 3-11　黄铜（70%Cu+30%Zn）的硬度

轧制变形量（%）	0	15	30	50	70
布氏硬度 HBW	52	95	120	130	150
肖氏硬度 HS	26	36	42	52	62
刻划硬度	11	11	10.8	10.6	10.8

硬度试验的方法和设备很多，大多数具有相应的测试标准。具体应用中应根据待测试样的情况选择合适的检测方法。尤其在比较不同方法测定的硬度时，一定要慎重考虑相应的测量原理和硬度的可比性。

第 4 章
材料的振动与疲劳

在变动载荷的作用下，材料将发生振动。这一过程既是弹性势能的存储与释放过程，也不可避免伴随着能量耗散，体现出材料的内耗特性。通过动态力学分析试验可以模拟材料在变动载荷下的力学响应，测定材料的动态模量及力学阻尼。

材料在变动载荷作用下，即使所受应力低于材料的静强度，在经过一定时间后也会发生断裂，这种现象称为疲劳。由于疲劳断裂时一般不发生明显的塑性变形，难以检测和预防，因而其破坏危害性更大。据统计，材料的破坏失效绝大多数情况下是因疲劳导致的。因此，对材料疲劳性能的研究成为材料力学性能研究的一个重要部分。

材料的疲劳可按照不同的方法进行分类，按承载方式可分为弯曲疲劳、扭转疲劳、拉压疲劳及复合疲劳等，按循环周次可分为高周疲劳（循环 10^5 次以上）和低周疲劳（循环 10^5 次以下），还可分为高温疲劳、低温疲劳、腐蚀疲劳和接触疲劳等。

材料的疲劳性能可通过疲劳试验进行测定。由试验可绘制出 S-N 曲线，确定材料的疲劳强度、疲劳寿命等疲劳性能指标。

4.1 动态力学分析

材料在实际使用过程中常常会受到变动载荷的作用。例如：在各种机械设备中使用的齿轮、阀片、凸轮、活塞等都是在周期性的变动载荷下工作的；火车车轮、汽车轮胎也是不停地承受变动载荷作用。无论从实用或理论的观点来看，研究材料在变动载荷作用下的振动特性具有重要意义。动态力学分析（Dynamic Mechanical Analysis，DMA）就是在交变应力或交变应变作用下，观察测试材料的振动变化情况，从而得到材料的动态模量和力学阻尼随载荷频率的变化规律。这是测定材料黏性力学性能指标的重要试验，尤其是在高聚物力学性能测试中具有重要作用。由于材料的黏性特征与温度有着密切关系，该类试验通常配合一定的温度控制方式，对试样施加振动载荷，测定温度、频率或时间有关的材料模量和损耗的变化曲线，以研究材料的黏弹性行为。所以它也被称为动态热机械分析（Dynamic Mechanical Thermal Analysis，DMTA）。

动态力学试验可以同时测得材料的动态模量和力学阻尼，在实际使用时材料的模量固然重要，但力学阻尼也是不容忽视的。铸铁、聚合物泡沫等减振材料就是利用了它们高的力学阻尼。但是对于轮胎，高的阻尼会使它很快发热和升温，以致过早破损。高聚物的动态力学性能对玻璃化转变、次级转变、结晶、交联、相分离以及高分子链的近程结构等都是十分敏感的，因此，动态力学试验也是研究高聚物固体分子运动的有力工具。

材料的动态力学测试方法很多，按应力波长 λ 与试样尺寸 b 的相互关系，可以把动态力学测试方法分为三大类。

1）$\lambda \gg b$。这时试样受到的力在不同部位是各不相同的。根据振动来源又分为自由振动和受迫振动。扭摆法及扭辫法是典型的自由振动衰减法。通过测定扭振的特征频率或周期来计算材料的模量，通过测定振幅的衰减来计算材料的内耗。振簧法是典型的受迫振动共振法。通过测定试样共振频率来求取试样的模量。动态黏弹谱仪用于实现各种受迫振动非共振试验，能够实现拉伸、压缩、弯曲、剪切等多种加载方式，可直接测定试样的应力、应变及损耗角，从而计算得到材料的模量及损耗因子。

2）$\lambda \approx b$。由于应力波长 λ 与试样尺寸 b 相近，应力波在试样中形成驻波。通过测量驻波极大值及节点位置可计算得到材料的模量和损耗因子。

3）$\lambda \ll b$。由于应力波长比试样尺寸小，应力波将在试样中传播。通过测定应力波的传播速度和波长的衰减可求得材料的模量及损耗因子。

没有一种动态力学仪器是万能的。各种仪器仅适合于特定的材料，而且只能在某一范围的频率和温度内进行测量。表 4-1 列出了各种测试方法的加载方式和频率范围。目前大多数动态力学分析仪器都可以用来测定试样的动态力学性能温度谱、频率谱和时间谱，因此仪器的组成部分中一般还包括温控炉、温度控制与记录仪。

表 4-1 各种测试方法的加载方式和频率范围

测试方法		加载方式	频率范围/Hz
自由振动	扭摆法	扭转	$0.1 \sim 10$
	扭辫法	扭转	
受迫共振	振簧法	固定-自由弯曲	$10 \sim 1 \times 10^4$
		固定-自由扭转	$1 \times 10^2 \sim 1 \times 10^4$
	悬线法	自由-自由弯曲	$10 \sim 1 \times 10^4$
		自由-自由扭转	$1 \times 10^2 \sim 1 \times 10^4$
	夹持法	固定-固定弯曲	$3 \sim 60$
		纵向共振	$1 \times 10^4 \sim 1 \times 10^5$
受迫非共振		单向拉伸	$1 \times 10^{-3} \sim 200$
		单向压缩	
		悬臂梁弯曲	
		三点弯曲	
		夹心剪切	
		扭转	
		S 形弯曲	$1 \times 10^{-2} \sim 85$
		平行板扭转	$1 \times 10^{-2} \sim 10$
驻波法		弯曲	1×10^3 以上
波导法		声波	$3 \times 10^3 \sim 1 \times 10^4$
		超声波	$1.25 \times 10^6 \sim 1 \times 10^7$

4.1.1 自由振动法

自由振动法是通过初始力作用于试样后，随即去除外力使试样在一小的变形范围内自由振动，并研究自由振动时的振动周期、相邻两振幅间的对数减量以及它们与温度的关系。它一般用来测定材料黏弹性参数的温度谱，包括扭摆法（TBA）和扭辫法（TPA）两种。

扭摆法是最简单和最常用的一种自由振动法，其原理如图 4-1 所示。试样的一端被固定，另一端与一能自由摆动的惯性杆相连。当惯性杆受力旋转一个角度时，试样受到扭转变形。在移除外力后，由于试样的弹性变形和恢复，带动惯性杆在一定周期内做自由振动。同时因为材料阻尼的影响，这种振动必然是一种衰减振动，直至最终停止下来。

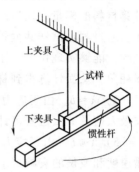

图 4-1　扭摆法原理
示意图

这种自由衰减振动可用振动方程表示为

$$J\ddot{\theta} + c_t\dot{\theta} + k_t\theta = 0 \qquad (4\text{-}1)$$

式中，θ 是扭转角；c_t 是黏性阻尼系数；J 是振动体系的转动惯量；k_t 是系统的弹性常数，是指发生单位角位移时所需的扭矩，若试样截面的极惯性矩为 I，则有 $k_t = GI/L$。试样振动一次所需的时间即为周期 P，由此可求出振动频率 $\omega = 2\pi/P$。在阻尼比较小时，振动频率与无阻尼振动频率近似相等，有 $\omega = \sqrt{k_t/J}$，所以可得 $G = \omega^2 JL/I$，于是就可根据自由振动的周期 P 计算出试样材料的剪切模量 G。对于圆柱形截面试样有

$$G = \frac{8\pi JL}{r^4 P^2} \qquad (4\text{-}2)$$

对于矩形截面试样有

$$G = \frac{64\pi^2 JL}{CD^3 \mu P^2} \qquad (4\text{-}3)$$

式中，L 是试样有效部分的长度；r 是试样圆形截面的半径；C、D 分别是试样矩形截面的宽度和长度；μ 是形状因子，其值由 C/D 决定（见表 4-2）；J 是振动体系的转动惯量。对于几何形状比较简单的体系，可直接通过计算得出 J 值，但对于具有复杂几何形状的体系，就需要借助已知模量的标准材料试样测得振动周期后由上式反算出 J 值。

表 4-2　截面尺寸 C/D 与形状因子 μ 对照表

C/D	μ	C/D	μ	C/D	μ
1	2.249	2.5	3.990	6	4.773
1.2	2.658	2.75	4.111	7	4.853
1.4	2.990	3.0	4.213	8	4.913
1.6	3.250	3.5	4.373	10	4.997
1.8	3.479	4.0	4.493	20	5.165
2.0	3.658	4.5	4.586	50	5.266
2.25	3.842	5.0	4.662	100	5.300

惯性杆每次振动的距离就是振幅 A。由于材料的内耗，振幅将随时间不断衰减，直至最后降为零，如图 4-2 所示。材料的内耗越大，振幅衰减越快。通常将相邻两个振幅之比的自然对数称为对数减量，而且有

$$\Delta = \ln \frac{A_1}{A_2} = \ln \frac{A_2}{A_3} = \ln \frac{A_3}{A_4} = \cdots = \frac{1}{m} \ln \frac{A_i}{A_{i+m}} \tag{4-4}$$

据此可求得材料的损耗因子为

$$\tan\delta = \frac{\Delta}{\pi} \tag{4-5}$$

显然，根据振动周期和频率计算得到的是材料的储能模量 G_1，再由上述测得的损耗因子就可计算得到材料的损耗模量 $G_2 = G_1\tan\delta$。进一步在不同的温度下进行试验测试，就可得到材料黏弹性参数的温度谱。

扭摆仪包括四个主要组成部分，如图 4-3 所示。①惯性元件：其转动惯量一般应可调，以适应不同的测试对象；②扭转机构：可以通过步进电动机或电磁激励方式提供初始扭转变形；③自动记录装置：通过光电转换或电磁感应来测量振动周期及振幅；④温度控制装置：提供各种温控方式实现不同温度下的试验。

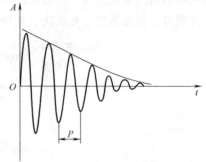

图 4-2 扭摆法测得的振幅衰减曲线

考虑到试样承载力及轴力的影响，为了减小轴向拉应力，往往采用图 4-3b 所示扭摆仪，并借助平衡装置与惯性元件相连，以降低惯性元件自重对试样的影响。

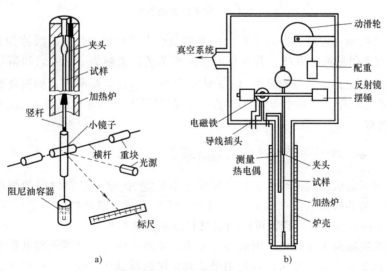

a)

b)

图 4-3 扭摆仪主要组成部分

a）正扭摆仪 b）倒扭摆仪

由于扭摆法是靠材料自身的弹性力扭振，所以不能用于很软的材料，而且试验温度的上限受材料软化温度的制约。为此在扭摆法的基础上发展了扭辫法。扭辫法中试样要制成溶液或熔体，然后浸渍在一条由几千根惰性物质单丝（通常用玻璃纤维）编成的辫子上，再抽

真空除去溶剂或使熔体凝固，得到被测材料与支承载体组成的复合试样供测试用。

扭辫法具有试样用量少、试样形态适用范围宽、灵敏度高等优点。但由于这种方法使用的是复合试样，其几何形状不规则，所以测不出剪切模量的绝对值，不能与其他仪器测量得到的结果作比较。

4.1.2 受迫共振法

受迫共振法是将一个周期变化的力或力矩施加到片状或杆状试样上，然后监测试样所产生的振幅。当驱动力频率与试样的共振频率相等时，试样的振幅达到最大值，发生共振。在共振研究中常用的振动类型如图4-4所示。它们包括弯曲、扭转和纵向共振，弯曲和扭转共振又有不同的支承方式。弯曲共振的频率最高，扭转次之，纵向共振的频率最低。受迫共振法有很多，如振簧法、悬线法、夹持法等。

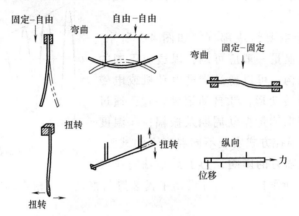

图 4-4　常用的振动类型

振动系统的振幅在包括共振频率在内的频率范围内随频率变化的曲线称为共振曲线，如图4-5所示。对于阻尼振动系统，若共振时的频率为 f_r，振幅为 A。考虑到阻尼耗散的能量与振幅的平方成正比，定义振幅降为 $A/\sqrt{2}$ 时对应的频率为半功率点，如图4-5所示的 f_1 和 f_2，并将这两者之差称为半功率带宽 $\Delta f_r = f_2 - f_1$。在阻尼比较小时近似有 $f_r/\Delta f_r = 1/(2\xi)$，而 $\tan\delta \approx 2\xi$，因此有

$$\tan\delta = \frac{\Delta f_r}{f_r} \tag{4-6}$$

根据上式，通过测定试样共振频率 f_r 和共振半功率带宽 Δf_r 就可求得材料的损耗因子。根据不同振动类型下的共振频率就可以确定材料的弹性模量 E，即材料的储能模量 G_1，进而可求得损耗模量 $G_2 = G_1\tan\delta$，这样就可以测定材料的黏弹性参数。

由于试样模量随温度而改变，因而共振频率也随温度变化，这就使得共振法不可能得到固定频率下的温度谱。另一方面，若采用受迫共振法获得试样在同一温度但不同频率下的性能，只能在更宽的频率范围内测试多阶共振曲线才能得到。但共振阶数越高，信号越弱，而且极易引起整个测试系统的共振。实践表明，一般最多只能测定 1~6 阶的共振曲线，因此用共振法测定材料的频率谱是比较困难的。

1.“固定-自由”振动仪器——振簧仪

振簧法是典型的受迫振动共振方法，如图4-6所示。通常采用纤维状或片状试样，一端

自由，另一端夹持于特制的电磁振动器上。振动器由一个可以改变频率的振荡器驱动，当改变振动频率时，试样产生同频率的振动。试样自由端的振幅可采用各种类型的检测器检测，如读数显微镜、电磁拾振器，光电拾振器、电容拾振器等。当达到试样的固有频率时，试样产生共振，自由端的振幅达到最大值。

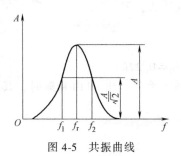

图 4-5　共振曲线

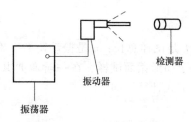

图 4-6　振簧法原理示意图

对于细小试样，可以采用在试样上涂覆导电层的方法，并将涂好导电层的试样直接置于两电极之间，通过在电极上施加高压直流电并叠加交流振荡电流来驱动试样振动，这可大大提高试验测试频率的上限。在这样的高频下，必须考虑空气阻力的影响，因此一般应在真空中进行。

振簧法上的试样振动实际上是悬臂梁的受迫振动，其共振频率一般为一阶固有频率，即

$$f_r = \frac{\omega_1}{2\pi} = \frac{\beta_1}{2\pi}\sqrt{\frac{EI}{\rho AL^4}} \tag{4-7}$$

式中，$\beta_1 = 1.875$。对于片状试样，横截面面积 $A = bh$，惯性矩 $I = bh^3/12$，因此可得材料的弹性模量为

$$E' = \frac{38.24\rho L^4}{h^2}f_r^2 \tag{4-8}$$

式中，ρ 是试样的密度；h 是试样的厚度；L 是试样自由端的长度；f_r 是共振频率。损耗因子的计算如前所述，为 $\tan\delta = \Delta f_r/f_r$。

典型的振簧仪组成结构如图 4-7 所示，主要包括信号发生器（一般采用数字频率计和音频信号发生器）、换能器（由线圈和永久性磁铁构成）、试样簧片、电容拾振器、信号检测器（一般用毫伏表）、温度控制器和测量部分，以及提供试样簧片极化电压的前置放大器和直流稳压电源等。

振簧仪需要将试样一端夹持固定，从而引起"夹持误差"。试样越硬、损耗越小，带来的误差就越大。实际上即便对于同一试样，当夹持力不同时，测得 f_r 也不同，这就会影响 E 的数值。因此，最好用可测力矩的扳手来拧紧夹试样的螺钉，以

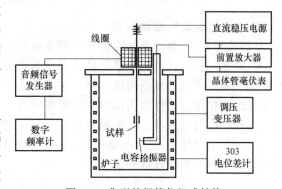

图 4-7　典型的振簧仪组成结构

保持夹持力的恒定，这在定量测定不同试样并相互比较时是不可忽视的。

振簧仪的特点是试样用量少，温度和湿度控制容易，信号传感器可以采用电容拾振器，

接收很灵敏。但它的缺点是每测一个点都必须不断改变频率以求得试样的共振曲线，所以需要很长时间才能测得材料的温度谱。

2."自由-自由"振动仪器——悬线仪

"自由-自由"振动是指试样两端处于无夹持的自由状态。这时试样的支承或悬挂位置为试样共振的波节点，波节点离试样末端的距离 L_n 按下式计算，即

$$L_n = 0.66 \frac{L}{2n+1} \tag{4-9}$$

式中，L 是试样总长；n 是振动阶数。对于一阶共振有 $L_1 = 0.22L$。

对于圆形截面试样，在一阶弯曲共振的波节点受到支承而自由-自由共振时，其弹性模量可按下式计算，即

$$E = \frac{9.85\rho L^4}{D^2} f_r^2 \tag{4-10}$$

式中，ρ 是试样的密度；D 是试样的直径；f_r 是共振频率。损耗因子的计算如前所述，为 $\tan\delta = \Delta f_r / f_r$。

典型的悬线仪组成结构如图 4-8 所示。信号发生器产生的电信号通过换能器转化为机械振动，由一根悬线传给试样，激发试样振动。试样的机械振动再通过另一根悬线传递给换能器，还原为电信号，经放大后在指示仪表上显示出来（图 4-8a），或者通过额外的换能器来激发试样共振并进行检测（图 4-8b）。调节信号源给出的频率，就可测定出共振曲线。

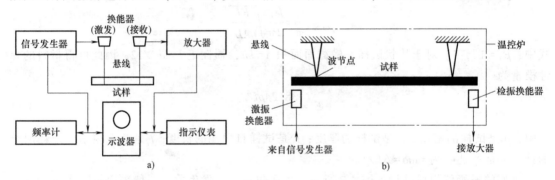

图 4-8　典型的悬线仪组成结构

3."固定-固定"振动仪器

"固定-固定"振动是指将试样两端夹持后迫使其发生振动的状态。图 4-9 所示为典型的"固定-固定"振动仪器。仪器的核心部分是附装在摩擦阻力很小的支点上的驱动臂。一定形状的试样垂直或水平夹在两臂之间。夹试样后，驱动臂围绕着支点产生少量的转动，使试样产生极少的位移，这样就使试样受到弯曲应力。当应力除去时，存储在试样中的位移应力使试样本身产生共振振动，共振频率和振幅可由线性位移传感器（LVDT）检测出来。

通过驱动臂加 1s 的门电路，用 LVDT 监测 1s 振动数（频率）和试样系统的振幅，可用下式计算材料的弹性模量和损耗因子，即

$$E = 2(1+\nu)\left[\frac{8\pi^2 Jf_r^2 - 2k}{B^2}\right]\left[\frac{L+\Delta L}{S}\right]\left[\alpha + \frac{(L+\Delta L)^2}{24k^2(1+\nu)}\right]\beta(f_r)$$

$$\tan\delta = \frac{C'}{a} \frac{V - V_i(f_r\alpha)}{f_r^2 - f_0^2} \tag{4-11}$$

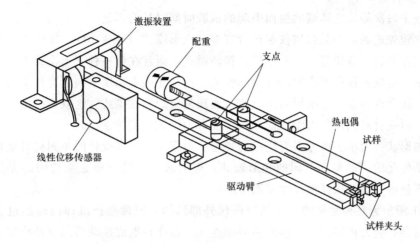

图 4-9 典型的"固定-固定"振动仪器

式中，α、J、B、C'、f_0 是仪器常数；$\beta(f_r)$、$V_i(f_r\alpha)$ 是与频率有关的仪器常数；ν 是试样材料的泊松比（由其他方法测定）；S 是试样的横截面面积；k 是试样横截面的回转半径，对于板材试样可取 $k = T/\sqrt{2}$，其中 T 是试样的厚度；L 是试样在加持点之间的振动部分的长度；ΔL 是试样长度的校正因子；a 是试样的振幅，f_r 是夹有试样的振动体系的共振频率；V 是夹有试样的振动体系的阻尼。

4.1.3 受迫非共振法

受迫非共振法是强迫试样以设定的频率振动，并测定试样在振动时的应力及应变幅值和应力及应变间的相位差，按定义式直接计算材料的储能模量、损耗模量、损耗因子及动态黏度等性能参数。受迫非共振仪有很多：一大类适用于测试流体，称为动态流变仪；另一大类适用于测试固体试样，称为动态黏弹谱仪。

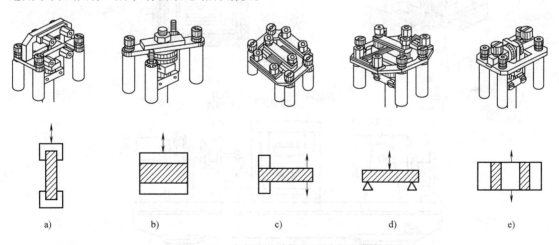

图 4-10 动态黏弹谱仪的不同变形模式

a）拉伸 b）压缩 c）悬臂梁弯曲 d）三点弯曲 e）剪切

随着现代科学技术的发展，特别是微电子技术的进步，已经有可能在试验中的任一时刻直接测量该时刻的振幅和相位差，从而弥补了扭摆法和扭辫法中每一次都必须等待它慢慢衰减、振簧法中每次等待它达到共振而引起的试验时间过长的不足。

目前比较先进的动态黏弹谱仪都包含有多种变形模式（图 4-10），如拉伸、压缩、悬臂梁弯曲、三点弯曲、剪切等，有的还提供扭转模式。而且在每一种变形模式下，不仅可以在固定频率下测定宽温度范围内的动态力学性能，或是在固定温度下测定宽频率范围内的动态力学性能，还允许将多种影响因素组合起来实现复杂的测试模式。这就为测定材料的温度谱和频率谱，研究材料的动态力学性能提供了强有力的试验支持手段。

试样的形状、大小、尺寸没有统一的规定。根据不同厂家设计的不同夹具规格，试样尺寸、大小是变化的，以实现不同的变形模式。但要求试样的材质必须均匀、无气泡、无杂质、加工平整等，而且试样的尺寸要测量准确。

图 4-11 所示为几种常见的动态黏弹谱仪外部结构。原理是让试样两端经过夹具、连杆分别与振动器、应力传感器和位移传感器相连接。试样在电磁振动头的驱动作用下做受迫振动。在振动器以一定频率工作时，利用传感器测出应力和应变的正弦信号。由于应力的相位超前于应变，还要通过转换器得到应力和应变的相位差 Δ，这些信号经过计算机处理就可得到储能模量 G_1、损耗模量 G_2 以及损耗因子 $\tan\delta$。测量过程中通过控制试样的温度，最后可得到材料的温度谱。通过改变振动器的频率，还可得到材料的频率谱。

利用动态黏弹谱仪进行试验测试时，试样必须与起振器检测头紧密贴紧，这就需要先对

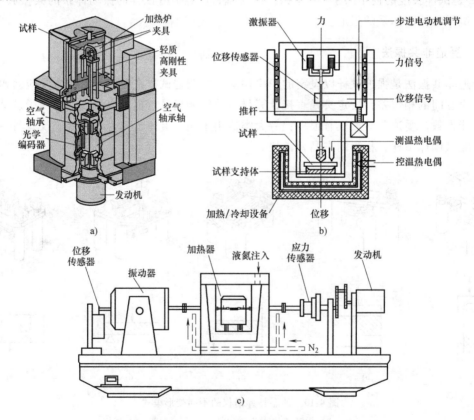

图 4-11　动态黏弹谱仪的外部结构
a）TA DMA Q800 主机结构示意图　b）Netzsch DMA242 主机结构示意图
c）Rheolograph-solid 动态黏弹谱仪

试样施加静态力，再施加动态力加以检测。原则上静态力要大于或等于动态力，否则试样变形过大，数据测不准。例如：某仪器的最大载荷为 16N，一般静态力为 10N，动态力为 6N。

试验过程中对试样施加的振动位移（振幅）需要视试样的软硬程度而定。一般对硬试样施加的振幅要小，振幅过大容易造成过载荷，超出仪器的最大载荷，损坏仪器或使检测无法进行。而对软试样振幅就要大一些，否则会测不准。

试验振动频率的选择需结合温度的选择统一考虑。根据时温等效原理，随着频率的增加，材料的储能模量和损耗因子将会向高温方向移动，如图 4-12 所示。研究发现，对大多数高聚物，当频率增加一个数量级时，玻璃化转变温度 T_g 约增加 7℃。

动态黏弹谱仪可以完成各种方式的试验测试，通常分为以下几种。

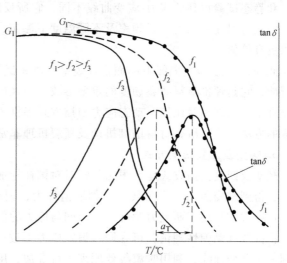

图 4-12　温度和频率对储能模量和损耗因子的影响示意图

1. 温度扫描方式

温度扫描方式是在固定频率下测定动态模量及损耗随温度变化的试验方式，这是材料研究和表征应用最广的方式。对于高聚物，还可测量出材料的玻璃化转变温度及其他次级转变温度。由于调节温度比调频率更容易，因此 DMA 温度谱最常用。

通过材料的温度谱，可以评价材料的耐热性、耐寒性、低温韧性、耐老化性、阻尼、减振性等，还可以研究聚合物材料的结构参数，如洁净度、分子取向、相对分子量、交联、共混、共聚及增塑等与宏观力学性能的关系。

2. 频率扫描方式

频率扫描方式是在恒温、恒压下，测量动态模量及损耗随频率变化的试验方式，用于研究材料力学性能与加载速度的依赖性。

另外，由于频率变化三个数量级时相当于温度位移 20~30℃，因此，可以用频率扫描方式更细微地观察不明显的高聚物次级转变。具体做法是从温度谱中大致确定次级转变的温度范围，在这个范围内，选择一两个温度，在恒温下做频率扫描试验，从频率谱上可明显表达这些次级转变的特征。

3. 时间扫描方式

时间扫描方式是在恒温、恒频率下测定材料动态力学性能随时间变化的试验方式，主要用于研究材料力学性能与加载时间的依赖性。

实际应用中常用于热固性树脂（如环氧树脂）及其复合材料的固化过程研究，以便选择最佳的固化工艺条件。它还可以研究高聚物吸附某种物质或环境条件（如湿度）对材料力学性能的影响。

4. 动态应力扫描方式

动态应力扫描方式是在恒温及固定频率下，测定动态应变随应力变化的试验方式，即测定材料的动态应力-应变曲线。

这种方式常用于评价材料及其结构与应力的依赖性，也可以确定应力和应变的线性范围。通过动态应力-应变曲线，可以清楚区分线性和非线性区、屈服以及断裂强度。

和静态试验得到的应力-应变曲线不同，它所反映的是在交变应力作用下的动态力学性能，而且可以在一系列不同频率及不同温度下测定，它提供的数据更接近于实际使用情况，所以更有价值。

此外，应力-应变曲线下的面积代表单位体积试样破坏（或断裂）所需的能量，也就是断裂能，它是评价材料断裂韧度的重要参数。韧性通常用冲击结果测定，但它不是严格定义的物理量，只能相对比较。动态应力扫描方式提供了在不同温度和不同频率下测定材料断裂韧度的方法，这对研究材料增韧机理及断裂机理非常有用。

5. 蠕变及回复扫描方式

蠕变及回复扫描方式是在恒温下瞬时对试样施加一个恒定应力，测量试样应变随时间的变化，得到蠕变曲线。若在某一时刻取消外力，记录应变随时间的变化，就可得到回复曲线。这种方式可用于研究力学性能对时间与应力的依赖性。

根据线性黏弹性理论，可在同一恒定应力下按一定温度间隔选择一系列温度进行试验，得到一组蠕变曲线，利用时温等效原理进行叠加，用作图法得到蠕变总曲线。这样时间标尺就可以远远超出试验的时间范围，从而用于评价材料的长期力学性能。

6. 恒应力（TMA）扫描方式

它即静态模式操作，设定频率为零，再根据试样尺寸及变形方式（压缩、拉伸或三点弯曲），设定应力为一固定值，可以在恒温下测量试样变形随时间的变化，也可测量试样变形随温度的变化，主要用于测定材料的软化点以及膨胀系数。

4.2 疲劳现象与特点

工程中的很多构件都是在变动载荷下工作的，如曲轴、连杆、齿轮、弹簧、辊子、叶片、轮胎、传送带以及桥梁等。材料在变动应力和应变的长期作用下，由于累积损伤而引起的脆性断裂现象称为疲劳（Fatigue）。相应地，也把这种可能导致材料疲劳破坏的变动载荷称为疲劳载荷。在疲劳载荷作用下，材料将发生受迫振动，当振动引起的内耗累积到一定程度后，材料将突发失稳而破坏，这也就是疲劳破坏。据统计，疲劳失效在整个失效中约占80%，极易造成安全事故，引起人员伤亡和经济损失，危害性极大。

疲劳是一个既古老又年轻的研究分支，自从 A. Wohler 将疲劳纳入科学研究范畴至今，近 200 年来疲劳研究一直是学术界和工程界关注的热点，其中疲劳强度设计和疲劳寿命分析是疲劳研究的主要内容。1839 年，法国工程师 J. V. Poncelent 首次采用了"疲劳"这一术语，用来描述材料在变动载荷下承载能力逐渐耗尽以致最终断裂的破坏过程。1852 ~ 1869年，德国的 A. Wohler 对疲劳破坏进行了系统研究，设计出了第一台疲劳试验机（也称为 Wohler 疲劳试验机），首次开展了疲劳试验研究。1871 年，他发表论文系统地论述了疲劳寿命与循环应力的关系，提出了 S-N 曲线及疲劳极限的概念，同时还研究了热处理、应力集中和叠加静载荷对疲劳的影响，确定了应力幅是疲劳破坏的主要因素，为常规疲劳强度设计奠定了基础。因此 A. Wohler 被公认为疲劳研究的奠基人。1874 年，德国工程师 H. Gerber 研究了平均应力对疲劳寿命的影响，给出了抛物线方程形式的影响规律。1884 年德国的 Baushchinger 发现了包辛格效应，引入了应力-应变滞后回线的概念。1945 年美国的 M. A. Miner 将 A. Palmgren 提出的线性累积损伤理论公式化，形成了 Palmgren-Miner 线性累积损伤法则。1930 年英国的 J. Goodman 对疲劳极限图提出了著名的简化假设，以直线代替抛物线，得到了广泛应用。1952 年美国的 S. S. Manson 和 L. F. Coffin 提出了表达塑性应变和疲劳寿命关系的 Manson-Coffin 方程，奠定了低周疲劳研究的基础。1971 年 R. M. Wetzel 在该方程的基础上提出了局部应力应变疲劳分析方法。德国的 H. Neuber 于 1957 年指出缺口根部的应力梯度效应，1961 年提出了 Neuber 法则，开始用局部应力应变研究疲劳寿命。1963 年美国的 P. C. Paris 在断裂力学方法的基础上提出了表达裂纹扩展规律的著名关系式——Paris 公式，给疲劳研究提供了一个估算裂纹扩展寿命的新方法，在此基础上发展出了损伤容限设计。

4.2.1　疲劳载荷及其描述参数

材料所承受的疲劳载荷有两个基本特点，一是载荷大小在一定范围内变动，二是经过一定长的时间。因此，疲劳载荷可由波形、振幅及频率三个特征参数来描述。

1. 波形

疲劳载荷可能是大小、方向随时间按一定规律周期性变化的循环载荷，也可能是大小、方向随时间呈无规则变化的随机变动载荷，如图 4-13 所示。尽管材料在实际使用中载荷一般更多的属于随机变动载荷，但在研究材料疲劳性能时，可简化为相应的循环载荷。

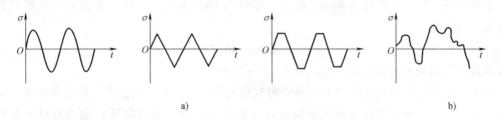

a)　　　　　　　　　　　　　　　　　　　　　　　　b)

图 4-13　疲劳载荷波形示意图

a）循环载荷　b）随机变动载荷

对于循环载荷，常见的波形以正弦波为主，其他如三角波、梯形波等。

2. 振幅

循环载荷下的应力大小特性可由振幅描述，如图 4-14 所示，包括：

1）最大应力 σ_{max} 和最小应力 σ_{min}。

2）应力范围 $\Delta\sigma = \sigma_{max} - \sigma_{min}$。

3）应力幅 $\sigma_a = \dfrac{\Delta\sigma}{2}$。

4）平均应力 $\sigma_m = \dfrac{\sigma_{max} + \sigma_{min}}{2}$。

5）应力比 $r = \dfrac{\sigma_{min}}{\sigma_{max}}$。

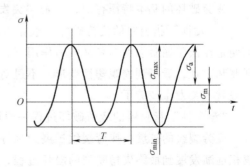

图 4-14　循环载荷振幅示意图

材料服役时各种零部件中的应力大小特性是不同的，根据应力比和平均应力的相对大小，可将循环载荷分为以下四种情况。

1) 交变对称循环载荷。如图 4-15a 所示，$r = -1$，$\sigma_m = 0$，即正向最大应力与负向最大应力相等，平均应力为零。火车轴弯曲、曲轴扭转时就是这种情况。

2) 脉动循环载荷。如图 4-15b、c 所示，$r = 0$（或 $r = \infty$），$\sigma_m = \pm\sigma_a$，即正向最大应力或负向最大应力为零。齿轮齿根弯曲、滚珠轴承受压时就是这种情况。

3) 波动循环载荷。如图 4-15d 所示，$r > 0$，即只有正向应力或只有负向应力。缸盖螺钉受到的大拉小压循环载荷就是这种情况。

4) 交变不对称循环载荷。如图 4-15e 所示，$r < 0$，即既有正向应力也有负向应力，但平均应力不为零。通常，既有正向应力也有负向应力的循环载荷称为交变载荷。连杆受到的小拉大压循环载荷就是这种情况。

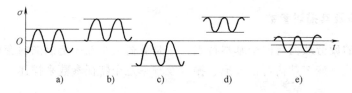

图 4-15　不同类型的循环载荷示意图

a) 交变对称循环载荷　b)、c) 脉动循环载荷　d) 波动循环载荷　e) 交变不对称循环载荷

3. 频率

循环载荷的周期特性可用频率 f 描述，单位为 Hz。不失一般性，正弦波变化形式的疲劳载荷可表示为

$$\sigma(t) = \sigma_m + \sigma_a \sin(2\pi f t) \tag{4-12}$$

绝大多数工程结构和机械受到的载荷频率在 5~200Hz。

材料的实际加载方式对材料的应力分布有很大影响，因此，除波形、振幅和频率三个表征循环特性的参数外，疲劳载荷的加载方式（如拉压、扭转或弯曲等）也会对材料的疲劳性能产生影响。在进行材料的疲劳性能试验时，要根据材料的实际加载方式、材料的静载试验性能指标来确定疲劳载荷的加载方式及其波形、振幅与频率。

4.2.2　疲劳破坏特点

疲劳破坏的基本特征有二，一是"突发性"，二是"渐变性"。

"突发性"指材料的疲劳破坏一般是低应力脆断，容易造成灾难性事故。很多情况下，即便是在低于屈服强度的名义应力作用下，疲劳也会突然发生。因此疲劳时通常没有明显的征兆和表现，看不到宏观塑性变形。不过对于许多材料，当循环应力幅值低到一定程度后，一般就不会发生疲劳了。

"渐变性"指材料的疲劳破坏过程一般可以分为三个主要阶段，即疲劳裂纹的萌生和形成、疲劳裂纹的扩展、疲劳裂纹扩展到临界尺寸时的最终断裂，因此疲劳破坏是一个由损伤累积逐渐发展到最终失稳断裂的漫长过程，具有一定寿命周期，往往要经历几百次，甚至几百万次应力循环才会发生破坏。疲劳寿命随循环应力大小不同而变化，一般来说应力高则寿命短，应力低则寿命长。疲劳破坏对材料中的缺口、裂纹和组织缺陷也十分敏感。

疲劳是因为在材料表面的高应力区域或者材料内部的缺陷部位（薄弱部位）产生了疲劳裂纹，并进一步扩展造成的。这些危险部位可能小到几毫米甚至几微米，包括零部件的几何切口根部、表面缺陷、切削刀痕、碰磕伤痕以及材料内部的加工缺陷等。因此，提高材料的抗疲劳能力要先从控制材料中疲劳裂纹的萌生入手，并尽可能抑制疲劳裂纹的扩展。

4.2.3　疲劳断口特征

疲劳断口有其独有的特征，是研究疲劳断裂过程和进行疲劳失效分析的重要基础。图4-16所示为钢棒试样疲劳断口形貌，可见与静态拉伸断口有很大区别。从宏观上看，疲劳断口一般可以分为三个部分，即疲劳裂纹源区、疲劳裂纹扩展区和最后断裂区，如图 4-17 所示。各部分所占比例视具体情况而定，不过其一般特征如下。

a)

b)

图 4-16　钢棒试样疲劳断口形貌

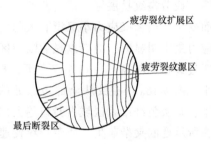

图 4-17　典型疲劳断口示意图

1）疲劳裂纹源区，即疲劳裂纹策源地，是疲劳破坏的起始点。由于材料质量缺陷、加工缺陷或结构设计不当等原因，或者就是因为材料局部区域的应力集中或应变集中，在相应位置产生了疲劳微裂纹。之后由于应力循环作用，裂纹面经受反复挤压摩擦，形成了比较光亮的裂纹源区。在整个断口形貌中，疲劳裂纹源区的光亮度最大，因为形成这一区域时的疲劳裂纹扩展速率最低，循环次数最多，当然相应的这一区域的范围也是最小的。当某一零部件疲劳断裂时，其疲劳源可能是一个，也可能是多个，这与材料内的缺陷分布、加载的应力状态、应力集中的位置和程度等有关。

2）疲劳裂纹扩展区，即疲劳区，是疲劳裂纹的亚临界扩展部分，其典型特征是"贝纹线"，也称为疲劳停歇线或疲劳线。贝纹线是以疲劳源为中心的近于平行的一簇向外凸的同心圆。它们是疲劳裂纹扩展时前沿线的痕迹。贝纹线是由于载荷大小或应力状态、频率变化或机器运行中停车起动等原因，裂纹扩展产生相应的微小变化所造成的。因此，这种形貌常出现在机件的疲劳断口上，并且多数是高周疲劳。在试验室进行固定应力或固定应变的疲劳试验或低周疲劳试样断口上，则看不到贝纹线。贝纹线从疲劳源向四周推进，与裂纹扩展方向垂直，因而在与贝纹线垂直的相反方向，对着同心圆的圆心，可以找到疲劳源所在地。通常，在疲劳源附近，贝纹线较密集，而远离疲劳源，由于有效面积减少，实际应力增加，裂纹扩展速率增加，故贝纹线较为稀疏。当断口上有多个疲劳源时，根据疲劳源附近贝纹线的疏密程度，可以判断疲劳源产生的先后次序。贝纹线还与材料性质有关，即较小的间距表示材料韧性较好，疲劳裂纹扩展速率较慢；在较软的材料中，易出现贝纹线；而在较硬的材料中，则不易看到。需要注意的是，疲劳断口宏观形貌上的贝纹线与微观形貌上的辉纹（疲劳条带）是不同的，两者之间没有必然的联系。贝纹线是交变应力振幅变化或载荷大小改变等原因，在宏观断口上遗留的裂纹前沿痕迹，是疲劳断口的宏观特征。辉纹是交变应力每循环一次时裂纹扩展留下的痕迹，是疲劳断口最典型的微观特征。相邻贝纹线之间可能有成千上万条辉纹。

3）最后断裂区是疲劳裂纹快速扩展直至断裂的区域。随着应力循环周次增加，疲劳裂纹不断扩展，当其尺寸达到相应载荷下的临界值时，裂纹失稳将快速扩展，从而形成最后断裂区。该区呈放射状向外扩展，靠近中心处为平面应变状态的平滑断口，与疲劳裂纹扩展区处于同一个平面上；边缘处则变为平面应力状态的剪切唇。韧性材料的最后断裂区为纤维状，暗灰色；脆性材料的最后断裂区为结晶状或解理台阶。

疲劳断口的宏观结构取决于材料的性质、加载方式（如弯曲、扭转和拉压）和载荷大小（包括应力水平和应力集中程度）等因素。表 4-3 列出了几种不同情况下的疲劳断口示意图。疲劳裂纹扩展区与最后断裂区所占面积的相对比例，随所受应力大小和材料的断裂韧度而变化。当名义应力小又没有大的应力集中时，断口以疲劳扩展区为主；而当名义应力大或应力集中明显时，断口以最后断裂区为主。因此最后断裂区的面积越大、越靠近中心，则表明过载程度越高。在同等应力下，材料的断裂韧度越高，疲劳扩展区越大，最后断裂区越小。图 4-16a 中裂纹从上部边缘处的表面萌生，贝纹状明亮区域是疲劳裂纹慢速扩展的结果，暗灰色纤维状区域占断口绝大部分，这是最后快速断裂时形成的。图 4-16b 中裂纹从箭头所示处的夹杂萌生，疲劳裂纹慢速扩展的贝纹状明亮区域占断口绝大部分，右下角的最后断裂区仅占 10% 左右。

表 4-3　几种不同情况下的疲劳断口示意图

	高名义应力			低名义应力		
	无应力集中	小应力集中	大应力集中	无应力集中	小应力集中	大应力集中
拉—拉或压—压						
单向弯曲						
双向弯曲						
旋转弯曲						
扭转						

由于加载条件、材料性能等原因，疲劳断口上某些区域可能很小，甚至可能消失。所以，在一个机件的疲劳断口上，不一定能同时观察到三个区域。例如：扭转疲劳断口上一般看不到贝纹线，而是表现为交变扭转应力作用下形成的锯齿状断口（图4-18），或是波动扭转应力作用下形成的棘轮状断口（图4-19）。

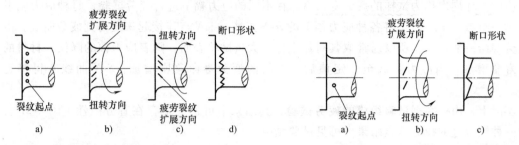

图4-18　扭转疲劳下的锯齿状断口形成机理示意图　　图4-19　扭转疲劳下的棘轮状断口形成机理示意图

4.3 疲劳曲线

4.3.1 疲劳曲线的测定

疲劳试验根据载荷形式不同有多种类型，其中以轴向拉压和旋转弯曲应用最广。轴向拉压疲劳试验是将交变载荷沿试样轴线加载，其特点是试样横截面上受力均匀，试验结果能确切表明材料的疲劳性能，但对试验机要求较高，通常在电液伺服疲劳试验机上或电磁共振疲劳试验机上进行。旋转弯曲疲劳试验是使试样在旋转过程中受到弯曲载荷作用，从而在试样表面产生交变应力。这是一种较为简单、实用的方法，应用较广，但对试样表面状况和环境因素较为敏感。根据弯曲加载的不同形式，旋转弯曲又分为悬臂旋转弯曲和双臂旋转弯曲。应用最广的是双臂旋转弯曲疲劳试验机，采用四点弯曲试样，如图4-20所示。试验过程中，除试样中心轴线外，试样各点均随试样的旋转而受到交变对称应力。试样旋转一周，应力交变一次。因此，通过调节转速可以控制疲劳载荷的频率，通过调节悬挂载荷的大小可以控制疲劳载荷的幅值。有关疲劳试验的具体要求和操作规范详见国家标准GB/T 3075—2008、GB/T 4337—2015、GB/T 12443—2007以及GB/T 24176—2009等。

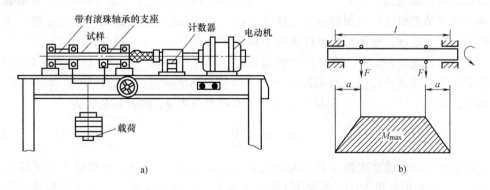

图4-20　双臂旋转弯曲疲劳试验机
a）试验装置　b）四点弯曲试样弯矩图

由于疲劳破坏对试样状况非常敏感，因此疲劳试样应严格按照国家标准规定加工，特别是在过渡圆角和表面粗糙度方面要倍加注意，不允许存在磨痕之类的加工缺陷。

材料的疲劳性能可通过一系列试验测绘出疲劳曲线来描述。疲劳曲线是指材料承受的应力幅与断裂时所经历的循环周次之间的关系曲线，也称为 S-N 曲线。从加载开始到试样断裂所经历的循环周次称为试样的疲劳寿命 N。在不同的应力幅下进行疲劳试验，每种应力幅下可得到一组数（σ，N），将各种应力幅下的 σ-N 点或 σ-lg$N$ 点连接起来便得到疲劳曲线。由于疲劳寿命一般很大，所以通常取其对数坐标。大量试验表明，随着应力幅的降低，材料的疲劳寿命增加。当应力幅低至一定值后，材料的疲劳寿命急剧增加，S-N 曲线变得接近水平。

实际上，由一系列试验组成的疲劳试验，其结果不可避免地存在着分散性。图 4-21 所示为一种铝合金的疲劳试验结果，可见试验结果分布在一个相当广的分散带内。该数据分散带随应力水平的降低而变宽，随材料强度水平的增大而变高。特定应力幅下的疲劳寿命是一个具有很强统计特征的量，表现出一定的概率分布特点。因此，疲劳试验的数据分析必须借助概率论与统计方法。

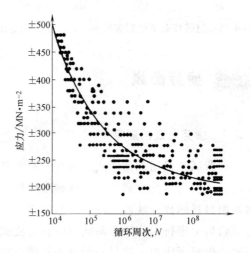

图 4-21　一种铝合金的疲劳试验数据

通常采用成组试验法来测定 S-N 曲线上的高应力部分，即在每个应力水平下测 3~5 个试样的数据，然后进行数据处理，计算出疲劳寿命平均值或中值（存活率 50%），以此来确定 S-N 曲线上的点。

对于 S-N 曲线上的水平部分，可采用升降法进行测定，这也是疲劳极限的测定方法。这种方法是从略高于预计疲劳极限的应力水平开始试验，然后逐渐降低应力水平，测定试样在各个应力水平下是否能够达到规定的疲劳寿命。试验一般取 3~5 级应力水平，有效试样数一般要在 13 根以上。第一根试样应力水平应略高于 σ_{-1}，若无法预计 σ_{-1}，则对一般材料取 $(0.45~0.50)\sigma_b$，高强度钢取 $(0.30~0.40)\sigma_b$。第二根试样的应力水平根据第一根试样试验结果（破坏或通过）而定。若第一根试样经规定循环周次（一般可取 10^7）后断裂，即为破坏，则对第二根试样施加的应力应降低 3%~5%；反之若第一根试样经规定循环周次后没有断裂，即为通过，则第二根试样的应力则较前升高 3%~5%。其余试样的应力值均依此法办理，直至完成全部试验。在处理试验结果时，将首次出现一对相反结果前的数据舍去，其余数据作为有效试验数据。图 4-22 所示为升降法得到的试验数据，图中 3、4 为首次出现结果相反的两点，1、2 两点的结果需舍去。这时疲劳极限 σ_{-1} 的计算公式为

$$\sigma_{-1} = \frac{1}{m} \sum_{i=1}^{n} N_i \sigma_i \qquad (4-13)$$

式中，m 是有效试验的总次数（破坏与通过的均计算在内）；n 是试验的应力水平级数；σ_i 是第 i 级应力水平的幅值大小；N_i 是第 i 级应力水平下的试验次数。需要注意的是，只有当升降图中有效数据量大于 13 个，而且通过与破坏的数据点大致各占一半时才可按照上述公

式计算疲劳极限。

将升降法测得的 σ_{-1} 作为 S-N 曲线的最低应力水平点，与成组试验法的测定结果一起便可构成材料的完整 S-N 曲线。在拟合数据点时，可以将各数据点光滑拟合起来，如图 4-23 所示。也可采用直线拟合的方法得到 S-N 曲线上的高应力部分，即

$$\lg N = a + b\sigma \tag{4-14}$$

式中，参数 a、b 可通过对成组试验法得到的数据点进行最小二乘法拟合得到。

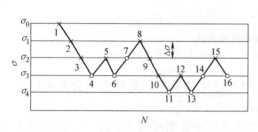

图 4-22 升降法得到的试验数据

$\Delta\sigma$—应力增量 ×—试样断裂 ○—试样通过

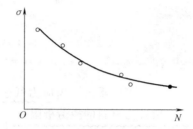

图 4-23 一种铝合金的疲劳曲线

○—成组试验法 ●—升降法

采用上述方法得到的是存活率为 50% 的中值 S-N 曲线，若以此为设计依据，则意味着 50% 的构件可能会在达到预期疲劳寿命之前发生早期破坏。这对一些需要严格控制失效率的重要场合是不适合的。因此可在 S-N 曲线上同时标明存活率，作 P-S-N 曲线，以表示应力幅、疲劳寿命同存活率之间的关系，必要时还可同时绘出不同应力水平下疲劳寿命的分布曲线，如图 4-24 所示。从图 4-24 中可看出，在应力幅为 σ_1 时，有 50% 的试样疲劳寿命为 N_1，有 99% 的试样疲劳寿命为 N_2，有 1% 的试样疲劳寿命为 N_3，相应地，σ_{r1} 为存活率为 50% 的疲劳极限，σ_{r2} 为存活率为 99% 的疲劳极限，σ_{r3} 为存活率为 1% 的疲劳极限。在工程设计中，对较重要部件的材料，可按较高存活率进行保守设计。

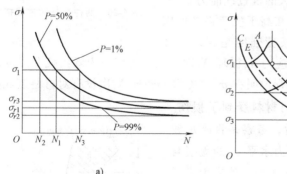

图 4-24 P-S-N 曲线

a) 不同存活率下的疲劳极限 b) 存活率概率分布

4.3.2 疲劳曲线的特点

研究表明，材料所承受疲劳载荷的应力幅 σ_a 越大，材料的疲劳寿命 N_f 越小；反之，σ_a 越小，N_f 越大。不同材料的疲劳曲线形状也不同，大致可分为两种类型，一种是疲劳曲线上

有明显的水平部分，如图 4-25a 所示，这类材料如钢铁、有机玻璃等；另一种是疲劳曲线上没有水平部分，如图 4-25b 所示，这类材料如铝合金、尼龙 6 等。

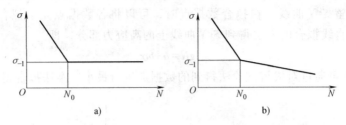

图 4-25　两种类型的疲劳曲线

a）疲劳极限　b）条件疲劳极限

由疲劳曲线可以看出，当应力低于某值时，材料经无数次应力循环也不会发生疲劳断裂，此应力值称为材料的疲劳极限 σ_r，即疲劳曲线上水平部分对应的应力。下标 r 表示应力比，对于交变对称循环载荷，记为 σ_{-1}。有些疲劳曲线上没有明显的水平部分，这时就规定某一 N_0 值所对应的应力作为材料的条件疲劳极限，称为疲劳强度。例如：对于铸铁材料，规定 $N_0 = 10^7$ 次，对于有色金属，规定 $N_0 = 10^8$ 次等。可见疲劳极限也就是无限寿命下的疲劳强度。

材料的疲劳强度与拉伸强度之比称为耐久比，该参数近似反映了材料的疲劳性能，可用于由静载试验近似估计材料的疲劳强度。材料的耐久比一般在 0.2~0.5 之间。

疲劳曲线上的斜线部分也是材料疲劳性能的重要指标，即过载持久值，它表示当应力超过疲劳强度时材料对此过载的抗力持久性。如图 4-26 所示，材料 A 的疲劳曲线斜率要比材料 B 大，因而在相同过载下，材料 A 的疲劳寿命要比材料 B 长（$N_A > N_B$），具有较大的抗过载能力。

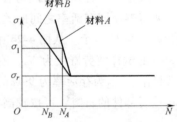

图 4-26　两种材料的过载持久线

另外需要关注的问题是，当材料在高于疲劳强度的应力水平下循环了若干次后，材料的疲劳强度是否发生变化。例如：选择某一高于疲劳强度的应力 σ_1 循环 N_1 次，然后再将应力降到疲劳强度加以循环。若材料仍能满足疲劳寿命要求，则说明在 σ_1 应力水平循环 N_1 次没有对材料造成明显损伤。若达不到疲劳寿命要求，就表明材料受到了损伤。于是可再次在 σ_1 循环 $N_2(< N_1)$ 次后，考察是否满足疲劳寿命要求。这就可以得到对应于应力水平 σ_1 的受损与未受损的临界循环次数 N_n。用同样方法把其他应力水平下的临界值找到，将其连接起来就形成了材料的过载损伤界线，如图 4-27 所示。图 4-27 中疲劳曲线与过载损伤界线之间的阴影区域 II 称为材料的过载损伤区，过载损伤界线之下的区域 I 可视为过载无伤区。过载应力越高，过载损伤区的范围也就越大，则开始发生过载损伤的循环次数越小。对于不同的材料，过载损伤界线越陡，过

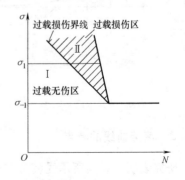

图 4-27　材料的过载损伤界线

载损伤区越窄，则其抵抗疲劳过载的能力越强。例如：不锈钢的过载损伤界线很陡直，而工业纯铁的则几乎是水平的，因此不锈钢对疲劳过载不太敏感，而工业纯铁则十分敏感。

4.4　疲劳强度

疲劳强度是材料疲劳性能的一个重要指标，它表示材料经受许可循环周次的上限循环应力幅值。对于给定材料，疲劳强度还与疲劳载荷的形式有关，而且与材料的静载强度之间也存在一定关系。

4.4.1　平均应力对疲劳强度的影响

疲劳强度通常是在交变对称循环载荷下测定的，记为 σ_{-1}。很多机件是在非交变对称循环载荷下工作的，因此还需知道材料不对称循环的疲劳强度以适应这类机件的设计和选材的需要。通常是用工程作图法，由疲劳图求得各种不对称循环的疲劳强度。疲劳图是各种循环疲劳强度的集合图，也是疲劳曲线的另一种表达形式。

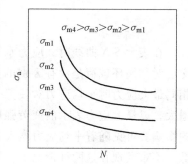

图 4-28　平均应力对疲劳强度的影响

如图 4-28 所示，对于给定的疲劳寿命，随平均应力升高，材料所承受的最大应力幅降低，即疲劳强度下降。关于平均应力对疲劳强度的影响，提出过许多经验公式，在工程设计中采用的主要有以下几种。

盖博（Gerber）公式，即

$$\sigma_r = \sigma_{-1}\left[1-\left(\frac{\sigma_m}{\sigma_b}\right)^2\right] \tag{4-15}$$

古德曼（Goodman）公式，即

$$\sigma_r = \sigma_{-1}\left(1-\frac{\sigma_m}{\sigma_b}\right) \tag{4-16}$$

佐德博格（Soderberg）公式，即

$$\sigma_r = \sigma_{-1}\left(1-\frac{\sigma_m}{\sigma_s}\right) \tag{4-17}$$

利用这些经验公式，根据材料的 σ_{-1} 和 σ_b（或 σ_s）可绘制出 σ_r-σ_m 疲劳图，如图 4-29 所示。这样就可通过作图法求得不同平均应力下的疲劳强度。在疲劳图上任取一点与原点相连，连线与水平 σ_m 轴夹角为 α，则

$$\tan\alpha = \frac{\sigma_r}{\sigma_m} = \frac{\sigma_{max}-\sigma_{min}}{\sigma_{max}+\sigma_{min}} = \frac{1-r}{1+r} \tag{4-18}$$

因此根据应力比求出 α 角，也就可确定出不同应力比下的疲劳强度。应力比 $r=-1$ 时 $\alpha=90°$，对应于交变对称循环载荷下的疲劳强度 σ_{-1}。应力比 $r=1$ 时 $\alpha=0°$，对应幅值为零，平均应力相当于静载下的强度。应力比 $r=0$ 时 $\alpha=45°$，这时 $\sigma_r=\sigma_m$，对应于脉动循环载荷下的疲劳强度。

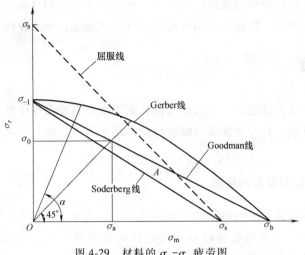

图 4-29   材料的 σ_r-σ_m 疲劳图

在表示 S-N 曲线时，应力水平可以用应力幅或最大应力来表示，这对于平均应力为零的交变对称循环载荷是没有区别的，但对于其他形式的循环载荷就不一样了。图 4-30 所示为相同最大应力时平均应力对疲劳强度的影响。可见随着平均应力增大，应力幅降低，应力比增大，以最大应力表示的疲劳强度上升。图 4-31 所示为相同应力幅时平均应力对疲劳强度的影响。可见随着平均应力增大，最大应力增大，应力比增大，以应力幅表示的疲劳强度降低。不难发现在这两种情况下，平均应力对疲劳强度的影响规律好像是相反的。这是因为采取了不同的疲劳强度表示方式。因此这也就意味着在讨论材料的疲劳强度时不能孤立地只看应力幅或只看最大应力，需将两者结合起来。在交变对称循环载荷下，两者是一致的。但在一般情况下，存在关系 $\sigma_{max} = \sigma_m + \sigma_a$，因此当平均应力不为零时两者不同。由该式可以看出，在 σ_{max} 固定时，增大 σ_m 会降低 σ_a，而 σ_a 固定时，增大 σ_m 会增大 σ_{max}。这也就是导致出现前述相反规律的原因。事实上，最终决定材料疲劳寿命的是应力幅和最大应力的组合状态，因此疲劳强度也是由一系列应力点构成的，这也就是疲劳图中给出的强度线。如图 4-29 所示，疲劳强度线左下方的区域都是安全的，这包括较低平均应力下较大的应力幅范围，也包括较高应力水平下较小的应力幅范围。

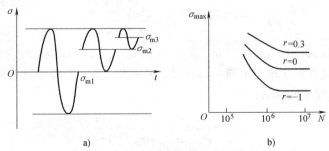

图 4-30   相同最大应力时平均应力对疲劳强度的影响

a）疲劳载荷特征   b）S-N 曲线

为了能同时表示出疲劳强度所对应的应力幅和最大应力随平均应力的变化情况，可作材料的 σ_{max}（σ_{min}）-σ_m 疲劳图。脆性材料的疲劳图由 σ_{-1} 和 σ_b 确定，如图 4-32a 所示。疲劳图

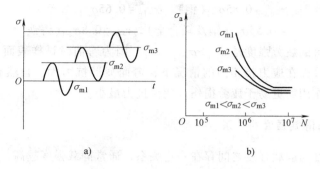

图 4-31　相同应力幅时平均应力对疲劳强度的影响

a）疲劳载荷特征　b）S-N 曲线

上任一点与原点连线的斜率为

$$\tan\alpha = \frac{\sigma_{max}}{\sigma_m} = \frac{2\sigma_{max}}{\sigma_{max}+\sigma_{min}} = \frac{2}{1+r} \tag{4-19}$$

应力比 $r=1$ 时 $\alpha=45°$，即图 4-32a 中点 A，对应幅值为零，因此平均应力相当于静载下的强度值 σ_b。应力比 $r=-1$ 时 $\alpha=90°$，对应于交变对称循环载荷下的疲劳强度 σ_{-1}。图 4-32a 中点 H 对应于脉动循环载荷下的疲劳强度，此时 $\sigma_m=\sigma_{max}/2$，因此 $\alpha=63°$。塑性材料的疲劳图需采用屈服强度进行修正，如图 4-32b 所示，由 σ_{-1} 和 $\sigma_{0.2}$ 确定。疲劳图中疲劳强度线所围成的区域就是材料的疲劳安全区。

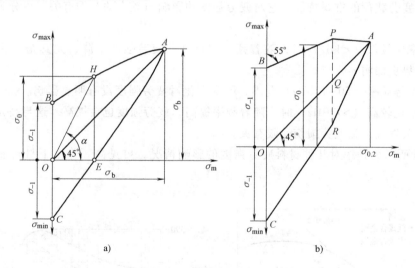

图 4-32　材料的 σ_{max}（σ_{min}）-σ_m 疲劳图

a）脆性材料　b）塑性材料

4.4.2　加载方式对疲劳强度的影响

在不同的加载方式下，疲劳曲线不同，相应的疲劳强度也不相等。关于弯曲疲劳强度（σ_{-1}）、扭转疲劳强度（τ_{-1}）以及拉压疲劳强度（σ_{-1p}）之间的关系，提出过许多经验公式，如

$$\sigma_{-1p} = 0.85\sigma_{-1}(钢) \qquad \sigma_{-1p} = 0.65\sigma_{-1}(铸铁)$$
$$\tau_{-1} = 0.55\sigma_{-1}(钢及轻合金) \qquad \tau_{-1} = 0.8\sigma_{-1}(铸铁)$$

通常，同一材料的疲劳强度是 $\sigma_{-1} > \sigma_{-1p} > \tau_{-1}$。因为弯曲时试样表面应力最大，而拉压时应力分布均匀，故而在应力幅相同的情况下，弯曲疲劳抗力大，自然有 $\sigma_{-1} > \sigma_{-1p}$。扭转疲劳因交变切应力作用而更易于疲劳损伤，疲劳抗力最小。

4.4.3 疲劳强度与静载强度的关系

材料的疲劳强度与静载强度之间存在一定关系，通常静载强度越高，疲劳强度也相应越大。钢的疲劳强度与抗拉强度之间大体呈线性关系，如图 4-33 所示。当 σ_b 较低时，可近似地写成 $\sigma_{-1} = 0.5\sigma_b$。但当抗拉强度较高时，这种关系就要发生偏离，其原因是强度较高时因材料塑性和断裂韧度下降，裂纹易于形成和扩展所致。屈强比 σ_s/σ_b 对光滑试样的疲劳强度也有一定影响，因此建议采用以下经验公式估算疲劳强度。

结构钢： $\sigma_{-1p} = 0.23(\sigma_s + \sigma_b) \qquad \sigma_{-1} = 0.27(\sigma_s + \sigma_b)$

铸铁： $\sigma_{-1p} = 0.4\sigma_b \qquad \sigma_{-1} = 0.45\sigma_b$

铝合金： $\sigma_{-1p} = 1/6\sigma_b + 7.5MPa \qquad \sigma_{-1} = 1/6\sigma_b - 7.5MPa$

青铜： $\sigma_{-1p} = 0.21\sigma_b$

4.4.4 频率对疲劳强度的影响

频率是疲劳载荷的重要特征，它对疲劳强度的影响与频率的范围有关，可分为以下三种情况。

1）频率比较低（<1Hz）时，随着频率的提高，疲劳强度下降，尤其是在腐蚀性环境下，这一趋势更加明显。

2）在中等频率（50~170Hz）范围，频率变化对疲劳强度没有明显影响。

3）频率比较高（>170Hz）时，随着频率提高，疲劳强度也会提高。这与高频作用下塑性变形来不及发展以致疲劳损伤受限有关。

图 4-34 所示为频率对几种材料疲劳强度的影响情况，可见高频作用下材料疲劳强度有一定提高。

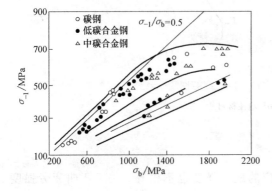

图 4-33 钢的疲劳强度 σ_{-1} 与抗拉强度 σ_b 的关系

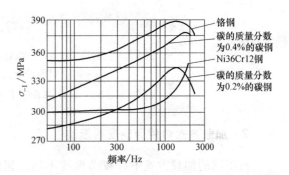

图 4-34 频率对几种材料疲劳强度的影响情况

4.4.5　变幅循环对疲劳强度的影响

材料在实际使用中所承受的载荷可能并非某种单一恒幅循环载荷，而是较为复杂的变幅载荷，这种按某种规律随时间变化的载荷称为疲劳载荷谱，如图 4-35 所示。对于在疲劳载荷谱作用下的材料的疲劳性能的测定，可通过计算机模拟载荷谱加载来进行疲劳试验，也可将载荷谱分解为一系列单一恒幅循环载荷按某种关系叠加来推断。由于前一方法对试验系统有较高要求，故在工程中经常采用的是后一种方法。

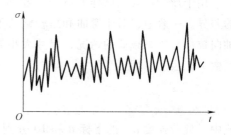

图 4-35　疲劳载荷谱

假定在循环载荷 S_1 作用下疲劳寿命为 N_1，则一次 S_1 循环导致寿命缩减 $1/N_1$，n_1 次 S_1 循环就导致寿命缩减 n_1/N_1，当 n_1/N_1 达到临界值 1 时也就达到疲劳寿命极限。类似地，n_2 次 S_2 循环就导致寿命缩减 n_2/N_2，n_3 次 S_3 循环就导致寿命缩减 n_3/N_3 等，当 n 达到某一临界值时也就达到疲劳寿命极限，即

$$\sum_{j=1}^{m} n_j D_j = \sum_{j=1}^{m} \frac{n_j}{N_j} = 1 \tag{4-20}$$

此即疲劳损伤积累的线性方程式，称为 Miner 法则。显然该叠加方法没有考虑载荷谱中载荷的交互作用，是不完善的，但由于 Miner 法则使用方便，目前仍被广泛采用。其他的叠加方法有损伤积累指数方程式等。

4.4.6　次载锻炼与间歇

金属在低于或者接近于疲劳强度的应力下运转一定循环次数后，会使其疲劳强度提高，这种现象称为次载锻炼。

次载锻炼效果与加载应力和周次有关。通常认为，当次载锻炼周次一定时，塑性大的材料的次载锻炼的下限应力要高些；而强度高、塑性低的材料（如低温回火状态）只需要较少的锻炼周次，但调质状态却需要较长的锻炼周次。

在相同次载锻炼条件下，不同材料的疲劳性能变化不同，在选材时，也应考虑这种事实。有些新制成的机器在空载及不满载条件下磨合一段时间，一方面可以使运动配合部分啮合得更好；另一方面可以利用上述规律，提高机件的疲劳强度，延长使用寿命。

机件几乎都是非连续、间歇地运行的。但已有的绝大多数的疲劳性能数据都是在试验室里用连续试验取得的。工业上许多事实表明，机件的实际寿命与这些数据存在着明显的差别。间歇对疲劳寿命的影响是产生这种差别的主要原因之一。

具有强应变时效的 20、45 及 40Cr 钢在零载下间歇的疲劳寿命表明，每隔 25000 周次不加载间歇 5min 后的疲劳曲线与连续试验相比，向右上方移动，即疲劳寿命提高。试验表明，当在应力接近或低于疲劳强度的低应力下不加载，可显著提高疲劳寿命。在一定过载范围内间歇，对寿命无明显影响，甚至使其降低。因为在次载条件下，疲劳强化占主要地位，间歇产生时效强化，因而提高寿命；而一定程度过载时，疲劳弱化起主要作用，此时间歇无益，甚至使寿命降低。在次载下间歇，存在一个最佳的间歇时间，随应力增大，最佳时间缩短。

与此相似，间歇间隔周次也有最佳值。用合适的间歇时间和间隔周次进行间歇，可相应得到最高的疲劳寿命。

4.4.7　零件尺寸效应

用于疲劳试验的试样的直径一般都在 5～10mm 的范围内，这和实际零件的尺寸有很大的差异。一般地，对于弯曲和扭转载荷下的零件，随着尺寸的增大疲劳强度降低；但是对于轴向拉伸和压缩载荷的情况，尺寸大小的影响不大。尺寸对疲劳强度影响的大小用尺寸效应系数 ε 来表示，即

$$\varepsilon = \frac{(\sigma_{-1})_d}{(\sigma_{-1})_{10}} \tag{4-21}$$

式中，疲劳强度 σ_{-1} 的下标 d 和 10 分别表示任意尺寸和 10mm 标准尺寸光滑试样的疲劳强度。高强度钢的尺寸效应比低强度钢的尺寸效应大，表面粗糙零件的尺寸效应比表面光滑零件的尺寸效应大。

尺寸效应的产生主要是因为较大尺寸材料的组织状态和应力梯度对疲劳强度产生了影响。材料的尺寸越大，制造工艺过程越难控制，材料组织的致密性和均匀性等越差，冶金缺陷越多，这些缺陷的尺寸也相应会大一些。零件表面积越大，这些缺陷在表面上存在的数量也越多，因此大尺寸试样表面产生疲劳裂纹的机会也就越大，而这些从根本上来说又可以归结为冶金缺陷造成局部应力集中而导致的。

关于应力梯度的影响，在承受弯曲、扭转等载荷的情况下，零件的尺寸越大，工作应力的梯度越小，单位面积内的平均应力就越高，疲劳裂纹越易产生。

图 4-36 所示为尺寸效应系数与试样直径的关系，同时以虚线给出了缺口试样的尺寸效应系数。与光滑试样相比，缺口试样对尺寸更加敏感。引入材料的抗拉强度，借助于下面的经验公式可以比较好地表述尺寸的影响，即

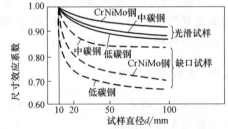

图 4-36　尺寸效应系数与试样直径的关系

$$\varepsilon = 1 - \frac{1}{5}\frac{(\sigma_{-1})_{10}}{\sigma_b}\left(1 - \frac{10}{d}\right) \tag{4-22}$$

4.4.8　表面状态的影响

在循环载荷作用下，疲劳裂纹最容易在材料的表面形成。一方面，许多构件的受力方式决定了其表层材料会受到最大的拉应力，如弯曲、扭转以及偏斜拉压等载荷作用下的构件。另一方面，材料表面的粗糙度以及材料表面处理带来的残余应力也对疲劳性能有着重要影响。

材料表面的微观几何形状如刀痕等，会像缺口一样引起应力集中，降低疲劳强度。同一材料，表面加工方法不同，所得到的粗糙度不同，其疲劳强度也不一样。材料表面粗糙度越低，材料的疲劳强度越高，反之表面加工越粗糙，材料的疲劳强度越低。对于不同材料，抗拉强度越高，表面粗糙度对疲劳强度的影响也就越大。因此，采用高强材料制造的零部件表

面必须经过更仔细的加工，不允许有碰伤或大的缺陷，否则会显著降低其疲劳强度。另外，表面粗糙度的增大不仅会降低疲劳强度，而且会使疲劳曲线左移，减小材料的疲劳过载持久值，降低材料的疲劳寿命。

表面处理不管是表面淬火、表面化学热处理（渗碳、碳氮共渗），还是表面喷丸处理，都会在材料的表层形成残余应力。这样的残余应力能有效降低材料表层的最大拉应力，从而有效地提高疲劳抗力。残余应力的有利影响特别体现在承受弯曲和扭转疲劳的构件中。这些构件的特点是应力在横截面上呈现不均匀分布、表面拉应力最大，如图 4-37 所示。从图 4-37 中可以看到，通过表面处理，一方面由残余应力降低了表层的最大拉应力，另一方面材料表层的疲劳强度也提高了。这样，能够使构件从不可避免发生疲劳破坏的状态转变成为无疲劳破坏的安全状态。经验表明，在受压状态下，残余应力对于疲劳强度的影响可以表达为

$$\sigma_{aF} = -m(\sigma_m + \sigma_R) + \sigma_{-1} \tag{4-23}$$

式中，σ_{aF} 是存在残余应力 σ_R 的材料，在平均应力 σ_m 的循环应力作用下的疲劳强度；m 是平均应力与残余应力对于疲劳强度的影响系数。显然，这样的经验公式意味着残余应力具有与平均应力等效的作用。

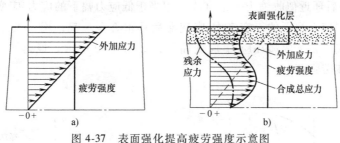

图 4-37　表面强化提高疲劳强度示意图
a）疲劳破坏　b）无疲劳破坏

此外，实践表明，残余应力的影响，不仅与其大小有关，还受残余应力层厚度即分布情况的影响。图 4-38 中给出了抗拉强度为 1330MPa 的 40CrNiMo 钢喷丸处理后，残余应力层厚度与表面裂纹长度之比对疲劳强度的影响。随着残余应力层强度增大，疲劳强度也有所提高。但当残余应力层厚度达到表面裂纹长度的 5 倍以上时，对疲劳强度的影响达到稳定，基本不再变化。

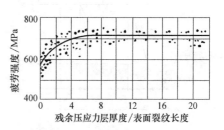

图 4-38　表面喷丸强化的残余压应力对 40CrNiMo 钢疲劳强度的影响

4.5　循环应力-应变曲线

4.5.1　应力-应变滞后环和循环应力-应变曲线

一般来说，材料在循环加载下的应力-应变曲线不同于一次加载时的应力-应变曲线，这与材料的弹性及塑性变形有关。尤其是低周疲劳，由于塑性变形的发生使得循环应力-应变曲线表现出独特的特点。

当应力幅较低时，材料在弹性范围内加载和卸载，其变形在宏观上是可逆的，因而循环应力-应变曲线同一次加载时的应力-应变曲线基本一致，仅有少量由于弹性滞后引起的偏差。

当应力幅较高时，材料在加载过程中产生不可逆的塑性变形，卸载时这部分变形不会恢复，因而应变的变化落后于应力，表现为明显的应力-应变滞后环。在循环加载初期，应力-应变滞后环并不封闭，它的形状随循环次数而改变。经过一定的周次后达到稳定循环，应力-应变滞后环形状不再改变。图 4-39 所示为某一应力幅下达到稳定的应力-应变滞后环，是一条封闭的曲线。滞后环内的面积代表材料所接受的塑性变形功，其中一部分转化为材料的变形能，另一部分转化为热能。滞后环的总高度，即总应力幅为 $\Delta\sigma = 2\sigma_a$，σ_a 为应力幅；环的总宽度，即总应变幅为 $\Delta\varepsilon = 2\varepsilon_a$，$\varepsilon_a$ 为应变幅。总应变幅 $\Delta\varepsilon$ 包括塑性总应变幅 $\Delta\varepsilon_p$ 和弹性总应变幅 $\Delta\varepsilon_e$ 两部分，即 $\Delta\varepsilon = \Delta\varepsilon_p + \Delta\varepsilon_e$。弹性总应变幅 $\Delta\varepsilon_e$ 可由下式求出，即

$$\Delta\varepsilon_e = \frac{\Delta\sigma}{E} \tag{4-24}$$

塑性总应变幅 $\Delta\varepsilon_p$ 可由下式求出，即

$$\Delta\varepsilon_p = \Delta\varepsilon - \Delta\varepsilon_e = \Delta\varepsilon - \frac{\Delta\sigma}{E} \tag{4-25}$$

当 $\Delta\varepsilon_p \to 0$ 时，滞后环近似收缩为一条直线，相当于低应力幅下的应力-应变曲线。

将一系列不同应力幅下的稳定应力-应变滞后环重叠在一起，用一条曲线把环的顶端相连，该曲线即高应力幅下的循环应力-应变曲线，如图 4-40 所示。根据循环应力-应变曲线，可以求出材料的疲劳强度。

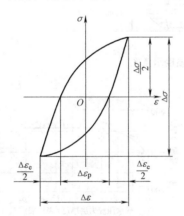

图 4-39　某一应力幅下达到稳定的
应力-应变滞后环

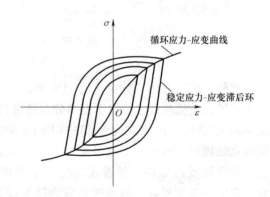

图 4-40　循环应力-应变曲线

4.5.2　循环硬化和循环软化

如前所述，在循环加载初期，材料的应力-应变滞后环不封闭，有一个从不稳定向稳定的过渡过程。大部分材料在循环到疲劳寿命的 50% 周次内会达到稳定，否则一般也取疲劳寿命的 50% 周次下作为稳定滞后环绘制循环应力-应变曲线。根据这一过渡过程中应力和应变的变化趋势，可将其分为循环硬化和循环软化，如图 4-41 所示。在应变控制下，材料在循环早期的应力-应变滞后环如图 4-42 所示。

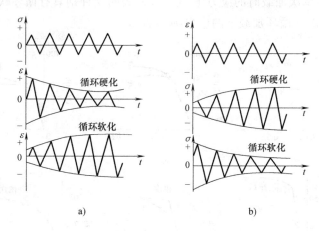

图 4-41　循环硬化和循环软化示意图

a）应力控制下的材料循环特性　b）应变控制下的材料循环特性

循环硬化表现为在恒定应力幅作用下随循环周次增加材料的应变幅降低，或是在恒定应变幅作用下随循环周次增加材料的应力幅升高，也称为疲劳硬化。

循环软化表现为在恒定应力幅作用下随循环周次增加材料的应变幅升高，或是在恒定应变幅作用下随循环周次增加材料的应力幅降低，也称为疲劳软化。

对于循环软化材料，当采用恒应力幅加载时，由于应变幅不断升高，可能导致材料过早断裂。所以有这种特性的材料一

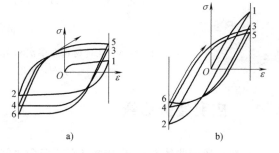

图 4-42　材料在循环早期的应力-应变滞后环

a）循环硬化　b）循环软化

般不用应力控制的方法去测定其疲劳性能。相反，对于循环硬化材料，当采用恒应变幅加载时，由于应力幅不断升高，也会导致材料过早断裂。这都是在实践中需要注意的。

一般来说，当材料极限强度与屈服强度之比 $\sigma_b/\sigma_s > 1.4$ 时，材料在循环加载时发生循环硬化，当比 $\sigma_b/\sigma_s < 1.2$ 时，材料在循环加载时发生循环软化；当 $1.2 \leqslant \sigma_b/\sigma_s \leqslant 1.4$ 时，材料比较稳定，在循环加载时可能发生循环硬化，也可能发生循环软化，但波动幅度都很小，因此基本可忽视这些现象。另外，也可用应变硬化指数 n 来判断循环应变对材料疲劳性能的影响，当 $n < 0.1$ 时材料表现为循环软化，当 $n \geqslant 0.1$ 时材料表现为循环硬化或循环稳定。

研究表明，材料的循环硬化或循环软化与材料内部组织结构和位错结构的变化有关。这种硬化或软化也造成了材料的循环应力-应变曲线不同于单次加载时的应力-应变曲线。图 4-43 所示为 40CrNiMo 钢的循环应力-应变曲线，可见其循环应

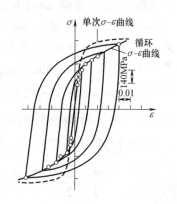

图 4-43　40CrNiMo 钢的循环应力-应变曲线

力-应变曲线低于其单次加载时的应力-应变曲线，表明这种钢具有循环软化现象。图 4-44 所示为几种材料在单次和循环加载下的应力-应变曲线。

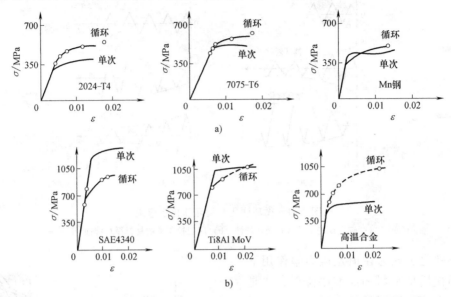

图 4-44　几种材料在单次和循环加载下的应力-应变曲线
a）循环硬化　b）循环软化

4.6　应变疲劳曲线

通常，疲劳曲线是指应力幅与疲劳寿命之间的关系曲线，这对低应力水平下的疲劳是适合的，但对于高应力水平下的疲劳就不适宜了。因为当应力幅较大时，材料将发生塑性变形，有可能会屈服或局部变形，这时加载控制的名义应力幅就不能很好地反映材料的应力和应变状态。为此，需要绘制应变幅与疲劳寿命之间的关系曲线，称为应变疲劳曲线。通常，应变疲劳曲线是将应变幅（$\Delta\varepsilon/2$）与疲劳次数（$2N_f$）在双对数坐标中绘制，如图 4-45 所示。其中 $2N_f$ 表示循环加载的反转次数（一个循环中包含两次反转：一次正向加载和一次反向加载）。总应变幅 $\Delta\varepsilon/2$ 可以分解为弹性应变幅 $\Delta\varepsilon_e/2$ 和塑性应变幅 $\Delta\varepsilon_p/2$。经验表明，在高周疲劳下应力幅 σ_a 与应力反转次数 $2N_f$ 之间服从如下巴斯坎 Basquin 公式，即

$$\sigma_a = \sigma_f'(2N_f)^b \qquad (4-26)$$

因此弹性应变幅 $\Delta\varepsilon_e/2$ 与循环加载的反转次数 $2N_f$ 之间存在以下经验关系，即

$$\frac{\Delta\varepsilon_e}{2} = \frac{\Delta\sigma}{2E} = \frac{\sigma_a}{E} = \frac{\sigma_f'(2N_f)^b}{E} \qquad (4-27)$$

曼森（S. S. Manson）和柯芬（L. F. Coffin）分析总结了大量试验结果，给出了塑性应变幅

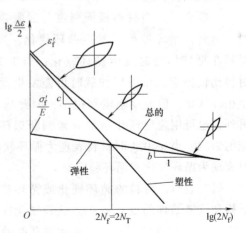

图 4-45　应变疲劳曲线示意图

$\Delta\varepsilon_p/2$ 与循环加载的反转次数 $2N_f$ 之间的经验关系，即 Manson-Coffin 公式

$$\frac{\Delta\varepsilon_p}{2} = \varepsilon_f'(2N_f)^c \tag{4-28}$$

因此应变幅可表示为

$$\frac{\Delta\varepsilon}{2} = \frac{\Delta\varepsilon_e}{2} + \frac{\Delta\varepsilon_p}{2} = \frac{\sigma_f'}{E}(2N_f)^b + \varepsilon_f'(2N_f)^c \tag{4-29}$$

式中，E 是弹性模量；σ_f'、b、ε_f'、c 是材料的疲劳常数。考虑到 σ_f' 与 ε_f' 近似相当于一次加载就破坏时的材料所能承受的应力与应变，所以可以根据材料静拉伸时的断裂应力与断裂应变加以确定。通常，疲劳强度系数 $\sigma_f' \approx \sigma_b$，疲劳强度指数 b 在 $-0.14 \sim -0.05$ 范围内，疲劳延性系数 $\varepsilon_f' \approx \varepsilon_b = \ln(1 + A_{gt})$，疲劳延性指数 c 在 $-0.7 \sim -0.5$ 之间。考虑平均应力和平均应变的影响，上式可修正为

$$\frac{\Delta\varepsilon}{2} = \left(1 - \frac{\sigma_m}{\sigma_s}\right)\frac{\sigma_f'}{E}(2N_f)^b + (\varepsilon_f' - \varepsilon_m)(2N_f)^c \tag{4-30}$$

需要指出的是，上述公式没有包含疲劳极限的概念，故而适用于有限寿命的疲劳性能分析。实际上，当疲劳寿命较长时，应力水平一般较低，应变幅很小（随 N_f 增大，$\Delta\varepsilon_p$ 趋于零，$\Delta\varepsilon$ 也很小），弹性变形是主要影响因素，这时可用 S-N 曲线来描述材料的疲劳性能。而应变疲劳曲线适用于描述较高应力水平下的疲劳性能。

当弹性总应变幅 $\Delta\varepsilon_e$ 和塑性总应变幅 $\Delta\varepsilon_p$ 相等时，即 $\Delta\varepsilon_e = \Delta\varepsilon_p$，可求得弹性应变线与塑性应变线的交点，即

$$2N_t = \left(\frac{E\varepsilon_f'}{\sigma_f'}\right)^{\frac{1}{b-c}} \tag{4-31}$$

N_t 即为转变疲劳寿命。当循环加载次数小于 N_t 时，材料的塑性对疲劳寿命起决定作用；当循环加载次数大于 N_t 时，材料的弹性对疲劳寿命起决定作用。

转变疲劳寿命 N_t，或称为过度疲劳寿命，是材料疲劳性能的关键指标之一。如果设计疲劳寿命 N 小于 N_t，则设计需要材料的低周疲劳数据和弹塑性分析；而如果设计疲劳寿命 N 远大于 N_t，则设计只需要材料的高周疲劳数据和弹性分析即可。

4.7 高周疲劳和低周疲劳

材料的完整疲劳曲线可以分为三个区，如图 4-46 所示。

（1）短寿命区 在很高的应力幅作用下，经过较少的循环次数后材料就会发生断裂，并有明显的塑性变形。

（2）长寿命区 当应力幅低于弹性极限时，材料的疲劳寿命较长，可达 10^5 次以上，而且宏观上表现为脆性断裂，整体上基本没有塑性变形。

（3）无限寿命区 当应力幅低于疲劳极限时，材料可以经受无数次循环而不断裂。这是一种理想状况，不少材料并不存在无限寿命区。

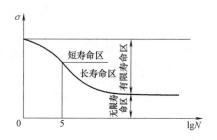

图 4-46 完整疲劳曲线示意图

相对于无限寿命区，短寿命区和长寿命区合称为有限寿命区。

当材料的设计寿命在短寿命区内时，称为低周疲劳；反之，当材料的设计寿命在长寿命区甚至无限寿命区内时，称为高周疲劳。一般，取材料的转变疲劳寿命作为低周疲劳与高周疲劳的过渡点。

在高周疲劳下，材料的变形以弹性变形为主，疲劳寿命一般大于10^5次。进行高周疲劳试验时，原则上既可控制应力幅加载，也可控制应变幅加载，但一般多采用较为简便的应力控制，其疲劳性能指标一般由$S\text{-}N$曲线和疲劳强度描述。

以高周疲劳指标作为材料设计的判据，要求材料承受较多甚至无限次的循环载荷，而且载荷一般较低，因此设计趋于保守。对于仅要求承受有限次循环载荷，或是要求承受较高的循环载荷的情况，就要进行低周疲劳分析。而且材料在高周疲劳下出现的应力集中，也需通过低周疲劳进行分析。

在低周疲劳下，材料的变形既有弹性变形，又有塑性变形，应力和应变情况远较高周疲劳复杂。进行低周疲劳试验时，由于塑性变形的发生，一般多采用应变控制，其疲劳性能指标一般由循环应力-应变曲线和应变疲劳曲线描述。此外，在低周疲劳中，疲劳寿命的确定除以断裂破坏为标志外，还可规定为其他形式，如稳定载荷值下降到某一百分比（如5%或10%），出现某种可测长度裂纹等。所以在比较不同材料的低周疲劳寿命时要注意规定的一致性。

第5章
材料的冲击破坏

载荷以高速度作用于材料的现象称为冲击。材料在冲击载荷作用下发生的破坏相对于静载破坏有着不同的特点。冲击破坏过程中的惯性效应是造成这一差异的主要根源。此外材料本身在高应变率下的动态力学性能与静态力学性能的不同，即材料的应变率效应也会对材料的冲击破坏产生影响。设法在试验测试中将材料的惯性效应与应变率效应解耦是测定材料动态本构关系的关键。

从能量守恒的角度出发，通过摆锤冲击试验，可以测定材料的吸收能量和冲击韧度，这是拟定量刻画材料抗冲击能力的力学性能指标。

分离式霍普金森压杆（Split Hopkinson Pressure Bar，SHPB）试验是测试材料在高应变率下行为的主要方法，现在不仅可以进行冲击压缩试验，还可进行冲击拉伸、冲击扭转、冲击剪切等试验。

5.1 冲击载荷的特点

在各类工程技术、军事技术和科学研究中，甚至在日常生活中，都会遇到各种各样的高速碰撞乃至爆炸问题，并且可以观察到，材料在冲击载荷下的力学响应往往与静载荷下有着显著不同。

在各种交通工具、运载工具的碰撞中，材料的损毁会引起结构变形破坏乃至人员伤亡。尤其是高速物体的碰撞所产生的冲击力是非常巨大的。飞鸟对飞机的撞击，如果发生在驾驶舱或者发动机上将很危险，虽然鸟的速度不快，但飞机速度很高，两者相向飞行时相对速度很大。当鸟质量为 0.45kg，飞机起飞（或降落）时的速度为 80km/h 时，相撞将产生大于1500N 的冲击力，这足以撞毁飞机发动机。一只 7kg 的大鸟撞在时速 960 km/h 的飞机上，产生的冲击力更是高达 1440kN。人类越来越频繁的太空活动，造成了太空垃圾的泛滥。由于太空碎片撞击的相对速度平均为 10km/s，因此这些高速的太空碎片一旦撞上高速运行着的航天器，将会带来极大的破坏力。一个 10g 的碎片打在卫星上，从双方质量来比较就相当于一个小石块打在一辆正在高速公路上疾驰的汽车上。但是由于撞击速度高，产生的冲击力将是石块质量的 13 万倍。

由于工业事故、军事行动或恐怖袭击，建筑物、桥梁、管道、车辆、舰艇、飞机等都可能受到冲击载荷的作用，这种载荷通常以空气中的冲击波等形式突然作用在结构物上。地震、海啸、台风、洪水等自然灾害对水坝、桥梁和高层建筑等结构也会产生冲击载荷。

当然，生产上有时也要利用冲击载荷来实现静载荷难以实现的效果。在锻造、高速冲压、爆炸成形、电磁成形等各种金属动力成形的过程中，工件受到冲击载荷而发生迅速塑性变形。在凿岩机中，活塞以 $6\sim8m/s$ 的速率冲击钎杆并传递至钎头，从而使岩石破碎。

以较高速度作用于材料上的载荷称为冲击载荷，主要包括各种高速碰撞或者爆炸所引起的载荷，其特点如下。

（1）作用时间短　材料的局部受到载荷作用或位移扰动时，所产生的应力和变形将以波的形式传播开去。当这种载荷或扰动比较弱时，产生的是弹性波；载荷或扰动较强时产生的应力将达到或超过材料的初始屈服应力，于是产生塑性波。假设材料中的应力波速为 c，物体的特征尺度为 L，外载荷的特征时间（如外载荷上升到最大幅值所经历的时间，或载荷脉冲的持续时间）为 t_c，如果 $t_c \ll L/c$，那么材料内应力和变形的不均匀性是不可忽略的，即必须考虑惯性效应。固体材料中的应力波速通常为每秒数千米，而冲击载荷以载荷作用的短历时为其特征（即 t_c 非常小），在以毫秒（ms）、微秒（μs）甚至纳秒（ns）计的短暂时间尺度上发生了运动参量（位移、速度、加速度）的显著变化，因此必须考虑应力波的传播过程。

（2）应变率高　冲击载荷所具有的在短暂时间尺度上发生载荷显著变化的特点，必定同时意味着高加载率或高应变率。需要指出的是，分析材料的加载率时，载荷的强弱快慢应以其产生的应力率或应变率的大小来衡量。一般来说，静态加载的应变率为 $10^{-5}\sim10^{-1}s^{-1}$ 量级，冲击加载的应变率则为 $10^2\sim10^4\ s^{-1}$ 量级，甚至可达 $10^6\ s^{-1}$ 以上。大量试验表明，在不同应变率下，材料的力学行为往往是不同的。从材料变形机理来说，除了理想弹性变形可看作瞬态响应外，各种类型的非弹性变形和断裂都是以有限速率发展的非瞬态响应（如位错的运动过程，应力引起的扩散过程，损伤的演化过程，裂纹的扩展和传播过程等），因而材料的力学性能本质上是与应变率相关的。通常表现为：随着应变率的提高，材料的屈服极限提高，强度极限提高，最大延伸率降低，以及屈服滞后和断裂滞后等现象变得明显起来。

（3）能量转化剧烈　冲击是指一个结构系统受到瞬时的载荷作用，这也可以看成能量从外界传递到一个结构系统的短暂过程。在静载荷作用下，材料内的应力计算相对比较容易一些。而在冲击载荷作用下，由于它本身是吸收能量，必须测量载荷作用的时间及载荷在作用瞬间的速度变化情况，才能根据 $F\Delta t = m\ (v_2-v_1)$ 计算出作用力，这些数据是很难准确测量的，并且在 Δt 时间内，F 是一个变力。因此总是把冲击载荷作为能量而不是作为力来处理。对于理想弹性的情况，通常假定吸收能量全部转化为材料内的弹性势能，根据能量守恒来计算冲击载荷下材料内的应力。但这仅适用于冲击载荷产生的应力低于材料的屈服强度的情况，此时材料的本构方程可用线性胡克定律表示。当冲击载荷产生的应力超过屈服强度而低于 1×10^4MPa 时，材料的响应可用耗散过程来描述，同时应考虑大变形、黏滞性、热传导等，本构方程十分复杂，呈非线性。当冲击载荷产生的应力超过材料强度几个数量级，达到 1×10^6MPa 或更高时，材料可作为非黏性可压缩流体处理，其真实结构可不予考虑，材料的响应可用热力学参数来描述，其本构关系可用状态方程表示，也为非线性。绝大多数情况下，冲击导致的破坏是一种十分剧烈的动态破坏，能量耗散及释放的机制十分复杂。

尽管人们已经研制了多种动态试验技术，但是与准静态试验相比，进行有效并准确的高应变率下的动态试验依然是一个很大的挑战。问题的复杂性在于，材料在高速碰撞或爆炸等冲击载荷作用下，必须同时考虑惯性效应和应变率效应两个效应的影响。惯性效应导致了应力波的传播，应变率效应则导致了材料力学性能的变化，即材料的强度、破坏应变、弹性模量、泊松比等力学参量在高应变率下与静载作用下存在典型的差异。由于应力波分析是以已知材料动态力学性能为前提的，需要先知道高应变率下材料的应力应变关系，而材料动态力学性能的试验研究又往往依赖于应力波的分析，在测定高应变率下材料的应力应变关系时必须从应力波的传播入手。因此，为得到有效并准确的与材料应变率相关的应力-应变曲线，研制高效的、精确的高应变率试验装置是非常重要的。分离式霍普金森压杆装置，是目前测量高应变率下材料力学性能的主要试验装置。

5.2　材料的应变率

在材料的动态试验中，关键参数是试样的应变率，而不是加载速度或试样的变形速度。因为加载产生的变形速度受试样种类、大小的影响很大，只有应变率才能真正反映材料受到的应力和应变变化的快慢程度。

应变率是应变随时间的变化率，即

$$\dot{\varepsilon} = \frac{d\varepsilon}{dt} = \frac{\Delta \varepsilon}{\Delta t} \tag{5-1}$$

其单位是秒的倒数（s^{-1}）。

图 5-1a 所示为在材料试验机上进行快速拉伸试验的试样。试样标距段长度为 100mm，采用位移控制模式的加载速度，拉伸速度为 1m/s，则其应变率为

$$\dot{\varepsilon} = \frac{\Delta \varepsilon}{\Delta t} = \frac{\Delta L/L_o}{\Delta L/v_o} = \frac{v_o}{L_o} = \frac{1m/s}{0.1m} = 10 s^{-1}$$

这表明即便试样的变形速度高达 1m/s，试样的应变率也仅为 $10 s^{-1}$。而常规的试验机拉伸速度一般仅有 6mm/min，于是对应的应变率也就只有 $10^{-3} s^{-1}$。另外，上式也表明应变率与试样长度有关。在相同加载速度下，试样尺寸越小，其应变率越大。

再如图 5-1b 所示为高速撞击刚性靶板的圆柱形弹丸试样。试样长度为 50mm，以 1000m/s 的速度撞击刚性靶板，不妨假设撞击过程中弹丸做匀减速运动，则撞击时间 Δt 与试样变形量 ΔL 存在关系式 $\Delta L = v_o \Delta t/2$，因此其应变率为

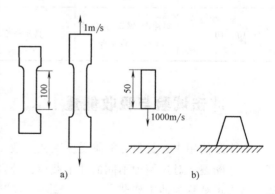

图 5-1　不同应变率的计算示意图

a) 试件拉伸　b) 弹丸撞击刚性靶板

$$\dot{\varepsilon} = \frac{\Delta \varepsilon}{\Delta t} = \frac{\Delta L/L_o}{2\Delta L/v_o} = \frac{v_o}{2L_o} = \frac{1000m/s}{0.1m} = 10^4 s^{-1}$$

这表明试样的应变率高达 $10^4 s^{-1}$。与前述准静态加载（$10^{-3} s^{-1}$）相比，应变率增大约 1000 万倍。另外，若一 5m 的试样以同样速度撞击，近似计算可得应变率仅为 $10^2 s^{-1}$。可见即使加载速度相同（都为 1000m/s），但由于试样大小不同，应变率会相差 100 倍。所以采用应变率要比加载速度能够更加合理刻画材料的变形快慢程度。

为了试验测试材料在不同应变率下的力学行为，需要选择合适的试验方法。表5-1列出了常见的各种测试手段可以达到的应变率范围。在蠕变和应力松弛试验中，可以忽略试样的惯性力，主要关注材料黏性变形的影响。其应变率一般低于 $10^{-5} s^{-1}$，试验时间有时长达数月甚至数年。在常规的准静态拉压弯剪扭试验中，应变率一般为 $10^{-1} \sim 10^{-4} s^{-1}$ 之间，这时也可忽略试样的惯性力，主要关注材料的静态弹塑性响应。当应变率超过 $10^{2} s^{-1}$ 后就必须考虑试样中惯性力的影响，需要分析应力波的传播。常规的摆锤冲击试验只能从宏观整体上近似描述材料的抗冲击能力。SHPB试验是一种有效分析材料高应变率下动态响应的试验手段。一般也将 $10^{0} s^{-1}$ 以下的应变率称为低应变率，$10^{0} \sim 10^{2} s^{-1}$ 之间的应变率称为中应变率，将 $10^{2} \sim 10^{4} s^{-1}$ 之间的应变率称为高应变率，将 $10^{4} s^{-1}$ 以上的应变率称为超高应变率。在高速撞击下，试验时间可能仅为微秒甚至纳秒量级，这时激光干涉等测试手段就必不可少了。

表5-1　常见的各种测试手段可以达到的应变率范围

应变率/s^{-1}	通用试验方法		需考虑的动态因素	
$10^{-9} \sim 10^{-5}$	蠕变试验机 常规试验机	蠕变和应 力松弛	黏性	忽略惯性力
$10^{-4} \sim 10^{-1}$	螺旋驱动试验机 电液伺服试验机	准静态	弹塑性	
$10^{-1} \sim 10^{3}$	高速液压伺服试验机 摆锤、落锤 旋转飞轮、凸轮	低动态	动态力学响应	考虑惯性力
$10^{2} \sim 10^{4}$	Hopkinson 杆 膨胀环 Taylor 杆	高动态	弹塑性应力波	
$10^{5} \sim 10^{8}$	斜冲击、爆炸箔、脉冲 激光、平板正冲击	高速碰撞	冲击波	

5.3　冲击试验与吸收能量

在实际使用中，材料可能承受一次或少数几次大能量冲击便会断裂，也可能经多次小能量冲击才断裂。对这两种不同的冲击载荷，分别以冲击韧度和多冲抗力来衡量材料的冲击性能。后者也被称为冲击疲劳。

5.3.1　冲击加载的类型

冲击试验是一种动态力学性能试验，主要用来测定冲断一定形状的试样所消耗的能量，又称为冲击韧度试验。常见的冲击加载方法有摆锤、落锤、旋转飞轮或凸轮，冲击速度不超过 10m/s，可获得 $10^{-1} s^{-1} \sim 10^{3} s^{-1}$ 范围内的应变率。

从冲击能量上分，金属摆锤一般是300J、500J、800J，金属落锤则高达几万焦耳，橡胶塑料的只有几焦耳，如5J、10J，木材的一般是100J。

按测试温度来分，冲击试验分为常温冲击试验和高低温冲击试验。常温冲击试验是在室温下进行试验，一般在（23±5）℃的范围内。高低温冲击试验是将试样在高低温介质下保存一定时间，使温度达到要求后快速取出完成冲击试验。根据不同的温度，可使用冰水混合物（0℃）、酒精或液氮低温槽进行低温冷却处理，或使用烘箱、高温炉等进行高温加热处理。

在变形观测方面，直到现代才建立起一些较可行的方法，如超高速照相、光弹法等，但仍需改进。因此，冲击试验更多适用于测定材料的宏观平均抗冲击能力。

5.3.2　摆锤冲击试验

摆锤冲击试验是 20 世纪初法国科学家乔治·夏比（Georges Charpy）在前人基础上改进发展起来的一种高应变率标准试验方法。通过测定材料断裂时吸收的能量来评价材料的冲击破坏性能，也常常用于材料缺口敏感性及韧脆转变温度的测定。该方法易于操作实现，成本低廉，可以快速得到测试结果，因此在工业实践中得到了广泛应用。具体试验方法和操作规范详见国家标准 GB/T 229—2007、GB/T 18658—2002 以及 GB/T 19748—2005 等。

通过摆式冲击试验，可以测定材料抵抗单次大能量冲击的能力。试验方法主要有两种，一种为简支梁式冲击试验（图 5-2a），试样处于三点弯曲受力状态；另一种为悬臂梁式冲击试验（图 5-2b），试样处于悬臂弯曲受力状态。

悬臂梁式冲击试验对试样的夹紧有较高的技术要求，故应用受到一定限制。而简支梁式冲击试验简便易行，又可根据测试材料与试验目的的不同采用不同几何形状的试样，因而得到广泛应用。

通常采用的摆锤冲击试验装置如图 5-3 所示。试验时，将具有一定质量 m 的摆锤举至一定高度 H_1，使之具有一定的势能 mgH_1；将试样置于支座上固定好，然后将摆锤释放，在摆锤下落到最低位置时将试样冲断，摆锤冲击试样时的速率一般为 4~7m/s，试样缺口根部应变率与缺口形状尺寸有关，一般为 $10^3 s^{-1}$ 数量级；摆锤冲断试样时损失一部分能量，这部分

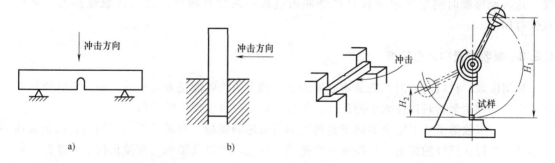

图 5-2　摆式冲击试验
a）简支梁式冲击试验　b）悬臂梁式冲击试验

图 5-3　摆锤冲击试验装置

能量即摆锤冲断试样所做的功，称为吸收能量，记为 K。剩余的能量使摆锤扬起一定的高度 H_2。于是，吸收能量可计算为

$$K=mgH_1-mgH_2=mg(H_1-H_2) \tag{5-2}$$

根据试验测定的吸收能量，可求出材料的冲击韧度 a_K 为

$$a_K=\frac{K}{S} \tag{5-3}$$

107

式中，K 是吸收能量；S 是试样缺口截面积。通常 a_K 的单位为 $\mathrm{J/cm^2}$。

冲击试验所采用的试样可以是无缺口试样，也可以是缺口试样，通常采用后者，分为 U 型缺口试样和 V 型缺口试样，其规格尺寸国家标准中有严格规定（详见第 6 章）。试验机摆锤刀刃的半径也对试验结果有很大影响，目前国家标准中规定接触试样的刀刃曲率半径有 2mm 和 8mm 两种规格。相应吸收能量分别记为 KU_2、KU_8、KV_2 和 KV_8。对重要结构的材料近年来趋向于采用更能反映缺口效应的 V 型缺口试样进行冲击试验。

冲击试验机的原理就是能量守恒定律，按照摆锤冲断试样后损失多少计算吸收能量。但是这种试验方法有一个缺点，不能像材料试验机那样直接显示载荷和位移的曲线，测量出来的结果只能是吸收能量，其量纲为能量单位。所以吸收能量不能描述材料在冲击过程中产生的具体变化，只能作为一个参考。材料的吸收能量越大，表示材料韧性越好，对结构中的缺口或其他的应力集中情况不敏感。

摆锤冲击试验机一般包括以下部分：主机身、取摆机构、挂脱摆机构、摆锤、度盘或显示屏、防护装置、电气控制单元。从自动化程度上分为手动、半自动、全自动冲击试验机，从显示方式上分为度盘显示、液晶显示、计算机显示冲击试验机。通过更换摆锤和试样底座，可实现简支梁和悬臂梁两种形式的试验。

早期的摆锤试验机多采用度盘显示，挂摆、冲击、制动均为人工手动控制，原理是利用摆锤冲击前势能与冲击后所剩势能之差在度盘上显示出来的方式，得到所测试样的吸收能量。

新型数显全自动冲击试验机通过高速载荷测量传感器产生信号，经高速放大器放大后，由快速 A/D 转换成数字信号送给计算机进行数据处理，同时通过检测角位移信号送给计算机进行数据处理，精确度高。由于加装了高速角位移监控系统和载荷测量传感器，经计算机高速采样及数据处理，可显示载荷-挠度（或载荷-时间）曲线以及能量-时间曲线。这就能够瞬时测定和记录材料在受冲击过程中的特性曲线，并完成数据存盘、数据报告打印。

5.3.3　吸收能量和冲击韧度

长期以来，材料的冲击性能是通过冲击试验测定的吸收能量来表示的，而且吸收能量还常被作为一种衡量材料韧性大小的指标，但这只能是一种宏观上的近似。

首先，吸收能量并不完全等同于材料变形与破坏的能量。由试验所测定的吸收能量包括一小部分消耗在试样的掷出、机座本身的振动、空气阻力以及轴承与测量机构中的摩擦消耗等方面。虽然这一部分通常很小，一般情况下可忽略，但对很脆的材料就另当别论，而且冲击时的初始能量越大，消耗于试样掷出及机座振动等方面的能量也会越大。因此有时需对试验测定的吸收能量进行修正。

其次，造成试样断裂的吸收能量实际包括三部分，即弹性功、塑性功和撕裂功（裂纹扩展功）。即使材料的吸收能量相同，这三部分所占的比例也可能不同。若弹性功所占比例很大，塑性功小，撕裂功近似为零，则表明材料断裂前塑性变形小，裂纹一经形成就立即扩展至断裂，从而断口为放射状甚至结晶状脆性断口。反之，若塑性功所占比例很大，撕裂功也大，则断口为纤维状韧性断口。由此可见，吸收能量的大小不能直接反映材料的韧性或脆性性质，实际上只有其中的塑性功，特别是撕裂功的大小才能真正显示材料的韧脆性质。

另外，吸收能量的大小还与试样的形状大小及缺口形状尺寸有关，并不完全取决于材料特性。至于冲击韧度，其定义并无明确物理意义。在构成吸收能量的各部分中，并非全部是与试样截面积有关的力学量，因此将吸收能量与断口截面积的比值定义为冲击韧度只是一种经验上的近似，旨在消除试样大小的影响，但并不反映材料的实质。

因此，吸收能量或冲击韧度并不能直接用于工程计算。但尽管如此，由于吸收能量的测定简便易行，而且在一定程度上可近似反映材料的抗冲击性能及韧脆特性，所以作为一种定性指标结合冲击断口分析被广泛采用。

现在，已经研制成功了能实时记录材料在冲击载荷作用时的载荷-挠度的试验系统，这为进一步研究材料在高速冲击载荷作用下的力学行为提供了新的途径与方法。图 5-4 所示为冲击过程中试样吸收能量与挠度关系曲线，在曲线所包围的面积中，只有断裂区的面积才表示裂纹扩展所消耗的功，即才显示材料的韧性或脆性性质。

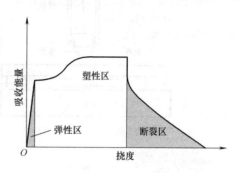

图 5-4　吸收能量与挠度关系曲线

5.3.4　其他冲击试验

除了广泛采用的摆锤冲击试验，其他常见的冲击试验还包括落锤冲击试验、旋转飞轮拉伸试验、凸轮压缩试验和电液伺服冲击试验和多冲试验。

1. 落锤冲击试验

摆锤冲击试验设备简单，使用方便，但冲击速度较小，冲击能量也小；而炸药法、压气法则试样较大，不易控制冲击部位。落锤冲击试验可较好的在高速冲击下测定材料的冲击抗力和变形，是近现代发展起来的一种冲击试验方法。落锤冲击试验一般是将规定重量的钢球或重锤从规定跌落高度上沿导管或自由跌落在试样上，对试样进行冲击，如图 5-5 所示。由动量定理，冲击反力 I、小球质量 m、冲击时间 t、下落高度 H 之间存在如下关系，即

$$m\sqrt{2gH} = \int_0^t (I - mg)\,\mathrm{d}t$$

因此可近似求出冲击反力为

$$I = mg + \frac{m}{t}\sqrt{2gH}$$

当 m 很小时

$$I \approx \frac{m}{t}\sqrt{2gH}$$

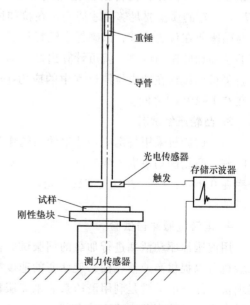

图 5-5　落锤冲击试验

109

试验测得的冲击反力略小于此，这是由于冲击能量损失引起的。在试验中，可测定冲击时间、冲击反力、试样变形等，以进一步分析冲击性能。

落锤冲击撕裂试验可用于测试一些厚钢板构件的冲击性能（图 5-6）。试验所采用的试样的厚度与实际使用的板厚相同，并且宽度要比摆锤冲击标准试样尺寸大一些，因此吸收能量也相对比较大。在规定尺寸的钢板上方中部按纵向有一条用脆性焊条焊成的焊道，在焊道的中部（也是钢板中央）加工出一道缺口，如图 5-6b 所示。将制成的钢板焊道朝下放置在底座的支架上，松开已升至一定高度的重锤自由落下，冲在钢板上视其是否断裂成两段。

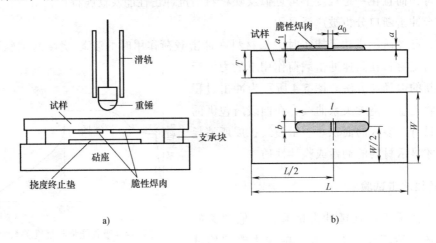

图 5-6 厚钢板的落锤冲击撕裂试验

a）落锤冲击撕裂试验装置 b）落锤冲击撕裂标准试样

2. 旋转飞轮拉伸试验

旋转飞轮拉伸机采用一个大飞轮在电动机驱动下旋转，当飞轮的转速达到预定值时，释放销就会松开击锤，使得击锤撞击与拉伸试样底部连接的砧座，从而快速拉伸试样（图 5-7）。飞轮的质量要足够大才能确保在拉伸试样的过程中其速度几乎不变。击锤的释放位置要与砧座所在位置协调，以确保击锤释放后可立即撞击砧座。利用光学位移传感器测量弹性杆的位移和砧座的位移，就可计算出试样的应变。试样的应力也可由弹性杆的位移得到。这样就可得到试样在冲击拉伸过程中的应力-应变曲线。旋转飞轮拉伸机能够获得的应变率范围在 $0.1 \sim 10^3 \, \mathrm{s}^{-1}$ 之间。

3. 凸轮压缩试验

凸轮试验机采用特定旋转速率的凸轮作为动力源，试样放在升降块与弹性杆之间，在某一时刻，凸轮随动块嵌入到升降块下方，试样被迅速压扁（图 5-8）。凸轮试验机获得的应变率在 $0.1 \sim 10^2 \, \mathrm{s}^{-1}$，并且大多数凸轮试验机具有将圆柱试样压缩 50% 的能力，因而得到了广泛的应用。

4. 电液伺服冲击试验

用液压油驱动活塞进行加载的伺服试验机，可以产生很高的速度。利用先进技术控制的试验机可以提供高速液压油，使活塞的速度接近 $10 \mathrm{m/s}$，从而获得 $10 \sim 10^3 \, \mathrm{s}^{-1}$ 量级的应变率。实现快速加载的关键是利用液压系统来克服机械运动部分自身惯性并产生很高的加速度，必要时直到加载达到预定速度才夹紧试样，使之受到快速拉伸或压缩。

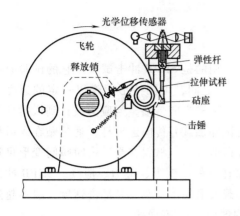

图 5-7　旋转飞轮拉伸机

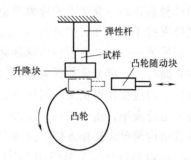

图 5-8　凸轮试验机

5. 多冲试验

材料抵抗多次小能量冲击的能力可通过多冲试验来测定。图 5-9 所示为落锤式多次冲击弯曲试验。将试样放置在试验机上，使之受到落锤的小能量（<1500J）多次冲击。在一定冲击能量下测定试样断裂前的冲击次数，作为多冲抗力的指标，称为冲击寿命 N。如果采用不同的冲击能量 A 就可以得到一系列相应的冲击寿命 N，作图可得 A-N 曲线，如图 5-10 所示。可以看出，将 A-N 曲线外延到与纵坐标相交，便得到了一次冲断的吸收能量 K。高强低韧材料 1 和高韧低强材料 2 的 A-N 曲线有一个交点。说明在大能量低冲击寿命下，高韧低强材料 2 的多冲抗力居上，而在小能量高冲击寿命时，高强低韧材料的多冲抗力居上。因此，材料抵抗大能量一次冲击的能力主要取决于材料的韧性，而抵抗小能量多次冲击的能力则主要取决于材料的强度。

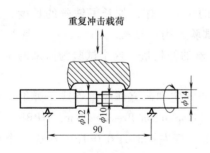

图 5-9　落锤式多次冲击弯曲试验

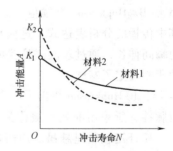

图 5-10　A-N 曲线

材料承受小能量多次冲击，也称为冲击疲劳。多冲载荷兼有冲击载荷和循环载荷的特点。循环载荷的特点导致材料在多冲下的破坏过程不同于一次冲击的破坏过程，多冲下材料的破坏过程是循环载荷下的裂纹萌生、扩展、最后断裂过程，属于疲劳的范畴。但载荷具有的冲击特性又使其具有一些不同于常规疲劳破坏的特点。冲击应力波使试样或构件的体积效应凸显，高加载速率导致材料变形及断裂的规律有所变化，如屈服强度的升高等。

5.4 SHPB 冲击试验与应力波分析

测试材料在高应变率下的应力和应变行为通常采用的是 SHPB 冲击试验。它的试验原理是将试样夹持于两个细长弹性杆（入射杆与透射杆）之间，由圆柱形子弹以一定的速度撞击入射杆的另一端，产生压应力脉冲并沿着入射杆向试样方向传播，当应力波传到入射杆与试样的界面时，一部分反射回入射杆，另一部分对试样加载并传向透射杆，通过贴在入射杆与透射杆上的应变片可记录入射脉冲、反射脉冲及透射脉冲。材料在受冲击时瞬间变形可近似地视为恒应变率，由一维应力波理论可以确定试样上的应变率、应力、应变。SHPB 冲击试验装置结构简单，操作方便，测量方法巧妙，加载波形易于控制，其冲击速度一般不超过 100m/s，可以获得材料在 $10^2 \sim 10^4 s^{-1}$ 应变率范围内的应力-应变曲线。

5.4.1 SHPB 冲击试验装置

从 19 世纪开始，人们逐步认识到了材料在动载荷下的力学性能与其在静载荷下的力学性能不同。Thomas Young 是分析弹性冲击效应的先驱，于 1807 年提出了弹性波的概念，指出杆受轴向冲击力以及梁受横向冲击力时可从能量进行分析得出定量的结果。1872 年，J. Hopkinson 完成了弹性波研究方面的一个著名试验（图 5-11）：铁丝上端固定，下端拉一托盘，一空心质量块套在该铁丝上，由上向下运动，当其运动到铁丝的下端时，被托盘接住，形成对铁丝的冲击拉伸。试验表明：铁丝受冲击而被拉断的位置不是下端的冲击端 A，而是上端的固定端 B；并且冲击拉断的控制因素是落重的高度，即取决于撞击速度，而与落重质量的大小基本无关。这项研究从理论和试验两方面增强了人们对波在杆中传播规律及其在界面透、反射规律的理解。随后 Pochhammer（1876 年）、Chree（1886 年）、Rayleigh 和 Lord（1887 年）分别研究了一维杆中的横向惯性运动。1897 年 Dunn 设计了第一台高应变率试验。1905 年 B. Hopkinson 继续他父亲 J. Hopkinson 的研究工作，加长了铁丝的长度，给出了波在其中传播的分析表达式，进而他设计了一个试验，用一接触块和弹道计（摆）来测量铁丝的瞬间伸长，通过多次试验就可以准确确定铁丝的伸长量。这个试验为后来的霍普金森压杆的研制奠定了基础。

1914 年，B. Hopkinson 想出了一个巧妙的方法用以测定和研究炸药爆炸或子弹射击杆端时的压力脉冲，所采用的装置被称为霍普金森压杆（Hopkinson Pressure Bar，HPB）。如图 5-12 所示，压杆用轻质绳悬吊。炸药爆炸或子弹射击压杆左端时，在压杆内形成一个压应力脉冲向右传播。杆的右端用黄油粘贴一块质量很小的飞片（短杆）。可以认为黄油基本不影响压应力波的传播，但是界面只能承受压力，而不能承受拉力。当压应力脉冲传递到飞片右侧的自由端后产生反射，反射的拉伸脉冲传到飞片左侧时会导致飞片向右飞出。飞出的飞片撞击到右方单独悬挂的弹道摆上，通过测量其最终摆动角度就可以推算出摆的初速度，进而求得飞片的动量，而留在压杆内的动量则可由压杆的摆动振幅来确定。显然，当飞片长度（厚度）等于或大于压应力脉冲长度的一半时，压应力脉冲的动量将全部陷入飞片中，从而当飞片飞离时，压杆将保持静止。因此，通过变化飞片的长度，求得使其飞离时压杆能保持静止的最小长度 l_0，就可求得压应力脉冲的宽度 $\lambda = 2l_0$，或压应力脉冲的持续时间 $\tau = \lambda / C_0 = 2l_0 / C_0$。这种测量压应力脉冲的方式迅速得到了广泛的应用。在距今 100 多年前还没有现在的先进光测技术及高速摄影技术，这一技术的应用有效解决了试验中的应力脉冲测试难题。直到现在，这一技术仍然有着重要意义，在很多情况下仍然是应力脉冲测量的关键手段。HPB 既是使飞片获得加速度的加载装置，又可用作脉冲波形的测量装置，是现在普遍采用的 SHPB 装置的原型。

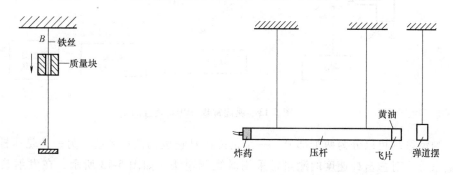

图 5-11　冲击拉伸试验　　　　　　　　图 5-12　霍普金森压杆原理示意图

1948 年，R. M. Davies 首次用平行板电容器和圆柱形电容器测量了压杆的轴向位移和径向位移，并讨论了霍普金森压杆的一些局限性。随后在 1949 年 H. Kolsky 将霍普金森压杆试验中的飞片加长（加厚），称为扩展杆（现称为透射杆或输出杆），并将被试材料制成圆形薄片试样，置于压杆与扩展杆之间，从而提出了分离式霍普金森压杆（简称为 SHPB，也称为 Kolsky 杆）试验系统。受到撞击后，压杆中的压应力脉冲在试样界面上发生透射、反射。Kolsky 推导出了我们现在仍然使用的 SHPB 试验中试样应力、应变和应变率的计算方法。通过采用电容器可测得杆的轴向位移和径向位移，从而求得杆中质点的速度，进而得到试样中的应力和应变。SHPB 已被普遍认为是测试多种材料（如金属、陶瓷、岩石、混凝土、橡胶、复合材料等）在高应变率下力学响应的一种行之有效的试验手段。

现代常规 SHPB 装置的结构如图 5-13 所示，由发射装置、撞击杆、入射杆、透射杆、吸收杆以及数据处理系统等组成，试样被夹在入射杆和透射杆之间。撞击杆也称为子弹，受高压气体推动，从发射装置中以一定速度（可由测速器测出）射出，撞击入射杆后在两杆中形成压缩波由撞击面向两边传播。撞击杆中的压缩波在自由端面反射后形成拉伸波返回撞击面，使两杆分开，并在入射杆中形成一个压应力脉冲。脉冲的宽度 λ 取决于撞击杆的长度 l，当两杆截面尺寸及材料相同时，有 $\lambda = 2l$。脉冲的幅值与撞击速度成正比。因此通过改变撞击杆的长度及发射速度就可以在入射杆中形成不同宽度和幅值的压应力脉冲。压应力脉冲在入射杆中向前传播，即入射波，可由贴在入射杆上的应变片测得。当传至入射杆与试样界面时，由于试样材料和透射杆材料的惯性效应，整个试样将被压缩。同时，由于杆与试样之间的波阻抗差异，入射波被部分反射为反射波重新返回入射杆，而另一部分则透过试样作为透射波进入透射杆。反射波由贴在入射杆上的应变片测得，透射波则由贴在透射杆上的应变片测得。吸收杆主要是用来吸收来自透射杆的动能，以削弱二次波加载效应。为保证获得完整的入射及反射波形，入射杆的长度一般要大于撞击杆长度的两倍。另外所有压杆的直径应远小于入射应力脉冲的波长，以忽略杆中横向惯性效应带来的脉冲波形几何弥散影响。SHPB 技术的基础是一维弹性应力波理论，这就要求杆材均匀各向同性，而且各杆轴线平直、横截面均匀，在组装时可采用高精度导轨和中心滚动支承系统，使各杆具有统一基准。

113

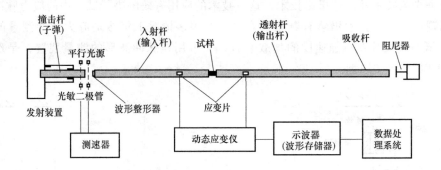

图 5-13　现代常规 SPHB 装置的结构

测量系统可以分为两个部分，一个是撞击杆速度的测量系统，另一个是压杆上应力波的测量系统。对撞击杆速度的测量常采用激光测速法。如图 5-13 所示，在发射装置与入射杆之间装有平行光源与光敏二极管，用来发射与接收信号。两个光源之间的间距是可测的。当子弹经过平行光源时，会遮挡住光信号而产生一定宽度的脉冲信号，据此可测出子弹通过平行光源的时间即可求出子弹的撞击速度。压杆应力波测量系统则是通过在入射杆和透射杆适当位置上粘贴应变片，利用动态应变仪测出压杆中的应变随时间变化的波形。示波器可以实时显示及暂存试验测得的波形，也可由计算机完成信号的处理与显示。

5.4.2　SHPB 冲击试验原理

利用 SHPB 对试样进行冲击加载时，可以由测得的入射波、反射波和透射波来计算试样上的应力和应变。为此需要满足以下两个基本假设。

（1）压杆中的一维弹性波假设　撞击杆、入射杆和透射杆都应该是细长的，并调整为同轴状态。各杆的屈服强度足够高以使杆中只产生弹性波，这样就可以用贴在杆上的应变片测得应变并计算出应力。入射杆要足够长（杆长 $L >> 2l$）以避免入射波与反射波重叠，这样就可通过合适位置的应变片测得入射波和反射波。杆的直径要足够小（杆径 $R << \lambda$）以便能够忽略杆的横向惯性效应，这样压杆表面应变片测得的轴向应变才可以代表整个截面各点的轴向应变。在此假设下，应力脉冲在压杆中为无畸变的一维弹性波，因此才可以将杆中应变片位置测得的应变（应力）与试样端面的应变（应力）对应起来，即测量位置受力状态的变化与试样端面受力状态的变化完全一样。

（2）试样内的应力和应变均匀性假设　假设整个试验过程中试样内的应力和应变均匀分布是 SHPB 技术的关键，这就相当于忽略了试样内的应力波传播效应。应力和应变均匀化受诸多因素影响，主要包括试样与杆的波阻抗之比、试样的厚度、加载脉冲的形状、试样与杆端的接触情况。当试样的厚度远小于入射应力脉冲的宽度时，应力脉冲在通过试样的过程中发生多次反射，迅速形成试样内的应力平衡状态。这就使得试样两侧的轴力相等，从而可以忽略试样中的应力波传播效应。因此可认为试样近似在均匀应力作用下变形，这样就可以由杆端面的力和位移得到的试样的平均应力和应变。另外在整个试验中，要求试样的横截面面积总是不大于杆的横截面面积，而且试样两端与杆端面之间的摩擦很小，对试样变形的影响可以忽略，即试样仍处于一维应力状态。通过在试样和压杆之间使用润滑油，可以有效减小端面的摩擦效应。为提高试验精度，还要求在整个试验中杆与试样的接触面必须保持平整和相互平行。通过采用万向头技术可以实现试样和压杆的紧密贴合，避免由于试样两端面不平行造成的变形不均匀问题。因此，为了尽快地达到应力平衡，得到有效的试验结果，减小试样的厚度是必要的。但是，试样的厚度不可无限制地减小，否则由于试样端面摩擦效应等的影响将使试样中的应力状态偏离一维应力假定。此外，还有一些外在因素使试样尺寸不能无限减小，如泡沫材料中泡孔尺寸的限制，生物材料中细胞尺寸的限制以及混凝土材料中骨料尺寸的限制等。另外需要注意的是，试样厚度的控制需要和加载速率的控制结合起来，如果仅仅减小试样的厚度而不控制加载速率也是难以达到应力均匀的。

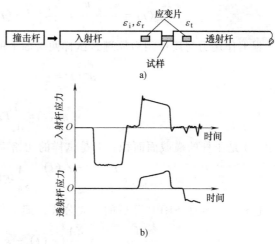

图 5-14　试验模型

下面推导 SHPB 试验中如何计算试样中的应变率、应力和应变。试验模型如图 5-14 所示，图中同时给出了典型的入射波和透射波波形曲线。

根据一维弹性应力波理论，应力波传播引起材料质点的速度变化 Δv 和应力变化 $\Delta\sigma$、应变变化 $\Delta\varepsilon$，二者满足以下关系式，即

$$\Delta\sigma = \rho C_0 \Delta v \qquad (5-4)$$

$$\Delta v = C_0 \Delta\varepsilon \qquad (5-5)$$

式中，ρ 是材料的密度；C_0 是材料中的弹性波速。

当撞击杆和入射杆材料、截面相同时，在没有波形整形器的情况下，入射杆记录的应变脉冲是上升时间为 0 的矩形波，宽度是撞击杆长度的两倍，幅值大小满足下式，即

$$\varepsilon = \frac{\rho C_0 v}{2E} = \frac{v}{2C_0} \qquad (5-6)$$

式中，E 是入射杆的弹性模量；v 是撞击速度。

由于泊松效应产生的横向变形的影响，应力波在杆中传播存在弥散效应：上升沿和下降沿拉长成为梯形波，峰值平台出现振荡，而且这种弥散随应力波在入射杆中的传播距离而加剧。弥散是由于不同频率的谐波分量按自己的相速传播产生的，因此应力波弥散在很大程度上依赖于应力波的形状。采用波形整形器后可以获得具有较长上升时间和平缓上升沿的入射波，从而大大减弱其弥散。

当应力波在入射杆和透射杆中以一维弹性波的形式传播时，各点的应力波形完全可以用某一测量点的波形平移得到。因此，根据入射杆表面应变片测得的入射波 $\varepsilon_i(t)$ 和反射波 $\varepsilon_r(t)$，将其平移可以得到入射杆与试样接触面上的应力波形，根据透射杆表面应变片测得的透射波 $\varepsilon_t(t)$，将其平移可以得到透射杆与试样接触面上的应力波形。于是可得试样左端面速度 $v_1(t)$ 和右端面速度 $v_2(t)$ 分别为

$$v_1(t) = C_0 [\varepsilon_i(t) - \varepsilon_r(t)] \qquad (5-7)$$

$$v_2(t) = C_0 \varepsilon_t(t) \qquad (5-8)$$

如果试样的初始厚度为 l_s，则试样的应变率为

$$\dot{\varepsilon}_s(t) = \frac{v_1(t) - v_2(t)}{l_s} = \frac{C_0}{l_s}[\varepsilon_i(t) - \varepsilon_r(t) - \varepsilon_t(t)] \qquad (5-9)$$

那么在经过时间 t 后，试样两端面的轴向位移分别为

$$u_1 = C_0 \int_0^t [\varepsilon_i(t) - \varepsilon_r(t)] \, dt \qquad (5-10)$$

$$u_2 = C_0 \int_0^t \varepsilon_t(t) \, dt \qquad (5-11)$$

因此试样的平均应变为

$$\varepsilon_s(t) = \frac{u_1 - u_2}{l_s} = \frac{C_0}{l_s} \int_0^t [\varepsilon_i(t) - \varepsilon_r(t) - \varepsilon_t(t)] \, dt \qquad (5-12)$$

根据作用力与反作用力原理，试样两端面上的应力可由杆端应力求得，即

$$\sigma_1(t) = \frac{A}{A_s} E[\varepsilon_i(t) + \varepsilon_r(t)] \qquad (5-13)$$

$$\sigma_2(t) = \frac{A}{A_s} E\varepsilon_t(t) \qquad (5-14)$$

式中，A 是压杆的横截面面积；A_s 是试样的初始横截面面积。因此试样的平均应力为

$$\sigma_s(t) = \frac{\sigma_1(t) + \sigma_2(t)}{2} = \frac{A}{2A_s} E[\varepsilon_i(t) + \varepsilon_r(t) + \varepsilon_t(t)] \qquad (5-15)$$

这样就得到了 SHPB 分析的三波公式，即

$$\begin{cases} \sigma_s(t) = \dfrac{EA}{2A_s}[\varepsilon_i(t) + \varepsilon_r(t) + \varepsilon_t(t)] \\[2mm] \varepsilon_s(t) = \dfrac{C_0}{l_s} \displaystyle\int_0^t [\varepsilon_i(t) - \varepsilon_r(t) - \varepsilon_t(t)] \, dt \\[2mm] \dot{\varepsilon}_s(t) = \dfrac{C_0}{l_s}[\varepsilon_i(t) - \varepsilon_r(t) - \varepsilon_t(t)] \end{cases} \qquad (5-16)$$

上式综合考虑了入射波、反射波和透射波三组应变信号。

按照试样应力均匀性假设有 $\sigma_1(t) = \sigma_2(t)$，因此有

$$\varepsilon_i(t) + \varepsilon_r(t) = \varepsilon_t(t) \qquad (5-17)$$

将其代入式 (5-16) 中可得

$$\begin{cases} \sigma_s(t) = \dfrac{EA}{A_s} \varepsilon_t(t) = \dfrac{EA}{A_s}[\varepsilon_i(t) + \varepsilon_r(t)] \\[2mm] \varepsilon_s(t) = \dfrac{2C_0}{l_s} \displaystyle\int_0^t [\varepsilon_i(t) - \varepsilon_t(t)] \, dt = -\dfrac{2C_0}{l_s} \displaystyle\int_0^t \varepsilon_r(t) \, dt \\[2mm] \dot{\varepsilon}_s(t) = \dfrac{2C_0}{l_s}[\varepsilon_i(t) - \varepsilon_t(t)] = -\dfrac{2C_0}{l_s} \varepsilon_r(t) \end{cases} \qquad (5-18)$$

这通常被称为 SHPB 分析的二波公式。

显然，只要将式 (5-18) 中各时刻的应力和应变联系起来，就得到了相应于某一应变率下试样材料的应力-应变关系曲线。尤其是当反射波近似为一平台时，试样中的应变率基本保持恒定。这样就可得到某一恒定应变率下材料的全应力-应变曲线。在试样厚度固定不

变时，试样的应变率主要取决于撞击速度。通过不同撞击速度下的多次试验，就可以得到不同应变率下材料的应力-应变曲线，进而得出材料的相关本构关系，为高应变率下材料的动态力学行为理论分析及数值模拟提供试验数据支持。

图 5-15a 所示为常规 SHPB 试验中得到的一组典型入射波、反射波和透射波波形。将各应变片测量信号平移至波头，对齐后就可对应计算试样的应力、应变及应变率，如图 5-15b 所示。试样中应力和应变分布均匀的情况下，入射波、反射波和透射波满足式（5-17），而由图 5-15b 可见，透射波与入射波之差的确近似等于反射波。图 5-15c 所示为根据二波公式即式（5-18）及三波公式即式（5-16）计算得出的应力-应变曲线，其中 σ_1 表示由入射波与透射波计算得到的结果，σ_2 表示由入射波与反射波计算得到的结果，σ_3 表示用三波法计算得到的结果。三条曲线基本重合在一起，可见用三波法及二波法得到的应力-应变曲线是一致的。所以式（5-17）也是检验试样中应力是否均匀的依据。

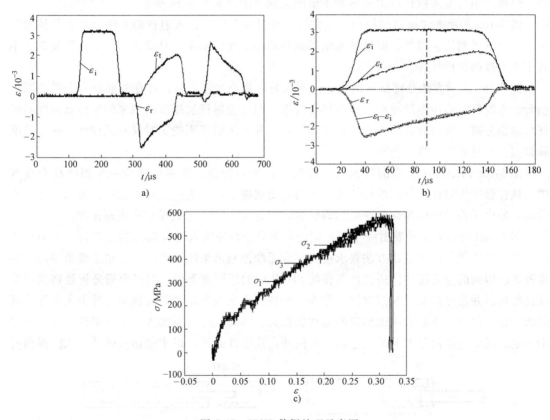

图 5-15   SPHB 数据处理示意图

在理想的 SHPB 试验中，试样应该是恒应变率变形。这样才能研究材料力学行为对应变率的敏感性。对于那些应变率敏感材料，在整个加载过程中保持恒定应变率显得尤为重要。但是在常规 SHPB 试验中，子弹的撞击在入射杆中产生一个梯形的入射脉冲。一方面，陡峭的梯形加载脉冲可能会导致脆性材料试样在小变形下的严重应力不均匀，甚至导致试样一端破坏而载荷未传到另一端的情况。另一方面，由于韧性材料试样在变形过程中横截面的增加和试样材料的形变强化，应变率则必然会随时间减少以至于不能在整个试验中保持为一恒定值。最近兴起的脉冲整形技术可以弥补这一不足。通过采用波形整形器来调整入射波的波形，尽可能延缓上升时间，力求实现入射波的上升沿近似为一斜波，反射波为一平台，从而保证实现常应变率加载。

另外，如前所述的杆横向变形带来的弥散效应，试样端部摩擦及横向变形带来的二维效应都会影响到试验的精度，这就需要合理控制杆件和试样的长径比，尽可能保证杆中传播的是一维弹性应力波，降低波形弥散带来的误差影响。

5.4.3 其他 SHPB 试验

早期的 SHPB 试验装置只能进行动态压缩试验，20 世纪 70 年代以后，基于 SHPB 技术的动态拉伸、动态扭转、动态剪切等试验陆续得到了应用，以研究材料在不同应力状态下的动态力学行为。

分离式霍普金森拉杆可以有多种不同的实现方法，如图 5-16 所示。

图 5-16a 所示方法是将试样加工成帽形，放置在卡环中，入射杆的压缩脉冲会导致帽形试样的侧壁受到快速拉伸。但这种方法下试样的加工比较困难，其受力状态也比较复杂，不利于进行准确分析计算。

图 5-16b 所示方法是将试样固定连接到入射杆和透射杆之间，并在外面套一个空心圆柱轴套。入射杆中的压缩脉冲可以通过轴套传播，但从透射杆远端反射回来的拉伸脉冲使透射杆与轴套分离，从而对试样产生快速拉伸。但这种方法除了不能实时观察试样外，还不易准确知道试验过程中试样是否承受过压缩。

图 5-16c 所示方法是撞击杆和入射杆都采用空心管件，透射杆作为一个惯性杆套在其中，试样置于入射杆内与惯性杆相连。入射杆受到撞击后产生一个压缩脉冲，带动试样向右运动，但由于惯性杆的惯性效应会阻碍试样向右运动，从而对试样造成快速拉伸。

图 5-16d 所示方法是发射一个同心轴套作为撞击杆冲击入射杆端部的法兰盘，从而产生一个拉伸脉冲传向试样。该方法要求撞击轴套无摩擦地沿系统轴线运动，精度要求很高。但这种方法得到的应力脉冲传播特性与传统 SHPB 中的压缩波类似，所以数据分析处理的可靠性比较高，并且可以实时观察试样。作为一种替代方法也可用飞轮或摆锤去冲击入射杆端部的法兰盘，但由于飞轮或摆锤携带的总动能很大，需要在撞击端加入一个波形调节器，在撞击一定时间后使摆锤与入射端法兰盘之间的冲击连接件断开，以中断输入脉冲，从而得到所

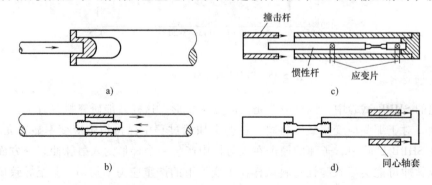

图 5-16　分离式霍普金森拉杆的几种实现方法

a）帽形试样　b）反射拉伸　c）惯性杆结构　d）轴套撞击法兰盘

需宽度的拉伸脉冲。设计良好的波形调节器除了可以调节脉冲的宽度外，还可以调节脉冲的强度和上升沿时间。

高应变率拉伸试验中常常遇到的问题是试样极有可能在拉伸过程中发生断裂，尤其是脆性材料可能会在拉伸脉冲尚未通过试样时就已经断裂了。这样就无法根据贴在入射杆（管）和透射杆（管）上的应变片计算出试样两端的应力和位移，因此前述二波或三波公式就失效了。为此需要在试样上直接贴应变片进行测量。这时测点位置分布情况、应变片标定与响应情况等会带来较大试验误差。

在高应变率压缩和拉伸试验中，试样的横向效应都会导致实际试样中不再是理想的一维应力情况。试样中的应变越大，横向效应带来的误差也就越大。为此提出了分离式霍普金森扭杆，以实现扭转下的纯切应力状态。

动态扭矩的施加是通过在垂直于杆轴的小杆两端同时引发方向相反的爆炸，或者是突然释放一个弹性杆中存储的扭转变形能来实现。如图 5-17 所示，在杆上安装一个夹具，当用扭转设备对杆进行强力扭转时，由于夹具的限制在左侧杆段储存了扭转变形能，然后突然释放夹具，就会产生一个扭转波向右传播。因此就会在薄壁圆筒试样内产生快速扭转。由于扭转过程中试样横向效应的影响被降到最小，而且扭转波在传播过程中不会发生弥散，分离式霍普金森扭杆也得到了广泛应用。

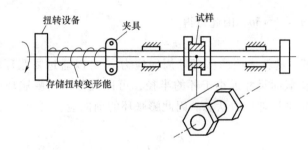

图 5-17　分离式霍普金森扭杆

此外，利用 SHPB 技术还进行了巴西劈裂、三点弯曲、冲击剪切等多种加载形式的试验，并结合温控箱开展了不同环境温度下的冲击试验，这为深入研究材料的动态力学行为提供了大量重要的试验数据。

5.5　膨胀环试验

膨胀环是高应变率试验中的另外一种成功技术，它最早由 Johnson 于 1963 年提出。如图 5-18 所示，在空心圆管内部放置炸药，作为试样的环套在空心圆管外壁。炸药爆炸后，产生的冲击波沿着圆管的半径方向向外传播，于是试样将向外膨胀。利用激光干涉仪可以测得膨胀环运动时的径向速度随时间的变化历程，从而求得膨胀环的应力、应变及应变率。通过一系列试验就可得到材料在不同应变率下的应力-应变曲线。

下面推导膨胀环试验中如何计算试样中的应力、应变和应变率。

由于结构和载荷都是轴对称的，因此膨胀环的动态变形是一个轴对称问题。如图 5-18d 所示，取半径为 r 的一小段圆环进行分析。根据牛顿定律有

119

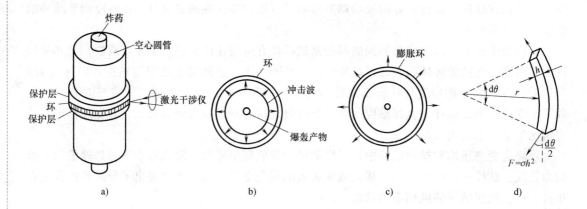

图 5-18　膨胀环试验

$$F_r = ma_r = m\ddot{r} \tag{5-19}$$

设圆环周向截面上的应力为 σ，则圆环周向截面上的力 $F = \sigma h^2$。若小段圆环对应的角度为 $d\theta$，可求得

$$F_r = 2F\sin\frac{d\theta}{2} = 2\sigma h^2 \sin\frac{d\theta}{2} \approx \sigma h^2 d\theta \tag{5-20}$$

而小段圆环的质量为 $m = \rho h^2 r d\theta$，因此可得

$$\sigma = \rho r\ddot{r} \tag{5-21}$$

式中，ρ 是材料的密度。这就表明膨胀环的周向应力 σ 可以通过膨胀环的径向加速度 $\ddot{r}$ 求得。由于膨胀环的周向截面尺寸远小于环的半径，可以近似认为膨胀环受到应力为 σ 的环向简单拉伸，是一种单轴拉伸应力状态。因此膨胀环的周向应变可用对数应变表示为

$$\varepsilon = \ln\frac{r}{r_o} \tag{5-22}$$

式中，r_o 是膨胀环的初始半径。对上式求导可得应变率为

$$\dot{\varepsilon} = \frac{d\varepsilon}{dr}\frac{dr}{dt} = \frac{1}{r}\dot{r} \tag{5-23}$$

因此只要测得膨胀环运动时的径向速度随时间的变化历程，经过微分和积分运算分别得到径向加速度和径向位移，就可计算出膨胀环各个时刻的应力、应变和应变率，即

$$\begin{cases} \sigma(t) = \rho r(t)\ddot{r}(t) \\ \varepsilon_s(t) = \ln\frac{r(t)}{r_o} \\ \dot{\varepsilon}_s(t) = \dfrac{\ddot{r}(t)}{r(t)} \end{cases} \tag{5-24}$$

但是由于膨胀环中的反射应力脉冲，膨胀环的速度是随时间连续下降的。因此上式中的应变率一般不是常数，这就需要对不同装药量进行一系列的测试才能得到同一应变率下的应力-应变关系曲线。

第6章
缺口试样的力学性能

在实际应用中材料有各种螺纹、台阶、孔洞、键槽等几何不连续性，这种几何不连续性可以看成是广义的"缺口"。缺口的存在改变了应力和应变分布，往往导致复杂应力状态的出现，引起应力集中、应变集中以及局部高应变率，从而对材料的变形与破坏过程产生很大的影响，如使材料发生低应力脆断、使构件产生疲劳裂纹等。为研究缺口效应，就需要对各种缺口试样进行试验研究和理论分析，模拟测定材料的缺口强度，进而通过缺口敏感系数来表征缺口对各种材料的影响程度。

此外，材料在服役过程中总会出现各种裂纹。现代断裂力学研究表明，材料中裂纹的萌生、发展对材料的力学性能有很大影响，并提出了基于断裂韧度的裂纹扩展判别准则。为了从试验上研究裂纹的扩展，就需要预制裂纹的试样，这也可称为缺口试样。现在，缺口试样的裂纹扩展试验已经比较普及，出现了各种断裂韧度的测定方法，其中一些已被强制作为国家或行业标准。进一步通过疲劳裂纹扩展试验可以研究裂纹的亚临界扩展过程。

6.1 缺口效应

缺口对材料的力学性能影响可归结为四个方面：①应力集中；②双向或三向复杂应力状态；③应变集中；④局部应变率增大。这些统称为缺口效应，其中应力集中是最重要的一种影响。下面以单向拉伸为例讨论缺口的存在对其附近材料应力和应变分布的影响。需要说明的是，缺口效应不仅会在单向拉伸时出现，在其他加载方式下也一样会出现。

6.1.1 应力集中

承受轴向拉压的构件，只有在距离加载区域稍远且横截面尺寸没有急剧变化的区域内，横截面上的应力才是均匀分布的。在工程实际中，某些零件常有切口、切槽、螺纹等，因而在零件上的横截面尺寸发生突然变化，这时横截面上的应力不再均匀分布，这已为理论和试验所证实。

可以利用应力流线的近似模型来解释物体中几何不连续处的应力情况。应力流线表示为在物体中穿行的一簇曲线，当遇到缺口或孔等几何变化区域时，它们被迫绕行，于是造成各线之间的间距减少，局部曲线变密集，也就意味着在这个局部出现了应力集中。

例如：图 6-1a 所示为无缺口光滑试样在拉伸时的应力流线，其应力分布是均匀的，表现为一组等距的平行线；当试样有缺口时，缺口附近的应力状态被扰乱了，一部分应力流线不再处于原来的位置上，只能从缺口周围绕过，因而导致局部应力流线密集，如图 6-1b 所示，这就产生了应力集中；但这种应力集中是局部的，在离开缺口稍远处，应力流线又趋于均匀，如图 6-1c、d 所示。另外，从图 6-1 中可以看出，最密集的应力流线出现在缺口尖部或拐角处，而这些地方往往是曲率半径较小的地方。这也就表明应力集中的程度与缺口处的曲率半径有关，曲率半径越小，引起的应力增大越明显。

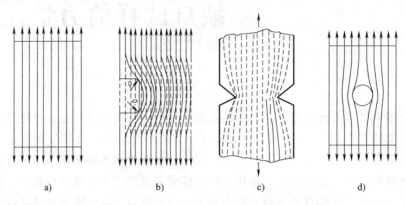

a)　　　　　　　　b)　　　　　　　　c)　　　　　　　　d)

图 6-1　试样拉伸时的应力流线

a）无缺口光滑试样在拉伸时的应力流线　b）缺口引起的应力流线变化

c）边缘缺口试样应力流线　d）中心孔洞试样应力流线

图 6-2 所示为单向拉伸时缺口部位各单元体受力变形情况示意图，应力流线可以看作是通过一排一排的单元体相互传递的。由于缺口部分不能承受外力，这一部分外力要由缺口前方的部分材料来承担，因而缺口根部的应力最大，出现较大的变形（如 AB、CD 等）。离开缺口根部，应力逐渐减小，一直减小到某一恒定数值（如 MN），这时缺口的影响便消失了。

6.1.2　弹性状态下的应力分布

缺口的存在不仅会导致应力集中，还会引起双向或三向复杂应力状态。不妨从缺口根部沿 x 轴方向把材料分割为 a、b、c、d、$\cdots$、p、q 等一系列小块，如图 6-3 所示，每一小块所承受的拉伸应力分别以 $\sigma_y(a)$、$\sigma_y(b)$、$\cdots$、$\sigma_y(q)$ 表示。σ_y 沿着 x 轴方向是迅速下降的，

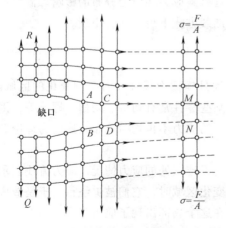

图 6-2　单向拉伸时缺口部位各单
元体受力变形情况示意图

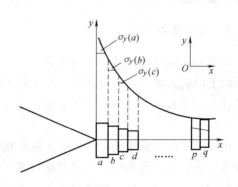

图 6-3　双向应力形成原因示意图

于是就有

$$\sigma_y(a)>\sigma_y(b)>\sigma_y(c)>\cdots>\sigma_y(q)\approx\sigma=\frac{F}{A} \tag{6-1}$$

根据泊松关系，当每一小块在 y 轴方向被拉长时，必然也会在 x 轴方向产生横向收缩。若各小块在 x 轴方向不受力，则有 $\varepsilon_x=-\nu\varepsilon_y=-(\nu/E)\ \sigma_y$，于是在数值上就有 $\varepsilon_x(a)>\varepsilon_x(b)>\cdots>\varepsilon_x(q)$。这就意味着各小块的横向收缩程度不一样，于是必然会在 a-b、b-c、c-d、…、p-q 等界面处脱开。但事实上各小块之间是没有脱开的。为了维持整体的连续性，使界面处不至于分离，就必须在 x 轴方向上有应力 σ_x 存在。因此，不同于远离缺口部位的单向应力状态，应力集中还导致了双向应力状态的出现。若再考虑 z 轴方向的影响，同理还会有 σ_z 存在，这就成了复杂的三向应力状态。

含有缺口的薄板在拉伸时，由于沿厚度方向（z 轴方向）几何尺寸相对很小，缺口附近材料沿 z 轴方向变形的约束很小，可以认为在 z 轴方向能自由变形。这样在 z 轴方向就没有应力存在，仅仅在 x 轴和 y 轴方向有应力，称为平面应力状态。在缺口根部的自由表面（$x=0$），由于没有约束可以自由地横向收缩，因此在该处 $\sigma_x=0$；在远离缺口根部的地方，几乎不受应力集中的影响，横向收缩变形量不存在差异，因此也有 $\sigma_x=0$。这样，随着离缺口根部距离的增大，σ_x 由零迅速上升到某一极大值，然后再缓慢地减小至零，如图 6-4 所示，σ_y 沿着 x 轴方向迅速下降，σ_x 沿着 x 轴方向先迅速上升再逐渐下降，而且 $\sigma_y>\sigma_x>0$，即双向不等拉伸。

含有缺口的厚板在拉伸时，由于板的厚度 B 相对于缺口深度足够大，因此缺口附近材料沿厚度方向的变形也会受到约束。只有在厚度方向上两个自由表面处（$z=\pm B/2$），变形才不受限制，因此在该处 $\sigma_z=0$。越是趋于板厚的中心，σ_z 越大。因此缺口附近的厚板内便产生了三向应力状态。但由于几何约束，即在板的厚度方向的收缩受到约束，因此在 z 轴方向上的应变近似为零。根据胡克定律有 $\varepsilon_z=[\sigma_z-v(\sigma_x+\sigma_y)]/E$，因此若 $\varepsilon_z=0$，则有 $\sigma_z=v(\sigma_x+\sigma_y)$，即 $\sigma_z\neq0$。这种应力状态称为平面应变状态，即变形只发生在 Oxy 平面内，在垂直于 Oxy 平面的 z 轴方向没有变形，但存在应力。如图 6-5 所示，在平面应变时，σ_y 沿着 x 轴方向迅速下降，σ_x 沿着 x 轴方向先迅速上升再逐渐下降，σ_z 沿着 x 轴方向迅速下降，但 σ_z 沿着 z 轴方向中央最大、两端迅速降为零，且 $\sigma_y>\sigma_z>\sigma_x>0$，即三向不等拉伸。

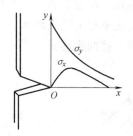

图 6-4　薄板弹性变形（平面应力）
　　　　时缺口处应力分布

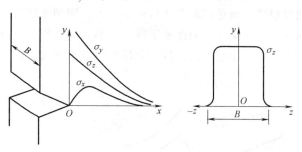

图 6-5　厚板弹性变形（平面应变）时缺口处应力分布

由上述分析可知，缺口的存在改变了缺口附近的应力状态，导致形成了双向或三向不等拉伸的应力状态，这种应力状态软性系数 $\alpha<0.5$，使材料难以产生塑性变形。尤其是脆性材

料或塑性较低的材料很难通过缺口根部极为有限的塑性变形使应力重新分布，往往直接由弹性变形过渡到断裂。由于断裂是在因应力集中而形成的缺口根部最大应力作用下产生的，因此其抗拉强度必然比光滑试样低。

6.1.3 塑性状态下的应力分布

当缺口附近处于弹性范围内时，应力和应变之间是线性关系，仅用应力场就可描述缺口附近的应力分布特征。但是当缺口附近的材料屈服之后进入塑性状态，由于应力与应变不再维持线性关系，就需要同时用应力场、应变场才能描述缺口附近的受力状态与变形状态。

在平面应力状态下，$\sigma_1=\sigma_{max}=\sigma_y$，$\sigma_3=\sigma_{min}=\sigma_z=0$，在缺口处产生微量屈服的条件按第三强度理论需满足 Tresca 准则，即

$$\tau_{max}=\frac{\sigma_1-\sigma_3}{2}=\frac{\sigma_y-\sigma_z}{2}=\frac{1}{2}\sigma_y\geqslant\tau_s=\frac{\sigma_s}{2} \qquad (6\text{-}2)$$

也就是 $\sigma_y\geqslant\sigma_s$，其中 σ_s 为材料在单向拉伸时的屈服强度。当外力逐渐增大时，尽管板的整体仍在弹性范围内，但缺口根部能发生屈服的区域在逐渐增加，即塑性区半径 r_y 逐渐增大。缺口顶端的塑性变形将导致塑性区的应力 σ_y 下降。若不考虑形变强化，塑性区内的应力 σ_y 与 σ_s 相等，塑性区外侧的弹性变形区内应力分布规律不变，如图 6-6 所示。

在平面应变状态下，$\sigma_1=\sigma_{max}=\sigma_y$，$\sigma_3=\sigma_{min}=\sigma_x$，则在缺口处产生微量屈服的条件为

$$\tau_{max}=\frac{\sigma_1-\sigma_3}{2}=\frac{\sigma_y-\sigma_x}{2}\geqslant\tau_s=\frac{\sigma_s}{2} \qquad (6\text{-}3)$$

也就是 $\sigma_y\geqslant\sigma_s+\sigma_x$。在缺口根部表面，$\sigma_x=0$，因此屈服条件为 $\sigma_y\geqslant\sigma_s$。当外力逐渐增大时，$\sigma_y$ 随之增大，缺口根部首先满足屈服条件而发生塑性变形。屈服之后，缺口根部应力 σ_y 不再增大，保持为 σ_s。离开缺口根部，随着 x 的增大 σ_x 开始增大，因此必须使 σ_y 继续增大才能满足屈服条件，而且屈服之后应力 σ_y 保持为 $\sigma_s+\sigma_x$。由于塑性变形时的体积不变，因此泊松比为 1/2，而弹性变形时泊松比约为 1/4，因此在塑性变形时纵向应力 σ_y 引起的横向收缩要比弹性变形时引起的收缩量大 1 倍，这也就意味着需要较大的 σ_x 才能保持变形的连续性。因此在塑性区，随着 x 的增大，σ_x 急剧增大，而且由于 $\sigma_y=\sigma_s+\sigma_x$ 及 $\sigma_z=v(\sigma_x+\sigma_y)$，$\sigma_y$ 和 σ_z 也急剧增大，如图 6-7 所示。因此当缺口附近材料屈服之后，最大应力并不在缺口根部，而是在距离缺口根部 r_y 处，即塑性区与弹性区的交界处。越过交界处，弹性区内的应力分布又表现为逐渐下降。显然，随着外载逐渐增大，塑性区半径 r_y 逐渐增大，塑性区逐步向试样中心扩展，各应力峰值也越来越大，而且其位置也逐步移向中心。

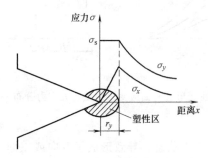

图 6-6 平面应力时缺口处塑性区应力分布

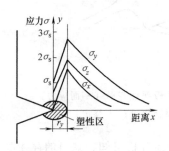

图 6-7 平面应变时缺口处塑性区应力分布

对于塑性较好的材料，若缺口根部产生塑性变形，应力将重新分布，并随载荷的增大塑性区逐渐扩大，直至整个界面上都产生塑性变形。

在有缺口时，塑性材料的塑性变形受到约束，因而变形抗力增大，使得其抗拉强度要比没有缺口时高一些，因而形成所谓的"缺口强化"现象。试验表明，缺口强化可使屈服强度提高到 $2.5\sigma_s$ 以上。"缺口强化"并不是材料内在性能发生变化，纯粹是由于三向拉伸应力这种较硬的应力状态约束了塑性变形所致，因此不能将"缺口强化"看作是强化材料的手段。缺口强化的前提是存在具有一定曲率的缺口，而不是裂纹。若缺口曲率半径过小，以致形成裂纹，反而容易引起裂纹失稳扩展，造成强度的下降。需要注意的是，虽然缺口提高了塑性材料的"强度"，但由于缺口约束塑性变形，故使塑性降低，增加了材料的脆断倾向。缺口使塑性材料的强度增高、塑性降低，需引起特别警惕。

6.1.4　应变集中与局部应变率增大

缺口处很陡的应力梯度也必然导致很陡的应变梯度，尤其是缺口附近材料屈服之后应变梯度变得比应力梯度更加剧烈。

应变集中带来的后果是导致裂纹的产生，因为缺口根部附近的应变硬化体积很小，所以应变集中引起开裂并不需要消耗很大的塑性功。

另外，从应变率的角度来看，在外加应变率给定时，由于缺口应变集中，缺口根部的应变率可能提高几个数量级，这种提高程度随缺口根部的曲率半径减小而增大。

6.2　应力集中系数

在应力集中区域，应力的最大值（峰值应力）与物体的几何形状和加载方式等因素有关。局部增高的应力值随着与峰值应力点间距的增加而迅速衰减。反映局部应力增加程度的参数称为应力集中系数。

6.2.1　理论应力集中系数

应力集中的程度通常用理论应力集中系数表示。将应力集中区域内的峰值应力与不考虑应力集中时的基准应力的比值称为理论应力集中系数 α，即

$$\alpha_\sigma = \frac{\sigma_{max}}{\sigma_n}, \quad \alpha_\tau = \frac{\tau_{max}}{\tau_n} \tag{6-4}$$

式中，σ_{max} 或 τ_{max} 是构件在载荷作用下客观存在的最大应力，可根据弹性力学理论计算或有限元法数值计算得到，也可根据光弹性试验或其他试验应力分析方法测定；σ_n 或 τ_n 是基准应力或名义应力，是人为规定的应力比的基准，其值与构件几何形态有关。基准应力不一定存在于真实的构件中。在使用应力集中系数时，首先必须明确基准应力的定义方式。因为其定义方式不是唯一的，大致有以下三种情况：①假设构件的应力集中因素（如孔、缺口、沟槽等）不存在，以构件未减小时截面上的应力为基准应力；②以构件应力集中处的最小截面上的平均应力作为基准应力；③在远离应力集中的截面上，取相应点的应力作为基准应力。

由上式可知，理论应力集中系数是两个应力的比值，是一个无量纲数，而且恒大于1。

一般而言，理论应力集中系数是指应力集中区域的最大应力与基准应力之比。然而，在研究复杂的应力集中问题时，有时需要明确指明某一点以及某一方向的应力集中系数。某种定义下的应力集中系数通常只取决于构件的形状，而与载荷大小无关。

1898 年，德国的基尔施（G. Kirsh）首先得出圆孔附近应力集中的结果。1910 年，俄国的科洛索夫（G. V. Kolosov）求出椭圆孔附近应力集中的公式。20 世纪 20 年代末，苏联的穆斯赫利什维利（N. I. Muskhelishvili）等人把复变函数引入弹性力学，用保角变换把一个不规则分段光滑的曲线变换到单位圆上，导出复变函数的应力表达式及其边界条件，进而获得一批应力集中的精确解。各种试验手段的发展也很快，如电测法、光弹性法、散斑干涉法、云纹法等试验手段均可测出物体的应力集中。科技的进步、计算机和有限元法以及边界元法的迅速发展为寻找应力集中的数值解开辟了新途径。

根据弹性力学理论，可以求得圆孔、集中力附近以及裂纹尖端的应力分布情况，进而计算得到相应的理论应力集中系数。在绝大多数情况下，理论应力集中系数 α 与材料性质无关，主要取决于缺口几何形状，可从机械设计手册、应力集中手册等资料中查到。但在三向应力程度显著的情况下，理论应力集中系数 α 也会受到材料泊松比等性质的影响。

6.2.2 有效应力集中系数

求解理论应力集中系数时，通常忽略了材料的塑性变形，而且不考虑承受疲劳载荷或冲击载荷的作用，因此与某些构件材料的实际工况有一定出入。于是在工程计算中常用有效应力集中系数来取代理论应力集中系数。有效应力集中系数 K 定义为光滑试样与缺口试样的强度比值，也称为缺口敏感系数，即

$$K = \frac{\sigma_f}{\sigma_{fn}}, \quad K = \frac{\sigma_{-1}}{\sigma_{-1n}} \tag{6-5}$$

式中，σ_{fn} 是缺口试样的断裂强度；σ_f 是相应光滑试样的断裂强度；σ_{-1n} 是缺口试样的疲劳极限；σ_{-1} 是相应光滑试样的疲劳极限。有效应力集中系数（缺口敏感系数）K 可以通过各种试验求得。在一般情况下，$\sigma_{fn} < \sigma_f$，$\sigma_{-1n} < \sigma_{-1}$，所以 K 比 1 大，但比 α 小。有效应力集中系数 K 与理论应力集中系数 α 不同，前者不仅由构件的几何尺寸决定，而且还与材料、载荷等因素有关。

6.2.3 应变集中系数

在弹性变形条件下，缺口处的应力集中系数 K_t 可由缺口截面上最大轴向应力 σ_{1max} 与该截面的平均应力 σ_{1m} 之比来定义，即

$$K_t = \frac{\sigma_{1max}}{\sigma_{1m}} \tag{6-6}$$

如前所述，不同的缺口形状，应力集中系数 K_t 也不同。

在塑性变形条件下，分别定义应力集中系数 K_σ 和应变集中系数 K_ε 为

$$K_\sigma = \frac{\sigma_{1m}}{\sigma_n} \tag{6-7}$$

$$K_\varepsilon = \frac{\varepsilon_m}{\varepsilon_n} \tag{6-8}$$

式中，σ_m 和 ε_m 是缺口根部的实际应力和应变；σ_n 和 ε_n 是缺口试样的名义应力和名义应变。

如何精确地确定缺口处局部应变分布的问题，尚未圆满解决。目前较广泛采用 1961 年由 Neuber 提出的关系式

$$K_\sigma K_\varepsilon = K_t^2 \tag{6-9}$$

将式（6-7）和式（6-8）代入式（6-9）可得

$$\sigma_m \varepsilon_m = K_t^2 \sigma_n \varepsilon_n \tag{6-10}$$

在给定几何形状和给定外力的情况下，上式右端为常数。因此 σ_m 和 ε_m 之间为一种双曲线关系。另一方面，不管是 σ_n 和 ε_n 还是 σ_m 和 ε_m，它们都应服从材料的本构关系 $\sigma = f(\varepsilon)$，即

$$\sigma_m = f(\varepsilon_m) \tag{6-11}$$

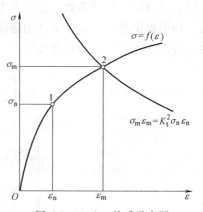

根据式（6-10）和式（6-11），可绘制出相应的曲线，如图 6-8 所示。则应力-应变曲线与双曲线交点的坐标值就是缺口根部实际应力 σ_m 和应变 ε_m。

一般情况下，在远离缺口的部位还未屈服时，即 $\sigma_n < \sigma_s$ 时，缺口局部就会进入塑性区，此时 $\sigma_n = E\varepsilon_n$，因此根据式（6-10）有

图 6-8　Neuber 关系示意图

$$\sigma_m \varepsilon_m = (K_t \sigma_n)^2 / E \tag{6-12}$$

若材料屈服后的应力-应变关系服从 Hollomon 方程，则近似有 $\sigma_m = K\varepsilon_m^n$，代入式（6-12）可得

$$\varepsilon_m = \left[\frac{1}{EK} (K_t \sigma_n)^2 \right]^{\frac{1}{n+1}} \tag{6-13}$$

这就可近似求得缺口根部应变最大值。

6.2.4　应力集中敏感系数

为了表示有效应力集中系数 K 与理论应力集中系数 α 之间的关系，引入应力集中敏感系数 q，即

$$q = \frac{K-1}{\alpha-1} \tag{6-14}$$

应力集中敏感系数 q 表示应力集中对构件强度的影响程度。由上式可知：若 K 取最小值 1，则有 $q = 0$，这意味着应力集中对构件强度没有影响；若 K 取最大值 α，则有 $q = 1$，这意味着应力集中使构件强度有很大降低。对于一般材料，应力集中敏感系数 q 在 0~1 之间。

在静载荷作用下，塑性材料对应力集中不敏感。例如：具有圆孔的低碳钢拉杆，当最大局部应力 σ_{max} 到达屈服强度 σ_s 时（图 6-9a），该处材料首先屈服，应力暂时不再增大；如载荷继续增加，将使截面上其他点的应力相继增大到屈服强度，该截面上的应力逐渐趋于平均，因此截面 Ⅰ—Ⅰ 上材料的屈服区域将随载荷不断增大而扩大（图 6-9b），直至截面 Ⅰ—Ⅰ 上各点处的应力都达到屈服强度（图 6-9c）。由此可见，塑性材料可使截面上的应力逐渐趋于平均，降低应力不均匀程度。这也就意味着，有效应力集中系数 K 趋近于 1，故应力集

中敏感系数 q 接近于 0，即塑性材料对缺口不敏感。因此对于由塑性材料制成的构件，应力集中对其在静载荷作用下的强度几乎无影响。所以，在研究塑性材料构件的静强度问题时，通常不考虑应力集中的影响。

对于由脆性材料制成的构件，因材料不存在屈服，当孔边最大应力的值达到材料的强度极限时，该处首先断裂。这也就意味着，有效应力集中系数 K 与理论应力集中系数 α 基本一致，应力集中敏感系数 q 接近于 1，因此脆性材料对缺口十分敏感。用脆性材料制作的构件，应力集中将大大降低构件的强度，其危害是严重的。所以在设计脆性材料构件时，即使在静载荷作用下一般也应考虑应力集中对材料承载能力的影响。

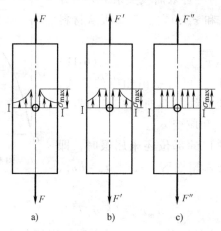

图 6-9 塑性材料缺口附近的应力重分布示意图

在动载荷作用下，塑性变形得不到充分发展，无论是脆性材料还是塑性材料，均需考虑应力集中的影响。

6.2.5 缺口强度的估算

由于缺口的存在，导致缺口根部的应力集中，因此在整体外载不是很大的情况下，缺口根部就有可能屈服或产生裂纹，进而导致整体失稳破坏。在静载荷作用下，各种材料对应力集中的敏感程度是不相同的。由于峰值应力可能超过屈服强度而造成应力的重新分配，所以实际的峰值应力常低于按弹性力学计算出的理论峰值应力。因此含缺口构件的强度估算是工程中的一个难题，断裂力学理论的发展以及数值计算方法的应用极大地推动了这一问题的解决。下面仅就这一问题进行简单的近似估算。

脆性材料遵循正应力断裂准则。当缺口根部的最大应力达到材料的断裂强度 σ_f 时，缺口根部就将产生裂纹并扩展，从而导致最终破坏。于是其强度满足

$$\sigma_{bn}=\sigma_f/K_t=\sigma_b/K_t \tag{6-15}$$

塑性材料遵循正应变断裂准则。当缺口根部的最大应变达到材料的断裂韧性值 ε_f 时，缺口根部就会产生裂纹并扩展。缺口局部的应力应变与材料整体名义应力应变之间满足一定关系，因此在断裂时缺口构件的强度可表示为

$$\sigma_{bn}=k\sqrt{E\sigma_f\varepsilon_f}/K_t \tag{6-16}$$

式中，k 是取决于缺口根部应力状态的常数，对平面应力状态 $k=1$，对平面应变状态 $k=$

0.64。事实上，对于脆性材料，$\varepsilon_\mathrm{f} \approx \sigma_\mathrm{f}/E$，将其代入式（6-16）即可得到式（6-15）。另外由式（6-16）可知，平面应变状态下缺口构件的强度仅为平面应力状态下的 64%，所以将结构件制成薄板有助于提高缺口根部裂纹形成的抗力，这与线弹性断裂力学的结论一致。

裂纹在缺口根部形成后，裂纹总长度 a 即为缺口深度 t 和形成的初始裂纹长度 a_i 之和，通常缺口深度比初始裂纹长度大得多，因此裂纹长度 $a = t + a_\mathrm{i} \approx t$。若裂纹在缺口根部形成后其长度立即达到临界裂纹长度 a_c，则缺口构件将在不发生亚临界裂纹扩展的情况下断裂。否则缺口根部裂纹发生亚临界裂纹扩展，直至达到临界裂纹尺寸后发生断裂。所以缺口构件的断裂本质上是裂纹件的断裂，可用断裂力学的方法处理。但断裂力学无法处理缺口根部裂纹的形成问题，因为断裂力学的前提是材料中已经存在裂纹。而裂纹之所以在缺口根部形成，是因为局部应力和应变在该处达到最大值所导致的。

6.2.6　应力集中的诱因及防治

如前所述，应力集中是指受力构件由于外界因素或自身因素（如几何形状、外形尺寸发生突变）而引起局部范围内应力显著增大的现象，多出现于尖角、孔洞、缺口、沟槽以及有刚性约束处及其邻域。引起应力集中的原因主要包括以下几点：

1）构件截面的急剧变化，如构件中的油孔、键槽、缺口、台阶等。

2）受集中力作用，如梁的支承点、齿轮轮齿之间的接触点，火车车轮与钢轨的接触点等。

3）材料本身的不连续性，如材料中的夹杂、气孔、微裂纹等。

4）构件中由于装配、焊接、冷加工等引起的残余应力。这些残余应力叠加上工作应力后，有可能出现较大的应力集中。

5）构件在制造或装配过程中产生的裂纹，以及在加工或运输中的意外碰伤和剐痕等。

为避免应力集中造成构件破坏，可采取消除尖角（即把棱角改为过渡圆角，而且适当增大过渡圆弧的半径时效果更好）、改善构件外形（如采用流线型或双曲线型）、适当选择开孔位置和方向（开孔的位置应尽量避开高应力区，并应避免因孔间相互影响而造成应力集中系数增高，对于椭圆孔，应使其长轴平行于外力的方向，这样可降低峰值应力）、孔边局部加强（在孔边采用加强环或进行局部加厚均可使应力集中系数下降）、提高材料表面光洁度等措施，另外还可对材料表面进行喷丸、辊压、氧化等处理，以提高材料表面的疲劳强度。有时还可考虑通过有意识地增加某些新的应力集中因素来缓和应力集中程度，如在孔洞或裂纹附近增加新的孔洞、设置卸载槽等。另外还可通过表面消去法适当降低应力集中部位的刚度，或在应力集中部位填充其他材料，从而起到缓和应力集中的作用。

6.3　缺口敏感性试验

由于缺口效应的影响，使材料产生变脆倾向，降低了使用安全性。为了评定不同材料的缺口敏感程度，必须采用缺口试样进行力学性能试验。

缺口敏感性试验是通过缺口试样试验来研究缺口对材料强度的影响，判定材料对缺口效应的敏感程度。缺口敏感性试验重在分析缺口试样的整体力学性能，不关心缺口局部区域的力学性能。

试验过程中，各种材料的缺口敏感性除了和材料本身性能有关，还与应力状态（加载方式）、试验温度有关，并在很大程度上受到试样尺寸及缺口形状大小的影响。缺口尖端曲率半径越小、缺口越深，材料对缺口的敏感性也就越大。因此应在相同条件下对比不同材料的缺口敏感性。相关试验测试标准对缺口试样的制备都提出了严格要求。常用的缺口试样静载试验有拉伸、偏斜拉伸及弯曲试验等，一般不采用压缩及扭转试验，因为在没有拉应力的条件下缺口敏感性一般显示不出来。缺口试样动载试验包括冲击及疲劳试验等。

6.3.1 缺口试样静拉伸试验

缺口试样静拉伸试验，用于测定拉伸条件下材料的缺口敏感性，衡量材料在硬性应力状态（$\alpha < 0.5$）和应力集中状态下材料的脆化倾向。

在缺口试样试验中，缺口的几何形状、大小是一个很重要的影响因素。如图 6-10 所示，缺口几何参数通常包括缺口深度 δ、缺口根部曲率半径 ρ 以及缺口张角 ω。通常，测定棒材和锻件的缺口强度采用圆柱试样，而测定板材的缺口强度采用双缺口平板试样。试验表明：加大缺口曲率半径会降低应力集中程度，但对三向应力状态影响不大；而改变缺口深度会在很大程度上引起三向应力状态的改变，但对应力集中的影响较小。

由于缺口的应力集中程度和多向应力状态与缺口几何形状有关，所以缺口形状强烈地影响缺口敏感性。因此，用缺口试样来鉴别缺口对材料静拉伸力学性能的影响时，试样缺口形状和尺寸应严格规定，以便于比较。常用缺口试样如图 6-11 所示。缺口角 $\omega = 45° \sim 60°$，缺口根部曲率半径 $\rho = 0.1 \sim 0.2\,mm$，缺口截面直径 $d_n = 7 \sim 15\,mm$，$d_n / d_o = 0.7 \sim 0.85$。对比用的光滑试样直径应等于 d_n。试验时要严格注意试样装夹中的对中性，防止因试样偏斜而引起测试值的降低，其误差可达 $10\% \sim 30\%$。

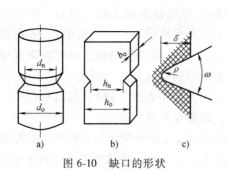

图 6-10　缺口的形状

a）圆形截面试样　b）矩形截面试样　c）缺口形状参数

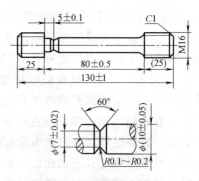

图 6-11　常用缺口试样

缺口试样拉伸时，记录下最大载荷，然后除以缺口处的净断面积，即得缺口强度 σ_{bn}，即

$$\sigma_{bn} = \frac{4F_{max}}{\pi d_n^2} \tag{6-17}$$

缺口试样的拉伸试验可能出现以下三种情况。

（1）无塑性变形　缺口根部材料只有弹性变形而没有塑性变形，随外载的增加，缺口根部表面应力始终为最大值，直至达到材料的断裂抗力后，引起试样发生过早的脆性断裂。

其宏观断口特征如图 6-12a 所示。这时缺口试样的断裂强度 σ_{bn} 低于对应光滑试样的断裂强度 σ_b，如图 6-13a 所示。

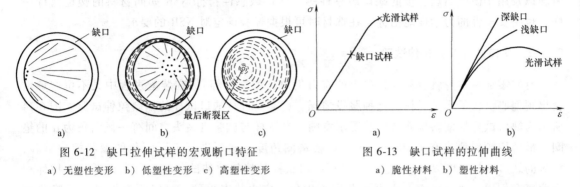

图 6-12　缺口拉伸试样的宏观断口特征　　　　图 6-13　缺口试样的拉伸曲线

a）无塑性变形　b）低塑性变形　c）高塑性变形　　　　a）脆性材料　b）塑性材料

（2）低塑性变形　随着在缺口根部发生少量塑性变形，这时最大应力不在缺口根部表面，而在缺口塑性区与弹性区的交界处。当最大应力达到了材料的断裂抗力后，在此交界处出现裂纹，其宏观断口特征表现为在距表面一定深度范围内存在纤维区，这是断裂的起源区，然后裂纹向中心弹性区扩展，呈放射状，最后断裂区位于试样中心或偏于一侧，如图 6-12b 所示。这时 σ_{bn} 可以稍低于 σ_b，也可以略高于 σ_b，视塑性区的大小而定。

（3）高塑性变形　如果材料的断裂抗力远高于屈服强度，在缺口根部发生塑性变形后，塑性区不断向试样中心扩展，位于弹塑性区交界处的最大应力也不断向中心移动，直至塑性变形扩展到试样中心，出现沿缺口截面的全面屈服，此时最大应力位于试样中心位置。若缺口理论集中系数 K_t 不大（$K_t<2$），即钝缺口，则可形成如光滑试样缩颈时的杯锥状断口；若缺口很尖锐（$K_t>6$），将出现如图 6-12c 所示的环形剪切脊，形成近乎同心圆的纤维区，此时断裂是通过裂纹由外向内发展完成的。这种情况下，无论是钝缺口还是尖锐缺口，都会使得 $\sigma_{bn}>\sigma_b$，而且缺口越深，缺口强度越高，如图 6-13b 所示。

需要说明的是，如前所述，塑性材料的缺口强化是由于三向应力状态导致的，而且引起塑性降低，具有脆断倾向，如图 6-13b 所示。这种强化是以缺口的净截面积计算并与同样截面的光滑试样相比较得到的，如果与包括缺口深度的原始总面积的光滑试样比较，缺口试样的断裂载荷总是较低的。

通常用缺口强度比（Notch Strength Ratio，NSR）作为衡量材料在静拉伸下的缺口敏感性指标，即

$$NSR = \frac{\sigma_{bn}}{\sigma_b} \tag{6-18}$$

式中，σ_{bn}、σ_b 分别是缺口和光滑试样的抗拉强度。当 NSR>1 时，说明缺口发生了塑性变形，而且 NSR 越大，说明塑性变形扩展量越大，脆化倾向越小，表示缺口敏感性越小。当 NSR<1 时，说明缺口处还未发生明显的塑性变形就早期脆断，表示对缺口敏感。脆性材料如铸铁、高碳钢的 NSR 总是小于 1，塑性材料一般 NSR 大于 1。

材料的缺口敏感性不仅与材料本身性能、加载方式有关，还与缺口形状尺寸有关。此外，即便缺口类型相同，但增加试样的截面尺寸，也会使缺口敏感性增加，这是由于尺寸较大的试样存储较高弹性能所致。另外，降低温度，尤其对体心立方晶格金属，因屈服强度

σ_s显著增高，故缺口敏感性急剧增大。

缺口静拉伸试验广泛用于研究高强度钢（淬火加低中温回火）的力学性能、钢和钛的氢脆以及用于研究高温合金的缺口敏感性等。缺口敏感性指标 NSR 如同材料的塑性指标一样，也是安全性的力学性能指标。在选材时可根据经验确定对 NSR 的要求。

6.3.2 缺口试样偏斜拉伸试验

有些零部件本身就容易导致严重的应力集中（如螺钉等），在装配过程中又不可避免地会出现偏心。为了模拟材料的这种服役情况，就需要进行缺口试样的偏斜拉伸试验。图 6-14 所示为缺口试样的偏斜拉伸试验装置示意图，在试样与试验机夹头之间有一倾斜角为 α 的垫圈，最常用倾斜角 α 有 4° 和 8° 两种。更换垫圈角度，即可进行不同倾角的偏斜拉伸试验，相应的缺口抗拉强度以 σ_{bn}^{α} 标志。在进行缺口试样的偏斜拉伸试验时，因在试样上有拉伸和弯曲复合作用，缺口截面上应力分布更不均匀，应力状态更硬，材料更容易显示其脆化倾向。这种方法对螺钉零件很适合，因为螺钉是带缺口的零件，工作时难免有偏斜，在选材和制定热处理工艺时，可为这类零件提供重要依据。

图 6-15 所示为 40CrNi 钢的热处理工艺对缺口偏斜拉伸性能的影响。图 6-15 中阴影线标出了数据的波动范围，中间的实线标出平均值。从图 6-15 中可以看出，无论是冲击韧度 a_K、光滑试样的截面收缩率 Z，或是无偏斜缺口的缺口敏感度 NSR（三种状态下均为 1.2 左右），都不能表明螺钉钢在三种不同回火温度下性质上有何显著差异。但通过偏斜拉伸试验可以看出：尽管 200℃ 回火状态下的 σ_{bn} 高，而且 NSR>1，但是 200℃ 回火状态下的 σ_{bn} 随偏斜角度增大而急剧下降，数据分散性也大。在偏斜 8° 时，200℃ 回火与 450℃ 回火均显示出很大的缺口敏感性，NSR<1。而 600℃ 回火状态下的 σ_{bn} 就与此相反，即使在 8° 偏斜时，对缺口仍不敏感，NSR>1。因此对于有可能偏斜 8° 左右的螺钉，600℃ 回火是更合理的选择。

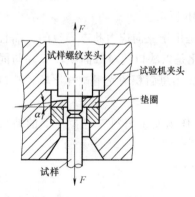

图 6-14　缺口试样的偏斜拉伸试验装置示意图

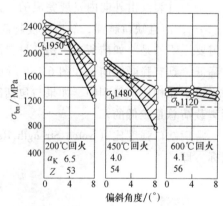

图 6-15　40CrNi 钢的热处理工艺对缺口偏斜拉伸性能的影响

6.3.3 缺口试样静弯曲试验

缺口试样静弯曲试验也可显示材料的缺口敏感性。缺口弯曲较缺口拉伸应力及应变分布不均匀性要大。静弯曲试验方法及试样如图 6-16 所示。试验时要记录载荷点的位移，直到试样全部折断，记录下全部弯曲曲线。根据断裂时的残余强度或弯曲破断点的位置来评定材料的缺口敏感性。

图 6-17 所示为材料缺口静弯曲曲线的三种形式。材料 1 在曲线上升部分断裂，残余挠度 f_1 很小，表示对缺口敏感；材料 2 在曲线下降部分断裂，残余挠度 f_2 较大，表示缺口敏感度低；材料 3 弯曲不断，取相当于 $1/4F_{max}$ 时残余挠度 f_3 作为其残余挠度，其值很大，表示材料对缺口不敏感。

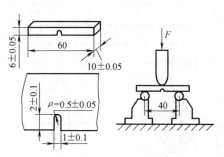

图 6-16　静弯曲试验方法及试样

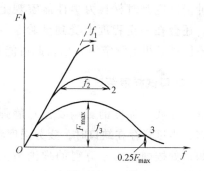

图 6-17　材料缺口静弯曲曲线的三种形式

图 6-18 所示为完整的缺口试样弯曲曲线。由图 6-18 可见，破断点出现在 F_{max} 之后的载荷 F_1 处，因此也可以用 F_{max}/F_1 值作为衡量材料缺口敏感性的指标。此值越大，说明材料断裂前塑性变形大，缺口敏感性小；反之，材料脆性趋势大，缺口敏感性大。若在 F_{max} 处突然断裂，则 $F_{max}/F_1=1$，表示裂纹扩展极快，材料产生突然脆性断裂，缺口敏感性最大。

如果将图 6-18 中曲线所包围面积分成弹性区 Ⅰ、塑性区 Ⅱ 和断裂区 Ⅲ，则各区面积分别表示弹性功、塑性功和断裂功。如果曲线仅有第 Ⅰ 和第 Ⅱ 部分，断裂功为零，即当 $F=F_{max}$ 时试样突然脆性断裂，说明材料对缺口敏感。

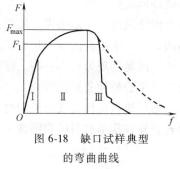

图 6-18　缺口试样典型的弯曲曲线

而且第 Ⅱ 部分越小，缺口敏感性越高。第 Ⅲ 部分代表裂纹产生后材料阻碍裂纹继续扩展的能力，其面积越大，说明裂纹可缓慢扩展较长距离，材料具有良好塑性和低的缺口敏感性。

缺口静弯曲试验是制作船板及压力容器用钢必须进行的一项试验，可以用来评定材料的冶金质量和热加工、热处理的工艺是否正常。对高强度钢，也可用缺口静弯曲试验来揭示合金成分和组织对缺口敏感性和裂纹敏感性的影响。

6.3.4　缺口试样冲击试验

在冲击载荷下，由于加载速率大，塑性变形得不到充分发展，因此将缺口试样在冲击载荷下进行试验能更灵敏地反映材料变脆倾向。这对一些利用冲击能量来工作的机械，如锻锤、压力机、凿岩机、射钉枪等的选材与设计有重要意义。常用的缺口试样冲击试验是冲击弯曲，有时也用冲击拉伸，但应用较少。

一般采用夏比摆锤冲击弯曲试验进行缺口试样的冲击试验，其原理详见第 5 章。国家标准规定，冲击试验的标准试样是 U 型缺口或 V 型缺口试样，习惯上前者又简称为梅氏试样，后者简称为夏氏试样，如图6-19所示。

通过试验测得的吸收能量K或冲击韧度a_K是一个综合性的材料力学性能指标，与材料的强度及塑性有关。一般来说，K值越大，裂纹扩展过程中消耗的功也就越大，则断裂表现为韧性特征；反之K值越小，则越倾向于脆性断裂。但如前所述，吸收能量或冲击韧度是对材料力学性能宏观上的一种近似反映，还会在一定程度上受到试验条件的影响。因此在不同试验机上测定的K值彼此可能相差较大。

6.3.5 缺口试样疲劳试验

缺口对疲劳强度的影响要比对静强度的影响严重得多，当试样存在缺口时，疲劳强度将严重降低。

缺口处按弹性力学算得的理论最大应力与名义应力的比值称为理论应力集中系数α，亦即前述的K_t，光滑试样疲劳极限和缺口试样疲劳极限的比值

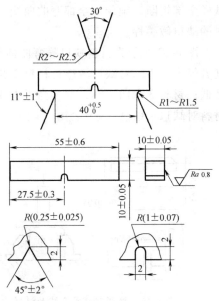

图6-19　梅氏试样与夏氏试样

称为疲劳缺口系数K_f。K_f不是材料常数，它的数值随下列因素而变动：①缺口尖锐度；②缺口形式；③载荷类型；④应力水平；⑤材料本身。所以，在文献资料中所看到的K_f有很大的分散性。一般来说，K_t总是大于K_f，而且K_f/K_t比值随K_t增加而减小，因此尽管很尖的缺口会产生很大的应力集中，具有很高的K_t，但其对疲劳强度的影响并不会与该高K_t值一致，而是表现为更小一些。较软的材料受缺口的影响要比较硬的材料小，这些可以用缺口根部产生的塑性变形来解释。

如果缺口试样在疲劳极限时的名义应力为σ_n，缺口根部材料的理论强度应为最大应力$K_t\sigma_n$，缺口根部材料的实际疲劳极限应为对应光滑试样的疲劳极限$K_f\sigma_n$，则

$$\frac{K_f\sigma_n-\sigma_n}{K_t\sigma_n-\sigma_n}=\frac{K_f-1}{K_t-1}=q \tag{6-19}$$

称q为疲劳缺口敏感度。当$q=1$时，$K_f=K_t$，则材料在疲劳载荷下对缺口是完全敏感的；当$q=0$时，即$K_f=1$，则材料在疲劳载荷下对缺口是完全不敏感的。对于一般材料，q值在$0\sim 1$之间。例如：一般结构钢为$0.6\sim 0.8$，晶粒粗化时可能降低到$0.1\sim 0.2$，球墨铸铁约为$0.01\sim 0.05$，灰铸铁约为0.05。一般来说，材料强度越高，缺口顶端变形和钝化的能力越有限，所以缺口敏感度随抗拉强度增高而变大。但材料的疲劳缺口敏感度q不随材料强度提高而单调上升，而在某一个强度水平达到最大。对于球墨铸铁等材料，疲劳缺口敏感度甚至会因强度提高而下降。

经验表明：铸铁、铸钢和奥氏体钢等对缺口不敏感，而高强度钢等对缺口敏感。有人认为，当钢材的硬度为$30\sim 40$HRC时，疲劳缺口敏感度最大，而当硬度继续提高时疲劳缺口敏感度反而下降。深入研究表明，这可能与钢的纯净度即非金属夹杂物含量有关。对于高强度钢，在光滑试样疲劳试验时，疲劳裂纹总是在非金属夹杂物处萌生；而在缺口试样中，疲劳裂纹总是在缺口处产生，而缺口处不一定存在非金属夹杂物。因而对于普通冶金质量的高强度钢，非金属夹杂物将严重降低光滑试样的疲劳极限，而对缺口试样疲劳极限的影响似乎

不严重，这就造成疲劳缺口敏感度反而降低的假象。如果将同一种高强度钢经过自耗电极真空重熔，以达到很高的纯净度，则发现其 q 值接近于 1。

6.4 断裂韧度测定试验

断裂韧度是防止材料低应力脆断，进行断裂控制设计的一个重要指标。断裂韧度的测定主要是采用符合尺寸要求的缺口试样来进行的，必要时还需要在缺口根部预制疲劳裂纹后再施以静载破坏。由于断裂韧度有多种不同的定义方式，加之材料的特性不同，测试方法也有很多种。其中最重要的就是平面应变断裂韧度 K_{IC} 的测定，这已在工程实践中得到广泛的应用。不同于缺口敏感性试验，该类试验重在分析缺口试样局部区域的力学行为，因此对试样尺寸有严格要求，一定要符合理论计算模型的要求。具体的测试方法可详见国家标准 GB/T 4161—2007《金属材料　平面应变断裂韧度 K_{IC} 试验方法》以及 GB/T 21143—2014《金属材料　准静态断裂韧度的统一试验方法》等。

6.4.1 K_{IC} 的测试

最常用的断裂韧度指标就是 K_{IC}，因此关于 K_{IC} 的测定也备受关注，目前已经提出了多种测试方法并被标准化。下面首先介绍金属材料的 K_{IC} 测试方法，然后给出陶瓷、岩石等材料的 K_{IC} 测试方法。

在 GB/T 4161—2007 中推荐采用的是三点弯曲（Three Point Bend，TPB）试样和紧凑拉伸（Compact Tension，CT）试样。其他试样类型还包括中心裂纹拉伸（Center Crack Tension，CCT）试样、C 形拉伸试样、圆形紧凑拉伸试样等。标准三点弯曲试样和紧凑拉伸试样的形状尺寸如图 6-20 所示。

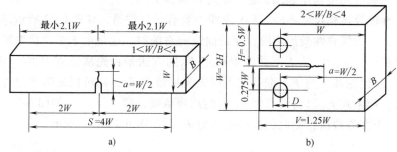

图 6-20　标准三点弯曲试样和紧凑拉伸试样的形状尺寸

a）三点弯曲试样　b）紧凑拉伸试样

由于断裂韧度 K_C 是材料在平面应变和小范围屈服条件下裂纹失稳扩展时应力场强度因子 K_I 的临界值。因此，测定 K_C 用的试样尺寸必须保证裂纹顶端处于平面应变及小范围屈服状态，这就要求试样在 z 轴方向的厚度 B、在 y 轴方向的宽度 W 以及裂纹长度 a 需满足

$$\left.\begin{array}{c} B \\ a \\ (W-a) \end{array}\right\} \geqslant 2.5\left(\frac{K_{IC}}{\sigma_s}\right)^2 \tag{6-20}$$

这些尺寸将比塑性区宽度大一个数量级，因而可保证裂纹顶端处于平面应变及小范围屈服状

态。因此在试验前需预先估计所测试材料的断裂韧度 K_{IC} 及屈服强度 σ_s，然后确定出试样的最小尺寸。

试样材料应该和工件一致，加工方法和热处理也要与工件尽量相同。无论是锻造成形试样或者是从板材、棒或工件上截取的试样，都要注意裂纹面的取向，使之尽可能与实际裂纹方向一致。试样毛坯经粗加工后进行热处理和磨削，随后开缺口和预制裂纹。试样上的缺口一般在钼丝线切割机床上开切，然后在高频疲劳试验机上预制裂纹。为了使引发的疲劳裂纹平直，缺口应尽量尖锐，并应垂直于试样表面和预期的裂纹扩展方向，偏差在 $\pm 2°$ 以内。疲劳裂纹的长度应不小于 $2.5\%W$，而且不小于 1.5mm。a/W 应控制在 $0.45 \sim 0.55$。疲劳裂纹面应同时与试样的宽度和厚度方向平行，偏差不得大于 $10°$。在预制疲劳裂纹时可以采用力控制，也可以采用位移控制。最小循环应力与最大循环应力之比 (r) 应不超过 0.1，如果后面计算得到的 K_Q 值和有效的 K_{IC} 结果相等的话，那么预制疲劳裂纹时的最大应力场强度因子 K_f 应不超过后面试验确定的 K_Q 值的 80%。对疲劳裂纹的最后阶段（裂纹长度 a 的 2.5%），K_f 应不超过 K_Q 值的 60%。

试验时将试样用专用夹持装置安装在一般万能材料试验机上进行断裂试验。对于三点弯曲试样的试验装置如图 6-21 所示。在试验机活动横梁上装上专用支座，用辊子支承试样，两者保持滚动接触。两支承辊的端头用软弹簧或橡皮筋拉紧，使之紧靠在支座凹槽的边缘上，以保证两支承辊中心距离为 $S = 4W$。在试验机的压头上装有载荷传感器，以测量载荷 F 的大小。在试样缺口两侧跨接夹式引申仪，以测量缺口张开位移（即裂纹嘴张开位移）V。将载荷传感器输出的载荷信号及夹式引申仪输出的裂纹张开位移信号输入到动态应变仪中，将其放大后传送到 X-Y 函数记录仪中。在加载过程中，随载荷 F 增加，裂纹张开位移 V 增大。X-Y 函数记录仪可连续描绘出表明两者关系的 F-V 曲线。试样加载速率应该使应力场强度因子增加的速率在 $0.5 \sim 3.0 \text{MPa} \cdot \text{m}^{1/2}/\text{s}$ 范围内。试验一直进行到试样所受力不再增加为止。根据 F-V 曲线可间接确定裂纹失稳扩展时的载荷 F_Q。

由于材料性能及试样尺寸不同，F-V 曲线主要有三种类型，如图 6-22 所示。在 F-V 曲线上，开始直线部分为线弹性变形阶段，而后曲线向右偏斜，这是由于裂纹顶端塑性区等效扩展及裂纹真实扩展造成的。从 F-V 曲线上确定 F_Q 的方法是：先从原点 O 作一相对直线 OA 部分斜率减少 5% 的割线，与 F-V 曲线交点的纵坐标值为 F_S，则可以证明 F_S 为裂纹扩展 2% 时相应的载荷。如果在 F_S 以前没有比 F_S 大的高峰载荷，则 $F_S = F_Q$，如图 6-22a 所示。如果在 F_S 以前有一个高峰载荷，则取此高峰载荷为 F_Q，如图 6-22b、c 所示。

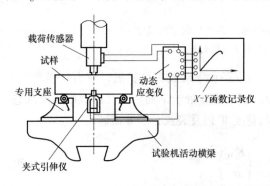

图 6-21　三点弯曲试样的试验装置

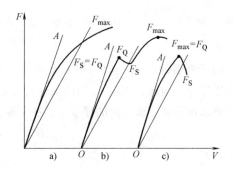

图 6-22　三种类型的 F-V 曲线及确定 F_Q 的方法

当试样所受力不再增加时，意味着裂纹已经失稳扩展，在大部分情况下试样就会断裂。若试样没有断裂，需在取下试样后将其打断。然后用工具显微镜测量试样断口的裂纹长度 a。由于疲劳裂纹前缘呈弧形（图 6-23），规定测量 $1/4B$、$1/2B$ 及 $3/4B$ 三处的裂纹长度 a_2、a_3 及 a_4，取其平均值作为裂纹的长度 a_0。

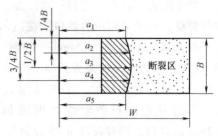

图 6-23　断口裂纹长度 a 的测量

三点弯曲试样加载时，裂纹尖端的应力场强度因子 K_{I} 表达式为

$$K_{\mathrm{I}} = \frac{FS}{BW^{3/2}} Y_{\mathrm{I}}\left(\frac{a}{W}\right) \tag{6-21}$$

式中，$Y_{\mathrm{I}}(a/W)$ 是与 a/W 有关的函数。求出 a/W 后可查表或由下式求得 $Y_{\mathrm{I}}(a/W)$，即

$$Y_{\mathrm{I}}\left(\frac{a}{W}\right) = \frac{3\,(a/W)^{1/2}\{1.99-(a/W)(1-a/W)[2.15-3.93(a/W)]+2.7(a^2/W^2)\}}{2(-1+2a/W)(1-a/W)^{3/2}}$$

$$\tag{6-22}$$

紧凑拉伸试样加载时，裂纹尖端的应力场强度因子 K_{I} 表达式为

$$K_{\mathrm{I}} = \frac{F}{BW^{1/2}} Y_{\mathrm{I}}\left(\frac{a}{W}\right) \tag{6-23}$$

式中，$Y_{\mathrm{I}}(a/W)$ 是与 a/W 有关的函数。求出 a/W 后可查表或由下式求得 $Y_{\mathrm{I}}(a/W)$，即

$$Y_{\mathrm{I}}\left(\frac{a}{W}\right) = 29.6\left(\frac{a}{W}\right)^{1/2} - 185.5\left(\frac{a}{W}\right)^{3/2} + 655.7\left(\frac{a}{W}\right)^{5/2} - 1017\left(\frac{a}{W}\right)^{7/2} + 639\left(\frac{a}{W}\right)^{9/2}$$

$$\tag{6-24}$$

将当前 B、W 条件下裂纹失稳扩展的临界载荷 F_Q 及试样的裂纹长度 a_0 代入 K_{I} 表达式，即取 $F=F_Q$ 和 $a=a_0$，便可求出 K_{I} 的条件值，记为 K_Q。然后再依据下列规定判断 K_Q 是否为平面应变状态下的 K_{IC}，即判断 K_Q 的有效性。当满足下列条件，即

$$\left.\begin{array}{l} F_{\max}/F_Q \leqslant 1.10 \\ B \geqslant 2.5(K_Q/\sigma_{\mathrm{s}})^2 \end{array}\right\} \tag{6-25}$$

则 $K_{\mathrm{IC}} = K_Q$。如果试验结果不满足上述条件，试验结果无效，建议加大试样尺寸重新测定 K_{IC}，试样尺寸至少应为原试样的 1.5 倍。

但若将另一试样在弹性阶段预加载，并在记录纸上做好初始直线和斜率减少 5% 的割线。然后重新对该试样加载，当 F-V 曲线和 5% 割线相交时，停机卸载。试样经氧化着色或二次疲劳后压断，在断口 $1/4B$、$1/2B$、$3/4B$ 的位置上测量裂纹稳定扩展量 Δa。如果此时裂纹确已有了约 2% 的扩展，则 K_Q 仍可作为 K_{IC} 的有效值，否则试验结果无效，须另取厚度为原试样厚度 1.5 倍的标准试样重做试验。

测试 K_{IC} 的误差来源有三：①载荷误差，取决于试验设备的测量精度；②试样几何尺寸的测量误差，取决于量具的精度；③修正系数的误差，取决于预制裂纹前缘的平直度。在一般情况下，修正系数误差对测试 K_{IC} 的影响最大。如能保证裂纹长度测量相对误差小于 5%，则 K_{IC} 最大相对误差不大于 10%。

对于陶瓷、岩石等材料，难以加工成三点弯曲或紧凑拉伸试样，也很难预制合乎要求的疲劳裂纹，一般采用单边缺口梁法（SENB）、山形缺口法（CN）或压痕法测量其断裂韧度。

单边缺口梁法（Single Edge Notched Beam，SENB）所用试样及加载方式如图6-24所示。试样的一侧开有缺口作为裂纹，但并非通过疲劳预制裂纹，而是用薄片金刚石砂轮或水射流加工的宽度小于0.2mm的缺口，缺口深度 a 即为裂纹长度，一般取 a 为 W 的1/10、1/4或1/2。采用三点弯曲形式加载，跨距 $L = 20 \sim 40mm$，加载速率控制在0.05mm/min。当 $L/W = 4$ 时，应力场强度因子 K_I 的表达式为

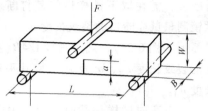

图6-24　单边缺口梁法所用试样及加载方式

$$K_I = Y \frac{3FL}{2BW^2} \sqrt{a} \qquad (6\text{-}26)$$

式中，裂纹形状因子 Y 可取为

$$Y = 1.93 - 3.07 \left(\frac{a}{W}\right) + 13.66 \left(\frac{a}{W}\right)^2 - 23.98 \left(\frac{a}{W}\right)^3 + 25.22 \left(\frac{a}{W}\right)^4 \qquad (6\text{-}27)$$

单边缺口梁法也是目前广泛采用的一种方法，其优点是试样加工和测定方法比较简单，数据分散性小，重现性好，但其缺点是测定结果受缺口宽度影响较大。缺口宽度增加，测得的 K_{IC} 增大，误差也随之增大。若能将缺口宽度控制在0.05mm以下，或在缺口顶端预制一定长度的裂纹，则可提高 K_{IC} 测定值的准确性。

山形缺口法（Chevron Notch，CN）所用试样及加载方式如图6-25所示，根据加载方式和试样形状的不同，可分为山形缺口梁法和短棒法。由于陶瓷、岩石等为脆性材料，在弯曲或拉伸加载时，裂纹一旦产生，极易失稳断裂。山形缺口法中缺口剩余部分为三角形截面，其顶点处存在应力集中，易在较低载荷下产生裂纹，故不需要预制裂纹。当试验参数恰当时，这种方法能产生裂纹稳定扩展，直至断裂。试验表明，山形缺口法的缺口宽度对 K_{IC} 影响较小，测定值误差较小。但山形缺口法试样加工困难，而且需专用夹具。

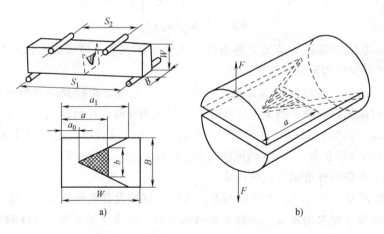

a)　　　　　　　　　　　　b)

图6-25　山形缺口法所用试样及加载方式

a）山形缺口梁法　b）短棒法

压痕法具有引发裂纹容易和试样制备简单的特点，在陶瓷材料的断裂韧度测定中被广泛采用。通常在维氏硬度试验机上，用压头施加适当载荷在抛光的陶瓷试样表面。由于陶瓷硬而脆，可在正方形压痕四角的对角线延长方向出现四条裂纹，如图 6-26 所示。通过测定裂纹长度，根据载荷与裂纹长度的关系，可求得 K_{IC}。韧性好的金属陶瓷会产生半椭圆形表面裂纹，K_{IC} 按下式计算，即

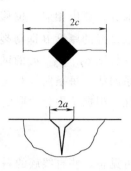

$$\left(\frac{K_{IC}}{HVa^{1/2}}\right)\left(\frac{HV}{E}\right)^{2/5} = 0.018\left(\frac{c}{a}\right)^{-1/2} \qquad (6\text{-}28)$$

韧性差的陶瓷会产生半圆形表面裂纹，K_{IC} 按下式计算，即

$$\frac{K_{IC}}{HVa^{1/2}} = 0.203\left(\frac{c}{a}\right)^{-3/2} \qquad (6\text{-}29)$$

图 6-26　正方形陶瓷压痕及对角线延伸方向裂纹示意图

式中，HV 是材料的维氏硬度；E 是材料的弹性模量，a 是压痕对角线半长；c 是表面裂纹半长。该法只能对产生良好压痕裂纹的材料才有效，压痕表面不能有碎裂现象。压痕法的优点是测试方便，可以用很小的试样进行多点韧性测试。但因压痕周围应力状态复杂，有可能出现 K_{II}、K_{III} 混杂情况，并受表面层残余应力的影响，与载荷保持时间也有关，所以测定值误差较大。

6.4.2　J_{IC} 的测试

目前测试 J_{IC} 的方法主要是根据 J 积分的形变功差率定义来进行的，可分为多试样法、单试样法和阻力曲线法。一般采用三点弯曲试样，其外形和测 K_{IC} 的试样相似，制备方法也相同，都需预制疲劳裂纹，只是尺寸较小，B、W 和 S 之间的比例不同。通常规定 $B:W:S = 1:(1\sim1.2):(4\sim5)$，$a/W = 0.5$。为了保证裂纹在平面应变条件下产生小范围屈服后开裂，试样厚度 B 和尺寸（$W-a$）应满足以下要求，即

$$\left.\begin{array}{c} (W-a) \geqslant \alpha\left(\dfrac{J_{IC}}{\sigma_s}\right) \\[2mm] \dfrac{B}{W-a} \geqslant \beta \\[2mm] B \geqslant \alpha\beta\left(\dfrac{J_{IC}}{\sigma_s}\right) \end{array}\right\} \qquad (6\text{-}30)$$

式中，α、β 是系数。试验表明，当 $\alpha = 25\sim60$ 和 $\beta = 1.5\sim2.5$ 时，所测 J_{IC} 较为稳定。α 和 β 的选取，视材料强度不同而异。对于高强度材料可取低限值；对于中、低强度钢及有色合金材料可取高限值。一般，钢取 $\alpha\beta = 50$，钛合金取 $\alpha\beta = 80$，铝合金取 $\alpha\beta = 120$。由于 J_{IC} 是根据到达临界点时对试样所做的形变功确定的，所以临界点的选定直接关系到 J_{IC} 测定的准确性，这也是各种测量方法的主要差异。目前对临界点的选定一般包括初始开裂点、裂纹扩展 0.2mm 的点、最大载荷开始点、失稳扩展或载荷下降点、阻力曲线饱和点等，下面结合具体测试方法进行介绍。

1. 多试样法

采用 3~4 个尺寸相同、裂纹长度（包括预制疲劳裂纹）不等的试样，对每个试样进行

三点弯曲试验，绘制载荷 F 与施力点位移 q 的曲线，如图 6-27a 所示。将 F-q 曲线分成若干部分，算出相应于位移 q_1、q_2、q_3、q_4 时的面积 A_1、A_2、A_3、A_4（图 6-27b）。将该面积除以试样的厚度 B 即得裂纹长度为 a_1、施力点位移分别为 q_1、q_2、q_3、q_4 时的 U/B。对其他裂纹长度 a_2、a_3、a_4 的试样采用同样方法处理，就可画出如图 6-27c 所示的一族 (U/B)-a 关系曲线，每条曲线对应于某一位移 q。可以看到，在各个位移 q 下，(U/B)-a 关系近似为线性。根据 J 积分的形变功差率定义，即

$$J_1 = -\frac{1}{B}\left(\frac{\partial U}{\partial a}\right)_q \tag{6-31}$$

可见将这些直线族的斜率加以负号，就得到了各个位移 q 下的 J 积分。将其绘制出来，就如图 6-27d 所示。于是只要确定出开裂时的临界位移 q_C，即可求出 J_{IC}。这可通过分析对比图 6-27a 所示的 F-q 曲线来确定，一般取载荷下降前的临界点对应位移为 q_C。

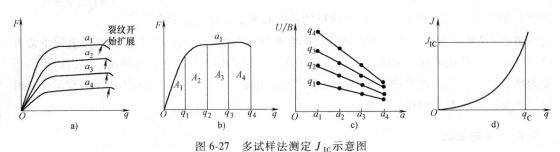

图 6-27　多试样法测定 J_{IC} 示意图

a）F-q 曲线　b）不同位移下的功　c）(U/B)-a 关系曲线　d）J-q 曲线

2. 单试样法

上述多试样法的试验步骤和计算处理都比较麻烦，因此后来发展了单试样法，只需测定单个试样的 F-q 曲线下临界位移时对应的形变功就可算出 J 积分的临界值 J_{IC}。

根据弹塑性理论分析可知，试样所受载荷 F 与施力点位移 q 的关系为

$$F = B(W-a)^2 f(q) \tag{6-32}$$

因此，试样在载荷 F 作用下产生位移 q 时的形变功为

$$U = \int_0^q F\mathrm{d}q = \int_0^q B(W-a)^2 f(q)\mathrm{d}q = B(W-a)^2 \int_0^q f(q)\mathrm{d}q \tag{6-33}$$

于是可得

$$J_1 = -\frac{1}{B}\left(\frac{\partial U}{\partial a}\right)_q = 2(W-a)\int_0^q f(q)\mathrm{d}q \tag{6-34}$$

将式（6-33）除以式（6-34）可得

$$J_1 = \frac{2U}{B(W-a)} \tag{6-35}$$

将形变功分为弹性和塑性两部分，即 $U = U_p + U_e$，如图 6-28 所示。图 6-28 中 F_C 为对应于裂纹扩展临界点时的载荷，q_g 为相应的施力点位移，可分为弹性位移分量 q_e 和塑性位移分量 q_p。上式可表示为

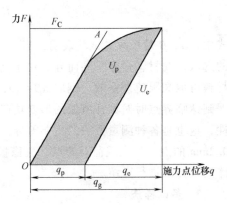

图 6-28　形变功计算示意图

$$J_1 = \frac{(1-\nu^2)K_1{}^2}{E} + \frac{2U_p}{B(W-a)} = \left[\frac{FS}{BW^{3/2}}Y_1\left(\frac{a}{W}\right)\right]^2\left(\frac{1-\nu^2}{E}\right) + \frac{2U_p}{B(W-a)} \tag{6-36}$$

式中，U_p 是塑性区域的面积，可由总面积减去弹性区域面积 U_e 来计算得到。总面积可由求积仪或利用计算机的数字积分技术求得，而弹性区域面积可取 $U_e = \dfrac{F_C q_e}{2}$。因此，只要确定出临界点，将其对应的裂纹长度、载荷大小及塑性变形功代入上式即可求得 J_{IC}。

临界点的确定对 J_{IC} 的影响很大，一般认为，采用裂纹开裂点作为临界点较为合适，这样规定比较符合 J_{IC} 的定义。在多数 J_{IC} 测定试验中，由于裂纹扩展前其尖端会产生塑性变形，致使 F-q 曲线上裂纹的开裂点不明显，因而，需要借助于电位法或声发射法辅助测定裂纹开裂点。

电位法就是对加载试样通以稳定电流（一般为 $10A/cm^2$），然后测量裂纹两侧电位的变化，以判断裂纹扩展情况的方法。电位法测定开裂点装置简图如图 6-29 所示。试验时用夹式引伸计测量试样施力点的位移 q；在裂纹两侧焊有电位测头，测量试样加载过程中的电位值 ϕ。然后通过 X-Y 记录仪自动记录 ϕ-q 曲线。由曲线可见：在弹性变形时，电位变化不大，曲线 OA 很平坦；产生塑性变形后，电位开始增大，曲线 AB 略有升高；当裂纹开始扩展时，电位突增，加载过程曲线 BC 急剧上升，所以点 B 就是开裂点。

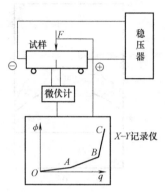

图 6-29 电位法测定开裂点装置简图

声发射法就是监测试样开裂时的声发射信号，以判断裂纹扩展情况的方法。声发射法测定开裂点装置简图如图 6-30 所示。材料在变形、开裂或破断时，会产生声波，这种现象称为声发射。在材料的应力-应变曲线不同阶段，声发射率与累计总数是不同的，因而可以用声发射技术研究材料的变形和断裂过程。借助声发射检测仪将试样变形和开裂时的声发射率 dN/dt（或声发射总数 N）接收并转换为电信号，与施力点位移 q 同步输入 X-Y 记录仪中，自动绘出 dN/dt-q 曲线（或 N-q 曲线）。由于裂纹开裂后声发射有明显变化，所以从曲线上可较准确地标定出裂纹开裂点的 q_C。

在试样加载过程中，可以在 X-Y 记录仪上同步描绘出 F-q 曲线和 ϕ-q 曲线，如图 6-31 所示。通过电位曲线上的拐点 B，可以确定 F-q 曲线上的点 C 为开裂点，从而定出 F_C 和 q_C。曲线 OC 下的面积（影线部分）即为试样开裂时的形变功 U_C。将此开裂点作为临界点，根据式（6-36），就可求出该材料的 J_{IC} 值。

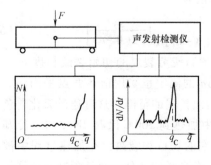

图 6-30 声发射法测定开裂点装置简图

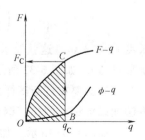

图 6-31 临界点的确定

采用裂纹开裂点作为临界点时，裂纹长度 a 为包含预制疲劳裂纹的初始裂纹长度 a_o。这需要在加载结束后对试样断口进行测量，必要时需打断试样。先对距离两侧表面 $0.01B$ 位置处测量长度取平均值，再和内部等间距的七点测量长度取平均值，得到 a_o，如图 6-32 所示，即

$$a_o = \frac{1}{8}\left[\left(\frac{a_1 + a_9}{2}\right) + \sum_{j=2}^{7} a_j\right] \tag{6-37}$$

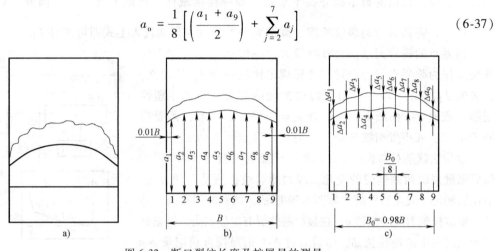

图 6-32　断口裂纹长度及扩展量的测量

a）裂纹扩展前缘示意图　b）初始裂纹长度测量　c）裂纹扩展量测量

3. 阻力曲线法

对于塑性较好的中低强度材料构件来说，裂纹开始起裂时，并不一定意味着构件即将发生断裂。如果以初始开裂点作为临界点计算材料的断裂韧度，势必过于保守。因此多采用 J_R 阻力曲线法来测定 J_{IC}。J_R 阻力曲线，是针对裂纹的稳态扩展过程，以断裂韧度参量 J 表示材料中裂纹扩展阻力 J_R，表征其与裂纹扩展量 Δa 的关系曲线，即 J-Δa 曲线。根据材料使用的性质和需要，在 J_R 阻力曲线上确定临界状态 J 积分的方法称为阻力曲线法，这也是国家标准 GB/T 21143—2014 推荐的方法。

构成一条 J-Δa 曲线需要 6 个以上合适位置的点。这可对一系列尺寸相同的试样加载到预先选定的不同位移水平，并测定相应的裂纹扩展量，每个试样的试验结果都成为 J_R 阻力曲线上的一个点，称为多试样法。也可采用单试样法，利用多次反复加卸载的柔度法或其他技术通过一个试样的试验得到 J_R 阻力曲线上的多个点。

不同于前述的基于 F-q 曲线测定 J_{IC} 值的单试样法，采用 J_R 阻力曲线法测定 J_{IC} 时需考虑裂纹扩展量 Δa 的影响，因此 J 积分的计算公式修正为

$$J_I = \left[\frac{FS}{BW^{3/2}}Y_I\left(\frac{a}{W}\right)\right]^2\left(\frac{1-\nu^2}{E}\right) + \left[\frac{2U_p}{B(W-a)}\right]\left[1 - \frac{\Delta a}{2(W-a)}\right] \tag{6-38}$$

其中裂纹长度 $a = a_o + \Delta a$，这就要求不仅要测出包含预制疲劳裂纹的初始裂纹长度 a_o，还得测出裂纹扩展量 Δa。如图 6-32 所示，裂纹扩展量 Δa 的测定也采用前述九点平均法。因此对于某些试验，有必要在打断试样之前标记出稳定裂纹扩展的范围，这可通过氧化着色或二次疲劳的方法加以标记。例如：钢试样在空气介质中加热到 300℃ 保温 2h 左右再冷却，打断后的断口组成如图 6-33 所示。加热氧化前已经存在的切口和裂纹，在加热过程中被氧化覆盖上一层蓝色氧化膜，而打断时新形成的断口是具有光泽的部分；而且预制疲劳裂纹表面

光滑，氧化膜颜色较浅；而在断裂试验中裂纹扩展形成的表面比较粗糙，氧化膜颜色较深。所以通过加热氧化发蓝有助于从断口测出裂纹的扩展量。另外，在打断试样时要注意尽量减小试验后试样的变形。对铁素体钢冷却脆化有助于试样打断时试样变形的减小。

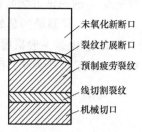

图 6-33 氧化着色后的断口区域

图 6-34 所示为典型 J-Δa 曲线，包括试验数据拟合曲线、钝化线、左右界限线、上界限线等，具体确定方法详见国家标准 GB/T 21143—2014。其中钝化线一般可取 $J_1 = 3.75R_m\Delta a$，其中 R_m 为在试验温度下材料在垂直于裂纹平面的抗拉强度。过 $\Delta a = 0.1mm$ 处作钝化线的平行线，定义为有效裂纹扩展量数据的左界限线，过 Δa 最大数据点作钝化线的平行线与横坐标轴交于一点，此点的横坐标值定义为 Δa_{max}，要求满足 $0.5 \leq \Delta a_{max} \leq 0.19(W-a_o)$。过 Δa_{max} 作钝化线的平行线，定义为有效裂纹扩展量数据的右界限线。取 $J_{max} \leq b_o[(R_{p0.2}+R_m)/40]$ 作为 J-Δa 曲线的上界限线，其中 b_o 为初始裂纹长度 a_o、试样尺寸 B 或 $(W-a_o)$，取这三者中的最小值。有效试验数据一般采用幂乘形式拟合为 $J_1 = \alpha + \beta (\Delta a)^\gamma$，其中 α 和 $\beta \geq 0$、$0 \leq \gamma \leq 1$。拟合曲线与上界限线或左界限线的交点就定义为 J_R。J_R 应作为被测试样尺寸 J 控制的裂纹扩展行为的上极限。在满足数据有效性的前提下，从裂纹扩展量 0.2mm 处作钝化线的平行线，与试验数据拟合曲线的交点对应于 J_Q。可根据钝化线方程及拟合曲线方程计算得到 J_Q，判断其有效后即可记作 $J_{0.2BL}$，作为 J_{IC} 值。

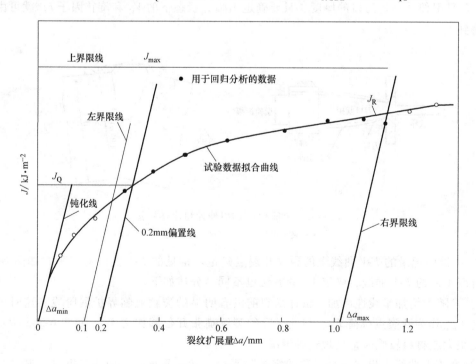

图 6-34 典型 J-Δa 曲线

6.4.3 COD 的测试

COD 即裂纹张开位移，记为 δ，同 J 积分相似，其临界值 δ_C 也是材料的断裂韧度指标，

断裂韧度 δ_C 的测试方法与前述测试 J_{IC} 的方法相同，也分为多试样法、单试样法和阻力曲线法，只不过位移测量的是裂纹张开位移而不是施力点位移。

测试 δ_C 也是一般采用三点弯曲试样，不过它不强调平面应变状态，而仅强调尽可能反映材料的实际服役情况，所以其试样尺寸即 B、W 和 S 之间的关系一般规定为

$$\left. \begin{array}{l} W = 2B、B、1.3B \\ a = 0.5W、0.3W、0.1W \\ S = 4W \end{array} \right\} \tag{6-39}$$

式中，试样厚度 B 一般取为构件材料的厚度。试样的制备方法与测 K_{IC} 的试样相同，但对预制裂纹技术要求更高。一般规定预制疲劳裂纹时循环应力较低，其最大应力场强度因子 $K_{I\,max}$ 不能大于 $0.5K_{IC}$。

试验时，要直接测量裂纹尖端张开位移 δ_C 是很困难的。一般用夹式引伸计测量裂纹嘴张开位移 V_C，再换算为 δ_C。因此，需要建立裂纹尖端张开位移 δ 和裂纹嘴张开位移 V 的关系，才能实现对 δ_C 的间接测量。

如图 6-35 所示，当裂纹截面进入全面屈服阶段时，裂纹的两个表面将围绕旋转中心 O 张开。设旋转中心 O 在韧带区中，离裂纹尖端的距离为 $r(W-a)$，r 为旋转因子。于是根据几何关系可导出 δ 和 V 的关系为

$$\delta = \frac{r(W-a)}{r(W-a)+a+Z}V \tag{6-40}$$

式中，Z 是引伸计夹持刀口的厚度。只要确定出临界状态下的 V_C 和旋转因子 r，就可由上式计算得到 δ_C。

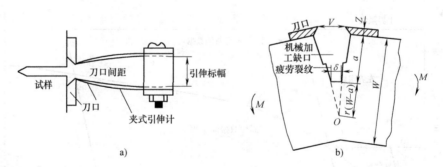

图 6-35　测量 COD 的引伸计和计算关系
a) 夹式引伸计　b) δ 和 V 的关系

V_C 由试验记录的 F-V 曲线上的裂纹开裂点确定。常见的 F-V 曲线有三种，如图 6-36 所示。针对不同的 F-V 曲线，确定 V_C 的方法也不同，分述如下。

1) F 随 V 增加呈线性增加，试样断裂前没有明显的裂纹亚临界扩展阶段。这时可取最大载荷 F_{max} 作为开裂点载荷 F_C，与此对应的裂纹嘴张开位移作为 V_C，如图 6-36a 所示。试样厚度很大或材料较脆时常出现这种情况。

2) 在 F-V 曲线上出现一个裂纹"突进"平台。通过平台后，曲线又继续上升。这时取开始突进处载荷为 F_C，与此对应的裂纹嘴张开位移作为 V_C，如图 6-36b 所示。当试样厚度为中等或材料韧性较差时常出现这种情况。

3) F-V 曲线偏离直线后稳定上升到 F_{max}，然后随着 F 的下降，V 还继续增大直至断裂，

如图 6-36c 所示。这说明材料有较长的裂纹亚临界扩展阶段，此时需要用电位法或声发射法辅助确定裂纹开裂点的载荷 F_C 及对应的 V_C。当试样较薄或材料韧性较好时常出现这种情况。

旋转因子 r 的确定比较困难，因为随着载荷 F 增加，V 增大，旋转中心 O 逐渐内移，即 r 不断增大。当 V 足够大时，r 就趋于稳定。一般规定，当材料的 $\delta_C = 0.0625 \sim 0.625\mathrm{mm}$ 时，取 $r = 1/3$。由此产生的误差小于 20%。若材料的 δ_C 较小，则误差较大。

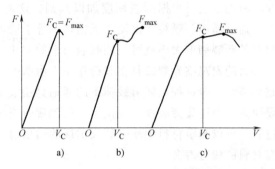

类似于 J_R 阻力曲线法，可以以断裂韧度参量 δ_C 表示材料中裂纹扩展阻力 δ_R，测定其与裂纹扩展量 Δa 的关系曲线，即 δ-Δa 曲线，这称为 δ_R 阻力曲线法。采用多试样法可以得到不同裂纹张开位移时的 δ-Δa 曲线，或者可以利用多次反复加卸载的柔度法或其他技术通过一个试样的试验得到 δ_R 阻力曲线上的多个点。

图 6-36　三种类型的 F-V 曲线及确定 V_C 的方法

借助卸载柔度技术，试验过程中在特定的时间间隔，试样部分卸载然后再加载。卸载线的斜率趋于线性并且不受先前的塑性变形的影响，通过分析弹性柔度，该斜率可用于估算每次卸载时的裂纹长度。弹性柔度 C（第 k 次）卸载/再加载的数据可通过下式计算出来，即

$$C_k = \left(\frac{\Delta V}{\Delta F} \right)_k \tag{6-41}$$

式中，V 是缺口张开位移，相应的柔度称为缺口张开柔度，也可将 V 替换为施力点位移 q，相应的柔度称为施力点柔度。当采用施力点柔度时，计算结果中包含有压头、底座等试验机系统的柔度，需将其扣除。因此建议使用安装在裂纹嘴张开位置的引伸计来测量和计算缺口张开柔度。传感器的非线性可能导致柔度测量的错误。通过标定数据对曲线函数最低级多项式的调整可以显著改进测量准确度。

每次卸载的裂纹长度 a_k 可通过测量的柔度 C_k 利用理论或经验公式确定，即

$$\left(\frac{a}{W} \right)_k = f(C_k) \tag{6-42}$$

通过查表或预先作出的 C_k-(a/W) 曲线就可根据每次卸载时的柔度定出相应的裂纹长度 a_k，其差值即为 Δa_k。

该技术适用于计算机控制以及随后的试验数据分析。通过准确的试验设备测定的有效试验数据点可以组成一条裂纹扩展阻力曲线。试验的加卸载曲线如图 6-37 所示，得到的 δ_R 阻力曲线与图 6-34 所示阻力曲线类似。从裂纹扩展量 0.2mm 处作钝化线的平行线，可得到 $\delta_{0.2BL}$，判断其有效后即可作为 δ_C 值。多试样法测 J_{IC}、δ_C 极为复杂，而柔度法用一个试样即可完成试验，步骤简化了很多。目前试验机上带有相应的软件，使试验测

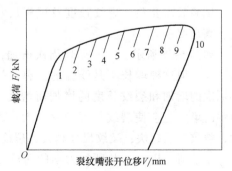

图 6-37　试验的加卸载曲线

量和数据处理更为方便。

6.5 疲劳裂纹扩展试验

当材料中存在裂纹并且外加载荷达到某一临界值后，裂纹就会发生失稳扩展。因此含裂纹材料的断裂可根据断裂韧度加以判别，这需要按照上一节介绍的方法测定材料的断裂韧度。通过超声、磁粉、涡流等无损检测等手段可以预先探测到材料中的宏观临界裂纹，结合材料的断裂韧度大小就可应用断裂力学的方法确定材料是否安全。不过在很多情况下，这种足够大的宏观临界裂纹是在载荷作用下由萌生的小裂纹逐渐扩展而成的，这也就是所谓的亚临界裂纹扩展过程。疲劳载荷下的亚临界裂纹扩展尤为重要，这也是导致材料疲劳破坏的主要原因。通过疲劳裂纹扩展试验，得到疲劳裂纹从萌生到亚临界扩展再到最后失稳扩展的全过程，可以测定材料中疲劳裂纹扩展的门槛值，得到疲劳裂纹扩展速率的变化规律，进而估算材料的疲劳寿命。

6.5.1 疲劳裂纹扩展速率及其测试

从理论上讲，对于任何形状的含裂纹试样，只要裂纹长度可测，裂纹尖端的应力场强度因子可以计算，都可以用来测定材料的疲劳裂纹扩展速率。在国家标准中，推荐采用紧凑拉伸试样或中心裂纹拉伸试样进行测试。此外为了便于加工试样和试验方便，也可采用三点弯曲试样。对试样尺寸的要求与上一节所述相同，试样最小厚度应能保证试验时裂纹顶端处于平面应变状态，试样宽度应保证试验过程中试样处于小范围屈服状态。因此，试样尺寸可根据材料的屈服强度以及预期的最大应力场强度因子或最大交变载荷来确定，并结合考虑材料实际服役时的构件大小、渗层或镀层厚度等。试样在磨削加工好后，先用铣切或线切割等办法加工出切口，然后再通过疲劳试验预置出疲劳裂纹。需注意预制疲劳裂纹时的最后一级载荷幅值不应大于试验测定疲劳裂纹扩展速率时的开始记录载荷幅值。试验开始后每隔一定的加载循环数，测定裂纹长度 a，作 a-N 关系曲线，如图 6-38 所示。精确测定裂纹的扩展长度是试验的关键环节，可采用读数显微镜目测、超声法或电阻法等间接测量。对于比较薄的试样可在一面测量裂纹长度，对于较厚的试样需在前后两面测量后取平均值。试验载荷（包括应力幅和应力比等）和加载频率是影响疲劳裂纹扩展速率的重要参数，应尽可能接近材料的实际服役条件。有时也可选择高一些的加载频率以节省试验时间，若实际工作频率较低时可用系数修正。另外，同上一节所述断裂韧度测定方法一样，为了确保计算公式的有效性，试验后需要验证裂纹长度及试样尺寸与载荷的关系是否满足要求。

如图 6-38 所示，随着循环周次增加，裂纹长度也逐渐增大，但这种增长不是线性的。裂纹扩展速率随着循环周次的增加和裂纹长度的增加而增大。另外，循环应力幅的增大也会使裂纹扩展速率增大。因此，应力幅越大，裂纹扩展越快；裂纹尺寸越大，裂纹扩展越快。

帕里斯（Paris）从断裂力学的角度分析了疲劳裂纹扩展的规律，发现决定疲劳裂纹扩展速率 $\mathrm{d}a/\mathrm{d}N$ 的主要

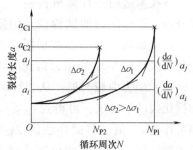

图 6-38　疲劳裂纹扩展曲线

力学参量是应力场强度因子差值 ΔK。ΔK 是应力循环过程中最大应力和最小应力所对应的应力场强度因子之差。于是可对 a-N 曲线求导，即由其斜率可得到疲劳裂纹扩展速率 $\mathrm{d}a/\mathrm{d}N$，也就是载荷每循环一次裂纹扩展的距离。再将相应的裂纹长度 a 代入到应力场强度因子 K 的表达式中计算出 ΔK。试验过程中，a 在不断增大，因此 ΔK 也在不断增大。据此可得 $\mathrm{d}a/\mathrm{d}N$-ΔK 关系曲线，即疲劳裂纹扩展速率曲线，一般在双对数坐标系下画出，如图 6-39 所示。典型的疲劳裂纹扩展速率曲线（$\lg \mathrm{d}a/\mathrm{d}N$-$\lg \Delta K$）可以分为三个区域，分别反映了裂纹扩展的三个阶段。

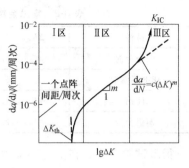

图 6-39　疲劳裂纹扩展速率曲线

第 I 区又称为疲劳裂纹不扩展区。在第 I 区疲劳裂纹扩展速率随着 ΔK 的降低而迅速下降。存在一个临界值 ΔK_{th}，当 $\Delta K \leqslant \Delta K_{\mathrm{th}}$ 时 $\mathrm{d}a/\mathrm{d}N=0$。实际上一般规定当 $\mathrm{d}a/\mathrm{d}N$ 小于 10^{-10} m/周次时即对应于这一临界值，称为疲劳裂纹扩展门槛值 ΔK_{th}。此时疲劳裂纹扩展速率不超过一个原子间距，因此可以认为当应力场强度因子差值小于这一门槛值时疲劳裂纹不扩展。由于第 I 区接近于 ΔK_{th}，也称为近门槛区。

第 II 区又称为疲劳裂纹稳态扩展区或线性扩展区。在这一区疲劳裂纹扩展速率与应力场强度因子差值 ΔK 之间呈线性关系，可以用下面的 Paris 公式表示。

第 III 区又称为疲劳裂纹快速扩展区或失稳扩展区。在这一区，疲劳裂纹扩展速率随应力场强度因子差值 ΔK 增大而急剧升高，当裂尖附近的应力场强度因子达到材料的断裂韧度 K_{IC} 后，裂纹失稳扩展，导致材料断裂。

疲劳裂纹扩展的第 II 区是一个重要阶段，这也正是疲劳裂纹的亚临界扩展阶段。Paris 在大量试验数据的基础上，总结提出了试验公式，即

$$\frac{\mathrm{d}a}{\mathrm{d}N}=c\left(\Delta K\right)^{m} \tag{6-43}$$

式中，c、m 是试验测定的材料常数。表 6-1 列出了常见钢材的常数值。Paris 公式只适用于中等应力场强度因子差值下的稳态疲劳裂纹扩展。

表 6-1　常见钢材的常数值

材料	铁素体-珠光体钢	马氏体钢	奥氏体不锈钢
c	6.9×10^{-12}	1.35×10^{-10}	5.6×10^{-12}
m	3.0	2.25	3.25

考虑到疲劳裂纹扩展时裂纹尖端的钝化以及门槛值的存在，后来提出以下公式，即

$$\frac{\mathrm{d}a}{\mathrm{d}N}=B\left(\Delta K-\Delta K_{\mathrm{th}}\right)^{2} \tag{6-44}$$

对于疲劳裂纹以条带机制扩展的合金，$B=15.9/E^{2}$；在其他的裂纹扩展机制下，$B=1/(2\pi E\sigma_{\mathrm{f}}\varepsilon_{\mathrm{f}})$，其中 E 是材料的弹性模量，σ_{f} 和 ε_{f} 分别是材料拉伸断裂时的应力和应变。总体来看，疲劳裂纹扩展的门槛值随着材料断裂韧度的增大而提高，如图 6-40 所示。一般 ΔK_{th} 值是材料断裂韧度 K_{IC} 值的 5%～15%，钢的 $\Delta K_{\mathrm{th}} < 9\mathrm{MPa} \cdot \mathrm{m}^{1/2}$，铝合金的 $\Delta K_{\mathrm{th}} < 4\mathrm{MPa} \cdot \mathrm{m}^{1/2}$。表 6-2 列出了常见金属材料的疲劳裂纹扩展门槛值。

表 6-2　常见金属材料的疲劳裂纹扩展门槛值（应力比 $r=0$）

材料	$\Delta K_{th}/(\text{MPa}\cdot\text{m}^{1/2})$	材料	$\Delta K_{th}/(\text{MPa}\cdot\text{m}^{1/2})$
低合金钢	6.6	纯铜	2.5
18-8 不锈钢	6.0	60/40 黄铜	3.5
纯铝	1.7	纯镍	7.9
铜铝合金	2.1	镍基合金	7.1

很多试验表明，在空气环境中测定的门槛值 ΔK_{th} 随着应力比 r 的增大而降低，有以下经验关系，即

$$\Delta K_{th}=\Delta K_{th0}(1-r)^{\gamma}\qquad r<r_0$$
$$\Delta K_{th}=K_0\qquad r\geqslant r_0 \tag{6-45}$$

式中，ΔK_{th0} 是 $r=0$ 时的门槛值；γ、r_0 和 K_0 为试验测定的常数，$0\leqslant\gamma\leqslant1$，$r_0>0$。疲劳裂纹扩展门槛值的降低将大大提高近门槛区的裂纹扩展速率，而对稳定扩展区的裂纹扩展速率影响不大。这也就很好地解释了图 6-41 所表示的应力比对疲劳裂纹扩展速率的影响。

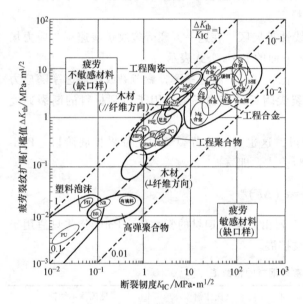

图 6-40　疲劳裂纹扩展门槛值与断裂韧度的关系　　　图 6-41　应力比对疲劳裂纹扩展速率的影响

材料的疲劳裂纹扩展门槛值 ΔK_{th} 也是材料的一个力学性能指标，不过其对材料组织、环境及应力都很敏感。当材料服役时的 $\Delta K<\Delta K_{th}$ 时，疲劳裂纹不会扩展，因此这也是进行构件无限寿命计算和设计的一个重要依据。疲劳裂纹扩展门槛值 ΔK_{th} 与疲劳极限 σ_{-1} 有些相似，都是表征无限寿命的疲劳性能指标，也都受材料成分结构和加载条件及环境因素的影响。但疲劳极限 σ_{-1} 是光滑试样的无限寿命疲劳强度，用于传统的疲劳强度设计和校核；而疲劳裂纹扩展门槛值 ΔK_{th} 是裂纹试样的无限寿命疲劳性能，适用于含裂纹构件的设计和校核。

6.5.2　疲劳裂纹扩展寿命的估算

材料疲劳破坏的完整过程是在循环载荷作用下形成裂纹、裂纹扩展并最终达到临界尺寸

而断裂的过程。最终的断裂是由于裂纹失稳扩展所致，这一过程很快，这也正是疲劳突发性的体现。因此材料的疲劳寿命主要包括疲劳裂纹形成寿命和疲劳裂纹扩展寿命。对于高周疲劳，以疲劳裂纹形成寿命为主；对于低周疲劳，以疲劳裂纹扩展寿命为主。

从理论上讲，根据材料的疲劳曲线是能够对材料的疲劳寿命进行预测的。但由于疲劳曲线测试时的疲劳寿命具有较大分散性，需借助统计处理来进行预测。这样得到的结果往往很不精确，或者非常保守，或者风险很大。

含裂纹材料的疲劳寿命主要是由疲劳裂纹扩展速率决定的，因此可通过断裂力学的方法进行估算。一般先采用无损探伤的方法确定初始裂纹长度 a_o 及其形状和位置，再根据材料断裂韧度 K_{IC} 确定临界裂纹尺寸 a_C，然后根据疲劳裂纹扩展速率的计算表达式积分求取裂纹从 a_o 扩展到 a_C 所需的循环周次。

在 Paris 公式有效范围内，若取 $\Delta K = Y\Delta\sigma\sqrt{\pi a}$，则有

$$\frac{\mathrm{d}a}{\mathrm{d}N} = c(Y\Delta\sigma\sqrt{\pi a})^m \tag{6-46}$$

因此可得

$$N_f = \int_{a_o}^{a_C} \frac{\mathrm{d}a}{cY^m(\Delta\sigma)^m\pi^{m/2}a^{m/2}} \tag{6-47}$$

假定在裂纹扩展过程中形状因子 Y 不变，应力幅保持恒定，于是可得

$$N_f = \begin{cases} \dfrac{2}{c(Y\Delta\sigma)^m\pi^{m/2}(2-m)}(a_C^{\frac{2-m}{2}}-a_o^{\frac{2-m}{2}}) & (m\neq 2) \\[3mm] \dfrac{1}{cY^2\pi\Delta\sigma^2}(\ln a_C - \ln a_o) & (m=2) \end{cases} \tag{6-48}$$

当应力场强度因子差值 ΔK 一定时，根据上式，可通过材料常数 c 和 m 比较不同材料或同一材料经不同工艺处理后的疲劳寿命，以便合理选用材料及确定最佳工艺。

如前所述，Paris 公式不适用于近门槛区，不能反映门槛值的影响。因此可采用式 (6-44) 进行积分，即

$$N_f = \int_{a_o}^{a_C} \frac{1}{B(\Delta K - \Delta K_{th})^2}\mathrm{d}a \tag{6-49}$$

这时可综合考虑 I 区与 II 区内的裂纹扩展速率试验结果，反映裂纹扩展门槛值与应力比的影响。

6.5.3　内禀疲劳与外延疲劳

材料的疲劳不仅与其承受的应力循环经历有关，而且与材料内部的原始缺陷分布有关。考虑到疲劳裂纹的形核与扩展机制不同，于是将材料的疲劳分为内禀疲劳（Intrinsic Fatigue）和外延疲劳（Extrinsic Fatigue）。

如果材料的疲劳过程是从疲劳裂纹形核开始的，称为内禀疲劳。前面讨论的光滑试样如果是从此前未曾经过循环应力的作用开始，材料所表现出来的疲劳行为就属于内禀疲劳。将这种状态下的疲劳极限称为内禀疲劳极限（Intrinsic Endurance Limit），也就是通常所说的材料疲劳极限。

如果某试样或者构件通过前期的循环应力作用而产生了疲劳裂纹，或者因其他原因产生

了裂纹，那么在循环应力的作用下将裂纹稳态扩展方式继续其疲劳过程直到疲劳断裂，这样的材料疲劳行为称为外延疲劳。从材料中疲劳裂纹稳态扩展的规律出发，如果带裂纹的构件或试样承受循环应力所对应的循环应力场强度因子不超过其门槛值，也具有无穷大的应力循环寿命。因此，材料还具有所谓的外延疲劳极限（Extrinsic Endurance Limit），它是指在现有的裂纹状态下，材料不发生疲劳断裂所能承受的最大循环应力幅。显然，外延疲劳极限取决于材料的循环应力场强度因子门槛值及现有裂纹尺寸，它们之间的关系为

$$\Delta\sigma_{th} = \Delta K_{th} / (Y\sqrt{\pi a}) \tag{6-50}$$

式中，$\Delta\sigma_{th}$ 是外延疲劳极限（循环应力幅的门槛值）；Y 是裂纹形状因子；a 是裂纹长度。

内禀疲劳与外延疲劳是以疲劳裂纹形核还是疲劳裂纹扩展来区分的，它们具有各自疲劳极限。当循环应力幅小于这两类疲劳极限中的较低者时，材料的应力循环寿命为无穷大，这种情况就是图 6-42a 中所示的"无疲劳破坏区"。根据两种疲劳极限的相对高低，将疲劳划分为内禀疲劳区和外延疲劳区。改变材料的微观组织结构，可以改变这两个区域的相对大小，图 6-42b 中示意性给出循环应力场强度因子门槛值变化时两类疲劳区的变化情况。

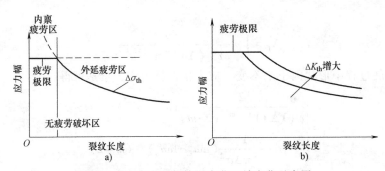

图 6-42 内禀疲劳与外延疲劳区域变化示意图

a) 内禀疲劳与外延疲劳 b) 循环应力强度因子门槛值的影响

第7章
材料在特殊环境下的力学性能

随着近代工业，特别是航空、航天、海洋、核能、石油、化工等工业的迅速发展，对材料力学性能的要求越来越高，而材料所处的温度条件或所接触的环境介质条件也更加苛刻。在不同的温度下，材料的力学性能会有所区别，如在高温下将发生明显的蠕变，在低温时极有可能发生脆断。而包括水、蒸汽、潮湿空气、腐蚀性溶液、有机溶剂乃至各种射线在内的环境介质对材料的力学性能也有着重要影响。因此需要模拟材料在各种高低温条件以及环境介质中的力学行为，评测研究材料在这些特殊环境下的力学性能。

7.1 材料在高温下的力学性能

温度对材料的组织结构以及性能都有重要影响。室温下具有优良力学性能的材料不一定能满足高温下长期服役的要求。一方面，高温时材料的弹性模量、强度、硬度等力学性能指标与常温时不同。一般随温度的升高，材料的弹性模量和强度下降，塑性变形能力增强。另一方面，高温下材料的一个重要力学行为特点就是蠕变。由于蠕变的发生，高温时材料的力学性能除了与加载方式、载荷大小有关，还受载荷持续时间的影响。最终的蠕变断裂形式一般表现为脆性断裂。因此，根据材料的不同高温用途，材料的高温力学性能指标包括蠕变极限、持久强度、松弛稳定性、高温短时强度、高温硬度和高温疲劳极限等。

对于不同的材料而言，发生力学性能变化的温度范围是不同的。"高温"通常是指材料中的原子具有较大的热运动能力的温度环境。可能对于某一种材料是高温，但对另一种材料就算不上高温。因此通常依据约比温度来进行划分。约比温度是使用温度（T）与材料熔点（T_m）的比值 T/T_m，一般当 $T/T_m > 0.5$ 时为高温状态，当 $T/T_m < 0.5$ 时为低温状态。

金属、陶瓷等材料的蠕变主要表现为局部塑性变形的累积，而高分子材料的蠕变则主要表现为黏弹性变形的累积。

7.1.1 蠕变现象和蠕变曲线

材料在高温和恒应力的作用下，即使应力低于弹性极限，也会发生缓慢的变形。材料这种在恒定应力下发生的随时间而增加的变形称为蠕变（Creep）。由于这种变形而导致的材料断裂称为蠕变断裂。蠕变可以在任何温度范围内发生，不过高温时材料的变形速率大，蠕变现象更加明显。不同的材料出现明显蠕变的温度不同：碳钢要超过 $300\sim350\,℃$；合金钢要超过 $350\sim400\,℃$；低熔点金属，如铅、锡等可以在室温下出现蠕变；高熔点的陶瓷材料，如

Si_3N_4在1100℃以上也不发生明显蠕变；而高聚物甚至在室温以下就可以出现蠕变。所以，开始发生明显蠕变的温度与材料的熔点有关，一般两者的比值大约在$0.3\sim0.7$。

　　材料的蠕变性能是反映材料的尺寸稳定性和长期负载能力的力学性能。材料的蠕变可以发生于各种应力状态。但通常以静拉伸或压缩条件下的指标表示其抗蠕变性能。蠕变试验可以在电子式或机械式蠕变试验机上进行，试验机主要由主机、高温炉及温控系统、变形测量系统、控制系统、计算机系统等部分组成。

　　机械式蠕变试验机的主要结构组成如图7-1所示。试样装夹在夹头上，然后置于电炉内加热。试样温度用捆在试样上的热电偶测定，炉温用铂电阻测控。通过杠杆及砝码对试样加载，使之承受一定大小的应力。试样的蠕变伸长则由安装于炉外的测长仪测量。蠕变试验所用试样的形状、尺寸及制备方法、试验程序和操作方法等，可详见国家标准GB/T 2039—2012、GB/T 10120—2013的有关规定。

　　在一定温度和应力作用下，应变与时间的关系曲线称为蠕变曲线（图7-2）。大多数材料的试验表明，典型的蠕变曲线可分为三个阶段，即减速蠕变、恒速蠕变和加速蠕变。图7-2中Oa段是试样加载后的瞬时应变ε_0，这种应变不是蠕变。从点a开始随时间增长而产生的应变才属于蠕变，$abcd$曲线即为蠕变曲线。

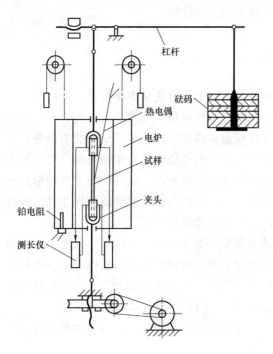

图7-1　机械式蠕变试验机的主要结构组成

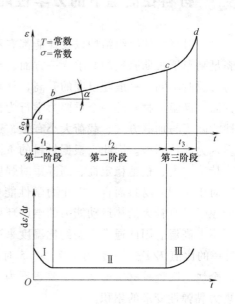

图7-2　典型蠕变曲线示意图

　　蠕变曲线上任一点的斜率表示该点的蠕变速度（$\dot{\varepsilon}=d\varepsilon/dt$）。由图7-2可见，$ab$段的$\dot{\varepsilon}$随时间的增长而下降，所以第一阶段称为减速蠕变阶段；bc段的$\dot{\varepsilon}$恒定，故第二阶段称为恒速蠕变阶段；cd段的$\dot{\varepsilon}$随时间增长而急剧增大，直至断裂，所以第三阶段称为加速蠕变阶段。

　　同一材料在给定温度、不同应力状态下和给定应力、不同温度状态下的蠕变曲线如图

7-3所示。由图7-3可见，当应力较小或温度较低时，第二阶段的持续时间长，甚至无第三阶段；相反，当应力较大或温度较高时，第二阶段持续时间短，甚至完全消失，试样将在很短时间内进入第三阶段而断裂。

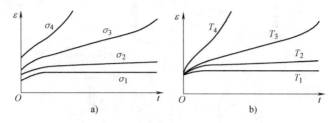

图7-3 应力和温度对蠕变曲线的影响

a) 恒温试验：$\sigma_4 > \sigma_3 > \sigma_2 > \sigma_1$ b) 恒应力试验：$T_4 > T_3 > T_2 > T_1$

蠕变曲线有许多经验表达式，常用的简单形式为

$$\varepsilon = \varepsilon_0 + \beta t^n + kt \tag{7-1}$$

式中，等号右边第一项 ε_0 是瞬时应变；第二项是减速蠕变；第三项是恒速蠕变。上式对时间 t 求导，即有

$$\dot{\varepsilon} = \beta n t^{n-1} + k \tag{7-2}$$

式中，n 一般是小于1的正数。当 t 很小即开始蠕变时，式中等号右边第一项起决定性作用，随时间 t 增长，应变速率逐渐减小，这就是第一阶段蠕变；当时间继续增大时，第二项开始起主导作用，此时 $\dot{\varepsilon}$ 趋近于恒定值，即第二阶段蠕变。

为了反映温度 T 和应力对蠕变的影响，多采用以下经验关系式，即

$$\varepsilon = A\sigma^n \left[t e^{-Q/(kT)} \right]^{m'} \tag{7-3}$$

式中，Q 是蠕变激活能；k 是玻尔兹曼常数；T 是热力学温度；A、n、m' 是与材料有关的常数。当温度、应力为常量时，由上式求导可得

$$\dot{\varepsilon} = K\sigma^n t^m \tag{7-4}$$

式中，$m = m' - 1$、$K = Am' \left[e^{-Q/(kT)} \right]^{m'}$ 均是材料常数。

在蠕变试验中，一般需要保证应力恒定。有些材料变形较大，因而试样横截面可能会随加载的持续而发生变化，所以需要特定的设计来维持应力恒定。常见的装置有：①带补偿装置的杠杆机构；②带平衡砝码的滑轮机构；③偏心轮机构；④浮力减重机构等，如图7-4所示。在现代电子技术比较发达的条件下，自动控制应力恒定更是不难实现的。

高聚物的蠕变和松弛试验一般通过动态力学试验方法进行。

7.1.2 蠕变极限与持久强度

长期在高温服役的构件通常会出现蠕变现象，为此，建立相应的性能指标以满足设计是必需的。蠕变极限、持久强度就是适应这种需要的材料的力学性能指标。

1. 蠕变极限

蠕变极限是长时高温载荷下材料对变形的抗力指标。它有以下两种表示法。

一种是在给定温度 T（℃）下，使试样产生规定的第二阶段蠕变速率 $\dot{\varepsilon}$（%/h）的应力，以 σ_{ε}^{T}（MPa）表示。例如：$\sigma_{10^{-5}}^{600} = 60$MPa 表示材料在600℃、规定蠕变速率为 10^{-5}%/h 时

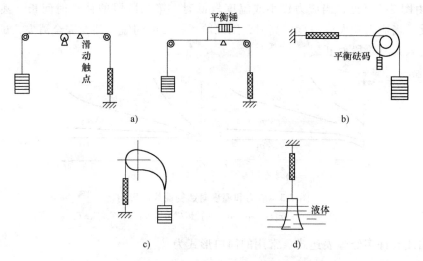

图 7-4 蠕变试验中保持应力恒定的几种机构

a) 带补偿装置的杠杆机构 b) 带平衡砝码的滑轮机构 c) 偏心轮机构 d) 浮力减重机构

的应力为 60MPa。

另一种是在给定温度 T（℃）和规定时间 t（h）内，使试样产生一定蠕变应变量（q）的应力，以 $\sigma_{\varepsilon/t}^{T}$（MPa）表示。例如：$\sigma_{1/10^5}^{500} = 100\text{MPa}$ 表示材料在 500℃、10^5h 后的蠕变应变量为 1% 时的应力为 100MPa。

测定材料的蠕变极限时所用的温度、时间和应变量的数值一般应按该材料制作的零件服役条件和要求而定。

2. 持久强度和持久塑性

蠕变极限是以蠕变变形来规定的，这种指标适用于在高温运行中要严格控制变形的零件，如涡轮叶片。但是，像锅炉、管道等构件在运行中基本上可不考虑小量的变形，原则上只需确保在规定条件下不被破坏。所以，对这类构件的设计更需要反映蠕变断裂的抗力——持久强度。不过，在高温长时作用下，材料可能有脆化倾向，所以还应同时测定持久塑性，以防止构件在高温运行时发生脆性断裂。

持久强度是在给定温度 T（℃）下，使材料经规定时间 t（h）发生断裂的应力，记为 σ_t^T（MPa）。例如：$\sigma_{10^3}^{700} = 30\text{MPa}$ 表示材料在 700℃ 下，经 10^3h 后断裂的应力为 30MPa。

与持久强度相类似的另外一个常用指标是持久寿命 t_f，即在规定温度和应力下发生断裂前的持续时间。试验表明，材料的持久寿命与蠕变速度之间存在关系 $\dot{\varepsilon} t_f = C$，其中 C 为常数。可见材料的持久寿命与稳态蠕变速度成反比。

持久塑性可仿照静载断后伸长率和断面收缩率的定义及测试方法进行。通过比较材料的持久塑性指标和高温短时拉伸断裂时的塑性指标，可以了解材料在长期蠕变中的脆化倾向和程度。许多钢种在短时试验时其塑性可能很高，但经长时高温加载后塑性有显著降低的趋势，有的持久塑性仅为 1% 左右，表现出蠕变脆性的现象。

在实际使用中，往往会要求材料蠕变的持久寿命能保持在上万小时（如民用航空发动机等），甚至数十万小时（如锅炉、汽轮机组等）。由上述定义可见，这种规定值难以通过试验直接测定。因此一般要通过外推法，利用短期数据与长期数据的关系，从短期（如几十或几百小时，最多上千小时）数据外推来估计长期数据。外推法一般从总结材料的实际数据出发，寻找经验公式，通过作图或数学计算外推长期结果；或者是从研究材料蠕变和蠕变断裂的微观机理出发，建立应力、温度和蠕变时间的关系式，然后外推计算出长期结果。常用的外推法包括以下两种。

（1）等温线外推法　在一定温度下，稳态蠕变速度 $\dot{\varepsilon}$ 与外加应力 σ 之间存在如下经验关系，即

$$\dot{\varepsilon} = A\sigma^n \tag{7-5}$$

式中，A 和 n 是与材料及试验条件有关的常数。可见在双对数坐标系中 $\lg\dot{\varepsilon}$ 和 $\lg\sigma$ 就具有线性关系。这样通过在同一温度时几个不同应力下的蠕变曲线测得几个稳态蠕变速度 $\dot{\varepsilon}$，然后就可通过线性回归求得 A 和 n 值，继而外推得到所需蠕变速度下的蠕变极限。例如：图 7-5 中将镍基高温合金 GH3625 在 650℃ 时的 σ-$\dot{\varepsilon}$ 直线外推延长，即可求得该合金在 650℃、规定蠕变速率为 10^{-5}%/h 时的蠕变极限约为 260MPa。此外，这一方法也可用于内插法得到所需蠕变速度下的蠕变极限。

对于持久强度，外加应力 σ 与断裂时间 t 的经验关系为

$$t = B\sigma^{-m} \tag{7-6}$$

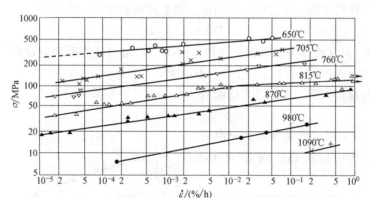

图 7-5　镍基高温合金 GH3625 的 σ-$\dot{\varepsilon}$ 关系图

式中，B 和 m 是与材料及试验条件有关的常数。可见在双对数坐标系中 $\lg t$ 和 $\lg\sigma$ 就具有线性关系。这样先做出一些应力较大、断裂时间较短的试验数据，然后通过线性回归和外推法就可得到数万小时乃至数十万小时下的持久强度。例如：图 7-6 中镍基高温合金 K438 在 950℃ 时的 σ-t 曲线只测到了 1150h，但将其外推延长后，即可求得该合金在 950℃ 时 11500h 后的持久强度约为 68MPa。此外，这一方法也可用于内插法得到所需时间下的持久强度。

这一方法可以节约大量人力、物力、时间及经费，但需要注意的是，经验公式并不完全可靠。因此在使用外推法时，一般外推不要超过一个数量级，而且至少要获得四个以上的数据点来确定直线的位置。

（2）时间-温度参数法　考虑到蠕变是一种扩散控制过程，初始阶段和稳态阶段的蠕变行为可以用阿累尼乌斯（Arrhenius）方程表示，即

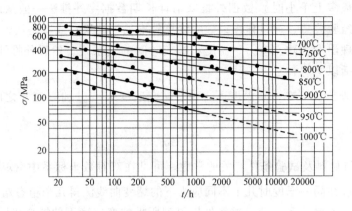

图 7-6　镍基高温合金 K438 的 $\sigma\text{-}t$ 曲线

$$\dot{\varepsilon}=A_0 e^{-Q/(RT)} \tag{7-7}$$

通常蠕变断裂时间 t 与稳态蠕变速度 $\dot{\varepsilon}$ 成反比，于是有

$$t=A e^{Q/(RT)} \tag{7-8}$$

式中，Q 是自扩散活化能；R 是气体常数；T 是热力学温度。

若假定 A 是材料常数，Q 是应力的函数，由上式可得在某一应力下

$$T(\lg t+C_1)=P \tag{7-9}$$

式中，$C_1=-\lg A$，对于大部分金属材料可取 $C_1=20$；P 是与应力有关的常数，最早由拉尔森（Larsen）和米勒（Miller）提出，简称为 LM 参数。

若假定 Q 是材料常数，A 是应力的函数，由上式可得在某一应力下

$$\lg t-Q/(2.3RT)=P \tag{7-10}$$

式中，P 也是与应力有关的常数，最早由葛庭燧和顿恩（Dorn）提出，简称为 KD 参数。

根据上述 LM 参数或 KD 参数的确定关系式，通过一系列不同温度、不同应力下的持久寿命数据，可以求得参数 C_1 或 Q，从而得到材料蠕变的时温参数曲线。图 7-7 所示为镍基合金的 Larson-Miller 曲线。根据该曲线可以确定材料在给定温度、给定应

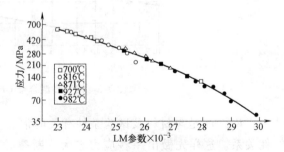

图 7-7　镍基合金的 Larson-Miller 曲线

力下的持久寿命，也可确定材料在给定应力和规定持久寿命下的最高使用温度。

7.1.3　应力松弛

材料在总应变保持不变时，应力随时间自行降低的现象，称为应力松弛（Relaxation）。高温条件下材料会出现明显的应力松弛，如高温条件下工作的紧固螺栓和弹簧都会发生应力松弛。

材料总应变 ε 可写为弹性应变和塑性应变之和，即

$$\varepsilon = \varepsilon_e + \varepsilon_p = 常数 \tag{7-11}$$

由于随时间增长,一部分弹性变形转变为塑性变形,即弹性应变 ε_e 不断减小,所以材料中的应力($\sigma = E\varepsilon_e$)相应地降低。零件中弹性变形的减小与塑性变形的增加是同时等量产生的。蠕变与松弛在本质上差别不大,可以把松弛现象看作是应力不断降低时的"多级"蠕变。蠕变抗力高的材料,其应力松弛抗力一般也高,不过目前用蠕变数据来估算松弛数据还是很困难的。某些材料,即使在室温下也存在应力松弛现象,但进行得非常缓慢,在高温条件下这种现象就比较明显。

应力松弛现象可通过应力松弛曲线来表征。应力松弛曲线是在给定温度和总应变条件下,测定的应力随时间变化曲线(图 7-8)。图 7-8 中 σ_0 为初始应力,在任一时间材料中所保持的应力称为剩余应力 σ_{sh},所减少的应力即初始应力与剩余应力之差,称为松弛应力 σ_{s0}。随着时间延长,在开始阶段应力下降很快,称为应力松弛第 I 阶段,以后应力下降逐渐减缓,称为应力松弛第 II 阶段。最后,曲线趋向于与时间轴平行,此时的应力称为松弛极限 σ_r。它表示在一定的初始应力和温度下,不再继续发生松弛的剩余应力。根据式(7-11)求导可得

$$\frac{d\varepsilon_p}{dt} = -\frac{d\varepsilon_e}{dt} \tag{7-12}$$

考虑到 $\sigma = E\varepsilon_e$,于是可得

$$\frac{d\varepsilon_p}{dt} = -\frac{1}{E}\frac{d\sigma}{dt} \tag{7-13}$$

该式也表明应力降低的速率正比于蠕变变形增加的速率。在松弛第 II 阶段,剩余应力一般满足经验关系,即

$$\sigma = \sigma_0' e^{-t/t_0} \tag{7-14}$$

式中,σ 是剩余应力;t 是松弛时间;σ_0' 是第 II 阶段的初始应力;t_0 是与材料有关的常数。因此在 $\lg\sigma$-t 半对数坐标图上可得应力松弛第 II 阶段为一直线,其延长线与纵坐标轴的交点就对应于第 II 阶段的初始应力 σ_0'。根据这一直线进行线性外推,就可以用较短时间的试验数据外推得到较长时间后的剩余应力。

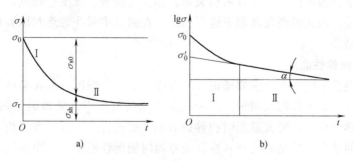

图 7-8 典型的应力松弛曲线

a)σ-t 关系曲线 b)$\lg\sigma$-t 关系曲线

材料抵抗应力松弛的性能称为松弛稳定性。一般认为应力松弛第 I 阶段主要发生在晶粒间界,晶界的扩散过程起着主要作用。而应力松弛第 II 阶段主要发生在晶粒内部,是由于亚晶的转动和移动所致。第 I 阶段的松弛稳定性可用晶间稳定系数 S_0 来表示,即

$$s_0 = \frac{\sigma_0'}{\sigma_0} \tag{7-15}$$

式中，σ_0 是初始应力；σ_0' 是第 II 阶段的初始应力。第 II 阶段的松弛稳定性用晶内稳定系数 t_0 来表示，即

$$t_0 = \frac{1}{\tan\alpha} \tag{7-16}$$

式中，α 是松弛曲线直线部分与横坐标轴之间的夹角。s_0 和 t_0 数值越大，表明材料抗松弛性能越好。

金属材料的应力松弛试验可采用环状试样的试验方法。环状试样如图 7-9 所示。试样的厚度一定，其工作部分 BAB 由两个偏心圆 R_1 及 R_2 构成，使环的径向宽度 h 随 φ 角而变化，以保证在试样开口处 C 打入楔子时，在 BAB 半圆环的所有截面中具有相同的应力。试样的非工作部分 BCB 的截面积较大，致其弹性变形可忽略不计。试验时，将一已知宽度 b_0 的几个不同尺寸的楔子依次打入开口处，使原开口的宽度 b 增大。根据材料力学公式，可计算出试样由于开口宽度增大在工作部分所承受的应力，即初应力 σ_0。试样加楔后，放在一定温度的炉中保温至预定时间，然后取出冷却，拔出楔子。这时，由于试样有一部分弹性变形已转变为塑性变形，因而开口的宽度比原宽度 b 有所增大，测出实际宽度，就可算出环内剩余应力的大小。然后仍将楔子打入，第二次入炉，炉温不变，延长保温时间。这样依次进行，就可测出经不同保温时间后环内的剩余应力的数值，据此绘出松弛曲线。

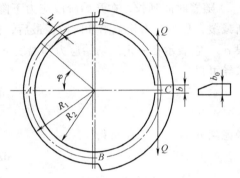

（$\phi70\text{mm}$ 型标准试样，R_1=28.6m，R_2=25.0mm）

图 7-9　环状试样

7.1.4　其他高温力学性能

许多材料力学性能指标与温度有密切关系，如弹性模量、强度、硬度、疲劳极限、断裂韧度、冲击韧度等，因此需要在高温下进行测试。在测试中需注意热对试验机的损害，要做好水冷、隔热等措施。

1. 高温短时拉伸性能

评定材料的热性能时，虽然主要考虑其蠕变极限和持久强度，但在某些特殊情况下，如火箭、导弹上的零件，工作时间很短，蠕变现象不起决定作用，又如制订钢的热锻轧工艺，需要了解钢材的热塑性，这时高温短时拉伸的力学性能就有着重要的参考价值。

高温短时拉伸试验主要是测定材料在高于室温时的弹性模量、屈服强度、抗拉强度、断后伸长率及断面收缩率等性能指标。可在装有管式电炉（300℃ 以上）或恒温箱（−40～300℃）的试验机上进行。试样按常温试验要求准备好后，装入管式炉或恒温箱中，两端用特制的连杆引出，夹于试验机的夹头内。为了准确地测定试样温度，最好将热电偶的热接点用石棉绳绑在试样标距部分。试样加热到规定温度后，应根据其尺寸大小，保温一定时间后进行拉伸试验。试样的断后伸长率和断面收缩率，可待试样冷却后在常温下测定。如需测定

材料的屈服强度，则应采用特制的引伸计，使其能伸出炉外，以便观测；也可在管式炉上预留窥视孔，装试样时使其标点恰好对准此孔，在试验过程中用测试望远镜测定其伸长。

国家标准 GB/T 228.2—2015《金属材料　拉伸试验　第2部分：高温试验方法》中对试样、拉伸炉、试验机、试验步骤、数据处理及试验温度、拉伸速度等都做了相关的规定。

2. 高温硬度

对于高温轴承及刀具、钻头等工具材料，高温硬度是重要的材料性能指标。

高温硬度试验在试验设备方面，涉及试样加热、保温、控温和防止氧化等一系列问题。目前，在试验温度不太高的情况下，仍用布氏、洛氏和维氏硬度试验法。在试验机的工作台上须加装一个密闭的试样加热保温箱（包括加热及冷却系统、测温装置、通入保护气体系统或高真空系统、试样移动装置等），并加长压头的压杆，使之伸入密闭的加热保温箱内。如试验温度较高，要求较严格时，则需采用特制的高温硬度计。试验机的压头，在温度不超过800℃时，可用金刚石锥（维氏和洛氏）和硬质合金球（布氏和洛氏），当试验温度更高时，则应换用人造蓝宝石或刚玉制的压头或其他陶瓷材料，因为高温下金刚石不稳定。

在操作方法上，考虑到在较高温度下试样硬度一般较低，所以载荷不宜过大，并需根据试验温度的高低改变载荷大小，以保证压痕的清晰和完整。此外，由于试样在高温下塑性较好以及蠕变的影响较显著，一般规定加载时间为30~60s。但有时为了显示蠕变的影响，特意将加载时间延长到1~5h，所得结果称为持久硬度。试样上压痕对角线（维氏）或直径（布氏）的测量，一般均待试样冷却后取出在常温下进行。

3. 高温疲劳

材料在高温下承受交变载荷的作用，经过较长时间而发生断裂的现象称为高温疲劳。高温下疲劳试验可以采用控制应力或控制应变两种加载方式，有时需在最大拉应力下保持一定时间（简称为保时），甚至在保时过程中叠加高频波以模拟实际使用条件。

无论是光滑试样还是缺口试样，总的趋势是随着试验温度提高，高温疲劳极限降低。据统计，当温度上升到300℃以上时，每升高100℃，钢的疲劳抗力下降15%~20%，耐热合金的疲劳抗力下降5%~10%。在高温下材料的 S-N 曲线不易出现水平部分，随着循环次数的增加，疲劳极限不断下降。

随着温度升高，疲劳极限下降，但和持久强度相比要下降得慢一些，所以它们存在一个交点（图7-10）。在交点左侧，材料表现为疲劳破坏，这时疲劳极限比持久强度在设计中更为重要；在交点右侧，材料表现为蠕变破坏，这时持久强度为主要设计指标。对于不同材料，交点对应的温度也不同。因此应根据材料的具体服役条件来确定选用何种力学性能指标来评定材料。

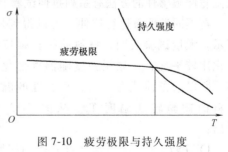

图7-10　疲劳极限与持久强度随温度的变化关系

7.2 材料的低温脆性与韧脆转变

能源开发、海洋工程、交通运输等近代工业发展，使人类生产活动范围扩大到寒冷地带。大量野外作业机械和工程结构，由于冬季低温，常发生低温脆性断裂事故。脆断是机械失效中最危险的形式，常造成重大经济损失和人员伤亡。据统计，历年来发生的断裂事故中，30%~40%是由于低温的影响。目前，机械和结构朝大型化和轻量化方向发展，对材料强度要求日益提高，高强度的低温脆性问题更加突出。各国近年来对材料低温性能研究十分重视。

大量的低温脆断表明，断裂时的工作应力往往只有材料屈服强度的1/2~1/4，因此，称为低温低应力脆断。发生脆断时，裂纹扩展速度极快，可高达1000~3000m/s，无任何预兆。对于中低强度钢，脆性断裂往往发生在低温，对高强度或脆性材料，其韧脆转变温度较高，所以即使不在很低温度下也可能产生低应力脆断。

图7-11所示为低碳钢的工程应力-工程应变曲线随温度的变化。随着温度降低，低碳钢的塑性下降，强度增大，由高温时的韧断转变为低温时的脆断。如图7-12所示，钢材在不同温度下进行冲击试验时，冲击韧度随温度变化出现几个比较低的区域，称为脆性区域。从最低温区的低温脆，向高温区变化时还有蓝脆、重结晶脆以及高温下的晶界熔化（高温）脆。

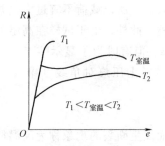

图7-11 低碳钢的工程应力-工程应变曲线随温度的变化

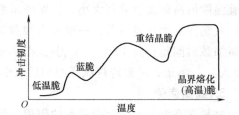

图7-12 钢材冲击试验温度和冲击韧度之间的关系

材料的低温脆性评定指标对于低温结构设计和选材是很关键的，是防止低温脆断的重要依据。温度、应力（包括残余应力）和应力集中是造成低温低应力脆断的条件。通常评价低温脆性敏感性的方法有系列拉伸试验和系列冲击试验。

在不同温度下进行拉伸，可以得到屈服强度和抗拉强度随温度变化的曲线，如图7-13所示。大量试验表明，材料的抗拉强度随温度变化比较平缓，而屈服强度随温度变化非常明显，所以两条曲线有交点，相交处的温度就是材料的韧脆转变温度 T_c。从图7-13中可以看出：

1）$T>T_c$ 时，应力水平首先达到屈服强度，材料先屈服后断裂。表现为韧断。

2）$T<T_c$ 时，应力水平首先达到抗拉强度，材料来不及发生塑性变形就脆断。而且还发现，缺口的存在会明显提高韧脆转变温度，使材料脆化。

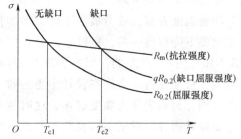

图7-13 屈服强度和抗拉强度随温度变化的曲线

材料从高温到低温的韧性-脆性过渡，可能会是突然转变，也可能是平缓变化，这既取决于材料本身，也与试验方法有关。

改变试验温度，进行一系列冲击试验以确定材料从韧性过渡到脆性的温度范围，称为"系列冲击试验"，这是目前评定材料韧脆转变的主要方法。试验前将试样浸在液氮、干冰或冰水中，可以获得低温区的试验数据。试验前将试样浸在沸水或热油中加热则可获得高温区的试验数据。因此试验温度可以从 $-200℃$ 至几十摄氏度甚至上百摄氏度。

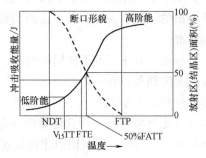

图 7-14　冲击吸收能量
随温度的变化情况

如图 7-14 所示，在不同温度下冲击吸收能量的大小也不相同。高温时吸收能量较大且趋于一定值，称为试样冲击吸收的高阶能，对应于曲线上部水平区域。低温时吸收能量较小且趋于一定值，称为试样冲击吸收的低阶能，对应于曲线下部水平区域。冲击吸收能量明显变化的中间区域称为韧脆转化区。与此对应，试样的断口形貌也表现出相应的特征。如图 7-15 所示，冲击断口可分为纤维区、放射区（结晶区）和剪切唇三部分。在不同温度下冲击断裂时，这三个区域的相对面积是不同的。测量光滑平整的断口放射区（结晶区）面积，其随温度的变化如图 7-14 所示。温度降低，放射区（结晶区）面积增大，表示材料倾向于发生脆断。温度升高，材料发生韧断，断口放射区（结晶区）面积不断降低，甚至为零。图 7-16 所示

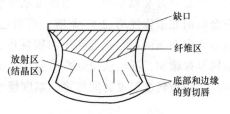

图 7-15　冲击试样断口的不同区域

为系列冲击试验的试样宏观断口形貌。脆性断裂断口外表面平整，没有剪切唇。随着温度升高，塑性和延展性增强，剪切唇部分的比例增大，脆性断裂部分的面积减小。<u>断口脆性区和韧性区各占 50%时的温度称为韧脆转变温度 50%FATT</u>（Fracture Appearance Transition Temperature，FATT）。另外其他的韧脆转变温度定义还包括 NDT、FTP、FTE、V_{15}TT 等。低阶能开始上升的温度称为零塑性温度（Nil Ductility Temperature，NDT），在 NDT 以下试样断口为 100%结晶状态或解理状态的放射状脆性区，表现为完全脆断。高阶能开始时的温度称为塑性断裂转变温度（Fracture Transition Plastic，FTP），高于 FTP 时试样断口为 100%的纤维状韧性区（零解理断口），低于 FTP 时开始出现脆性破坏。显然 FTP 是一种最保守的准则。与低阶能和高阶能的算术平均值相对应的温度称为韧脆转变（Fracture Transition Elastic，FTE）或韧脆转变温度（Fracture Transition Temperature，FTT）。另外工程上还采用某一固定能量值对应的温度作为韧脆转变判据。例如：常用 V 型缺口试样冲击吸收能量 $KV=15\text{ft}\cdot\text{lbf}$

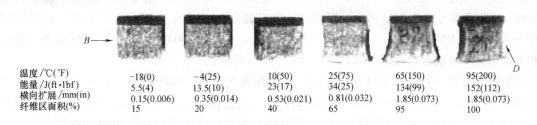

温度 /℃(℉)	-18(0)	-4(25)	10(50)	25(75)	65(150)	95(200)
能量 /J(ft·lbf)	5.5(4)	13.5(10)	23(17)	34(25)	134(99)	152(112)
横向扩展 /mm(in)	0.15(0.006)	0.35(0.014)	0.53(0.021)	0.81(0.032)	1.85(0.073)	1.85(0.073)
纤维区面积(%)	15	20	40	65	95	100

图 7-16　系列冲击试验的试样宏观断口形貌（B 和 D 分别表示脆性和韧性断口）

（即 20.34J）对应的温度 $V_{15}TT$，这是针对船用钢板在大量实践经验基础上于 20 世纪 50 年代提出的。随着各种高强合金的出现，现在还提出了 20ft·lbf（27J）甚至 30ft·lbf（40J）等标准。

显然，对于低温下使用的材料，其最低使用温度应高于材料的韧脆转变温度，这就是韧性的温度储备。在一些重要场合，甚至要求 $T \geqslant NDT+67℃$。例如：图 7-17 所示的两种材料，尽管材料 A 在室温下显示出较高的冲击吸收能量，但其韧脆转变温度要比材料 B 高，因此还是应该选择韧脆转变温度相对较低的材料 B，这样在室温下使用才比较安全。

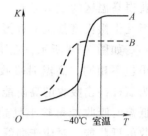

图 7-17 两种材料的不同韧脆转变温度

需要注意的是并非所有材料都存在韧脆转变现象。如图 7-18 所示，在晶态陶瓷、聚合物、复合材料或面心立方结构的金属中通常观察不到这样的韧脆转变。体心立方或某些密排六方晶体的金属或合金，都有明显的低温冷脆现象，但面心立方金属及其合金一般没有低温脆性。这是由于面心立方金属屈服强度随温度变化比体心立方金属小得多，当温度从室温降至 -196℃ 时，体心立方金属的屈服强度增加 3~8 倍，而面心立方金属只增加 2 倍。因此，在比较大的范围内，面心立方金属的断裂强度高于屈服强度，故低温脆性现象不显著。而且即使是 BCC 结构的金属，如碳钢，随碳质量分数的变化，韧脆转变温度也将发生变化（图 7-19），碳质量分数越高，韧脆转变温度区间越宽、幅度越小，韧脆转变现象越发不明显。

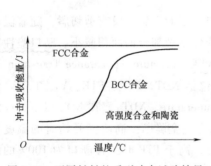

图 7-18 不同材料的系列冲击试验结果

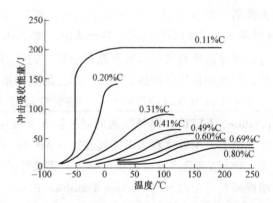

图 7-19 碳质量分数对韧脆转变温度的影响

传统的摆锤冲击试验中，弯曲冲击试样过小，不能反映实际构件中的应力状态，所以不能满足特殊要求。从 20 世纪 50 年代起，先后提出了落锤试验和动态撕裂试验等方法，实际上都是使用大型夏比试样的弯曲冲击试验。落锤试验（DWT）主要用于测定金属钢板的 NDT，试样的厚度与实际使用的板厚相同，并且宽度加大。动态撕裂试验（DT）用来测定动态撕裂功和 NDT。根据落锤试验和动态撕裂试验求得的 NDT，可以建立表征应力、缺陷和工作温度关系的断裂分析图（FAD），如图 7-20 所示。

断裂分析图（FAD）的纵坐标为应力，横坐标为温度，各条曲线是对应于不同尺寸裂纹的 σ_c-T 曲线，表示相应温度 T 下发生脆性断裂的临界应力 σ_c。在温度一定时，随裂纹长度的增加，σ_c 下降。根据试验结果，一般取拉伸侧表面裂纹发展到一侧边或两侧边，但不致断裂的最低温度为 NDT。在 NDT 以下，材料发生脆性断裂，断裂应力取决于断裂强度，随温度变化不明显。但随裂纹长度的增加，σ_c下降。当裂纹很长时，σ_c仅为 35 ~ 56MPa，外加应力低于该值后就不会发生脆性破坏，故该应力为脆性破坏的最低应力。点 A' 对应的坐标即为该最低应力和 NDT。在 NDT 以上，对应各个尺寸裂纹的脆性断裂应力随温度上升而增大，这与材料的断裂韧度随温度增加而上升有关。点 B 对应的坐标为 σ_s 和 FTE，点 C 对应的坐标为 σ_b 和 FTP。连接 $A'BC$ 线即为断裂终止线，表示不同应力水平下脆性裂纹扩展

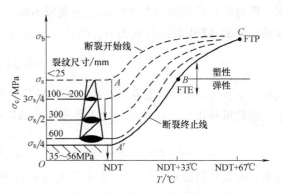

图 7-20 断裂分析图（FAD）

的终止温度。在断裂终止线以右，裂纹不会扩展导致脆性断裂。AC 线为小裂纹的断裂开始线，位于材料的 σ_s 线以上。在 σ_s 以上，AC 线与 BC 线之间区域内，断裂前先产生塑性变形。当温度高于 FTP 后，无论裂纹尺寸如何，断裂都是剪切破坏型，且 $\sigma_c = \sigma_b$。在 σ_s 以下，NDT 以上，断裂终止线以左区域内，根据不同尺寸裂纹及应力水平的组合，裂纹可能快速扩展而脆性断裂，也可能不发生脆性扩展。在此区域内，在相同应力下，小尺寸裂纹不会扩展，只有大尺寸裂纹才会扩展导致断裂。大量试验表明，FTE ≈ NDT+33℃，FTP ≈ NDT +67℃，因此，测出 NDT，便可估算出 FTE 和 FTP，从而建立断裂分析图（FAD）。断裂分析图（FAD）为工程结构防止脆断和选择材料提供了一个有效的方法，此外还可用来分析脆断事故，积累脆性断裂的有关数据。但需要注意的是，断裂分析图（FAD）没有考虑板厚产生的约束因素带来的影响，也没有考虑加载速度的影响。断裂分析图（FAD）一般是用 25mm 厚的低强度钢板建立起来的，当钢板厚度增大时，由于约束增加，断裂终止线将随之提高。后来对 75mm 厚钢板进行试验后修正为：FTE ≈ NDT+72℃，FTP ≈ NDT+94℃。

7.3 材料的抗热震性

材料承受温度骤变而不破坏的能力称为材料的抗热震性（Thermal Shock Resistance）。曾称热稳定性，热震稳定性，抗热冲击性，抗温度急变性，耐急冷急热性等。大多数陶瓷材料，尤其是耐火材料，在生产和使用过程中都处于高温状态，因此要经受温度的急剧变化，这时产生的热应力就有可能会导致陶瓷材料的破坏失效。在温度循环变化时产生的循环热应力或热应变作用下的疲劳称为热疲劳，温度循环和机械应力循环叠加作用引起的疲劳称为热机械疲劳。对于热锻模、热轧辊及涡轮叶片等，在服役过程中温度要反复变化，必须考虑热疲劳以及热机械疲劳的影响。材料的热震失效可分为两大类：一类是发生瞬时断裂，称为热震断裂；另一类是在热冲击循环作用下，先出现开裂、剥落，然后碎裂和变质，最终发生整体破坏，称为热震损伤。

7.3.1 抗热震断裂

材料中产生热应力必须要有两个条件，即温度变化和机械约束。温度变化使材料膨胀或收缩，但还得有约束才会产生热应力。约束可以来自外部，即构件的约束，也可以来自内

部，即材料相邻截面内存在温差，热变形不均匀从而导致一部分约束另一部分。根据热弹性理论，温差 ΔT 引起的热应力 $\sigma_{\Delta T}$ 的计算公式为

$$\sigma_{\Delta T} = S\alpha\Delta T\frac{E}{1-\nu} \tag{7-17}$$

式中，α 是材料的热膨胀系数；E 和 ν 分别是材料的弹性模量和泊松比；S 是试样的形状因子。据此可导出引起热震断裂的临界温差为 $\Delta T_c = R/S$，其中 R 为

$$R = \frac{1-\nu}{E\alpha}\sigma_f \tag{7-18}$$

式中，σ_f 是材料的断裂强度。将 R 称为材料在急剧受热或受冷时的抗热震断裂参数，在缓慢受热或受冷时需考虑材料的热导率 λ，这时抗热震断裂参数定义为

$$R' = \frac{\lambda(1-\nu)}{E\alpha}\sigma_f = \lambda R \tag{7-19}$$

通常来说，材料热膨胀系数越小，材料因温度变化而引起的变形越小，相应产生的温度应力就越小，因而材料抗热震性越好；材料热导率越大，材料内部的温差越小，由温差引起的应力差就越小，因而抗热震性越好；材料固有强度越高，承受热应力而不致破坏的强度越大，抗热震性好；材料弹性模量越大，材料的热变形越容易产生高的热应力，对抗热震性不利。因此，为避免热震断裂，要求材料具有较高的强度和热导率以及较低的热膨胀系数和弹性模量。

7.3.2　抗热震损伤

由于材料中不可避免地存在着或大或小、数量不等的微裂纹，在热震环境中，这些裂纹扩展的条件可根据断裂力学理论加以分析。另外还涉及新生微裂纹的形核与扩展，所以这一过程本质上是一个损伤过程。从能量的角度来看，当热应力导致储存于材料中的应变能足以支付裂纹形核与扩展所需的表面能时，裂纹就会形成和扩展。据此可得到材料的抗热震损伤参数为

$$R'' = \frac{E\gamma_s}{(1-\nu)\sigma_f^2} \tag{7-20}$$

式中，γ_s 是材料的比表面能；E、ν、σ_f 分别是材料的弹性模量、泊松比和断裂强度。可见为减小材料的热震损伤，要求材料具有较高的比表面能和弹性模量以及较低的断裂强度。一般地讲，材料组织相对疏松，有一定气孔率，有适当的微裂纹存在，都会降低断裂强度，增大裂纹扩展阻力，使材料在热冲击下不致被破坏。值得注意的是，在对弹性模量和强度的要求上，避免热震损伤刚好与避免热震断裂的要求相反。因此，对于致密高强陶瓷，不易发生热震损伤，而是极易炸裂，但对于疏松多孔陶瓷，易发生损伤累积进而导致破坏。可以理解为，热震断裂是一种变形小强度高的脆性断裂，而热震损伤是一种变形大强度低的韧性断裂。

材料的抗热震损伤还可通过试验测试试样热震前后的强度变化来评价。按照我国的耐火制品抗热震性试验方法（YB 4018—1991），将长条试样（230mm×114mm×31mm 或 230mm×65mm×31mm）的一个面作为受热面，在均热板上自室温以规定的速率加热至 1000℃，保持30min，然后置于空气中冷却。以热震前、后抗折强度变化百分率评价其损伤程度。每块试

样的抗折强度保持率 R_r 按下式计算，即

$$R_r = \frac{R_a}{R_b}$$

（7-21）

式中，R_a 是热震后试样的抗折强度；R_b 是热震前试样的抗折强度。

7.4　环境介质中的材料力学性能试验

环境条件，如温度（低温、高温）、射线和介质（水、水蒸气、潮湿空气、腐蚀性溶液、有机溶剂、高温液态金属等）对材料的力学性能往往有着重要影响。将环境因素对材料力学性能的影响称为环境效应，由于环境效应而造成的断裂称为环境诱发断裂（Environmentally Induced Cracking，EIC）或环境敏感断裂（Environmentally Assisted Cracking，EAC）。由于环境与应力的协同作用可以相互促进，加速材料的损伤、促使裂纹早期形成并加速扩展，因此在环境与应力协同作用下材料发生的破坏，常比它们单独作用或者两者简单的叠加更为严重。

由于工程结构的受力状态是多种多样的（如拉伸力、交变力、摩擦力、振动力等），而不同状态的应力与环境的协同作用所造成的环境敏感断裂形式也不相同。因此环境敏感断裂的研究需要综合考虑应力状态的差异性以及环境介质对其的影响。前面各章节中介绍的试验测试方法都可以在环境介质中进行，以便模拟和评测材料的环境效应。

7.4.1　高温热暴露

热暴露（Thermal Exposure）又称为高温浸润。材料长时间处于高温条件下即使不受力，也可使其力学性能发生变化。通常导致室温和高温强度下降，脆性增加，可称为热暴露效应，其发生原因是材料的组织在高温环境下发生变化，以及高温环境中的氧化和腐蚀导致力学性能发生变化。不同材料在不同条件下对热暴露效应的敏感程度不同。航空、航天、能源、石化和冶金工业中对这一现象在构件设计和使用中非常重视。

热暴露效应可采用强度降低系数来评定。测量材料在暴露温度 T 下，经过时间 t 后的室温及高温抗拉强度 $(\sigma_b)_{T/t}$ 和 $(\sigma_b^T)_{T/t}$。特别地，将材料在空气介质中升温到 T 并保温 0.5h 后做拉伸试验测得的强度称为高温瞬时抗拉强度 σ_b^T，可见高温瞬时抗拉强度也就是热暴露时间为 0.5h 的热暴露强度 $(\sigma_b^T)_{T/0.5}$。通常将热暴露强度表示为室温强度的百分数，即

$$(\sigma_b)_{T/t} = \frac{(\sigma_b)_{T/t}}{\sigma_b} \times \sigma_b = A_{(\sigma_b)_{T/t}} \sigma_b$$

（7-22a）

$$(\sigma_b^T)_{T/t} = \frac{(\sigma_b^T)_{T/t}}{\sigma_b} \times \sigma_b = A_{(\sigma_b^T)_{T/t}} \sigma_b$$

（7-22b）

式中，A 是在温度 T 下热暴露 t 小时后的室温强度和高温强度降低系数。通常以 A 为纵坐标，T 为横坐标，给出对应不同热暴露时间后的室温及高温强度降低系数曲线，如图 7-21 所示。

材料长期暴露于高温环境下，会对其组织稳定性产生影响。例如：在室温时采用加工硬化及沉淀硬化等手段对金属进行强化，在高温时由于冷变形金属的回复、再结晶，以及时效

硬化合金的第二相粗化等原因导致强度迅速下降；还有一些组织相在一定温度下会发生相变，转变为新的具有不同力学性质的组织相。因此，热暴露效应存在一个温度范围，超出该范围，过高或过低的温度都不会引起明显的强度变化。

热暴露的机理在于环境侵蚀，主要是氧化。除少数贵金属外，几乎所有的金属都会发生氧化反应。一般工程用金属材料在室温下氧化缓慢，热暴露会使氧化行为剧烈进行并具有破坏性。一方面，金属与氧反应生成氧化膜，称为外氧化。力学性能的变化与氧化膜的结构、性质（如致密性）及其与基体的结合强度有关，多数情况下会使材料力学性能下降。另一方面，氧溶解到合金相中并逐渐扩散，当氧的浓度超过其在合金相中的固溶度时，合金中较活泼的金属元素就会与氧反应生成氧化物，称为内氧化。一般来说氧进入金属内部会引起脆化，尤其是在残余

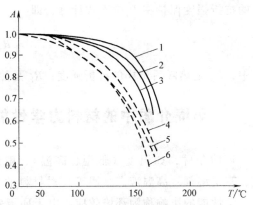

图 7-21　LC9 铝合金热暴露后的室温及高温强度降低系数曲线

1—$A_{(\sigma_b)_{T/50}}$，50h 热暴露后的室温强度降低系数曲线
2—$A_{(\sigma_b)_{T/100}}$，100h 热暴露后的室温强度降低系数曲线
3—$A_{(\sigma_b)_{T/1000}}$，1000h 热暴露后的室温强度降低系数曲线
4—$A_{(\sigma_b^T)_{T/50}}$，50h 热暴露后的高温强度降低系数曲线
5—$A_{(\sigma_b^T)_{T/100}}$，100h 热暴露后的高温强度降低系数曲线
6—$A_{(\sigma_b^T)_{T/1000}}$，1000h 热暴露后的高温强度降低系数曲线

应力的存在下，这种氧脆过程和机制将变得更加复杂。

需要指出的是，尽管在绝大多数情况下高温热暴露会导致材料强度和塑性的下降，但有时也存在例外。尤其是在能够生成致密稳定的氧化膜时，氧脆现象会得到抑制，高温反而有助于消除残余应力，在一定程度上提高材料的强度和塑性。另外有的相变也是有助于提升材料力学性能的。

显然，热暴露导致材料经受高温浸润后力学性质发生变化，这与材料在高温环境下服役时需要关注的蠕变和应力松弛有着本质区别。材料的热暴露强度也不同于材料的蠕变极限和持久强度。热暴露主要关注材料内的残余应力和高温环境的交互作用，而蠕变或应力松弛则需关注外加应力和高温环境的交互作用，但实质上也是包含了热暴露的影响机制。

7.4.2　环境腐蚀

在腐蚀性介质中，通常将环境敏感断裂分为应力腐蚀开裂（Stress Corrosion Cracking，SCC）、氢脆（Hydrogen Embrittlement，HE）或氢致断裂（Hydrogen Induced Cracking，HIC）、腐蚀疲劳断裂（Corrosion Fatigue Cracking，CFC）、腐蚀磨损（Corrosive Wear，CW）和微动腐蚀（Fretting Corrosion，FC）等。从材料种类看，既有金属材料的环境敏感断裂，也有玻璃、陶瓷和聚合物的环境敏感断裂。从环境介质的状态看，可以是气态（如潮湿空气）、液态（水溶液、有机溶剂和高温液态金属等），也可以是固态（如低熔点的涂层等）等。

环境敏感断裂是在应力和腐蚀环境共同作用下引起的脆性断裂现象。这里需强调的是应力和腐蚀的耦合共同作用，并不是应力和腐蚀两个因素分别对材料性能损伤的简单叠加。因

为仅就产生环境敏感断裂的介质来说，一般还都不算是腐蚀性的，至多也就是轻微腐蚀性的。如果没有任何应力存在，大多数材料在这种环境中都可认为是耐蚀的。另一方面，如单独考虑应力的影响，会发现产生环境敏感断裂的应力通常是很小的。在不存在腐蚀介质的情况下，这样小的应力是不会使材料和零件发生机械破坏的。环境敏感断裂的危险性恰恰在于它常常发生在相当缓和的介质和不大的应力状态下，而且往往事先没有明显的征兆，极易造成灾难性的事故。

对于某种给定的材料，只有在特定的介质中才会发生环境敏感断裂。例如：α 黄铜只有在氨溶液中才会腐蚀破坏（通常称为氨脆），而 β 黄铜在水中就能破裂；又如奥氏体不锈钢在氯化物溶液中具有很高的应力腐蚀开裂敏感性（通常称为氯脆），而铁素体不锈钢对氯化物却不敏感。表 7-1 列出了对应力腐蚀开裂敏感的材料-介质组合。

表 7-1 对应力腐蚀开裂敏感的材料-介质组合

材料	介 质
碳钢、低合金钢	NaOH、硝酸盐水溶液、碳酸盐水溶液、液体氨、H_2S 水溶液等
高强度钢	水介质、海水、H_2S 水溶液、HCN 溶液等
奥氏体不锈钢	氯化物水溶液、高温水、海水、H_2S 水溶液、NaOH 溶液等
马氏体不锈钢	海水、NaCl 水溶液、NaOH 溶液、NH_3 溶液、H_2SO_4、H_2S 水溶液等
铝合金	湿空气、海水、NaCl 水溶液、高纯水等
钛和钛合金	海水、甲醇、液态 N_2O_4、发烟硝酸、有机酸、NaCl 水溶液、熔盐等
镁和镁合金	湿空气、高纯水、$KCl+K_2CrO_4$ 水溶液等
铜和铜合金	含氨或铵离子的溶液、$NaNO_2$、醋酸钠、酒石酸、甲酸钠溶液等
镍和镍合金	高温水、热盐溶液、NaOH 溶液等
锆和锆合金	热盐溶液、含 I^-、Br^-、Cl^- 的甲酸、CCl_4、$CHCl_3$、卤素蒸气等

早期对环境敏感断裂的研究通常是采用光滑试样在机械应力和腐蚀介质的共同作用下，依据发生断裂前的持续时间或力学性能指标的劣化程度来评定材料的抗应力腐蚀能力。随着断裂力学的发展，现在更多地采用含裂纹试样来测定材料在腐蚀环境中的断裂韧度以及裂纹扩展速率，以评定材料抵抗腐蚀断裂的能力。金属和合金的应力腐蚀试验可详见国家标准 GB/T 15970.9—2007。

1. 光滑试样的恒载腐蚀断裂试验

通过将光滑试样置于腐蚀介质中，然后施加载荷致其断裂，可以模拟测试腐蚀介质对其材料力学性能的影响。

根据施加载荷的方法不同，可分为恒载荷试验和恒应变试验。最简单的恒载荷试验，就是在被腐蚀着的光滑平板或圆棒拉伸试样下端悬挂砝码或通过杠杆、液压系统、弹簧等施加拉应力。在恒应变试验中，使试样通过塑性变形至预定的形态，腐蚀应力来自加工变形产生的残余应力。这种方法使用的试样形状和手段很多，如环形、U 形、叉形和弯梁试样等。它的优点是可以做到比较符合实际情况，而且夹具简单便宜，因此在工厂试验室中应用较多。

进行试验时，采用一组相同的试样，在不同的应力水平作用下测定其断裂时间，在半对数坐标系下作 σ-$\lg t_f$ 曲线，如图 7-22 所示。断裂时间 t_f 随着外加拉伸应力 σ 的降低而增加。

若当外加拉伸应力低于某一定值时，应力腐蚀断裂时间 t_f 趋于无限长，将此应力称为不发生应力腐蚀的临界应力 σ_{SCC}，如图 7-22a 所示。若断裂时间 t_f 随外加拉伸应力 σ 的降低而持续不断地缓慢增加，则将在某一给定时间下发生应力腐蚀断裂的应力作为条件临界应力 σ_{SCC}，如图 7-22b 所示。可以根据临界应力 σ_{SCC} 来研究合金元素、组织结构及化学介质对材料应力腐蚀敏感性的影响。显然，这一临界应力越大，材料越不容易发生应力腐蚀断裂。

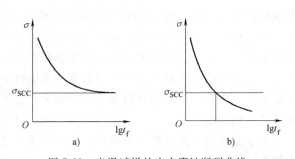

图 7-22　光滑试样的应力腐蚀断裂曲线

a）存在极限应力的情况　b）不存在极限应力的情况

有时也可根据试样断面收缩率的变化来评价材料对应力腐蚀的敏感性，定义介质影响系数为 $\beta = (Z_{ua} - Z_{uc})/Z_{ua} \times 100\%$，式中 Z_{ua} 和 Z_{uc} 分别是试样在空气中和在腐蚀介质中的断面收缩率。

尽管采用应力腐蚀断裂曲线 $\sigma\text{-lg}t_f$ 和临界应力 σ_{SCC} 也可以表示材料的应力腐蚀敏感性，但由于这种方法所用的是光滑试样，所测定的断裂总时间包括裂纹形成与裂纹扩展的时间，而裂纹的形成受内部缺陷、表面粗糙度、表面氧化膜等诸多因素的影响，所得试验结果数据比较分散。所以也就不能正确得出腐蚀环境下裂纹扩展速率的变化规律。特别是当试样表面形成致密稳定的氧化膜后，会抑制裂纹的形成，不能反映腐蚀介质对裂纹扩展的脆化加速效应。

2. 缺口试样的裂纹腐蚀扩展试验

将含裂纹的试样置于腐蚀介质中，在恒载荷或恒位移的条件下，测定由于裂纹扩展引起的应力场强度因子 K_I、裂纹扩展速率 da/dt 随断裂时间 t_f 的变化关系，可据此得出材料抵抗应力腐蚀的特性。

（1）恒载荷法　目前最简单、最常用的恒载荷法是悬臂梁弯曲裂纹扩展试验，试验装置如图 7-23 所示。所用试样与预制裂纹的三点弯曲断裂韧度测定试样类似，但可以略长一些以便夹持。将试样一端固定在机架上，另一端和一个力臂相连。力臂的另一端通过砝码进行加载。试样放置在所研究的腐蚀介质中。因外加弯矩保持恒定，在裂纹尖端形成一个稳定的拉应力场，但在腐蚀介质的作用下，裂纹将逐渐向前扩展，直至试样断裂。

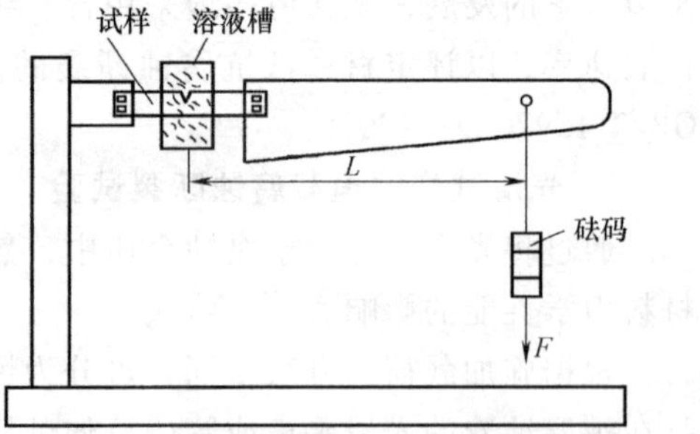

对于预制裂纹的悬臂梁弯曲试样，裂纹尖端的应力场强度因子 K_I 可按下式计算，即

$$K_I = \frac{4.12M}{BW^{3/2}}(\alpha^{-3} - \alpha^2)^{1/2} \qquad (7-23)$$

图 7-23　恒载荷悬臂梁弯曲裂纹扩展试验装置

式中，M 是弯矩，等于裂纹至加载点距离与砝码重量的乘积，加上力臂重心至裂纹处的距离与力臂重量的乘积；B 和 W 分别是试样的厚度和宽度；α 是反映裂纹长度 a 的系数，定义为 $\alpha = 1 - a/W$。

为了保证上述计算公式适用，试样的尺寸和试验时间需符合要求。与断裂韧度 K_{IC} 的测

定试验一样，试样尺寸要满足平面应变的要求，即

$$a_{\min} = B_{\min} = (W-a)_{\min} = \frac{W_{\min}}{2} = 2.5 \left(\frac{K_{\mathrm{I}}}{\sigma_{\mathrm{s}}} \right)^2 \tag{7-24}$$

式中，$a_{\min}$ 是最小裂纹长度；$B_{\min}$ 是最小试样厚度；$W_{\min}$ 是最小试样宽度；σ_{s} 是材料的屈服强度。另外，试样断裂的时间不能太短，否则所测得的数据不能很好地反映腐蚀介质的影响，没有参考价值。

　　试验时保持一个恒定的载荷直至试样断裂，记下断裂时间 t_{f}，并利用式（7-23）计算出初始应力场强度因子 K_{I}。用若干个试样在不同的载荷下重复上述试验，即可得到一系列的 t_{f} 和相应的 K_{I}，典型的 K_{I}-t_{f} 曲线如图 7-24 所示。断裂时间 t_{f} 随初始应力场强度因子 K_{I} 的降低而增加，当 K_{I} 降低到某一临界值时，应力腐蚀断裂就不会发生了，这时的 K_{I} 称为应力腐蚀断裂的门槛值 K_{ISCC}。可见，K_{ISCC} 也就是对应于无限断裂时间的临界值 K_{I}。实际测试中可以规定一个较长的时间（一般取 100~300h）作为确定 K_{ISCC} 的基准。

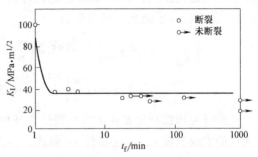

图 7-24　初始应力场强度因子 K_{I}
与断裂时间 t_{f} 的关系曲线

　　对于 Ti-8Al-1Mo-1V 合金在 3.5%（质量分数）NaCl 溶液中的应力腐蚀，其 K_{IC} = 100MPa·m$^{1/2}$。当初始 K_{I} 为 40MPa·m$^{1/2}$ 时，仅几分钟试样就破坏了。但如果将 K_{I} 稍微降低一些，则破坏时间就会大大推迟。在此合金体系中 K_{ISCC} = 38MPa·m$^{1/2}$。

　　根据应力腐蚀断裂的门槛值 K_{ISCC} 可以对材料在腐蚀环境中的安全性进行判断。

　　1）当 $K_{\mathrm{I}} < K_{\mathrm{ISCC}}$ 时，在应力作用下，材料或零件可以长期在腐蚀环境中安全使用而不破坏。

　　2）当 $K_{\mathrm{ISCC}} < K_{\mathrm{I}} < K_{\mathrm{IC}}$ 时，在腐蚀环境和应力共同作用下，裂纹呈亚临界扩展；随着裂纹不断增大，裂纹顶端的 K_{I} 也不断增大，达到 K_{IC} 时即发生断裂。

　　3）当 $K_{\mathrm{I}} > K_{\mathrm{IC}}$ 时，加上初始载荷后试样就会立即断裂。

　　对于大多数材料，如高强度钢和钛合金等，在特定的化学介质中都有一定的门槛值 K_{ISCC}。但有些材料如铝合金，却没有明显的门槛值，这时一般采用某规定试验时间内不发生断裂的上限值 K_{I}。因此在使用门槛值 K_{ISCC} 时必须十分小心，特别是当所设计的工程构件在腐蚀环境中服役的时间比测定 K_{ISCC} 数据的试验时间长时一定要非常慎重。

　　利用悬臂梁弯曲裂纹扩展试验，也可进一步测定出 $\mathrm{d}a/\mathrm{d}t$-K_{I} 曲线，以研究裂纹在亚临界扩展阶段的扩展速率，参见下面的介绍。

　　（2）恒位移法　用螺栓对紧凑拉伸试样进行加载，可以在整个试验过程中保持位移恒定。试验装置如图 7-25 所示，与试样上半部啮合的螺栓顶在裂纹的下表面上，这样就产生了一个对应于某初始载荷的裂纹张开位移。试验过程中该位移维持不变，但由于腐蚀介质的影响，裂纹将向前扩展，从而导致载荷逐渐下降。由于载荷下降对裂纹尖端应力场强度因子 K_{I} 的影响大于裂纹增长带来的影响，因而 K_{I} 不断减小，$\mathrm{d}a/\mathrm{d}t$ 相应减小，最终将导致裂纹

停止扩展或 $da/dt \leqslant 10^{-7} \, \text{mm/s}$，这时的 K_I 就是 $K_{I\,SCC}$。

对于预制裂纹的紧凑拉伸试样，裂纹尖端的应力场强度因子 K_I 可按下式计算，即

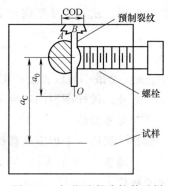

$$K_I = \frac{Ff\left(\dfrac{a}{W}\right)}{B\sqrt{W}} \qquad (7\text{-}25)$$

式中，F 是施加的载荷；a 是裂纹长度，即从加载螺栓中心线至裂纹顶端的距离；B 和 W 分别是试样的厚度和宽度；f (a/W) 是形状因子函数，可表示为

图 7-25　恒位移紧凑拉伸试样裂纹扩展试验装置

$$f\left(\frac{a}{W}\right) = 30.96\left(\frac{a}{W}\right)^{1/2} - 195.8\left(\frac{a}{W}\right)^{3/2} +$$

$$730.96\left(\frac{a}{W}\right)^{5/2} - 1186.3\left(\frac{a}{W}\right)^{7/2} + 754.6\left(\frac{a}{W}\right)^{9/2} \qquad (7\text{-}26)$$

试验时先用螺栓加载到所需的裂纹张开位移，然后放入特定的腐蚀介质中，定期测量试样表面的裂纹长度 a，由此获得 a-t 曲线，再作 a-t 曲线的切线，就可得到不同时刻的 da/dt。同时把这个 a 代入式（7-25）就可获得相应的 K_I，从而绘制出 da/dt-K_I 曲线。待裂纹完全停止扩展后，取出试样，精确地测出止裂后的裂纹长度 a_C，代入上式就可求得应力腐蚀断裂的门槛值 $K_{I\,SCC}$。

图 7-26 所示为在对数坐标系下的典型 $\lg\,(da/dt)$-K_I 曲线，可以分为三个阶段。在第 I 阶段当 K_I 刚超过 $K_{I\,SCC}$ 时，裂纹经过一段孕育期后突然加速扩展，$\lg\,(da/dt)$-K_I 曲线几乎与纵坐标轴平行。对于某些材料，这部分曲线很陡。低于 $K_{I\,SCC}$ 时，da/dt 可以忽略不计。不过对铝合金等材料来说，并不出现真正的门槛值，其第 I 阶段的斜率也较小。在第 II 阶段，曲线出现水平线段，da/dt 基本上与应力强度因子无关。这时裂纹顶端会发生分支现象，裂纹扩展主要受电化学过程控制。到第 III 阶段，裂纹长度已接近临界尺寸，da/dt 又随 K_I 的增加而急剧增大，这时材料进入失稳扩展的

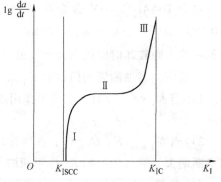

图 7-26　在对数坐标下的典型 $\lg(da/dt)$-K_I 曲线

过渡区。当 K_I 达到 K_{IC} 时，裂纹便失稳扩展导致试样断裂。

根据 $K_{I\,SCC}$ 和裂纹扩展速率 da/dt，能够评估材料的安全性和寿命。由于 $K_I < K_{I\,SCC}$ 时材料是安全的，因此可以利用 $K_{I\,SCC}$ 计算出临界裂纹的长度 a_0^*。如果裂纹长度 $a < a_0^*$，则裂纹不会扩展，可以不考虑应力腐蚀问题；如果 $a \geqslant a_0^*$，则在相应工作应力作用下裂纹会因为应力腐蚀而不断扩展。此时可根据裂纹扩展速率来预测材料的使用寿命。

材料的使用寿命主要由曲线上的第 II 阶段决定。在这一阶段，da/dt 近似为常数，不妨令其为 A，则裂纹由初始长度 a_0 扩展到第 II 阶段终止时的 a_2 所需时间为

$$t_f = \frac{a_2 - a_0}{A} \qquad (7\text{-}27)$$

式中，a_2可用第Ⅱ阶段终止时的应力场强度因子来计算，即

$$a_2 = \left(\frac{K_{I2}}{Y\sigma}\right)^2 \tag{7-28}$$

式中，Y是裂纹形状因子。将计算出的a_2代入式（7-27）就可计算出材料的使用寿命。由于没有考虑裂纹在孕育阶段的扩展，这样估算出的使用寿命是偏于安全的保守值。

恒载荷的悬臂梁弯曲法和恒位移的紧凑拉伸法相比，各有优缺点。用恒载荷悬臂梁弯曲法可得到完整的K_I-t_f曲线，能较准确地确定K_{ISCC}，但所需试样的数量较多。恒位移的紧凑拉伸法不需特殊试验机，便于现场测试，原则上用一个试样即可测定K_{ISCC}，但其缺点是裂纹扩展趋向停止的时间很长，而且当试验停止时裂纹的扩展前沿有时不太规整，判定裂纹的长度困难，因此计算的K_{ISCC}有一定的误差。

3. 慢应变率拉伸试验

慢应变率拉伸试验（Slow Strain Rate Testing，SSRT）是一种快速测定应力腐蚀破裂性能的试验方法。试验时，将试样放入不同温度、电极电位、pH值的化学介质中，在慢应变率拉伸试验机上，以给定的应变率进行拉伸试验，并同时连续记录载荷（应力）和相应时间（应变）的变化曲线，直到试样被缓慢拉断。典型的拉伸应变率为$10^{-6} \sim 10^{-4}$/s，试样可用光滑试样，也可用缺口试样。

慢应变率拉伸试验是在恒载荷拉伸试验方法的基础上发展而来的，由于试样承受的恒载荷被缓慢恒定的延伸速率（塑性变形）所取代，加速了材料表面膜的破坏，使应力腐蚀过程得以充分发展，因而试验周期较短，常用于应力腐蚀断裂的快速筛选试验。该方法的特点是试样在预定时间内肯定会断，所以是快速，但需要专门的慢应变率试验机。

试验完成后，可根据下述指标来评定材料在特定介质中的应力腐蚀敏感性。

（1）塑性损失 用惰性介质和腐蚀介质中断后伸长率A_u、断面收缩率Z_u或断裂真应变ε_f的相对差值作为应力腐蚀敏感性的度量，即$I_{Au} = (A_{ua} - A_{uc})/A_{ua}$或$I_{Zu} = (Z_{ua} - Z_{uc})/Z_{ua}$，其中下标$a$表示惰性介质，下标$c$表示腐蚀介质，$I_{Au}$或$I_{Zu}$越大，应力腐蚀就越敏感。

（2）断裂应力 在惰性介质中的断裂应力σ_a和腐蚀介质中的断裂应力σ_c的相对差值越大，应力腐蚀敏感性就越大，可用$I_\sigma = (\sigma_a - \sigma_c)/\sigma_a$表示。对于脆性材料，特别是当应力还在弹性范围内时试样就已断裂的情况，用这个断裂应力的相对变化指标就更为合适。

（3）断口形貌和二次裂纹 对大多数韧性材料，在惰性介质中拉断后将获得韧窝断口，但发生应力腐蚀断裂后往往获得脆性断口。脆断区域所占比例越高，说明应力腐蚀越敏感。如果腐蚀介质中拉断的试样在主断面侧边存在二次裂纹，这也表明此材料对应力腐蚀是敏感的。往往可用二次裂纹的长度和数量作为衡量应力腐蚀敏感性的参量。

（4）吸收的能量 应力-应变曲线下的面积代表试样断裂前所吸收的能量W，惰性介质和腐蚀介质中吸收能量的差别越大，则应力腐蚀敏感性也就越大，可用$I_W = (W_a - W_c)/W_a$表示。

（5）断裂时间 应变速率相同时，在腐蚀介质和惰性介质中断裂时间t_f的差别越大，应力腐蚀敏感性就越大，可用$I_t = (t_{fa} - t_{fc})/t_{fa}$表示。

4. 腐蚀疲劳试验

材料在交变应力和腐蚀介质共同作用下产生的破坏称为腐蚀疲劳断裂。腐蚀疲劳是许多工业中经常遇到的重要问题，如船舶的推进器、海洋平台的构架、压缩机和燃气轮机叶片、

化工机械中的泵轴、油气田开采设备等，其中零部件的破坏形式主要就是腐蚀疲劳断裂。

一般的疲劳试验结果都是在普通大气介质中获得的，通常把这种在真空、惰性气体或普通大气介质中的疲劳称为纯机械疲劳。与纯机械疲劳相比，在腐蚀介质中发生的腐蚀疲劳具有一些独特特点：①腐蚀疲劳的 S-N 曲线一般没有下面的水平阶段，即使交变应力很低，只要循环次数足够多，材料总会发生断裂，因此不存在无限寿命的疲劳极限值；②腐蚀疲劳极限与静强度之间没有直接的关系，提高材料的静强度对材料在腐蚀介质中的疲劳抗力贡献较小；③腐蚀疲劳对加载频率更加敏感，而且频率越低，腐蚀疲劳强度与寿命也越低。究其原因，这是因为腐蚀疲劳条件下裂纹极易萌生，裂纹扩展是疲劳寿命的主要部分，而对于机械疲劳来说，裂纹萌生是疲劳寿命的主要部分。

从应力状态来看，腐蚀疲劳也不同于前面讨论的应力腐蚀。尽管两者都是在应力和腐蚀介质联合作用下的失效破坏形式，与应力腐蚀断裂相比，腐蚀疲劳断裂主要有以下特点：①应力腐蚀中主要关注的是静应力，尤其是拉应力的影响，而腐蚀疲劳中关注的是交变（循环）应力；②在应力腐蚀的情况下一般存在某个临界值 K_{Iscc}，当外加应力场强度因子 $K_{\mathrm{I}} < K_{\mathrm{Iscc}}$ 时材料是不会发生应力腐蚀断裂的，但在腐蚀疲劳的情况下，即使 $K_{\mathrm{I}} < K_{\mathrm{Iscc}}$ 时，疲劳裂纹仍有可能扩展；③应力腐蚀断裂时，一般只有一两个主裂纹，而且主裂纹上往往有分支裂纹；腐蚀疲劳断裂时，断口上有多处裂纹源，裂纹很少或几乎没有分支情况。发生腐蚀疲劳时，裂纹在交变应力作用下不断地张开与闭合，促使介质流动，这是区别于应力腐蚀的一个重要特点。在一般的应力腐蚀中，裂纹是逐步扩展张开的，裂尖介质浓度总是要高于整体环境的平均值，而在腐蚀疲劳中裂尖介质浓度由于介质的往复流动而与周围环境的平均值差别不大。

由于裂纹扩展的快慢是决定腐蚀疲劳寿命长短的关键因素，因此需要重点关注腐蚀疲劳裂纹的扩展规律。试验研究表明，对于腐蚀疲劳裂纹扩展，可以将裂纹扩展速率 $\mathrm{d}a/\mathrm{d}N$ 对应力场强度因子差值 ΔK 的关系分为三种类型，如图 7-27 所示。

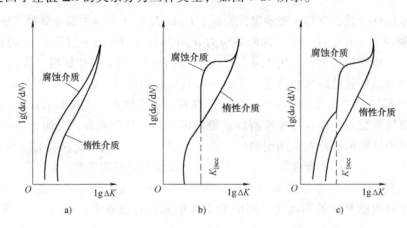

图 7-27　三种典型腐蚀疲劳裂纹扩展速率曲线

a）乘积型　b）叠加型　c）混合型

第一种类型为乘积型，腐蚀作用占主导地位。这时的腐蚀疲劳裂纹扩展速率曲线与纯机械疲劳的曲线类似，不过由于腐蚀介质的作用使得门槛值 ΔK_{th} 减小，裂纹扩展速率增大，如图 7-27a 所示。当 K_{I} 接近材料的断裂韧度 K_{IC} 时，介质的影响减小。当腐蚀介质的影响还不足以引起应力腐蚀断裂时，腐蚀疲劳裂纹扩展速率曲线表现为这一类，如在水溶液中的铝合金疲劳。

第二种类型为叠加型，是纯机械疲劳和应力腐蚀断裂的简单叠加，如图 7-27b 所示。当 $K_I < K_{I\,SCC}$ 时，裂纹扩展速率由纯机械疲劳的裂纹扩展速率决定，介质的腐蚀作用可以忽略。当 $K_I > K_{I\,SCC}$ 时发生应力腐蚀，裂纹扩展速率急剧增加并表现出一个水平台阶，直至最终达到 K_{IC} 时发生破坏。钢在氢介质中腐蚀疲劳就属于此类。

第三种类型为混合型，是将前两种类型结合起来形成的，如图 7-27c 所示。这是腐蚀疲劳裂纹扩展的最一般形式，在大多数工程材料与环境介质的组合条件下腐蚀疲劳就属于这一类型。

由于腐蚀疲劳的复杂性，为了利用纯机械疲劳和应力腐蚀的试验结果进行腐蚀疲劳寿命的预测，一些计算模型被提出以定量计算腐蚀疲劳裂纹扩展速率。目前主要有线性叠加模型和竞争模型。

线性叠加模型认为腐蚀疲劳裂纹扩展是纯机械疲劳（在惰性介质中）和应力腐蚀断裂两个过程的线性叠加，即

$$(da/dN)_{CF} = (da/dN)_{SCC} + (da/dN)_F \tag{7-29}$$

式中，$(da/dN)_{CF}$ 是腐蚀疲劳裂纹扩展速率；$(da/dN)_F$ 是纯机械疲劳裂纹扩展速率；$(da/dN)_{SCC}$ 是一次应力循环下应力腐蚀裂纹的扩展量，如循环一次的时间周期为 $\tau = 1/f$，其中 f 是应力循环的频率，则有

$$(da/dN)_{SCC} = \int_\tau (da/dt)_{SCC}\, dt \tag{7-30}$$

这一模型在 $K_I > K_{I\,SCC}$ 时结果还比较符合实际。但由于没有考虑应力和介质的交互作用，只能适用于腐蚀疲劳和应力腐蚀受相同机理控制的情况。

竞争模型认为腐蚀疲劳的裂纹扩展是纯机械疲劳和应力腐蚀裂纹扩展相互竞争的结果。腐蚀疲劳裂纹扩展速率等于两者中裂纹扩展速率高的那一个，而不是它们的线性叠加。尽管这一模型也有一些试验结果的支持，但在机理解释上也还不太完善。

5. 腐蚀磨损和微动腐蚀试验

在腐蚀介质中，摩擦表面受到腐蚀而加速了表面磨损的现象称为腐蚀磨损。类似地，在腐蚀介质中发生的微动磨损称为微动腐蚀。这时既有腐蚀作用又有磨损作用，两者的交互作用会加速材料的过早破坏与流失，比单纯腐蚀或单纯磨损带来的危害更大。一方面由于介质的腐蚀作用，使材料表面的性能恶化，增加了材料的机械磨损；另一方面由于机械磨损的存在，会使腐蚀速率大大增加。

通过在腐蚀环境下进行材料的磨损试验，可以评测材料抵抗腐蚀磨损或微动腐蚀的能力。相关试验可参见下一章的摩擦磨损试验。

7.4.3　射线辐照

从 20 世纪 60 年代以来，核反应堆得到了迅速的发展。核反应堆压力容器须在一定温度、压力和严重的中子辐照下工作。钢在中子辐照下会导致金属内空洞成核和长大、形成氦气泡等辐照损失，从而使材料脆化。为确保核反应堆的安全性，避免核反应堆压力

容器脆性断裂，需要对钢及合金中子辐照损伤机理、辐照脆化的影响因素、辐照脆化的评定标准等进行大量的研究，以便为材料选择和防止核反应堆压力容器脆性断裂设计提供依据。

　　试验测试中，可将 X 射线管（30~420kV）、电子加速器（0.2~10MeV）或放射性同位素（Cs-137 或 Co-60）产生的 X 射线、γ 射线等照射到试样上，测试材料在辐照时或辐照后的力学性能。由于辐射环境的危险性，对试验操作和设备工作带来很大影响。因此，材料在辐照条件下的力学性能测试目前还处在起步阶段，相应规范和标准还有待进一步完善。

第 8 章
材料的摩擦磨损

在实际使用中，材料因接触表面相对运动而产生摩擦，这将导致材料的磨损，使表层材料损耗失效。摩擦（Friction）是两个相互接触的物体在外力作用下发生相对运动或具有相对运动趋势时产生切向运动阻力的现象；而磨损（Wear）是摩擦的结果；润滑（Lubrication）则是降低摩擦和减少磨损的重要措施。有关摩擦、磨损和润滑的学科总称为摩擦学（Tribology）。提高材料的耐磨性也是材料力学性能研究的一个重要部分。材料的摩擦磨损是一种表面现象，必须先有材料的相互接触才可能发生。因此，材料的表面特性和接触状态是影响材料摩擦磨损的重要因素。

8.1 材料表面的性状及检测

8.1.1 材料表面的结构和性质

材料的表面与其内部本体，无论在结构上还是在化学组成上都有明显的差别。材料内部原子受到周围原子的相互作用是对称的，因此各个方向的力彼此抵消而达到平衡。但处在材料表面的原子，一侧受到内部相同物质原子的作用，另一侧受到外部气液相中不同物质原子的作用，这两种作用力是不能相互抵消的，因此存在额外的表面张力才会达到平衡。可见表面原子处在一种不对称的力场中，这使得它们表现出一些独特的性质。

由于表面原子的受力状况与内部本体不同，如果增加表面积，就必须做功，这将使得内能增加。这部分增加的内能是由于表面原子朝向外侧的键能没有得到补偿而具有的高于内部本体原子的额外的势能，称为表面自由能或表面能。表面能是材料表面相对于材料内部所多出的能量，与形成材料表面时对原子间化学键破坏的程度有关。从理论上讲，把材料分解成小块所需的能量与形成小块材料表面所增加的表面能相等。但事实上，只有在真空中刚刚形成的表面才符合上述能量守恒。因为新形成的表面是非常不稳定的，它们通过表面原子重组和相互间的反应，或者对周围其他分子或原子产生吸附，从而使表面能降低。单位面积的表面能称为比表面能（J/m^2），它的量纲和表面张力（N/m）相同，而且在数值上相等。两者都可用来衡量材料表面自由能的大小，但其物理意义各有侧重。

对于由不同组分构成的材料，组分与组分之间还可形成界面，这与表面有类似的特性，存在界面能和界面张力。一般将不互溶的两相之间的过渡区称为界面，包括气-液、液-液、固-液、固-气、固-固界面。特别地，将液体或固体与气相（一般是空气）之间的界面称为表面。实际上两相之间并不存在截然的分界面，相与相之间是个逐步过渡的区域，界面区域结构、能量、组成等都呈现出连续性梯度的变化。因此，表（界）面不是几何学上的二维平面，而是一个结构复杂，厚度约为几个或几十个原子厚度的准三维区域。所以常常把界面区域当作一个相或层来处理，称为界面相或界面层。一般将同一相内部原子之间的作用力称为内聚力，不同相中的原子之间的作用力称为吸附力或附着力，这两者的差异就会导致界面相中表现出界面张力。材料的腐蚀、老化、硬化、破坏以及材料加工时的印刷、涂膜、黏结、复合等，都与材料的表（界）面性能密切相关。

在三相系统中，尤其是固-气-液三相界面，由于表面能在三相接触点相互"争夺"，会呈现出明显的表面张力特征，这就是浸润与不浸润现象。如图 8-1 所示，在三相接触面上，表面张力之间的平衡方程为

$$\sigma_{SG} = \sigma_{LS} + \sigma_{LG} \cos\theta \qquad (8\text{-}1)$$

式中，σ_{SG} 是固-气相界面的表面张力；σ_{LS} 是液-固相界面的表面张力；σ_{LG} 是液-气相界面的表面张力；接触角 θ 是浸润角。由上式可得

$$\cos\theta = \frac{\sigma_{SG} - \sigma_{LS}}{\sigma_{LG}} \qquad (8\text{-}2)$$

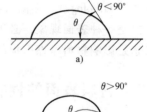
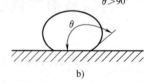

这被称为杨氏方程。可见，当 $\sigma_{SG} > \sigma_{LS}$ 时，$\theta < 90°$，这时称液体能浸润固体，特别当 $\theta = 0°$ 时，液体在固体表面铺展成薄膜，称为完全浸润；当 $\sigma_{SG} < \sigma_{LS}$ 时，$\theta > 90°$，这时称液体不能浸润固体，特别当 $\theta = 180°$ 时，液体在固体表面形成球状液滴，称为完全不浸润。浸润和不浸润取决于液体和固体的性质。同一种液体能浸润某些固体，但不一定能浸润另一些固体。例如：水能浸润玻璃但不能浸润石蜡，汞能浸润铁、铜、锌，而不能浸润玻璃。显然，在特定的气液环境中，材料表面的浸润程度对于材料的摩擦以及表面吸附有着重要影响。

图 8-1　材料表面的浸润情况
a）浸润　b）不浸润

8.1.2　材料表面的检测分析方法

为了揭示材料及其制品的表面形貌、成分、结构或状态，需要发展各种表面分析技术，即利用特定探束（光子或原子、电子、离子等）或探针（机械力或电磁力）与固体表面相互作用，测量从表面发射或散射的电子、光子、离子、原子、分子的能谱、光谱、质谱、空间分布或衍射图像，从而得到表面成分、表面结构、表面电子态及表面物理化学过程等信息。表面分析的对象是固体表面上几个原子层乃至单个原子层厚的薄层，对其结构、成分和状态分布进行分析。狭义的表面形貌分析主要是指表面几何外形的观察分析，其分辨尺度达到原子级时就可观察到原子的排列，这时形貌分析和结构分析之间就没有明确的分界了。

表面分析方法的基本原理是利用各种入射粒子（或力场、电场、磁场和热场）与表面相互作用，然后分析出粒子（或场）所携带的被分析表面的信息，如图 8-2 所示。通常采用电子束入射，这将在材料表面形成一个滴状相互作用区（图 8-3），从而激发出二次电子、背散射电子、吸收电子、透射电子以及特征 X 射线、俄歇电子等信号，它们从不同的侧面反映了材料表面的形貌、结构及成分等微观信息。表面分析方法有数十种，常用的方法见表 8-1。

表 8-1 常用的表面分析方法

分析方法	简称	探测粒子	检测粒子	测量类型	检测信息 主要功能	检测信息 辅助功能	检测信息 成像	试样规格	采样深度/nm	深度分辨率/nm	横向分辨率/μm	灵敏度(%)	不能检测元素	定量分析不确定度	检测时的真空度/Pa	检测时的损伤程度	主要应用范围
光学显微镜	OM	光子	光子	光学反射、透射	表面形貌	金相分析	形貌	块状、片状			0.2				—	无	固体表面结构
电子显微镜（扫描电子显微镜）	SEM	电子	电子	二次电子、背散射电子、吸收电子	表面形貌	成分（配件）	形貌衬度、成分衬度	块状（喷镀导电层）	5~10	10	$(0.5\sim2)\times10^{-3}$	>0.1	H		$10^{-2}\sim10^{-3}$	弱	固体表面结构、微结构
电子显微镜（透射电子显微镜）	TEM	电子	电子	透射电子、衍射电子	表面形貌和结构	成分（配件）	质厚衬度、衍射衬度	薄膜复型	<200	100	0.2×10^{-3}	0.1	H		$<10^{-3}$	弱	薄膜平面及截面分析
电子探针显微分析	EPMA	电子	特征X射线	波长（波谱仪WDS）	微区成分	配合SEM或OM可显微结构相对应	元素含量	块状（光滑表面）	500~2000	1000	0.2	0.001	Z<4	1%~3%	$<10^{-3}$	一般：无 非导体：大	固体表面成分分析
电子探针显微分析	EPMA	电子	特征X射线	能量（能谱仪EDS）	微区成分	配合SEM或OM可显微结构相对应	元素含量	块状（光滑表面）	500~2000	1000	0.05	0.01	Z<11	1%~3%	$<10^{-3}$	一般：无 非导体：大	固体表面成分分析
电子能谱仪（X射线光电子能谱（电子光谱化学分析仪））	XPS (ESCA)	光子	电子	能量	元素和化学价态	深度剖析、价带、震激等		片状（导电）	1~3	≤1	$10\sim10^3$	>0.1	H、He	≤10%	$10^{-7}\sim10^{-9}$	弱	固体表面元素及其化学结构分析
电子能谱仪（俄歇电子能谱）	AES	电子	电子	能量	元素	深度剖析、界面分析等	表面元素及其化学态浓度	片状（导电）	0.5~2	≤1	$\leq10^{-2}$	<0.1	H、He	≤20%	$10^{-8}\sim10^{-9}$	弱	固体表面元素及化学结构分析
电子能谱仪（紫外光电子能谱）	UPS	光子	电子	能量	价电子	分子轨道分析、表面态等		片状	0.5~2	≤1	$\geq10^3$	<0.1	H、He		$<10^{-3}$	弱	固体表面价带

（续）

分析方法	简称	探测粒子	检测粒子	测量类型	检测信息 主要功能	检测信息 辅助功能	检测信息 成像	试样规格	采样深度/nm	深度分辨率/nm	横向分辨率/μm	灵敏度(%)	不能检测元素	定量分析不确定度	检测时的真空度/Pa	检测时的损伤程度	主要应用范围
低能离子散射能谱	ISS	离子	离子	能量	元素	晶体结构、原子间作用	离子像	块状	<0.3个原子单层	<0.5	$\geq 10^3$	<0.1	H	$\geq 10\%$	$<10^{-7}$	中	固体顶层原子
二次离子质谱	SIMS	离子	离子	质量、质荷比	元素、同位素	化合物、分子结构、成像	二次离子像	块状	0.3~1	0.3~1	$>10^{-2}$	$<10^{-4}$		>20%	$10^{-4} \sim 10^{-7}$	严重	固体表面及界面分析
场离子显微镜和原子探针 · 场离子显微镜	FIM	电场E	离子	质荷比	结构及成分	形貌、缺陷、扩散、重构	原子分布	针尖状	原子单层		0.2×10^{-3}				$<10^{-6}$	弱	原子分布分析
场离子显微镜和原子探针 · 原子探针分析	AP	电场E	离子	场致蒸发质荷比	原子结构	微区化学成分	原子结构	针尖状	原子单层		0.2×10^{-3}				$<10^{-6}$	严重	原子结构定量分析
扫描探针显微镜 · 扫描隧道显微镜	STM	电场	隧道电流	电子态密度	表面形貌	电子态	表面三维图像	小块状	10^{-2}	0.01	$>10^{-4}$	单原子				无	导电表面形貌和电子态
扫描探针显微镜 · 原子力显微镜	AFM	原子力	原子力	原子密度	表面形貌	原子密度、原子间作用力	表面三维图像	小块状	10^{-2}	0.01	0.1×10^{-3}	几个单原子				无	表面形貌和原子密度
三维激光表面仪	TLS	激光	激光	光学反射、干涉	表面三维形貌	三维轮廓测量	表面三维坐标	任意			10						固体表面形貌
激光扫描共聚焦显微镜	CLSM	激光	荧光	感光成像	光学切片及三维重建	细胞物理和生物学测定	焦平面上样品点的荧光图像	薄片(荧光标记)	50~100μm	500	0.18					无	断层扫描成像、三维空间结构分析

注：灵敏度用原（分）子单层或百分含量表示。

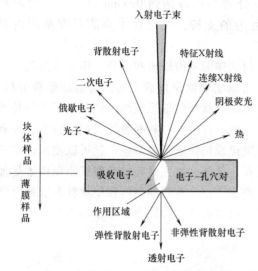

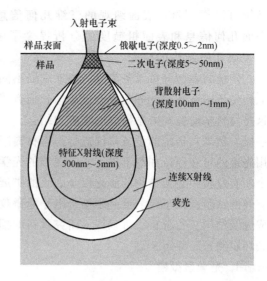

图 8-2　入射束与材料表面相互作用示意图　　图 8-3　入射电子束在材料表面形成滴状相互作用区

　　表 8-1 中所列各种方法适用于不同尺度不同材料的表面结构、成分或状态分析。可用于表面形貌测试的主要有光学显微镜、扫描电子显微镜、原子力显微镜、三维激光表面仪。光学显微镜可以得到材料表面的宏微观二维图像，扫描电子显微镜可以得到材料表面的微细观二维图像，原子力显微镜可以得到材料表面的纳观三维形貌图像，三维激光表面仪可以得到材料表面的宏观三维形貌图像。

　　人眼的分辨能力大约是 0.2mm。显微镜就是利用光学原理，把人眼所不能分辨的微小物体放大成像，以供人们提取微细结构信息的光学仪器。显微镜的分辨率受衍射极限的限制，所以它的分辨率不可能小于入射波长的一半。光学显微镜采用可见光成像，其波长为 400~760nm，因此光学显微镜的分辨能力可达 200nm。尽管通过增加透镜级数、改变透镜配比几乎可以使光学显微镜的放大倍数无限制地增大，但局限于可见光波长的范围以及衍射、像差等影响，光学显微镜的有效放大倍数一般最高在 1000~1500 倍。为了进一步提高显微镜的分辨率，需要降低入射光的波长。紫外光波长为 10~400nm，但大多数材料会强烈吸收紫外光，所以紫外光并不适宜作为照明光源。伦琴射线（X 射线）的波长更短，为 0.1~10nm，但迄今为止还没有找到能使 X 射线发生折射和聚焦的透镜，因此 X 射线也不能作为显微镜的照明光源。波长小于 0.1nm 的伽马射线（γ 射线）与此类似，也不适宜作为显微镜照明光源。电子的波粒二象性使得电子流可以作为一种更好的照明光源。一方面电子波的波长在 0.87~3.7pm 之间，要比可见光波长短了约 5 个数量级。另一方面电场和磁场可以使电子束折射，从而产生会聚与发散，达到成像的目的，也就是所谓的静电透镜和电磁透镜。采用电子束作为照明光源的现代电子显微镜的最大放大倍率已经超过 300 万倍，分辨率可达 0.2~2nm，是当前不可取代的高分辨率成像手段。

　　无论是光学显微镜还是电子显微镜，所得到的图像都是材料表面在特定光源照射下的反射像或透射像，属于二维投影像，不能很好地反映材料表面的三维空间结构。基于现代光测技术发展起来的三维激光表面仪可以得到材料表面的三维几何信息，提供了立体视觉成像，分辨率可以达到 10μm 以上。基于原子间作用力发展起来的原子力显微镜可以得到材料表面纳观的三维几何信息，分辨率可以达到 0.1nm 以上。这为材料表面几何信息和表面粗糙度的分析提供了强有力的支持，可以在不同的尺度范围内开展表面几何结构的研究。

传统的表面分析设备都是静态地观测不同材料试样的表面结构和成分。用力学加载设备取代传统的载物台，并配合改进成像扫描方式，可以实现原位加载下的实时表面形貌分析，这是材料学研究和力学研究的强有力结合，为分析揭示材料的变形破坏机理提供了新的技术手段。例如：传统的设备只能进行静态材料断口分析，以推断材料断裂的过程和特性。但利用先进的可在原位加载下进行实时观测的光学显微镜或扫描电子显微镜，就可以拍摄记录整个断裂过程中表面结构的演化以及裂纹的扩展过程，这就为研究材料的断裂机制提供了更加有效的试验测试手段。进一步结合电子能谱仪、离子质谱仪等对加载过程中材料表面的化学成分及结构进行分析，可以深入研究材料的损伤、应力腐蚀、腐蚀磨损等多场耦合下的变形破坏机制。

1. 光学显微镜

光学显微镜（Optical Microscope，OM）是利用可见光照射到试样后造成局部散射、透射或反射来形成不同的光强而成像。表面为曲面的玻璃或其他透明材料制成的光学透镜可以使物体放大成像，光学显微镜就是利用这一原理把微小物体放大到人眼足以观察的尺寸。近代的光学显微镜通常采用两级放大，由两组会聚透镜组成光学折射成像系统，分别称为物镜和目镜。焦距较短、靠近被观察物体的称为物镜；而焦距较长、靠近眼睛或 CCD 等摄像装置的称为目镜。被观察物体置于物镜前方，被物镜进行第一级放大后成一倒立的实像，然后此实像再被目镜进行第二级放大成一虚像，人眼看到的就是倒立的虚像，如图 8-4 所示。而显微镜的总放大倍数就是物镜放大倍数和目镜放大倍数的乘积。放大倍数是指直线尺寸的放大比，而不是面积比。

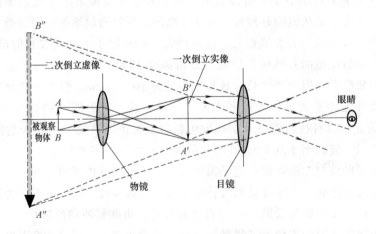

图 8-4　光学显微镜成像原理图

光学显微镜由机械装置和光学系统组成。机械装置的作用是固定与调节光学镜头、固定与移动试样等，主要包括镜座、镜臂、载物台、镜筒、物镜转换器以及调焦装置。光学系统是显微镜的核心，由照明系统（照明光源、滤光器、聚光器、反光镜等）和放大系统（物镜、目镜、相机等）组成，如图 8-5 所示。

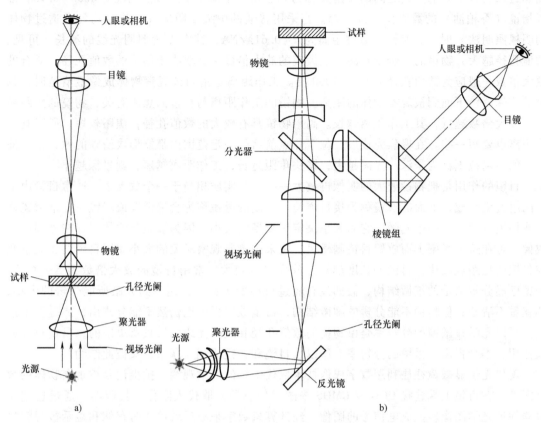

图 8-5　光学显微镜结构示意图

a）常规光学显微镜　b）金相显微镜

　　光学显微镜的照明光源可以采用天然光，也可以采用普通光、偏振光、紫外光、荧光、红外光或激光等人工光源。根据照明方式的不同，分为透射式和落射式两大类。必要时可通过滤光器改变光线的光谱成分或削弱光的强度。聚光器由聚光镜和可变光阑组成。聚光镜的作用相当于凸透镜，起会聚光线的作用，以增强照明。可变光阑也称为光圈，通常由十几张金属薄片组成，中心部分形成圆孔，其作用是调节光强度和使聚光镜的数值孔径与物镜的数值孔径相适应。聚光镜可以弥补光量的不足，将光线聚焦到被观察物体上，以得到最好的照明效果。反光镜是一个可以随意转动的双面镜，一面为平面，一面为凹面，装在聚光器下面，其作用是将从任何方向射来的光线经通光孔反射上来。平面镜反射光线的能力较弱，是在光线较强时使用的；凹面镜反射光线的能力较强，是在光线较弱时使用的。

　　物镜是决定光学显微镜性能的最重要部件。根据使用条件的不同可分为干燥物镜和浸液物镜，其中浸液物镜又可分为水浸物镜和油浸物镜。根据放大倍数的不同可分为低倍物镜（10 倍以下）、中倍物镜（20 倍左右）和高倍物镜（40～65 倍）。根据像差矫正情况，分为常用的消色差物镜（能矫正光谱中两种色光的色差物镜）和昂贵的具有高性能的复色差物镜（能矫正光谱中三种色光的色差物镜）。物镜的主要参数包括放大倍数、数值孔径和工作距离。数值孔径也称为镜口率，简写为 NA（Numerical Aperture）或 A，由物镜的孔径角 α 和介质的折射率 n 确定，即 $NA = n\sin\alpha$。从被观察物体上某一点发出的进入物镜最边缘的光线和进入物镜中心的光线之间的夹角 α 称为孔径角。干燥物镜的数值孔径为 $0.05\sim0.95$，油浸物镜（香柏油）的数值孔径为 1.25。当采用普通的中央照明法（使光线均匀地透过物体的明视照明法）时，显微镜的分辨距离为 $d=0.61\lambda/NA$，其中 λ 为照明光线的波长。可见，数值孔径越大，物镜的分辨率越高。显微镜的放大倍数主要取决于物镜的数值孔径，适合的放大倍数一般应为数值孔径的 $500\sim1000$ 倍。工作距离是指当被观察物体成像最清楚时，物镜的前端透镜下面到被观察物体的距离。物镜的工作距离与物镜的焦距有关，物镜的焦距越长，放大倍数越低，其工作距离越长。高倍物镜具有较大的数值孔径，焦距较短，所以其工作距离也要短一些。在聚焦完成后，位于焦点前后的一定范围内都能形成清晰的像，这一前一后的距离范围称为景深。光圈越大，镜头焦距越长，工作距离越短，则景深越小。

目镜的作用是把物镜放大的实像再放大一级，其实质相当于一个放大镜。通常目镜由上下两组透镜组成，上面的透镜称为接目透镜，下面的透镜称为会聚透镜或场镜。上下透镜之间或场镜下面装有一个光阑，它的大小决定了视场的大小。因为被观察物体正好在光阑面上成像，可在这个光阑上面放置目镜测微尺，用来测量所观察对象的大小。因目镜的放大倍数与目镜的焦距成反比，目镜的长度越短，放大倍数越大。常用目镜的放大倍数为 $5\sim16$ 倍。物镜已经分辨清楚的细微结构，假如没有经过目镜的再放大，达不到人眼所能分辨的大小，那就看不清楚；但物镜不能分辨的细微结构，目镜放得再大也仍然不能分辨出，还是看不清楚。所以光学显微镜的分辨率是由物镜的数值孔径和照明光线的波长所决定的，目镜只起放大作用，不会提高显微镜的分辨率。所以，目镜和物镜既相互联系，又彼此制约。

现代光学显微镜往往利用数字成像技术取代传统的人眼观测，拍摄记录被观察物体的数字图像。在目镜上端连接 CCD 或 CMOS 等图像传感器，取代人眼作为接收器，通过这些光电器件把光学图像转换成电信号的图像，经计算机数字采集后就可实时存储和显示被观察物体的数字图像。结合数字图像处理技术，可进一步对图像进行放大、滤波以及统计测量等分析处理，得到被观察物体的各种定量几何信息，进行尺寸检测、颗粒计数等工作。通过与计算机联用，便于实现检测和信息处理的自动化，可应用于需要进行大量烦琐检测工作的场合。

常规的光学显微镜采用普通白光穿透照射被观察物体，此外还有其他特殊类型的光学显微镜。

偏光显微镜是将普通光改变为偏振光进行镜检的方法，以鉴别某一物质是单折射性（各向同性）或双折射性（各向异性）。凡具有双折射性的物质，在偏光显微镜下就能分辨清楚，当然这些物质也可用染色法来进行观察，不过有些则不可能，而必须利用偏光显微镜。双折射性是晶体的基本特征。因此，偏光显微镜被广泛地应用在矿物、高分子、纤维、玻璃、半导体和化学等领域。在生物学和植物学中，很多结构也具有双折射性，这就需要利用偏光显微镜加以区分。

双目体视显微镜又称为"实体显微镜"或"解剖镜"，在观察物体时能产生正立的三维空间影像。它工作距离长，立体感强，成像清晰和宽阔，是一种适用范围非常广泛的光学显微镜，在生物、医学领域广泛用于切片操作和显微外科手术，在工业中用于微小零件和集成电路的观测、装配、检查等工作。双目体视显微镜由一个共用的初级物镜对物体成像，然后两光束被两组中间物镜——变焦镜分开，并成一体视角再经各自的目镜成像。它的倍数变化是由改变中间镜组之间的距离而获得的，因此又称为"连续变倍体视显微镜"（Zoom-stereo microscope)。随着应用要求的变化，体视镜可选配丰富的附件，如荧光、冷光、照相、摄像源等。双目体视显微镜是利用双通道光路，为左右两眼提供一个具有立体感的图像。它实质上是两个单镜筒显微镜并列放置，两个镜筒的光轴不是平行的，而是构成相当于人们用双目观察一个物体时所形成的视角（一般为 12°~15°），以此形成三维空间的立体视觉图像。虽然双目体视显微镜的放大倍数不如常规光学显微镜，但其工作距离很长，景深较大，视场直径大，能够给出具有立体视觉效果的被观察物体全貌。

金相显微镜是专门用于观察金属和矿物等不透明物体金相组织的显微镜。这些不透明物体无法在普通的透射光显微镜中观察，故金相显微镜和普通显微镜的主要差别在于前者以反射光照明，而后者以透射光照明。在金相显微镜中照明光束从物镜方向射到被观察物体表面，反射后再返回物镜成像。这种反射照明方式也广泛用于集成电路硅片的检测工作。

紫外荧光显微镜是用紫外光激发荧光来进行观察的显微镜。某些物体在可见光中察觉不到结构细节，但经过染色处理，以紫外光照射时可因荧光作用而发射可见光，形成可见的图像。这类显微镜常用于生物学和医学中。

工具显微镜是主要用于测量计量方面的一类显微镜，与常规显微镜的不同主要是工作台的运行精度非常高，并配有一些特殊的目镜，适用于平面乃至三维数据的测量。现在的工具显微镜一般采用电子目镜，配有各种专业软件进行图像处理与分析计算。

扫描显微镜是成像光束能相对于物面做扫描运动的显微镜。在扫描显微镜中依靠缩小视场来保证物镜达到最高的分辨率，同时用光学或机械扫描的方法，使成像光束相对于物面在较大视场范围内进行扫描，并用图像处理技术来获得合成的大面积图像信息。这类显微镜适用于需要高分辨率的大视场图像的观测。

2. 扫描电子显微镜

扫描电子显微镜（Scanning Electronic Microscopy，SEM）是利用聚焦得非常细的高能电子束在试样上扫描，激发出各种物理信息，通过对这些信息的接收、放大而显示成像。当一束极细的高能入射电子轰击扫描试样表面时，被激发的区域将产生二次电子、俄歇电子、特征 X 射线和连续 X 射线、背散射电子、透射电子，以及在可见、紫外、红外光区域产生电磁辐射，同时可产生电子-空穴对、晶格振动（声子）、电子振荡（等离子体）等。

背散射电子（BSE）是被固体试样原子散射后又反射回来的一部分入射电子，约占入射电子总数的 30%，产生范围在 0.1~1mm 深度。背散射电子主要由两部分组成。一部分是只与试样原子发生弹性散射而反射回来的入射电子（散射角大于 90°），称为弹性背散射电子。它们只改变了运动方向，本身能量没有损失（或基本没有损失），其能量等于（或基本等于）入射电子的初始能量（能量为数千到数万电子伏特）。另一部分是进入试样后与原子核、核外电子发生多次各种非弹性散射的一些入射电子。它们由于散射作用而连续地改变前进方向，同时也有不同程度的能量损失，最终那些散射角累计大于 90°，能量大于试样表面逸出功的入射电子从试样表面发射出去，称为非弹性背散射电子。由于这部分入射电子遭遇散射的次数不同，所以各自损失的能量也不相同，因此非弹性背散射电子能量分布范围很广，可从几电子伏特到接近入射电子的初始能量。

背散射电子产额对试样的原子序数十分敏感。当电子束垂直入射采试样时，其产额通常随原子序数 Z 的增加而呈单调上升，尤其在低原子序数区，这种变化更为明显（图 8-6），但其与入射电子的能量关系不大。因此，当用背散射电子成像时，其像的衬度与试样上各微区的成分密切相关，像中原子序数大的区域亮，原子序数小的区域则暗。此外，背散射电子产额还受电子束入射角的影响。电子束入射角即入射电子束与试样表面法线之间的夹角。当入射角增大时，入射电子束向前散射的趋势导致电子靠近表面传播，因而背散射机会增加，背散射电子产额增大。入射角较小时，背散射电子产额随入射角的增加而缓慢增加，当入射角达到30°以上时则迅速增大，而且高入射角时，所有元素背散射电子产额趋于相同的值。所以，背散射电子不仅能够反映试样微区成分特征（平均原子序数分布），可以进行成分定性分析，而且还能反映表面形貌特征。另外，利用背散射电子的衍射信息还可以研究试样的结晶学特征。

当入射电子与原子核外电子发生相互作用时，使原子失掉电子而变成离子的这种现象称为电离。试样原子的核外电子受入射电子激发（非弹性散射）、获得了大于临界电离的能量后，便脱离原子核的束缚，变成自由电子，其中那些处在接近试样表层而且能量大于材料逸出功的自由电子就可能从表面逸出成为真空中的自由电子，即二次电子（SE）。与此同时，由于轨道电子离开轨道成为二次电子，能量差将作为 X 射线或光发射出去。二次电子的产生是高能束电子与弱结合的核外电子相互作用的结果，而且在这个相互作用的过程中入射电子只将几电子伏特的能量转移给核外电子，所以二次电子能量较低，一般小于 50eV，大部分只有几电子伏特。因为二次电子能量很低，在相互作用区内产生的二次电子不管有多少，只有在接近表面大约 10nm 内的二次电子才能逸出表面，随着距试样表面距离的增加，产生的二次电子的逃逸率迅速降低。

二次电子（SE）对试样表面的形貌特征十分敏感，其产额 δ_{SE} 与电子束入射角 θ 之间存在下列关系，$\delta_{SE} \propto 1/\cos\theta$，即入射角 θ 增大时，二次电子产额随之增大。当试样表面不平时，入射束相对于试样表面的入射角 θ 发生变化，使二次电子的产额相应改变。用检测器收集试样上方的二次电子并使其形成反映试样上各照射点强度信息的图像，就可将试样表面形貌特征反映出来，形成"二次电子形貌衬度"图像。不同于背散射电子，二次电子产额对试样成分（原子序数）的变化相当不敏感，其主要取决于表面形貌，因此二次电子是研究表面形貌最为有用的工具。

图 8-7 所示为电子束作用下固体试样发射电子的能量分布图。除了在 E_0（入射电子能量）处有明锐的弹性背散射电子峰外，在小于 50eV 的低能端还有一个较宽的二次电子峰。在这两个峰之间是非弹性背散射电子构成的背景，其中还有一些微弱电子峰，包括俄歇电子峰及特征能量损失电子峰。当然，低能端的二次电子中也包含有少量低能量（小于 50eV）的非弹性背散射电子，实际上两者是无法分开的。从电子能谱曲线上不难看出，虽然非弹性背散射电子能量分布范围宽，但能接收到的电子数量比弹性背散射电子少得多。

由于背散射电子能量与入射电子相当，因而从试样上方收集到的背散射电子可能来自试样内较大的体积范围内，使这种信息成像的空间分辨率低；同时由于背散射电子能量高，运动方向不易偏转，检测器只能接受按一定方向射出及较小立体角范围内的电子，因而信号的收集效率较低。鉴于上述两种因素的影响，使得背散射电子像的空间分辨率通常只能达到 100nm。近年来在某些新型仪器上采用了半导体环形检测器，由于电子收集率高，使分辨率提高到 6nm 左右。

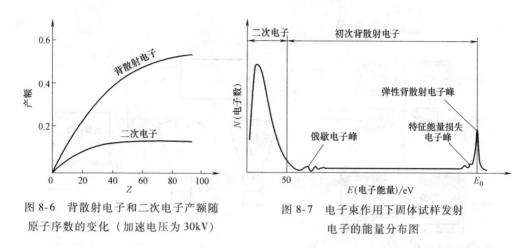

图 8-6　背散射电子和二次电子产额随
原子序数的变化（加速电压为 30kV）

图 8-7　电子束作用下固体试样发射
电子的能量分布图

二次电子来自试样表层，此时入射电子还没有被多次反射，也尚无明显的侧向扩展，因而二次电子信号反映的是一个与入射束直径相当的、很小体积范围内的形貌特征，故具有较高的空间分辨率。另外，二次电子由于本身能量很低，容易受试样处电场和磁场的影响，只要在检测器上面加一个 5~10kV 的正电压，就可使试样上方的绝大部分二次电子都进入检测器，从而使试样表面上无论是凹坑还是凸起物的背向检测器的部分也能显示出来。目前在扫描电镜中二次电子像的分辨率一般都在 3~6nm 之间（取决于电子枪类型及电子光学系统结构），在透射扫描电镜中可达到 2~3nm。

高能电子入射比较厚的试样后，其中部分入射电子随着与试样中原子核或核外电子发生非弹性散射次数的增多，其能量不断降低，直至耗尽，这部分电子既不能穿透试样，也无力逸出试样，只能留在试样内部，称为吸收电子（AE）。如果入射电子束照射一个足够厚的没有透射电子产生的试样，那么入射电子电流 I_0 则等于背散射电子电流 I_B、二次电子电流 I_S 和吸收电子电流 I_A 之和，即 $I_0 = I_B + I_S + I_A$。对于一个多元素的平试样来说，当入射电流 I_0 一定时，则 I_S 一定（仅与形貌有关），那么吸收电流 I_A 与背散射电流 I_B 存在互补关系，即背散射电子增多则吸收电子减少，因此吸收电子的产额同背散射电子一样也与试样微区的原子序数相关。随原子序数增大，背散射电子产额增多，那么吸收电子产额减少。若用吸收电子成像，同样可以定性地得到原子序数不同的元素在试样各微区的分布图，只是图像的衬度与背散射像黑白相反。

如果试样很薄，如厚度为几十至几百纳米，其厚度比入射电子的有效穿透深度（或全吸收厚度）小得多，那么将会有相当数量的入射电子穿透试样而成为透射电子（TE）。透射电子中包括非散射电子、弹性散射电子和非弹性散射电子。非散射电子即入射电子穿过试样，与试样内原子没有任何相互作用发生，非散射电子的数量反比于试样的厚度，试样越厚的区域穿过的非散射电子越少，反之试样越薄的区域穿过的非散射电子越多。同样，试样越厚，透射电子中的弹性散射电子和非弹性散射电子数量也越少。若受入射电子束照射的微区在厚度、晶体结构或成分上有差别，则在透射电子的强度、运动方向及能量分布上将有所反映。因此，透射电子是一种反映多种信息的信号，利用其质厚效应、衍射效应、衍衬效应可实现对试样微观形貌、晶体结构、晶向、缺陷等多方面的分析。

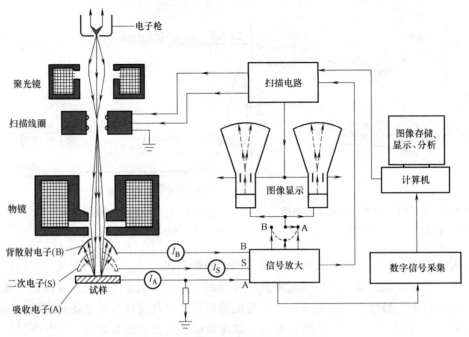

图 8-8　扫描电子显微镜结构原理图

　　扫描电子显微镜由电子光学系统、信号收集及显示系统、真空系统及电源系统组成，其结构原理图如图 8-8 所示。

　　电子光学系统由电子枪、电磁透镜、扫描线圈和试样室等部件组成，其作用是用来获得扫描电子束，作为使试样产生各种物理信号的激发源。为获得较高的信号强度和图像分辨率，扫描电子束应具有较高的亮度和尽可能小的束斑直径。

　　电子枪的作用是利用阴极与阳极灯丝间的高压产生高能量的电子束。扫描电子显微镜使用的电子枪主要有两种类型，即热发射（热阴极）三极电子枪和场发射电子枪。热发射（热阴极）三极电子枪由阴极（灯丝）、栅极和阳极组成，其结构原理图如图 8-9 所示。为了安全起见，阳极接地，负高压直接加在栅极上，在阴极和负高压之间加上一个偏压电阻，使栅极获得比阴极电位低数百伏（-300~200V）的偏压。灯丝通常是一个弯成 V 形的细钨丝（约 0.1mm）或六硼化镧 LaB_6（尖端曲率半径 10~20μm），当灯丝（阴极）被加热电源加热一定温度（>2500K）后发射电子，电子优先从 V 形的尖端发射，形成一个面积相当小的相干源。栅极为杯状且有一个位于灯丝尖端下面的小孔，杯状栅极对阴极发射电子有向光轴压缩作用，小孔允许灯丝尖端发射的电子通过，而在一定程度上挡掉在灯丝尖端之外发射的电子。灯丝与栅极之间的偏压电阻能够维持它们之间的电位差，这使电子枪有自调节功能，起到了稳定电子束流的作用。从灯丝发射的电子在阳极正电位（1~50kV）作用下向镜筒下方做加速运动，同时被栅极向光轴排斥，并向下穿过栅极杯底中心孔，在栅极和阳极之间会聚形成一个小的电子束截面，其直径约为几十微米，称为电子束交叉点。会聚的电子进一步发散，并穿过在阳极板的小孔离开电子枪区域向镜筒下方运动，经聚光镜系统会聚到试样上。钨丝热电子发射效率低，发射源直径较大，即使经过二级或三级聚光镜，在试样表面上的电子束斑直径也在 5~7nm，因此仪器分辨率受到限制。采用六硼化镧（LaB_6）灯丝可

186

使二次电子像的分辨率达到3nm。但这种电子枪要求很高的真空度，并且六硼化镧（LaB_6）难以加工，成本较高，使用受到一定限制。

场发射电子枪是利用靠近曲率半径很小的阴极尖端附近的强电场使阴极尖端发射电子，所以称为场发射电子枪。场发射分为热场和冷场，一般扫描电子显微镜多采用冷场，其结构原理图如图8-10所示。场发射电子枪由阴极、第一阳极和第二阳极构成三极。阴极是由一个选定取向的钨单晶制成，其尖端曲率半径为$100\sim500nm$（发射截面）。工作时，在阴极尖端与第一阳极之间加$3\sim5kV$的电位差U_1，则在阴极尖端附近可产生一个电场强度高达10^7 $\sim10^8V/cm$的强电场，在这个强电场的作用下，阴极尖端发射电子。在第二阳极数十千伏，甚至几万千伏正电位U_0作用下，阴极发射的电子被加速、会聚，经过第二阳极，在其孔的下方会聚成有效电子束，其直径为10nm，远远小于六硼化镧（LaB_6）、钨丝电子枪提供的电子源直径。此外，场发射电子枪的亮度非常高，比热发射（热阴极）三极电子枪高出几个数量级。由于冷场发射电子源尺寸小，尖端输出的总电流有限，在要求电子束斑直径、束流变化范围大的其他应用中，冷场发射电子枪受到了限制，如它无法满足波谱仪（WDS）等工作所需要的较大束流，所以在冷场电镜上只能配能谱仪（EDS）。肖特基（热场）发射电子枪解决了这一弊端，它与冷场最大的不同是其阴极尖端在1800℃下产生场致发射电子，这使它可提供较大的束流，故热场发射扫描电子显微镜可以加装WDS、EDS等，但热场的分辨率不如冷场的高，阴极寿命比冷场的低。场发射电子枪最终得到电子束斑非常细，亮度非常高，因此场发射扫描电子显微镜分辨率非常高。目前冷场发射扫描电子显微镜的分辨率一般为1nm左右，最高可达0.5nm。

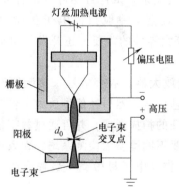

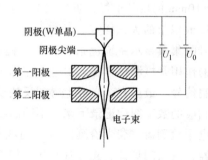

图8-9　热发射（热阴极）三极电子枪结构原理图　　图8-10　场发射电子枪结构原理图

电磁透镜是扫描电子显微镜光学系统中的重要组件，一般由三级电磁透镜组成，即第一聚光镜、第二聚光镜和末级聚光镜（即物镜），其主要功能是将电子枪中交叉斑处形成的电子源逐级会聚成为在试样上扫描的极细电子束。前两个聚光镜是强透镜，用来缩小电子束斑尺寸。第三个聚光镜（即物镜）是弱透镜，具有较长的焦距，使聚光镜下方放置的试样与聚光镜之间留有一定的距离，以便装入各种信号探测器。由于像差随焦距的增加而增加，为了实现高分辨率，物镜焦距应尽可能短些，试样应直接放在物镜下方，以避免磁场对二次电子轨迹的干扰。与光学显微镜类似，在扫描电子显微镜中，位于焦平面上下的一小层区域内的试样点都可以得到良好的会焦而成像，这一小层的厚度称为景深或场深，通常为几纳米厚。从物镜到试样最高点的垂直距离称为工作距离，通常使用的工作距离在$5\sim10mm$之间。

如果增加工作距离，可以在其他条件不变的情况下获得更大的景深。如果减少工作距离，则可以在其他条件不变的情况下获得更高的分辨率。扫描电子显微镜的景深 D 与分辨率 d_0（即电子束斑直径尺寸）、电子束的发散角（孔径角） α 的关系为 $D = d_0/\tan\alpha \approx d_0/\alpha = 0.2mm/\alpha M$，其中 M 为放大倍数。当电子束斑直径尺寸一定时，减小孔径角或缩小放大倍数都可以增大景深。当放大倍数和电子束斑直径尺寸一定时，孔径角是唯一可调参数，在观察起伏大的粗糙试样时，应选用最小孔径角，以得到最大的景深。

扫描线圈的作用是提供入射电子束在试样表面上以及阴极射线管内电子束在荧光屏上的同步扫描信号。扫描线圈是扫描电子显微镜的一个重要组件，一般放在最后两透镜之间，也有放在末级透镜的空间内。通过改变入射电子束在试样表面扫描振幅，可以获得所需放大倍数的扫描像。扫描电子显微镜的放大倍数 M 是在显像管中电子束在荧光屏上最大扫描距离 l 和电子束在试样上最大扫描距离 L 之比，即 $M = l/L$。因为 l 是固定不变的，只要调节电子束在试样上的最大扫描距离 L 就可以改变放大倍数 M 的大小，这就是通过调节控制镜筒中电子束偏转角度的扫描线圈中的电流实现的。目前，普通扫描电子显微镜的放大倍数多为20~20万倍，最低为5倍。场发射扫描电子显微镜具有更高的放大倍数，一般可达到60万~80万倍。这样宽的放大倍数范围可以满足各种试样观察的需要。可见与光学显微镜不同，扫描电子显微镜是通过控制扫描区域的大小来改变放大倍数的，因此扫描电子显微镜的放大倍数与电磁透镜没有直接关系。

试样室中主要部件是试样台。它能进行三维空间的移动，还能倾斜和转动。试样台移动范围一般可达40mm，倾斜范围至少在50°左右，转动360°。试样室中还要安置各种型号检测器。信号的收集效率和相应检测器的安放位置有很大关系。试样台还可以带有多种附件，如试样在试样台上加热，冷却或拉伸，可进行动态观察。一般扫描电子显微镜可放置 $\phi20mm\times10mm$ 的块状试样，近年来为适应断口实物等大零件的需要，还开发了可放置尺寸在 $\phi125mm$ 以上的大试样室。

信号收集及显示系统包括各种信号检测器、前置放大器、数字信号采集装置和显示装置。它的作用是检测试样在入射电子作用下产生的物理信号，然后经信号放大，作为显像系统的调制信号，最后在荧光屏上得到反映试样表面特征的扫描图像，并可通过数字信号采集处理将相应的数字图像记录下来。不同的物理信号需要不同类型的检测系统，大致可分为三类，即电子检测器、荧光检测器和 X 射线检测器。在扫描电子显微镜中最普遍使用的是电子检测器，其由闪烁体、光导管和光电倍增器组成。

扫描电子显微镜的真空系统包括真空柱和真空泵两部分。真空柱是一个密封的柱形容器，电子光学系统和信号采集装置均内置其中。真空柱底端即为密封的试样室，用于放置试样。之所以要用真空，是为了保证电子光学系统正常工作，防止试样污染。真空泵用来在真空柱内产生真空，有机械泵、油扩散泵以及涡轮分子泵三大类。机械泵加油扩散泵的组合可以满足配置普通钨丝阴极电子枪的扫描电子显微镜的真空要求，至少为 $10^{-2} \sim 10^{-3}Pa$。但对于装置了场发射枪或六硼化镧枪的扫描电子显微镜，则需要机械泵加涡轮分子泵的组合。六硼化镧枪电子显微镜的真空度要求至少为 $10^{-4} \sim 10^{-5}Pa$，场发射电子显微镜的真空度要求至少为 $10^{-7} \sim 10^{-8}Pa$。

电源系统由稳压、稳流及相应的安全保护电路组成，其作用是提供扫描电子显微镜各部分所需要的电源，包括产生电子枪所需的高压。注意要避免电源系统的电磁场对扫描电子显微镜的影响。通常将电源系统、真空泵等与真空柱等主机部分隔离放置。

3. 原子力显微镜

原子力显微镜（Atomic Force Microscope，AFM）是在扫描隧道显微镜（STM）基础上发展起来的一种具有原子级高分辨率的固体表面分析装置。不同于扫描隧道显微镜是利用探针与固体表面的隧道电流大小来探测表面形貌，原子力显微镜是利用探针针尖原子与固体表面原子之间的作用力来探测表面形貌。这就突破了扫描隧道显微镜只能观察导体或半导体材料的局限，可以用来研究包括绝缘体在内的固体材料表面结构。在此基础上，还进一步发展出了激光力显微镜（LFM）、磁力显微镜（MFM）、静电力显微镜（EFM）等，统称为扫描探针显微镜（Scanning Probe Microscope，SPM）。它的工作原理是控制具有微小针尖的特定探针在试样表面进行扫描，由于针尖与表面之间的相互作用，会引起针尖位置、隧道电流、原子力、静电力、磁力等的变化，将这一微弱变化信号捕捉放大后，即可重构出试样的表面形貌。扫描探针显微镜具有很高的分辨率，可以轻易"看到"原子，而且得到的是实时的、真实的试样表面三维图像。但也正是为了具有极高的分辨率，扫描探针显微镜的扫描速度受到限制，扫描范围也很小（难以突破 $100\mu m$ 量级），且被测试样表面粗糙度不宜过大。扫描探针显微镜既可以在真空中工作，又可以在大气中、低温状态、常温状态、高温状态，甚至溶液中使用，它不单是用来成像的显微镜，而是可以用于在原子、分子尺度进行加工和操作的工具。

原子力显微镜的基本原理是：将一个对微弱力极敏感的微悬臂一端固定，另一端有一微小的针尖，针尖与试样表面轻轻接触，由于针尖尖端原子与试样表面原子间存在极微弱的作用力（图 8-11），当驱动针尖在试样表面扫描移动时，带有针尖的微悬臂将在垂直于试样的表面方向起伏运动。利用光学检测法或隧道电流检测法，可测得微悬臂对应于扫描各点的高低位置变化或作用力变化，从而以纳米级分辨率获得试样表面形貌结构信息及表面粗糙度信息。

原子力显微镜由微悬臂、扫描控制和机械运动系统、信号检测和反馈控制系统以及成像和信息处理软件系统组成，其结构原理图如图 8-12 所示。

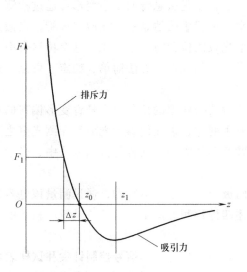

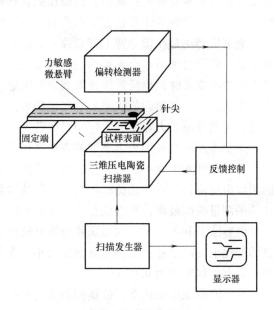

图 8-11　针尖与试样间的相互作用力　　　　图 8-12　原子力显微镜结构原理图

原子力显微镜的核心部件是微悬臂和固定于其一端的探针，须具有较高的灵敏度，以便感知到针尖与试样表面之间的原子作用力。微悬臂需具有较小的质量、较低的垂向刚度、较高的侧向刚度以及较大的固有频率，并带有能够通过光学、电容或隧道电流方法检测其动态位移的镜子或电极。微悬臂通常由一个大约 $100 \sim 500 \mu m$ 长和 $0.5 \sim 5 \mu m$ 厚的硅片或氮化硅片制成。探针处在微悬臂的末端，其材料一般为 Si、SiO_2、Si_3N_4、碳纳米管或金刚石等。虽然微悬臂针尖与试样间作用力极其微弱，但这个力完全集中到针尖尖端的一个原子或一个原子团上，因此要求针尖硬度、强度足够大，同时在扫描过程中有可能试样表面原子附着到针尖尖端上，所以要求针尖不能被试样物质腐蚀。探针针尖曲率半径的大小将直接影响到测量的水平分辨率。探针顶端处最好为一个原子或原子团而不是多个针尖，以避免因为多个针尖之间的干扰而产生虚假图像，而且尖锐的针尖能更加细致地描绘表面微观形貌。常见针尖的几何外形有圆锥形、抛物面形和棱锥形，其最小曲率半径可达 $10 \sim 20 nm$。

原子力显微镜使用压电陶瓷管制作的扫描器精确控制微小的扫描移动。当在压电陶瓷对称的两个端面加上电压时，压电陶瓷会按特定的方向伸长或缩短。而伸长或缩短的尺寸与所加的电压的大小呈线性关系。因此可以通过改变电压来控制压电陶瓷的微小伸缩。通常把三个分别代表 X、Y、Z 方向的压电陶瓷块组成三脚架的形状，通过控制 X、Y 方向伸缩达到驱动探针在试样表面扫描的目的；通过控制 Z 方向伸缩达到控制探针与试样之间距离的目的。

原子力显微镜的另一个关键部件是微悬臂变形检测器。原子力显微镜扫描时，微悬臂上探针与试样表面之间的原子力作用使微悬臂弯曲变形，试样表面的图像就是通过测量微悬臂的弯曲变形程度而获得的，并利用胡克定律来确定操作时试样与针尖的作用力。微悬臂变形的检测方法有多种，其中最常用的有隧道电流法、光束偏转法、光学干涉法和电容法四种。

隧道电流法是在微悬臂上方安置一个隧道电极，相当于扫描隧道显微镜针尖，于是微悬臂相当于扫描隧道显微镜的试样，利用扫描隧道检测技术，通过测量微悬臂和隧道电极间的电流变化来检测微悬臂的变形。它的优点是检测灵敏度高，特别是在排斥力范围内进行原子尺度观察是非常有效的；缺点是信噪比低，往往因微悬臂上污染物造成隧道电流的检测误差增大。因此，这种方法较适合于在高真空环境中的原子力显微镜。

光束偏转法是在微悬臂上部安放一面微小的镜子，于是微悬臂的微小变形可通过检测小镜子发射到位置敏感器上光束的偏转来实现。通常，位置敏感器是一个光敏二极管，当微悬臂发生微小变形时，由反射镜反射到位置敏感器上光束的位置将发生变化，这个位移会引起光电流的差异，利用差值信号就能对试样表面成像。它的优点是方法简单、稳定、可靠、精度高，因此是原子力显微镜中应用最为普遍的方法。

光学干涉法是利用光学干涉的方法来探测微悬臂共振频率的位移及微悬臂变形偏移的幅度。当微悬臂发生微小变形时，探测光束的光程发生变化，进而使参考光束和探测光束之间的相位出现位移。这种相位移的大小将反映微悬臂变形的大小。在各种检测方法中，光学干涉法的测量精度最高，垂直位移精度达 $0.001 nm$。

电容法是利用一个小的金属片与微悬臂作为两极板构成平行电容器，通过测量该电容器值的变化来反映微悬臂的偏移变形的大小。在上述四种检测方法中，电容法是精度较差的一种，垂直位移精度为 $0.03 nm$。

在不同的工作模式下，反馈控制系统根据检测到的微悬臂位移信号控制针尖和试样表面间距，沿试样表面进行扫描。最终完成扫描测试后，通过软件分析重构出试样表面的三维形貌图像，并进行所需的统计分析和定量计算，如表面粗糙度、平均高度、峰谷峰顶之间的最大距离等。

原子力显微镜的工作模式是以针尖与试样之间的作用力形式来分类的，主要有以下三种工作模式，即接触模式（Contact Mode），非接触模式（Non-Contact Mode）和敲击模式（Tapping Mode）。

接触模式是最直接的成像模式。在整个扫描成像过程之中，探针针尖始终与试样表面保持紧密接触，针尖和试样间的相互作用力为接触原子间电子的库仑排斥力（其力大小为 $10^{-8} \sim 10^{-6}$ N）。通过反馈控制系统上下移动试样，保持针尖与试样间库仑排斥力恒定，当沿 X、Y 方向扫描时，通过记录 Z 方向上扫描器的移动情况来得到试样的表面轮廓形貌图像。接触模式的特点是针尖与试样表面紧密接触并在表面上滑动，针尖与试样之间的相互作用力是两者相接触原子间的排斥力。接触模式的优点是图像稳定、分辨率高，缺点是由于针尖在试样表面上滑动及试样表面与针尖的黏着力，可能使得针尖受到损害或试样产生变形。因此要求探针较软，即微悬臂的弹性系数较小，一般小于 1N/m。在空气中，因为试样表面吸附液层的毛细作用，使针尖与试样之间的黏着力很大。横向力与黏着力的合力会导致图像空间分辨率降低。另外，对软性材质如高分子聚合物、细胞生物等，由于探针与表面有接触，过大的作用力也会损坏试样，影响图像的质量和真实性。

非接触模式是探针针尖始终不与试样表面接触，在试样表面上方 5～20nm 距离内扫描。在这种模式中，针尖和试样间的相互作用力是吸引力范德华力，比接触模式下的库仑力小几个数量级，通常为 $10^{-10} \sim 10^{-12}$ N，因此很难直接测量力的大小，需要借助共振增强技术来进行测量。一般采用压电振荡器驱动微悬臂振动，当探针接近或远离试样表面时，范德华力将使探针振幅或频率发生变化，其变化量对应于针尖与试样之间的距离。通过反馈控制系统上下移动试样，保持微悬臂共振频率或振幅恒定，也就控制了针尖与试样间的距离不变。根据在扫描过程中反馈控制系统驱使试样上下运动的大小就可以获得试样表面形貌图像。由于非接触模式下针尖-试样之间吸引力小于接触模式下针尖-试样之间的排斥力，故其灵敏度比接触模式高，但分辨率比接触模式低，并且不适合于液体中成像。在非接触模式中针尖与试样间的作用力是很小的，比较适合研究柔软的或有弹性的表面。另外一个优点是针尖始终不与试样表面接触，因此试样不会被破坏，而且针尖也不会被污染。但此模式的操作相对难些，其应用也比较少。尤其是在室温大气环境下实现这种模式十分困难。因为试样表面不可避免地会积聚薄薄的一层水，它会在试样与针尖之间搭起一个小小的毛细桥，将针尖与表面吸在一起，从而增加尖端对表面的压力。

敲击模式介于接触模式和非接触模式之间，针尖扫描过程中微悬臂也是振荡的，这一点同非接触模式相似，但其振幅比非接触模式更大，同时针尖在振荡时间断地与试样接触。调制压电陶瓷驱动器使带针尖的微悬臂在共振频率附近以更大的振幅（>20nm）驱动。当针尖没有接触到表面时，微悬臂以一定的大振幅振动，当针尖接近表面直至轻轻接触表面时，其振幅将减小，而当针尖反向远离表面时，振幅又恢复到原先的大小。针尖与试样表面间断地接触，反馈控制系统根据检测该振幅，不断调整针尖-试样之间的距离来控制微悬臂的振幅，使得作用在试样上的力保持恒定，从而获得原子力显微图像。在这一模式下，悬臂在试样表面上方以其共振频率振荡，针尖仅仅是周期性地短暂地接触（敲击）试样表面。由于针尖同试样接触，分辨率几乎同接触模式一样好，又因为接触非常短暂，剪切力引起的对试样的破坏几乎完全消失，这就意味着针尖接触试样时所产生的侧向力被明显地减小了。因此当检测柔嫩的试样时，敲击模式是最好的选择之一。

4. 三维几何测量

材料表面的三维几何测量技术有很多方法，根据测量过程中测头是否与被测物体表面接触，可以将现有的表面测量技术分为接触法和非接触法两类。接触法主要是三坐标测量仪，包括传统的表面粗糙度仪、轮廓仪等；非接触法主要包括结构光法、立体视觉法、背影轮廓法以及三维激光扫描法。

三坐标测量仪（Coordinate Measuring Machine，CMM）指在三维可测的空间范围内，具有能够根据测头系统返回的点数据，通过三坐标的软件系统计算各类几何形状、长度及圆周分度等测量能力的仪器。大部分三坐标测量仪是在三个相互垂直的方向上有导向机构、测长元件（如光栅尺）、数显装置，有一个能够放置工件的工作台，测头可以以手动或机动方式轻快地移动到被测点上，发出采点信号时，由读数设备和数显装置把被测点的坐标值显示出来，最后再由计算机系统对全部数据进行处理和计算。通过计算机系统的扫描程序，可以在被测物体表面的特定区域内进行数据点采集，该区域可以是任意一条线或一个面片，如零件的一个截面、零件的曲线或距边缘一定距离的周线等。

传统采用触针法的表面粗糙度仪或轮廓仪也是一种简化的或特殊的 CMM，其结构原理图如图 8-13 所示。在传感器测杆的一端装有金刚石触针，触针尖端曲率半径很小，测量时将触针搭在工件上，与被测表面垂直接触，利用驱动器以一定的速度拖动传感器测杆。由于被测表面轮廓峰谷起伏，触针在被测表面滑行时，将产生上下移动。此运动使测杆另一侧安装的磁心同步地上下运动，从而使包围在磁心外面的两个差动电感线圈的电感量发生变化（图 8-14a）。于是

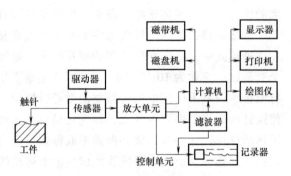

图 8-13　采用触针法的表面粗糙度仪结构原理图

就输出一个和触针上下位移量成正比的信号，通过电子装置把信号加以放大，然后通过指令表或其他输出装置就可将有关表面粗糙度的数据或图形输出来。另外也有采用压电式或光电式进行检测的传感器（图 8-14b、c）。而且往往采用杠杆式测杆，一侧近端装有触针，另一侧远端装有磁心或光镜，这样就放大了触针上下运动的位移信号，提高了测量精度。

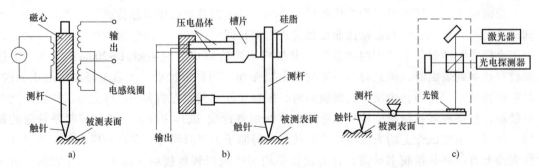

图 8-14　触针式表面仪传感器原理示意图

触针法是利用触针与物体表面接触进行逐点扫描测量。该方法具有测量精度高和适应性强等优点，广泛应用于零部件的表面检测中。但是由于它在测量过程中需要逐点扫描，测量速度较慢。随着光电技术的发展，非接触式表面粗糙度测量方法也逐渐得到了广泛应用。

结构光法（Structured Light）是一种主动式光学测量技术，其基本原理是由激光器向被测物体表面投射可控制的光点、光条或光面结构，并与物体变化的表面相交形成一条变化起伏的光带，通过与光源成一定相对位置关系的图像传感器成像。根据物体、光源与成像系统的三角几何关系并通过像面上像点的相对位置来解析物体空间点的三维坐标（图 8-15）。光点结构光测量方法需要通过逐点扫描物体进行测量，图像摄取和图像处理需要的时间随着被测物体的增大而急剧增加，难以完成实时测量。用光条结构光代替点光源，只需要进行一维扫描就可以获得物体的深度图，图像获取和处理的时间大大减少。当采用光面结构光时，将二维的结构光图案（如条纹、十字纹等）投射到物体表面上，这样不需要进行扫描就可以实现三维轮廓测量，

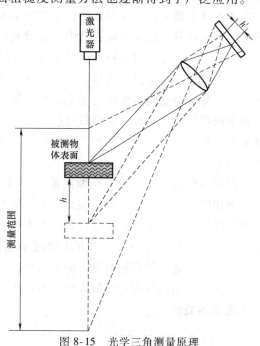

图 8-15　光学三角测量原理

测量速度很快。基于光学三角测量原理的结构光法受环境光影响小，具有使用灵活、采集数据快等特点，在三维测量中广泛应用。但是测量精度受物理光学的限制，存在遮挡问题，测量精度与速度相互矛盾，难以同时得到提高。

相位光栅法是将光栅图样投影到物体表面，通过摄像机采集在被测物体表面上的光栅投影。变形的光栅图像是由于被测物体表面对投影光栅相位和振幅进行调制的结果，在测量过程中，通过解调的方法求得因高度变化引起的相位变化，并根据系统标定得到的相位和高度之间的关系求出被测物体表面的高度信息。这种方法只需要一个相机就能从获取的光栅调制图像中解算出被测物体表面的三维轮廓数据。随着近年来数字投影仪设备的出现，可以编程控制投射任意模式的高精度光栅，极大地带动了相位光栅法三维测量技术的发展。

立体视觉法（Stereo Vision Measurement）就是模仿生物双目或多目的视觉系统，基于视差原理并利用成像设备从不同的位置（角度）获取被测物体的两幅或多幅数字图像，然后通过计算图像对应点间的位置偏差来获取物体三维几何信息。它的实现可分为以下步骤，即图像获取、摄像机标定、特征提取、图像匹配和三维重建。在利用双目立体视觉方法进行三维测量的过程中，分别在左右像面中提取对应的目标点是反求空间三维坐标的关键，对应点的匹配精度也直接影响到了最终测量结果的精度。

从二维图像恢复物体三维表面信息的技术统称为光影轮廓表面三维测量技术，即 Shape from X 技术，包括运动形貌法（Shape From Motion）、背影轮廓法（Shape From Silhouette）、阴影灰度法（Shape From Shading）等。这些方法最大的特点就是不需要借助结构光辅助测量，只需要通过自然光或特定的照明光源即可反算出被测物体表面的三维轮廓信息。

运动形貌法是根据被测物体在摄像机前一个固定场景中运动获取的对应的变化图像，从而恢复摄像机与被测物体之间的相对运动，以及多个被测物体之间的相互关系。但是这种从运动情况来求取三维形貌的方法只适用于被测物体处于运动状态的情况，对于位置不易变动的物体不具有适用性。在测量过程中需要采集的图像数量比较多，数据处理过程较复杂，速度慢，因而这种方法在实际测量中一直没有得到较好的应用。

背影轮廓法是通过分析被测物在不同视角下的投影轮廓来求取三维轮廓信息的一种方法。利用一束平行光投向物体，由于物体的遮挡在像面上留下了物体的阴影轮廓，不同视角下的阴影轮廓对空间形体进行切割，得到被测物体的表面轮廓形貌特征，通常这种方法也被称为空间形切法。这种方法测量速度快，测量系统的数学模型简单，但是这种测量方法的精度难以达到很高，被测物体凹陷表面的三维信息难以恢复。因此这种方法主要应用于一些精度要求不高的三维测量领域。

阴影灰度法是利用照明光源向被测物体表面投射照明光，根据物体表面成像亮度的变化，利用特定算法解算出物体表面的光线矢量信息，得到物体表面梯度变化的特征，转换为表面的深度信息，从而得以描述物体表面的三维形貌的变化。在理想光照条件下满足朗伯体（Lambertian）反射模型时，该方法通过单幅图像可以重现物体的三维形貌。该方法测量方式简单，无须进行标定和校准。但是这种测量方法缺少结构光的精确定位，精度较低；同时由于物体表面颜色分布对反射光强也会产生影响，因此该方法只适用于单一颜色表面或局部特殊表面的测量。

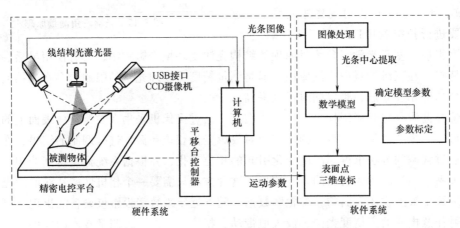

图 8-16　固定台面式三维激光表面仪结构原理图

三维激光扫描法是近年来出现的新技术，已在诸多领域得到了关注和应用。它是利用激光测距的原理，通过记录被测物体表面大量密集的点的三维坐标、反射率和纹理等信息，从而快速复建出被测目标的三维模型及线、面、体等各种几何数据。由于三维激光扫描系统可以密集地大量获取目标对象的数据点，因此相对于传统的单点测量，三维激光扫描技术也被称为从单点测量进化到面测量的革命性技术突破，具有高效率、高精度的独特优势。三维激光扫描系统包含数据采集的硬件部分和数据处理的软件部分。按照测量方式的不同，可分为基于脉冲式、相位差或三角测距原理等不同类型。一般基于相位差原理的三维激光表面仪测程较短，只有百米左右。而基于脉冲式原理的三维激光表面仪测程较长，测程最远的可达6km。基于三角测距原理的三维激光表面仪测程更短，但精度和分辨率要高一些。按照使用环境及载体的不同，三维激光表面仪可分为机载、车载、手持和固定台面式几类。图 8-16 所示为一种具有较高精度的固定台面式三维激光表面仪结构原理图，采用双 CCD 对表面反射的线结构光光条图像进行观测，减少了测量盲区，同时利用精密电控平台在垂直于投射光的平面移动被测物体，形成光平面相对于被测表面的扫描运动，实现了被测物体表面的三维形貌测量。

8.1.3　材料表面的形貌特点

任何固体的表面都不是绝对平整光滑的，即使经过精密加工的机械零件表面也存在许多肉眼看不见的凸起和凹谷。在显微镜下观察到的材料表面就如同大地上的峡谷、山峰和丘陵一样。通常采用粗糙度对材料表面的形貌特点进行定量刻画。这可以用一维、二维或三维形貌参数进行描述。随着分形理论的发展和应用，现在也常常使用分形维数来刻画表面的形貌特点。

1. 表面粗糙度的一维形貌参数

一维形貌参数通常用表面轮廓曲线的高度参数来表示。选择轮廓的平均高度线（即中心线）作为 x 轴，使轮廓曲线在 x 轴上下两侧围成的面积相等（图 8-17），于是各点的高度就可用轮廓曲线的 z 坐标来表示（图 8-18）。一维形貌参数种类繁多，最常用的有以下几种。

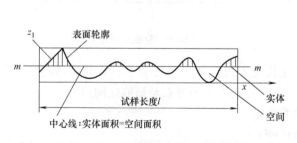

图 8-17　表面轮廓曲线及中心线

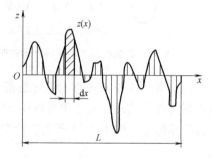

图 8-18　一维表面轮廓曲线

（1）轮廓算术平均差 Ra　它是指轮廓上各点高度在测量长度范围内的算术平均值，即

$$Ra = \frac{\int_0^L |z(x)| \, dx}{L} = \frac{1}{n} \sum_{i=1}^n |z_i| \tag{8-3}$$

式中，$z(x)$ 是各点轮廓高度；L 是取样长度；n 是测量点数；z_i 是各测量点的轮廓高度。

（2）轮廓均方根偏差 Rq　它是指取样长度 L 内轮廓偏距的均方根值，即

$$Rq = \sqrt{\frac{\int_0^L [z(x)]^2 \, dx}{L}} = \sqrt{\frac{1}{n} \sum_{i=1}^n z_i^2} \tag{8-4}$$

（3）最大峰谷距 R_{max}　它是指测量长度内最高峰与最低谷之间的高度差，表示表面粗糙度的最大起伏量。

上述三种参数仅反映了表面高度方向的粗糙度，它们并没有反映表面峰、谷轮廓的斜度、形状和其出现的频率的情况。所以，对于表面形貌不相同的表面，甚至可以测得相同的

Ra、Rq 或 R_{max} 值。为了克服这一缺点，可采用表面轮廓的二维和三维参数来补充评定表面的形貌特点。

2. 表面粗糙度的二维形貌参数

二维形貌参数在一维形貌参数的基础上考虑了水平方向的影响参数，主要有以下几个。

（1）轮廓微观不平度的平均间距 S_m 它是指在取样长度 L 内，轮廓在中心线 mm 上含一个轮廓峰和相邻轮廓谷的中心线长度 p_{mi} 的算术平均值（图 8-19），即

$$S_m = \frac{1}{n} \sum_{i=1}^{n} p_{mi} \tag{8-5}$$

（2）轮廓单峰平均间距 s 它是指在取样长度 L 内轮廓的单峰间距 p_i 的平均值（图 8-20），即

$$s = \frac{1}{n} \sum_{i=1}^{n} p_i \tag{8-6}$$

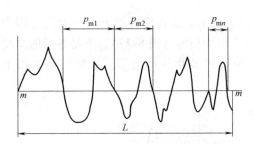

图 8-19　轮廓微观不平度的平均间距

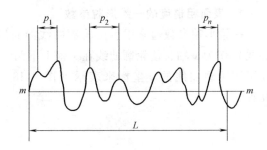

图 8-20　轮廓单峰平均间距

（3）轮廓支承长度率 t_p 它是指在取样长度 L 内，某一平行于中心线的线与轮廓相截后得到的各段截线长度之和与取样长度 L 之比，令轮廓最高峰点至该截线间的归一化距离 p_i 作为下标标记。如图 8-21 所示，轮廓支承长度率为

$$t_{pi} = \frac{a+b+c+d+\cdots}{L} \times 100\% \tag{8-7}$$

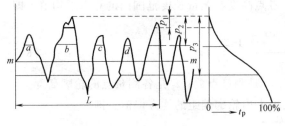

图 8-21　轮廓支承长度曲线

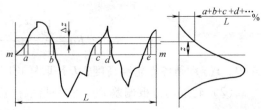

图 8-22　轮廓幅度分布曲线

（4）轮廓幅度密度 t_z 在取样长度 L 内，距离中心线 z 处作两条相距为 Δz 并平行于中心线的线，在两平行线内轮廓线段的水平方向长度为 a、b、c、$d\cdots$。将 a、b、c、$d\cdots$ 的总和 L_z 与取样长度 L 的百分比称为该轮廓线在 z 处的幅度密度 t_z，即

$$t_z = \frac{L_z}{L} \times 100\% = \frac{a+b+c+d+\cdots}{L} \times 100\% \tag{8-8}$$

整个轮廓线的幅度分布可以用幅度密度和 z 的函数曲线表示（图 8-22），该函数就是统计数学中的概率密度函数，其曲线称为幅度分布曲线。

（5）微凸体的坡度和峰顶曲率　坡度参数 $\dot{z}_a$、$\dot{z}_q$ 是指表面轮廓曲线上各点坡度即斜率 $\dot{z}=\mathrm{d}z/\mathrm{d}x$ 绝对值的算术平均值或均方根值，峰顶曲率参数 C_a 和 C_q 是指各粗糙峰顶曲率的算术平均值或均方根值。

3. 表面粗糙度的三维形貌参数

表面三维形貌的变化可以通过一组间隔很密的二维轮廓曲线来表示，即二维轮廓曲线族，如图 8-23 所示。更常用的方法是采用等高线图来表示表面的三维形貌特征，如图 8-24 所示。等高线图就是将起伏表面的高度相同的点连成一环线直接投影到平面形成水平曲线，不同高度的环线不会相合。等高线呈封闭状时，高度是外低内高，则表示为凸体；高度是外高内低，则表示为凹坑。等高线越密的地方，微凸体或凹坑的坡度越大。将等高线与某一方向直线的交点按高度值绘制连接起来，就得到了这一方向的轮廓曲线。

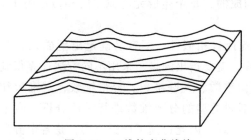

图 8-23　二维轮廓曲线族

图 8-24　等高线图

4. 粗糙表面的分形维数

大量研究表明，材料表面形貌呈现出随机性、多尺度性和自仿射性，即具有分形的基本特征，因而可以采用分形理论来描述材料的表面形貌特征。

Mandelbrot 创建的分形几何理论为描述复杂形体的不规则性和空间占有率提供了科学的手段。对于一个几何图形，维数是一个重要的特征量。在传统的欧氏空间，点是零维的，线是一维的，面是二维的，体是三维的。分形维数突破了长期以来的欧氏整数维观点，提出了分数维的概念。一般，一条分形曲线的分形维数是介于 1~2，而且分形维数越大曲线越复杂、越趋向于充满整个平面。同理一个分形曲面的分形维数是介于 2~3，而且分形维数越大曲面越复杂、越趋向于充满整个空间。可见，分形维数较整数维更确切反映了几何对象的空间占有情况。

究其本质，分形对象的分形维数是其自相似性的一种定量度量。自相似性是分形的一个重要特征，即分形对象的局部和整体之间具有统计相似性。当以不同尺度去观察材料表面的轮廓线或表面形貌图像时，不难发现在不同尺度下的曲线或图像之间都表现出很强的相似性。图 8-25 所示为轮廓线的分形特征。对于平直轮廓线，可用直线描述；对于粗糙轮廓线，在传统欧氏几何中一般用三角函数曲线描述，在分形几何中应用分形曲线描述，可以表现出跨尺度的复杂性，轮廓线的任一局部放大后仍表现出与原先整体相似的复杂性。

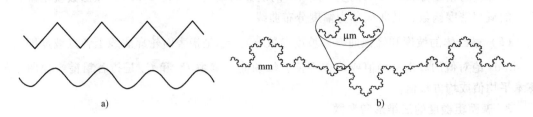

图 8-25 轮廓线的分形特征

a）传统欧氏几何曲线　b）分形曲线

利用分形迭代的方法可以生成传统欧氏几何很难描述的复杂曲线。以经典的科赫曲线为例，其分形迭代生成过程如图 8-26 所示。将一直线等分成三段，然后将中间段替换为边长与其相同的等边三角形的两边，此时得到一条由四条线段组成的曲线。再对每条线段按此规律变化，最终就得到了科赫曲线，其长度将趋于无穷大。显然，科赫曲线的局部和整体之间是相似的，它可以看作是由四个基本生成元构成的，每个生成元与原图的相似比为 1/3，因此可按相似维数求得其分形维数为 1.26。

一般的分形曲线或曲面往往表现出一种统计自相似性，不容易确定出生成元及其相似比，因此往往采用计盒维数来表征其分形维数。需要指出的是，采用不同方法计算得到的分形维数（包括 Hausdorff 维数、信息维数、相似维数、关联维数、容量维数、谱维数和计盒维数等）可能会存在一定差异，所以不宜将不同类型的分形维数进行对比分析。由于计盒维数在数学计算上比较简单，物理含义也比较直观，因此得到了广泛应用，是各个分形研究领域普遍采用的分形维数。

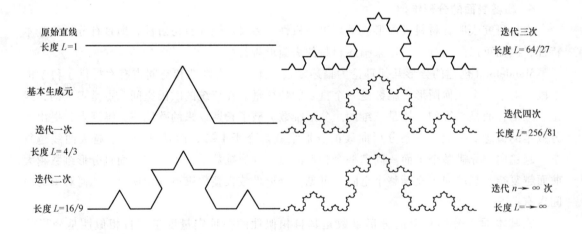

图 8-26　科赫曲线的分形迭代生成过程

计盒维数是通过用一系列不同边长的小网格来覆盖被测对象并统计网格数目来确定对象的分析维数。一般网格边长依次取为上一级的一半，即第 $k+1$ 种网格边长 δ_{k+1} 是第 k 种网格边长 δ_k 的 1/2。具体计算过程如下：首先利用边长为 δ_k 的网格去覆盖被测对象，然后计算出被测对象所占网格的数目 N_{δ_k}。如果研究对象具有分形特征，那么当

$\delta_k \to 0$ 时，可得 $\ln N_{\delta_k} / \ln(1/\delta_k) \to D_B$，据此就可求出分形维数 D_B。因此对于某递减序列 δ_k，可以在双对数坐标系中拟合数据点 $(-\ln\delta_k, \ln N_{\delta_k})$，其斜率即为分形维数的近似值，称为计盒维数，即

$$D_B = \lim_{k\to\infty} \frac{\ln N_{\delta_k}(F)}{-\ln\delta_k} \overset{\delta_k \ll 1}{\approx} \frac{\ln N_{\delta_k}(F)}{-\ln\delta_k} \tag{8-9}$$

式中，$N_{\delta_k}(F)$ 是与被测对象 F 相交的 δ_k 网格的个数。

对应于位于某二维平面内的轮廓线或某三维空间的轮廓面，可分别选用面网格 $\delta_k \times \delta_k$ 或体网格 $\delta_k \times \delta_k \times \delta_k$ 进行覆盖，如图 8-27 所示。对于通常的规则对象，如覆盖一根单位长度的线段所需的数目 $N_{\delta_k} = 1/\delta_k$，因此可得其维数等于 1。覆盖一个单位边长的正方形，$N_{\delta_k} = (1/\delta_k)^2$，因此可得其维数等于 2。覆盖单位边长的立方体，$N_{\delta_k} = (1/\delta_k)^3$，因此可得其维数等于 3。从这三个式子可见，计盒维数的计算结果与传统的线、面、体维数是一致的。因此，传统欧氏几何中的一、二、三维可视为分形维数的特例，或者说分形维数是整数维数的拓展。按此方法求得的科赫曲线计盒维数也是 1.26，与其相似维数相等。

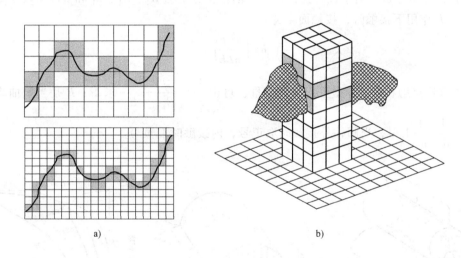

图 8-27　计盒维数计算示意图
a) 平面网格覆盖法　b) 立体网格覆盖法

计盒维数从表象上看也是反映了对象的空间占有情况。一般情况下，计盒维数越接近于 2，表明被测对象越趋向于沿某一平面范围分布；计盒维数在 1 附近，表明被测对象趋向于沿某一直线范围分布；计盒维数接近于 0，表明被测对象是离散分布的一些小区域；计盒维数接近于 3，表明被测对象趋向于填充满整个空间区域。所以可以通过测定轮廓线或轮廓面的分形维数来定量表征其复杂程度。换言之，分形维数越大，表明轮廓线或轮廓面越粗糙。

分形理论作为一种新的概念和方法，正在许多领域开展应用探索。它从分形维数的视角，描述了对象的自相似性，为自组织过程的定量刻画提供了数学工具，在研究晶体生长、裂纹扩展、损伤演化、破碎块度等方面都取得了很大进展，是揭示跨尺度的物理规律的有效手段之一。

8.2 材料表面的接触和摩擦

8.2.1 材料表面接触时的应力

材料两表面相互接触时，在接触面上产生的局部压应力称为接触应力，一般可按加载前的接触形式分为线接触应力与点接触应力两类。1881年，赫兹（Hertz）最早用弹性力学方法导出了接触应力的计算公式，其假设条件为：材料均匀、各向同性、完全线弹性、接触面光滑不计摩擦，并假定接触表面的压应力分布为半椭圆体。赫兹公式现在仍然是求解接触问题的基本弹性力学公式。

1. 线接触应力

加载前材料表面为线接触（如圆柱与圆柱、圆柱与平面接触），加载后材料发生局部的弹性变形，接触面实际上是一定长度的、宽度很小的矩形面。以图 8-28a 所示两圆柱接触模型进行弹性力学分析，当半径、弹性模量、泊松比分别为 R_1、E_1、ν_1 和 R_2、E_2、ν_2 的两圆柱在压力 F 作用下接触时，接触面半宽 b 为

$$b = \left(\frac{4RF}{\pi LE} \right)^{1/2} \tag{8-10}$$

式中，L 是线接触长度；E 是平均弹性模量，可由 $\dfrac{1}{E} = \dfrac{1-\nu_1^2}{E_1} + \dfrac{1-\nu_2^2}{E_2}$ 求得；R 是当量曲率半径，可由 $\dfrac{1}{R} = \dfrac{1}{R_1} \pm \dfrac{1}{R_2}$ 求得，当圆柱外接触时取正号，内接触时取负号。

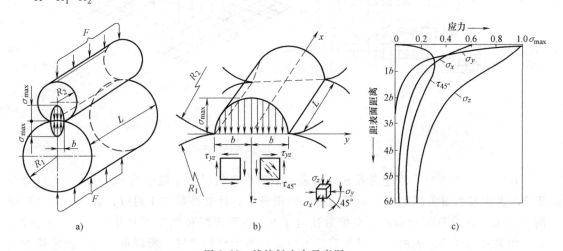

图 8-28 线接触应力示意图

a）接触面示意　b）接触面法向压应力分布　c）正应力和主切应力在中心对称面上沿深度方向的分布规律

接触面上的法向压应力 σ_z 沿 y 轴方向呈半椭圆分布，即 $\sigma_z = \sigma_{\max}\sqrt{1 - y^2/b^2}$，最大法向压应力在接触面中点处，其值为

$$\sigma_{\max} = \sqrt{\frac{FE}{\pi LR}} \tag{8-11}$$

接触应力属于三向应力状态（图 8-28b），所以还存在 σ_x 和 σ_y，但其值要小于 σ_z。在通过接触中心的对称面上（$y=0$），切应力为零，因此正应力 σ_x、σ_y 和 σ_z 即为主应力。图 8-28c 所示为主应力和主切应力 $\tau_{45°}=(\sigma_z-\sigma_y)/2$ 在中心对称面上沿深度 z 方向的分布规律。由图 8-28c 可见，这些主应力随深度增加而逐渐减小，但切应力随深度增加是先增大后减小。与接触面成 45° 角的主切应力 $\tau_{45°}$ 在表面上为零，而在表面下 $z=0.786b$ 处最大，其值与最大法向压应力关系为 $\tau_{45°max}=0.3\sigma_{max}$。在非对称面上还存在正交切应力 τ_{yz}，方向与接触面切向一致。图 8-29 所示为接触时正交切应力的分布，在 $y=\pm(\sqrt{3}/2)b$，$z=0.5b$ 处达到最大值 $\tau_{yzmax}=0.26\sigma_{max}$。可见，最大切应力是与主应力作用面互成 45° 方向的平面上的主切应力 $\tau_{45°}$，而且其最大值不在接触面上，而是位于接触面下 $0.5b$ 处

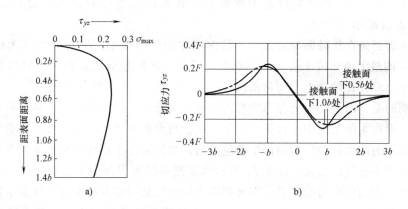

图 8-29　接触时正交切应力的分布

a）切应力 τ_{yz} 在 $y=\pm(\sqrt{3}/2)b$ 对称面上的分布　b）切应力 τ_{yz} 沿宽度的分布

2. 点接触应力

加载前材料表面为点接触（如球与球、球与平面接触），加载后材料发生局部的弹性变形，接触面实际上是一定微小半径的圆形面或椭圆面。以图 8-30a 所示两球接触模型进行弹性力学分析，当半径、弹性模量、泊松比分别为 R_1、E_1、ν_1 和 R_2、E_2、ν_2 的两个球在压力 F 作用下接触时，两球球心彼此接近的距离为 δ，并在接触处形成一个半径为 b 的圆形接触面（$a=b$），可求得

$$a=b=\left(\frac{3FR}{4E}\right)^{1/3} \qquad (8-12)$$

$$\delta=\left(\frac{9F^2}{16E^2R}\right)^{1/3} \qquad (8-13)$$

式中，E 是平均弹性模量，R 是当量曲率半径，可由 $\dfrac{1}{E}=\dfrac{1-\nu_1^2}{E_1}+\dfrac{1-\nu_2^2}{E_2}$ 和 $\dfrac{1}{R}=\dfrac{1}{R_1}\pm\dfrac{1}{R_2}$ 求得。

接触面上的法向压应力 σ_z 呈半椭圆分布（图 8-30b），即 $\sigma_z=\sigma_{max}\sqrt{1-x^2/a^2-y^2/b^2}$，最大法向应力在接触面中点处，其值为

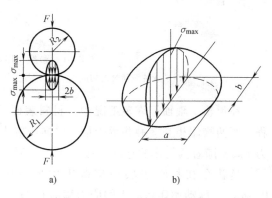

图 8-30　点接触应力示意图

a）接触面示意　b）接触面法向压应力分布

$$\sigma_{max} = \frac{1}{\pi}\left(\frac{6E^2F}{R^2}\right)^{1/3} \tag{8-14}$$

切应力的分布与线接触时类似,表面为零,随深度增加是先增大后减小,最大值为 $\tau_{45°max} = 0.3\sigma_{max}$。对于圆球和平面的点接触,最大切应力在接触面下 $0.786b$ 处;对于两圆球的点接触,最大切应力在接触面下 $0.5b$ 处。

综上所述,无论是线接触还是点接触,接触面上的最大压应力与压力 F 均不呈线性关系,而是与压力 F 的平方根(线接触)或立方根(点接触)成正比。这是因为随着载荷增大,接触面也随之增大,从而导致接触面上的应力增长要较载荷增长得慢。另外,由于接触面积与接触体几何尺寸和材料的弹性变形有关,因此接触应力也受到接触体几何尺寸和材料弹性变形能力的影响,接触体曲率半径越大,材料弹性模量越低,接触应力就越小。

接触压应力都是在接触面处为最大,沿深度方向逐渐减小。但切应力(无论是线接触或是点接触)的最大值却位于接触表面以下。因此,在接触应力作用下,材料的塑性变形可能最早并不出现在接触面上,而是从次表层开始。

需要说明的是,以上切应力分布为静态接触或纯滚动时的情况,在上述分析中忽略了摩擦力的作用。但在实际工况中,材料的接触往往会与摩擦相伴,因此需要考虑表面切向摩擦力的影响。由于表面摩擦力作用而产生的应力场,与接触作用产生的应力场相互叠加,将引起接触区域各应力分量的变化。图 8-31 所示为摩擦和接触引起的综合切应力。摩擦引起的切应力和接触引起的切应力叠加后,综合切应力的最大值将移向接触面。摩擦系数越大,则表面摩擦力也越大,于是合成的最大综合切应力位置便越趋向表面。一般当摩擦系数大于 0.2 时,最大综合切应力将出现在接触面,因此就容易在表面形成起始裂纹。

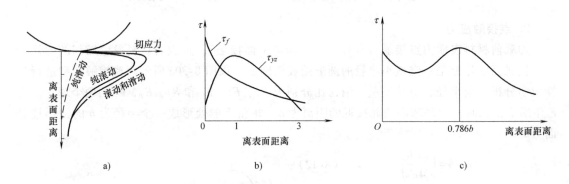

图 8-31 摩擦和接触引起的综合切应力

a)纯滑动或纯滚动时的切应力 b)摩擦和接触引起的切应力 c)综合切应力沿深度的分布

在齿轮、辊轴等许多工况中,材料表面从分离到接触再到分离,是一种动态的接触过程。当两物体相互接触并承受最大法向压应力 σ_z 时,将在接触面下某一位置产生最大切应力 $\tau_{45°}$。随着两物体的运动,接触位置将脱离接触,因而压应力 σ_z 和切应力 $\tau_{45°}$ 也将降为零。这就会在材料表层一定范围内形成脉动循环应力,脉动循环压应力的应力幅即 $0.5\sigma_{max}$,脉动循环切应力的应力幅即 $0.5\tau_{45°max}$,约为 $0.15\sigma_{max}$。而接触引起的正交切应力 τ_{yz} 是关于接触面中心线呈反对称分布,因此在动态接触过程中将形成对称循环应力,应力

幅即 τ_{yzmax}，约为 $0.26\sigma_{max}$。尽管该对称循环切应力的最大值没有脉动循环切应力的最大值大，但该对称循环切应力的循环幅值要比脉动循环切应力的循环幅值大，因此在动态接触问题的分析中也不能忽视该对称循环切应力。所以在动态接触问题和静态接触问题的分析中，需要考虑切应力的这种分布特点导致的差异性。静态接触时的最大切应力为 $\tau_{45°max} = 0.3\sigma_{max}$，位于接触面下 $0.786b$ 或 $0.5b$ 处；动态接触时包括 $0 \sim 0.3\sigma_{max}$ 的脉动循环切应力 $\Delta\tau_{45°}$（位于接触面下 $0.786b$ 或 $0.5b$ 处）和 $-0.26\sigma_{max} \sim 0.26\sigma_{max}$ 的对称循环切应力 $\Delta\tau_{yz}$（位于接触表面下 $0.5b$ 处）。

8.2.2　材料表面接触时的摩擦力

两个相互接触的物体或物体与介质之间在外力作用下，发生相对运动，或者具有相对运动的趋势时，在接触面上所产生的阻碍作用称为摩擦；阻碍相对运动的力称为摩擦力。摩擦力的方向总是沿着接触面的切线方向，与物体相对运动方向相反，以阻碍物体间的相对运动。通常将相互接触的两个物体产生摩擦而组成的一个摩擦体系称为摩擦副。

按照两接触面运动状态的不同，可以将摩擦分为：

1）静摩擦　一个物体沿另一个物体表面有相对运动趋势时产生的摩擦称为静摩擦。阻碍物体产生运动的切向力称为静摩擦力。静摩擦力随作用在物体上的外力而变化，当外力大到足以克服最大静摩擦力时物体才发生宏观运动。最大静摩擦力 F_s 与施加在摩擦面上的法向接触压力 F 之比称为静摩擦系数，以 μ_s 表示，即 $\mu_s = F_s/F$。静摩擦系数的大小与接触物体的材料、接触面的粗糙程度、温度、润滑程度等情况有关，而与接触面积的大小无关。常见工程材料的静摩擦系数可由手册查得。

2）动摩擦　一个物体沿另一个物体表面相对运动时产生的摩擦称为动摩擦。阻碍物体运动的切向力称为动摩擦力。动摩擦力通常小于最大静摩擦力。按照两接触面运动方式的不同，可以将摩擦分为滑动摩擦和滚动摩擦。滑动摩擦是指一个物体在另一个物体上滑动时产生的摩擦，如内燃机活塞在气缸中的摩擦、车刀与被加工零件之间的摩擦等。滑动摩擦力 F_k 与施加在摩擦面上的法向接触压力 F 之比称为滑动摩擦系数，以 μ_k 表示，即 $\mu_k = F_k/F$。滑动摩擦系数的大小也是与接触物体的材料、接触面的粗糙程度、温度、润滑程度等情况有关，而与接触面积的大小无关。滑动摩擦系数通常小于静摩擦系数，因为相对滑动开始后，材料表面凸起部分保持良好接触的机会减少，于是需要克服的切向阻力也就减小了。滚动摩擦是指物体在力偶矩作用下，沿接触面滚动时产生的摩擦，如滚动轴承的摩擦、齿轮之间的摩擦等。滚动摩擦力偶矩 m 与施加在摩擦面上的法向接触压力 F 之比称为滚动摩擦系数，以 δ 表示，即 $\delta = m/F$，可见滚动摩擦系数具有长度量纲。滚动摩擦系数往往很小，所以在工程中大多数情况下可忽略滚动摩擦力偶矩，即滚动摩擦可忽略不计。实际上，发生滚动摩擦的零件或多或少地都带有滑动摩擦，呈现滚动与滑动的复合式摩擦。

按照摩擦表面润滑情况的不同，可以将摩擦分为：

1）纯净摩擦：摩擦面没有任何吸附膜或化合物存在时的摩擦称为纯净摩擦。这种摩擦只有在接触面产生塑性变形导致表面膜被破坏或是在真空中才会发生。

2）干摩擦：在普通干燥大气条件下，摩擦面名义上没有任何润滑剂存在时摩擦称为干摩擦。

　　3）流体摩擦：摩擦面完全被流体隔开时的摩擦称为流体摩擦。流体可以是液体或是气体。在摩擦面存在润滑剂的情况下就属于流体摩擦，一般也称为湿摩擦。

　　用于克服摩擦力所做的功一般都是无用功，它将转化为热能，使材料表面层和周围介质的温度升高，导致设备的机械效率降低。所以生产中总是力图降低摩擦力，这样既可以保证机械效率，又可以减少材料的磨损。然而，在某些情况下却要求尽可能地增大摩擦力，如人和车辆在陆地的行走就需要利用摩擦力，再如带传动、车辆的制动器、摩擦离合器等也是利用摩擦力来工作的。

　　摩擦是自然界存在的一种普遍现象，也是人类研究最早的一种力学现象。随着科技的进步，摩擦学已成为一门相对独立的边缘学科，涉及数学、力学、物理学、化学、冶金学、机械工程和材料工程等诸多学科。这是因为摩擦并不单纯是一个力学过程，随着研究的深入发现摩擦还涉及各种复杂的物理化学过程。对于摩擦机制的研究，也从经典摩擦理论逐渐发展到了分子-机械理论和黏着摩擦理论。

8.2.3　摩擦力和摩擦系数的测量

　　摩擦力和摩擦系数是表征摩擦特性的主要参数。一般情况下，摩擦力和摩擦系数可由机械法或电测法两种方法进行测量。

　　典型的机械法有重力平衡法、弹簧力平衡法和杠杆平衡法等。图 8-32 所示为利用弹簧力平衡法测定摩擦力的原理框图。测出摩擦力后，可进而计算出摩擦系数。另外，对静摩擦力和静摩擦系数，可利用斜面倾斜法及公式 $\mu_s = \tan\theta$ 进行计算，其中 θ 为斜面倾斜角；或在法向载荷为 W 时测牵引力 F，用牵引法及公式 $\mu_s = F/W$ 进行计算。

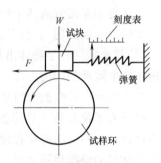

图 8-32　利用弹簧力平衡法测定摩擦力的原理框图

　　电测法是通过应力传感器（电容、电阻、电感等形式均可）或直接贴应变片将摩擦力或摩擦力偶矩转换为电信号，输入到测量、记录仪器上，自动记录下摩擦过程中摩擦系数的变化。一般测量动摩擦系数时，常用此方法。电测法的测量精度较高。

8.3　材料的磨损试验

8.3.1　磨损的概念与分类

　　磨损是相互作用的物体表面在相对运动中，接触面层内材料发生转移和损耗的过程。它是伴随摩擦而产生的必然结果。摩擦和磨损是物体相互接触并做相对运动时伴生的两种现象，摩擦是磨损的原因，而磨损是摩擦的必然结果。

　　材料表面的磨损不只是简单的力学过程，而是物理过程、力学过程和化学过程的综合体现。磨损是多种因素相互影响的复杂过程，其结果将造成摩擦面多种形式的损伤与破坏，因而磨损的类型也就相应地有所不同。从不同角度可以对磨损进行不同的分类，如按环境和介质类型可分为流体磨损、湿磨损、干磨损；按表面接触性质可分为金属-流体磨损、金属-金属磨损、金属-磨料磨损等。根据表面破坏的方式，可将磨损分为擦伤、点蚀、剥落、胶合、凿削、咬死等。比较常用的分类方法是按磨损的失效机制进行分类，一般分为六类。

1）黏着磨损（Adhesive Wear），即接触面相互运动时，由于固相焊合作用使材料从一个表面脱落或转移到另一表面而形成的磨损。

2）磨粒磨损（Abrasive Wear），即由于摩擦表面间硬颗粒或硬突起，使材料产生脱落而形成的磨损。

3）疲劳磨损（Fatigue Wear），即由于接触面间循环交变应力引起表面疲劳，导致表面材料脱落而形成的磨损。

4）腐蚀磨损（Corrosive Wear），即在摩擦过程中，由于固体界面上的材料与周围介质发生化学反应导致材料损耗而形成的磨损。

5）微动损伤（Fretting Wear），即在两物体接触面间由于振幅很小（1mm 以下）的相对振动引起的磨损。

6）冲蚀磨损（Erosive Wear），即含有固体颗粒的流体介质冲刷固体表面，使表面造成材料损失的磨损，又称为湿磨粒磨损。

在实际的磨损现象中，通常是几种形式的磨损同时存在，而且一种磨损发生后往往会诱发其他形式的磨损。例如：疲劳磨损的磨屑会导致磨粒磨损，而磨粒磨损所形成的新净表面又将引起腐蚀或黏着磨损。微动磨损就是一种典型的复合磨损。在微动磨损过程中，可能出现黏着磨损、磨粒磨损和疲劳磨损等多种磨损类型。

磨损类型并非固定不变，在不同的外部条件和材料特性的情况下，磨损机制会发生转化。外部条件主要是指摩擦类型（滚动或是滑动）、摩擦表面的滑动速度和接触压力的大小。图 8-33a 所示为在接触压力一定的条件下，滑动速度与磨损量的关系。可以看出，当滑动速度很低时，摩擦是在表面氧化膜间进行，此时产生的磨损为氧化磨损，磨损量小。随着滑动速度的增大，氧化膜破裂，便转化为黏着磨损，磨损量也随之增大。滑动速度再增加，因摩擦热增大而使接触面温度升高，使得氧化过程加快，出现了新的氧化膜，从而又转化为氧化磨损，其磨损量又变小。如果滑动速度再继续增大，将再次转化为黏着磨损，磨损剧烈，导致零件失效。图 8-33b 所示为在滑动速度一定条件下，接触压力与磨损量的关系。可以看出，随着压力增加，导致氧化膜的破裂，使得氧化磨损转化为黏着磨损。材料特性则包括：①材料与氧的化学亲和力以及形成的氧化膜性质；②材料在常温和高温下抗黏着能力；③材料的常规力学性能；④材料的耐热性；⑤材料与润滑剂相互作用的能力等。

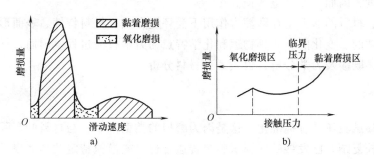

图 8-33　磨损量与滑动速度和接触压力的关系

a）与滑动速度的关系　b）与接触压力的关系

在磨损的各个不同阶段，其磨损类型的主次是不同的。因此，在解决实际磨损问题时，要分析参与磨损过程各要素的特性，找出有哪几类磨损在起作用，而起主导作用的磨损又是哪一类，进而采取相应的措施减少磨损。

根据磨损的定义和分类，可将磨损划分为三个过程，如图 8-34 所示。

（1）表面的相互作用　两个表面的相互作用，可以是机械的或分子的两类。机械作用包括弹性变形、塑性变形和犁沟效应，可以是由两个表面的粗糙峰直接啮合引起的，也可以是三体摩擦中夹在两个表面间的外界磨粒造成的。而分子作用包括相互吸引和黏着效应两种，前者的作用力小而后者的作用力较大。

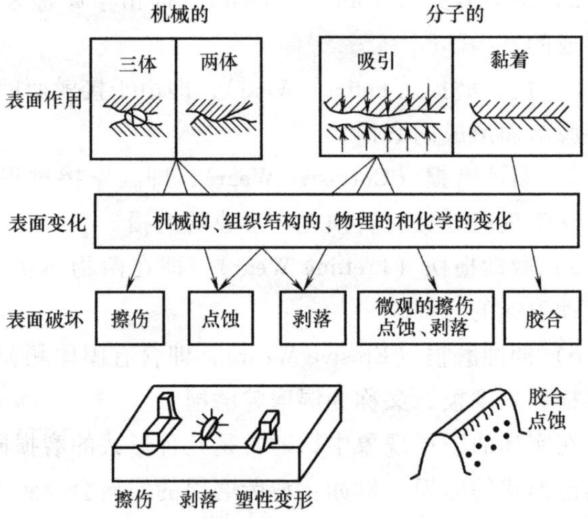

（2）表面层的变化　在表面的相互作用下，表面层将发生机械的、组织结构的、物理的和化学的变化，这是由于表面变形、滑动速率、摩擦温度和环境介质等因素的影响造成的。

图 8-34　磨损过程

例如：因材料塑性变形而引起表面层硬化和应力状态的变化；因摩擦热和其他外部热源作用下而发生相变、回复再结晶等；因与环境介质相互作用而产生的吸附作用以及介质在表面层中的扩散，包括氧化和其他化学腐蚀作用，因而改变了金属表面层的组织结构。这些过程将逐渐地改变材料的耐磨损性能和类型。因此，在讨论磨损时，必须考虑这些变化的影响，从材料的动态特性观点去分析问题。

（3）表面层的破坏　经过磨损后，表面层的破坏主要有以下几种。

1）擦伤，即由于犁沟效应在表面产生沿摩擦方向的沟痕和磨屑。

2）点蚀，即在接触压力反复作用下，使金属疲劳破坏而形成表面凹坑。

3）剥落，即金属表面由于变形强化而变脆，在载荷作用下产生微裂纹随后剥落。

4）胶合，即由黏着效应形成的表面黏结点具有较高的连接强度，使剪切破坏发生在表面层内一定深度，因而导致严重磨损。

综上所述，材料的磨损是在摩擦力作用下受环境介质、材料特性、表面形貌等众多因素影响的一个复杂的、变化的、兼具物理和化学特点的力学行为过程。因而，材料耐磨性的研究也十分复杂，既涉及力学分析，也关系到材料分析。

8.3.2　磨损试验

目前，磨损试验还没有标准化。这是因为磨损的类型很多，与材料的实际使用条件关系较大，情况比较复杂。已发展的磨损试验装置通常也只能模拟特定几种磨损类型。

磨损试验可分为零件磨损试验和试样磨损试验两类。前者是将材料在实际服役条件下进行试验。这种试验具有真实性和实用性，但其试验结果是结构、材料、工艺等多种因素的综合反映，不宜进行单因素考察。后者是将材料制成特定试样，在给定的条件下进行试验。它一般用于研究性试验，可以通过调整试验条件，对磨损的某一因素进行研究，以探讨磨损机制及其影响规律。

磨损试验机种类很多，图 8-35 所示为其中有代表性的几种。图 8-35a 所示为圆盘-销式磨损试验机，是将试样加上载荷压紧在旋转圆盘上，该方法摩擦速度可调，试验精度较高；图 8-35b、c 所示为滚动式磨损试验机，包括销筒式和双环式，可用来测定金属材料在滑动摩擦、滚动摩擦、滚动-滑动复合摩擦及间歇接触摩擦情况下的磨损量，以比较各种材料的耐磨性能；图 8-35d 所示为往复运动磨损试验机，试样在静止平面上做往复运动，适用于试验导轨、缸套、活塞环一类往复运动零件材料的耐磨性；图 8-35e 所示为砂纸磨损试验机，与图 8-35a 相似，只是对磨材料为砂纸，是进行磨料磨损试验较简单易行的方法；图 8-35f 所示为切入式磨损试验机，能较快地评定材料的组织和性能及处理工艺对耐磨性的影响。

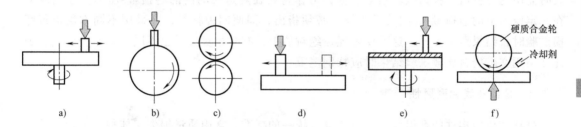

图 8-35　常用磨损试验机示意图

a）圆盘-销式　b）销筒式　c）双环式　d）往复运动式　e）砂纸式　f）切入式

目前，已有许多新型的多功能通用摩擦磨损试验机，试样的接触形式、环境介质和力学条件均可改变，以完成多种不同类型的试验或组合试验。有关金属磨损的试验方法和技术条件详见国家标准 GB/T 12444—2006 等。

通过磨损试验，可以测定经历不同磨损时间后的磨损量，得到相应的磨损曲线来研究材料表面的磨损特征和规律。磨损量的测量主要有称重法、尺寸法、压痕法、表面形貌测定法等。进行测量时必须将试样或零件拆下，所以操作复杂。另外，测量磨损量随时间变化时，磨损工况条件将因每次拆装而改变。

称重法是用精密分析天平称量试样在试验前后的重量变化，来确定磨损量。由于测量范围的限制，称重法适用于形状规则、尺寸小、在摩擦过程中不发生较大塑性变形的材料。对于微量磨损的摩擦副需要很长的试验周期。如果摩擦过程中试样表面层产生较大的塑性变形，试样的形状虽然变化但重量损失不大，此时称重法不能反映表面磨损的真实情况。另外，可将重量损失换算为体积损失来评定磨损结果。此方法简单实用。

尺寸法是根据表面法向尺寸在试验前后的变化来确定磨损量。为了便于测量，在摩擦表面上选一测量基准，借助微卡尺、千分尺、工具显微镜或其他非接触式测微仪，测定试样某个部位磨损尺寸（长度、厚度和直径）的变化量来确定磨损量。这种方法虽然能测量磨损的分布情况，但是存在误差，如测量数据包含了因变形所造成的尺寸变化，而且接触式测量仪的测量值受接触情况和温度变化的影响等。

压痕法是采用专门的金刚石压头在将经受磨损的试样表面上预先刻上压痕，通过测量磨损前后压痕尺寸的变化来确定磨损量。如能在摩擦表面上不同部位刻上压痕，就可测定不同部位磨损的分布。压痕法只适用于测量磨损量不大而表面光滑的试样。由于这种方法会局部破坏试样的表面层，因而不能用于研究磨损过程中表面层组织结构的变化。

表面形貌测定法是利用触针式或非接触式的表面形貌测量仪测出磨损前后表面粗糙度的变化。它主要用于磨损量非常小的超硬材料磨损或轻微磨损情况。

对磨损产物（磨屑）成分和形态进行分析，是研究磨损机制和工程磨损预测的重要内容。可采用化学分析和光谱分析方法，分析磨屑的成分。可从油箱中抽取带有磨屑的润滑油，分析磨屑的金属种类及其含量，从而了解其磨损情况。铁谱分析是磨损微粒和碎片分析的一项新技术，它可以很方便地确定磨屑的形状、尺寸、数量以及材料成分，用以判别表面磨损类型和程度。这一新方法正受到人们的重视。

由于磨损试验结果很分散，所以试样数量要充足，通常至少需要 4~5 对摩擦副进行测试，数据分散度大时还需酌情增加。处理试验结果时，一般可取试验数据的平均值，分散度大时需用均方根值。根据试验结果数据，可作材料在规定时间内的磨损量-压力关系曲线或在一定压力下的磨损量-时间关系曲线。必须指出，即便同种材料，在采用不同方法进行磨损试验时，结果经常不同，这不仅表现在绝对值上，有时相对关系也不同，甚至会颠倒，因此在引用文献资料比较试验结果时应特别慎重。

8.3.3 磨损曲线和耐磨性

材料和机械构件的磨损量，目前还没有统一的标准，常用质量损失、体积损失或者尺寸损失来表示，具体含义如下。

1）线磨损量 V_L（μm 或 mm），即磨损表面法线方向的尺寸变化值。

2）质量磨损量 V_M（mg 或 g），即磨损试样的质量变化值。

3）体积磨损量 V_V（μm^3 或 mm^3），即磨损试样的体积变化值。

以上三种磨损量，都是利用试样磨损前后的质量、体积和尺寸的差值来表示的，并没有考虑摩擦行程和摩擦磨损时间等因素的影响。为便于不同材料和试验条件下的比较，目前较广泛采用的是磨损率，即单位磨程的磨损量（dV_L/dL、dV_M/dL、dV_V/dL），或磨损速率（磨损强度），即单位时间的磨损量（dV_L/dt、dV_M/dt、dV_V/dt）。有时也采用总磨程和测试时间下的平均磨损率、平均磨损强度等。

材料耐磨性是指材料在一定摩擦条件下抵抗磨损的能力，通常以磨损率或磨损速率的倒数表示，即

$$\varepsilon' = \frac{1}{V} \qquad (8\text{-}15)$$

式中，ε' 是材料的耐磨性；V 是材料在单位摩擦距离或时间内产生的磨损量。相对耐磨性 $\varepsilon'_相$ 是试验材料 A 与"标准（参考）"材料 B，在同一工况条件下的耐磨性之比，即

$$\varepsilon'_相 = \frac{\varepsilon'_A}{\varepsilon'_B} = \frac{V_B}{V_A} \qquad (8\text{-}16)$$

式中，V_B 和 V_A 分别是"标准（参考）"材料和试验材料的磨损率或磨损速率。相对耐磨性 $\varepsilon'_相$ 是一个无量纲的参数。显然，磨损量越小，耐磨性越高。

材料的磨损量、耐磨性并不是材料的固有特性，而是与磨损过程中的工作条件（如载

荷、速率、温度、润滑等)、材料本身性能及相互作用等因素有关的系统特性,不同试验条件和工况下的数据是不可比较的。

通常磨损量随摩擦行程或时间的关系曲线可分为三个阶段,这也与磨损的三个过程相对应,如图 8-36 所示。

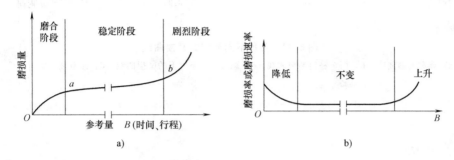

图 8-36 典型的磨损曲线

a) 磨损量与摩擦行程或时间的关系曲线 b) 磨损率或磨损速率与摩擦行程或时间的关系曲线

(1) 磨合磨损阶段 磨合是磨损过程的非均匀阶段,在整个磨损过程中所占比例很小,其特征是磨损率随时间的增加而降低,如图 8-36a 所示 Oa 段。

磨合磨损出现在摩擦副开始运行时期,由于加工装配后的新摩擦副表面具有一定的粗糙度,真实接触面积很小,应力很高,磨损很快。在良好的工作条件下,经过一段时间或经过一定摩擦行程以后,表面逐渐磨平,表面粗糙度减小,真实接触面积增大,使摩擦系数和磨损率随之降低,逐渐过渡到稳定磨损阶段。

磨合过程是一个有利的过程,其结果为以后机械的正常运转创造了条件。磨合过程是机械设备必经的过程,选择合适的磨合规范和润滑剂等措施,可以缩短磨合过程,提高机器的使用寿命。

(2) 稳定磨损阶段 摩擦表面经磨合以后达到稳定状态,实际接触面积始终不变、磨损率保持不变,这是摩擦副正常的工作时期,如图 8-36a 所示 ab 段。该阶段在整个磨损过程中所占比例越大,则表明设备的寿命越长。

(3) 剧烈磨损阶段 在稳定工作达到一定时间后,由于磨损量的积累或者由于外来因素(工况变化)的影响,使摩擦副的摩擦系数增大、磨损率随时间的增加而迅速上升,如图 8-36a 所示点 b 以上阶段。随着剧烈磨损阶段的发展,摩擦副温度升高,机械效率下降,精度丧失,甚至最终完全失效。

在不同的摩擦副中,上述三个阶段在整个摩擦过程中所占的比例不完全相同。任何摩擦副都要经过上述三个阶段,只是程度上和经历的时间上有所区别。图 8-37 所示为几种不同类型的磨损曲线。图 8-37a 所示为典型磨损曲线,整个磨损过程包括比较明显的三个阶段。图 8-37b 所示的曲线表示磨合阶段后,摩擦副经历了两个磨损工况条件,因而有两个稳定磨损阶段。在这两个阶段中,虽然磨损率不同,但都保持不变,属于正常工作状态。图 8-37c 所示为恶劣工况条件下的磨损曲线,在磨合磨损之后直接发生剧烈磨损,不能建立正常的工作条件。图 8-37d 所示的曲线属于接触疲劳磨损,正常工作到接触疲劳寿命 T_0 时开始出现疲劳磨损,并迅速发展引起失效。

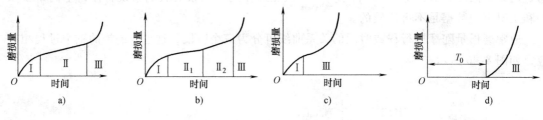

图 8-37 几种不同类型的磨损曲线

a）典型磨损曲线 b）两个稳定磨损曲线 c）恶劣工况条件下的磨损曲线 d）接触疲劳磨损曲线

第 2 篇　材料力学行为的机理分析

材料力学性能决定了材料的力学行为表现，这在不同环境中不同载荷下可能会有所差异。了解认识材料的各种力学行为特点和规律，是研究揭示材料力学性能特征的关键。这就需要从材料变形和破坏的过程中进行分析，建立合适的本构模型和强度准则。值得注意的是，不同于纯粹的力学分析，这一部分中并不只是唯象地描述材料的力学行为规律，而是更加关注影响材料力学行为的各种内外因素，旨在揭示材料各种力学行为的内部机理。

材料的基本力学行为可分为弹性、塑性、断裂和损伤四个方面。弹性和塑性是材料的基本变形行为。断裂和损伤是材料失效破坏的主要形式。除此之外，材料的力学行为还包括与时间相关的黏性变形、振动与波动等，这些内容在本书中没有详细论述，可参阅相关资料。

受弹性势能驱动的可逆弹性变形是所有材料都具备的基本变形行为，这主要与材料内部组元结构在外力作用下的平衡调整有关。描述理想弹性变形的本构模型是广义胡克定律，这是一个线性本构关系，其系数就是材料最基本的力学性能指标弹性模量。

在塑性功驱动下的不可逆塑性变形是材料能够改变形状和大小的重要方式，这主要与材料内部组元结构的永久变形有关。材料内部的各种缺陷是其发生塑性变形的重要诱因，如晶体材料的塑性变形就与位错的滑移密切相关。材料开始发生塑性变形的屈服准则有很多种，屈服强度是材料非常重要的一个强度指标。描述塑性变形的本构模型可以分为增量本构关系和全量本构关系，具体形式有很多种。材料的塑性行为是一种非常复杂的非线性变形过程，在工程实践中常常近似按理想塑性模型或线性强化模型来描述。

材料的断裂需从断裂物理和断裂力学两个角度进行研究。断裂物理关注材料断裂的机制和物理过程。脆性断裂和韧性断裂有着不同的机理。断裂力学关注材料断裂的判据和力学过程。相比断裂强度，断裂韧度可以更好地揭示材料断裂的力学原因。需要注意的是，材料的断裂在很多情况下是材料损伤演化的结果。损伤力学的研究为早期预防和控制断裂提供了依据。

本书这一部分将对材料的弹性变形、塑性变形、断裂和损伤进行简要介绍，重点关注一些力学性能指标的物理含义及其影响因素，更加深入的力学模型分析和计算可参见有关弹性力学、塑性力学、连续介质力学、损伤力学、断裂力学等领域的书籍。

第9章
弹性变形

材料在外力作用下发生变形，当外力除去以后，变形也随之消失，这种变形即为弹性（Elastic）变形。任何材料在外力作用下，开始总会有弹性变形，而且大多数材料在正常服役条件下也都处于弹性状态。因此材料的弹性变形是材料最基本的力学性能。

材料的弹性变形是指原子系统在外力作用下离开平衡位置达到新的平衡状态的过程，所以了解弹性变形的规律有必要从原子模型入手，这也是晶体材料等绝大部分材料弹性变形的本质。从宏观上看，材料的弹性本构关系可以用广义胡克定律描述，弹性模量是表征材料线弹性特征的力学指标。需要指出的是，实际上材料的弹性还会表现出一定的非线性特点或某种不完善性。

9.1 弹性变形的物理机制

以能量变化为驱动的弹性变形是最主要和最普遍的一种变形，金属、陶瓷等大部分材料的弹性变形都是由于原子间价键结合力的变化引起的。这种弹性变形的物理机制可用双原子模型来说明。

在材料内部，相邻两原子间存在着吸引力和排斥力，原子间的结合正是这两种力相互作用的结果。通常可以粗略地认为，原子间的吸引力是金属离子与自由电子（或阴阳离子间）相互作用的结果，是长程作用力。原子间的排斥力则是由同性电荷（离子与离子、电子与电子）间的库仑斥力以及相邻原子的电子云互相重叠的泡利斥力所造成的，是短程作用力，当原子间距离增大时，此力很小，而当原子间距离较小时则比吸引力大得多。当吸引力与排斥力之和为零时，原子即处于平衡位置，此时原子间距离为 r_0。当材料受到拉力作用时，相邻两原子间的距离增大。于是，两原子间的吸引力增大，原子力图恢复到原先的平衡位置。当拉力与原子间的作用力建立起新的平衡时，原子便稳定在新的平衡位置上，结果材料发生了宏观的伸长变形。反之，当材料受到压力作用时，相邻两原子间的距离减小，宏观上表现为缩短变形，这时，两原子间的排斥力增大。在拉力或压力除去后，由于原子间吸引力或排斥力的作用，使原子恢复到原先的平衡位置，宏观变形也因而消失。这就是弹性变形的物理本质。材料因内部原子偏离平衡位置所产生的内力便是弹性力。若材料内部原子间的弹性力不为零，则原子间的结合能增大，即材料内的弹性势能升高。原子间的相互作用力 f 与原子间距离 r 之间的关系可用下式近似地表示，即

$$f = \frac{a}{r^m} - \frac{b}{r^n} \tag{9-1}$$

式中，m、n、a、b 均为与原子本性和晶格类型有关的常数，公式等号右侧第一项代表吸引力，第二项代表排斥力。因为当 r 较小时，排斥力的作用超过吸引力，故有 $n>m$。在平衡位置 r_o 处，合力为零，弹性势能最低。

由图9-1可见，当原子偏离其平衡位置较小时，原子间相互作用力与原子间距离的关系曲线可以近似地看作是直线。因此，当宏观弹性变形较小时，应变与应力间近似地呈线性关系。这也正是胡克定律的物理本质，作为线性系数的弹性模量反映了原子间结合强度的大小。目前工程中应用的结构材料，由于其弹性极限较低，其弹性变形量一般不超过1%。因此，胡克定律是近似正确、实用的。图9-2所示为不同类型原子间的相互作用，弹性模量实际上与曲线上受力点的斜率成正比。在共价键和离子键类型材料中，原子间结合力强，如图9-2曲线1所示，其 $\tan\alpha_1$ 较大，E_1 也较大；而分子键型材料中原子间结合力弱，如图9-2曲线2所示，其 $\tan\alpha_2$ 较小，E_2 也较小。原子间距的不同也会导致弹性模量的不同，压应力使原子间距变小，E 也就变大，而拉应力使原子间距变大，E 也就变小。

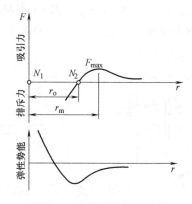

图9-1　原子间的相互作用

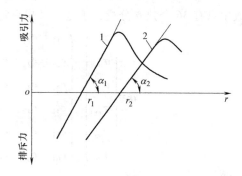

图9-2　不同类型原子间的相互作用

材料的弹性变形理论上可高达25%。当发生这样大的弹性变形时，应力与应变之间不再存在线性关系，而表现为非线性关系。已有试验测定了纯铁晶须的弹性变形，其弹性变形高达5%，而且当弹性变形超过2.5%时，应变与应力就偏离了直线关系，胡克定律不再适用。然而，材料实际上很难有如此大的弹性变形。以钢为例，其最大弹性变形仅为0.5%。这是因为材料实际上不可能是理想的完整晶体，在材料中不可避免地存在缺陷，如各种点缺陷、位错等。在外力作用下，弹性变形远未达到其最大可能值前，就会因位错运动和增殖而发生塑性变形，或过早断裂。也正因如此，材料在弹性阶段的应力-应变曲线近似为直线，可用胡克定律描述。

材料的弹性系数与原子间结合力有关，在单晶体中不同方向的原子间结合力是不同的，因此弹性系数也是不相同的，这也就是弹性有时会表现出各向异性的本质原因。精确测量这些弹性系数的取向关系及温度关系，与固体理论的计算进行比较，可以研究各种晶体结合键的规律。

9.2　广义胡克定律

在没有初始应力的条件下，线弹性材料的应力和应变关系可以表示为一种线性组合，采用张量形式可写为：

$$\sigma_{ij} = C_{ijkl}\varepsilon_{kl} \tag{9-2a}$$

或

$$\varepsilon_{ij} = S_{ijkl}\sigma_{kl} \tag{9-2b}$$

式中，C_{ijkl}是刚度常数；S_{ijkl}是柔度常数，统称为弹性常数。这也是胡克定律的推广，所以称为广义胡克定律。

早在1678年，英国物理学家罗伯特·胡克（Robert Hooke）就给出了弹簧的弹力F和弹簧的伸长量（或压缩量）x呈正比关系，即$F=kx$，并指出k是物质的弹性系数，只由材料的性质所决定，与其他因素无关。这也就是著名的胡克定律。它可以直接推广到单向应力状态下材料的应力和应变关系，即$\sigma = E\varepsilon$。考虑到弹性变形的叠加原理，进一步推广到复杂应力状态下应力和应变关系，即式（9-2）。

考虑式（9-2a），因为应力张量是二阶对称张量，即$\sigma_{ij} = \sigma_{ji}$，所以刚度常数之间存在关系$C_{ijkl} = C_{jikl}$，又因为应变张量是二阶对称张量，即$\varepsilon_{ij} = \varepsilon_{ji}$，所以有$S_{ijkl} = S_{jikl}$，即81个弹性常数中只有36个独立分量，于是广义胡克定律可表示为列向量形式，即

$$\boldsymbol{\sigma} = \begin{pmatrix} \sigma_{xx} \\ \sigma_{yy} \\ \sigma_{zz} \\ \tau_{xy} \\ \tau_{yz} \\ \tau_{zx} \end{pmatrix} = \begin{pmatrix} c_{11} & c_{12} & c_{13} & c_{14} & c_{15} & c_{16} \\ c_{21} & c_{22} & c_{23} & c_{24} & c_{25} & c_{26} \\ c_{31} & c_{32} & c_{33} & c_{34} & c_{35} & c_{36} \\ c_{41} & c_{42} & c_{43} & c_{44} & c_{45} & c_{46} \\ c_{51} & c_{52} & c_{53} & c_{54} & c_{55} & c_{56} \\ c_{61} & c_{62} & c_{63} & c_{64} & c_{65} & c_{66} \end{pmatrix} \begin{pmatrix} \varepsilon_{xx} \\ \varepsilon_{yy} \\ \varepsilon_{zz} \\ \varepsilon_{xy} \\ \varepsilon_{yz} \\ \varepsilon_{zx} \end{pmatrix} = c\varepsilon \tag{9-3a}$$

或

$$\boldsymbol{\varepsilon} = \begin{pmatrix} \varepsilon_{xx} \\ \varepsilon_{yy} \\ \varepsilon_{zz} \\ \varepsilon_{xy} \\ \varepsilon_{yz} \\ \varepsilon_{zx} \end{pmatrix} = \begin{pmatrix} s_{11} & s_{12} & s_{13} & s_{14} & s_{15} & s_{16} \\ s_{21} & s_{22} & s_{23} & s_{24} & s_{25} & s_{26} \\ s_{31} & s_{32} & s_{33} & s_{34} & s_{35} & s_{36} \\ s_{41} & s_{42} & s_{43} & s_{44} & s_{45} & s_{46} \\ s_{51} & s_{52} & s_{53} & s_{54} & s_{55} & s_{56} \\ s_{61} & s_{62} & s_{63} & s_{64} & s_{65} & s_{66} \end{pmatrix} \begin{pmatrix} \sigma_{xx} \\ \sigma_{yy} \\ \sigma_{zz} \\ \tau_{xy} \\ \tau_{yz} \\ \tau_{zx} \end{pmatrix} = s\sigma \tag{9-3b}$$

式中，c是刚度矩阵；s是柔度矩阵。弹性常数c_{mn}和s_{mn}的下标m和n分别对应于$C_{(ij)(kl)}$中(ij)和(kl)的取值，m取1到6时对应于(ij)取(11)、(22)、(33)、(12)、(23)、(31)，同理n与(kl)依此对应，例如$c_{11} = C_{1111}$、$c_{24} = C_{2212}$、$c_{56} = C_{2331}$。

对于一般的完全各向异性材料，弹性常数之间存在以下关系，即

$$C_{ijkl} = C_{jikl} = C_{ijlk} = C_{jilk} \tag{9-4a}$$

或

$$S_{ijkl} = S_{jikl} = S_{ijlk} = S_{jilk} \tag{9-4b}$$

这样所有弹性常数中就只有21个独立分量，弹性常数c_{mn}和s_{mn}分别构成了一个对称矩阵。也就是说刚度矩阵和柔度矩阵是对称矩阵。而且由式（9-3）可以看出，刚度矩阵和柔度矩阵是互逆的。

当材料在各个方向上的弹性性质完全相同时称为各向同性。从数学角度看，就是应力和应变之间的关系在所有方位不同的坐标系中都一样。工程上绝大多数材料都可以近似认为是各向同性材料，这时其弹性常数中只有两个独立的分量。几种常用的弹性常数之间的转换关系见表 9-1。

表 9-1　几种弹性常数之间的转换关系

独立弹性常数	弹性模量 E	泊松比 ν	体积模量 K	剪切模量 $G=\mu$	拉梅常数 λ	约束模量 M
$E、\nu$	E	ν	$\dfrac{E}{3(1-2\nu)}$	$\dfrac{E}{2(1+\nu)}$	$\dfrac{\nu E}{(1+\nu)(1-2\nu)}$	$\dfrac{(1-\nu)E}{(1+\nu)(1-2\nu)}$
$E、G$	E	$\dfrac{E-2G}{2G}$	$\dfrac{EG}{9G-3E}$	G	$\dfrac{G(E-2G)}{3G-E}$	$\dfrac{G(4G-E)}{3G-E}$
$E、K$	E	$\dfrac{3K-E}{6K}$	K	$\dfrac{3KE}{9K-E}$	$\dfrac{3K(3K-E)}{9K-E}$	$\dfrac{3K(3K+E)}{9K-E}$
$K、M$	$\dfrac{9K(M-K)}{3K+M}$	$\dfrac{3K-M}{3K+M}$	K	$\dfrac{3(M-K)}{4}$	$\dfrac{3K-M}{2}$	M
$\nu、G$	$2G(1+\nu)$	ν	$\dfrac{2G(1+\nu)}{3(1-2\nu)}$	G	$\dfrac{2G\nu}{1-2\nu}$	$\dfrac{2G(1-\nu)}{1-2\nu}$
$K、G$	$\dfrac{9KG}{3K+G}$	$\dfrac{3K-2G}{2(3K+G)}$	K	G	$K-\dfrac{2}{3}G$	$K+\dfrac{4}{3}G$
$G、M$	$\dfrac{G(3M-4G)}{M-G}$	$\dfrac{M-2G}{2(M-G)}$	$M-\dfrac{3}{4}G$	G	$M-2G$	M
$\nu、K$	$3K(1-2\nu)$	ν	K	$\dfrac{3K(1-2\nu)}{2(1+\nu)}$	$\dfrac{3K\nu}{1+\nu}$	$\dfrac{3K(1-\nu)}{1+\nu}$
$\mu、\lambda$	$\dfrac{\mu(3\lambda+2\mu)}{\lambda+\mu}$	$\dfrac{\lambda}{2(\lambda+\mu)}$	$\lambda+\dfrac{2}{3}\mu$	μ	λ	$\lambda+2\mu$
$K、\lambda$	$\dfrac{9K(K-\lambda)}{3K-\lambda}$	$\dfrac{\lambda}{3K-\lambda}$	K	$\dfrac{3(K-\lambda)}{2}$	λ	$3K-2\lambda$
$\nu、\lambda$	$\dfrac{\lambda(1+\nu)(1-2\nu)}{\nu}$	ν	$\dfrac{\lambda(1+\nu)}{3\nu}$	$\dfrac{\lambda(1-2\nu)}{2\nu}$	λ	$\dfrac{\lambda(1-\nu)}{\nu}$

1．刚度常数和柔度常数

对于各向同性材料，材料性质不仅与坐标轴的选取无关，而且与坐标轴的任意变换方位也无关，也就是说任意一个平面都是弹性对称面。因此独立的弹性常数只有两个，一般取刚度常数 c_{11} 和 c_{12}（或柔度常数 s_{11} 和 s_{12}）。于是可得广义胡克定律的表达式为

$$\begin{cases} \sigma_x = c_{11}\varepsilon_x + c_{12}\varepsilon_y + c_{12}\varepsilon_z = c_{12}\theta + (c_{11}-c_{12})\varepsilon_x \\ \sigma_y = c_{12}\varepsilon_x + c_{11}\varepsilon_y + c_{12}\varepsilon_z = c_{12}\theta + (c_{11}-c_{12})\varepsilon_y \\ \sigma_z = c_{12}\varepsilon_x + c_{12}\varepsilon_y + c_{11}\varepsilon_z = c_{12}\theta + (c_{11}-c_{12})\varepsilon_z \\ \tau_{xy} = \dfrac{1}{2}(c_{11}-c_{12})\gamma_{xy} \\ \tau_{yz} = \dfrac{1}{2}(c_{11}-c_{12})\gamma_{yz} \\ \tau_{zx} = \dfrac{1}{2}(c_{11}-c_{12})\gamma_{zx} \end{cases} \tag{9-5a}$$

式中，$\theta = \varepsilon_x + \varepsilon_y + \varepsilon_z = \Delta$，即应变张量第一不变量，表示体应变；$c_{12} = \lambda$；$c_{11} = \lambda + 2\mu$。

或者表示为

$$\begin{cases} \varepsilon_x = s_{11}\sigma_x + s_{12}\sigma_y + s_{12}\sigma_z = s_{12}\Theta + (s_{11} - s_{12})\sigma_x \\ \varepsilon_y = s_{12}\sigma_x + s_{11}\sigma_y + s_{12}\sigma_z = s_{12}\Theta + (s_{11} - s_{12})\sigma_y \\ \varepsilon_z = s_{12}\sigma_x + s_{12}\sigma_y + s_{11}\sigma_z = s_{12}\Theta + (s_{11} - s_{12})\sigma_z \\ \gamma_{xy} = 2(s_{11} - s_{12})\tau_{xy} \\ \gamma_{yz} = 2(s_{11} - s_{12})\tau_{yz} \\ \gamma_{zx} = 2(s_{11} - s_{12})\tau_{zx} \end{cases} \quad (9\text{-}5b)$$

式中，$\Theta = \sigma_x + \sigma_y + \sigma_z = 3\sigma_m$，即应力张量第一不变量，表示平均应力，$s_{11} = \dfrac{\lambda + \mu}{\mu(3\lambda + 2\mu)}$；

$s_{12} = \dfrac{-\lambda}{2\mu(3\lambda + 2\mu)}$。

2. 工程弹性常数

在工程实践中，采用不同的加载方式进行试验，可以测定出材料的弹性常数，以反映材料在特定应力状态下的应力和应变关系，这包括弹性模量、泊松比、体积模量、剪切模量、约束模量等。

在静水压缩状态下，材料承受的静水压力 p 与其体积应变 Δ 之比称为体积模量 K。这时不为零的应力分量只有 $\sigma_x = \sigma_y = \sigma_z = -p$，于是可得

$$K = \frac{p}{-\Delta} = \lambda + \frac{2}{3}\mu \quad (9\text{-}6)$$

在单向拉压状态下，材料承受的正应力与其正应变之比称为弹性模量 E，同时定义轴向与横向应变之比为泊松比 ν。此时非零应力只有 σ_x，于是由式（9-5b）可得 $\varepsilon_x = \dfrac{\lambda + \mu}{\mu(3\lambda + 2\mu)}\sigma_x$，$\varepsilon_y = \varepsilon_z = \dfrac{-\lambda}{2\mu(3\lambda + 2\mu)}\sigma_x$，因此有

$$E = \frac{\sigma_x}{\varepsilon_x} = \frac{\mu(3\lambda + 2\mu)}{\lambda + \mu} = \frac{1}{s_{11}} \quad (9\text{-}7)$$

$$\nu = -\frac{\varepsilon_y}{\varepsilon_x} = -\frac{\varepsilon_z}{\varepsilon_x} = -\frac{\lambda}{2(\lambda + \mu)} = -\frac{s_{12}}{s_{11}} \quad (9\text{-}8)$$

在纯剪切状态下，材料承受的切应力与其切应变之比称为剪切模量 G。此时非零应力只有 τ_{xy}，于是由式（9-5b）可得 $\varepsilon_{xy} = \dfrac{\gamma_{xy}}{2} = (s_{11} - s_{12})\tau_{xy} = \dfrac{1}{2\mu}\tau_{xy}$，因此有

$$G = \frac{\tau_{xy}}{\gamma_{xy}} = \mu = \frac{1}{2(s_{11} - s_{12})} \quad (9\text{-}9)$$

在单轴应变状态下，材料承受的正应力与其正应变之比称为约束模量 M。此时非零应变只有 ε_x，于是可得 $\sigma_x = \lambda\varepsilon_x + 2\mu\varepsilon_x$，因此有

$$M = \frac{\sigma_x}{\varepsilon_x} = \lambda + 2\mu \quad (9\text{-}10)$$

因为各向同性弹性材料只有两个独立的弹性常数，所以这些工程弹性常数中存在一定的关系，经常用到的是

$$E = 2G(1+\nu) \tag{9-11}$$

$$K = \lambda + \frac{2G}{3} = \frac{E}{3(1-2\nu)} \tag{9-12}$$

表 9-1 中列出了几种弹性常数之间的相互转换关系。实际应用中可以根据需要选择合适的弹性常数。一般来说，弹性模量 E、泊松比 ν、体积模量 K、剪切模量 G 这些工程弹性常数主要用在试验测试和数值计算中，拉梅常数 λ 和 μ、刚度常数、柔度常数这些弹性常数主要用在理论分析中。

采用工程弹性常数，描述各向同性材料弹性本构关系的广义胡克定律可表示为

$$
\begin{cases}
\varepsilon_x = \dfrac{1}{E}[\sigma_x - \nu(\sigma_y + \sigma_z)] \\[2mm]
\varepsilon_y = \dfrac{1}{E}[\sigma_y - \nu(\sigma_z + \sigma_x)] \\[2mm]
\varepsilon_z = \dfrac{1}{E}[\sigma_z - \nu(\sigma_x + \sigma_y)] \\[2mm]
\gamma_{xy} = \dfrac{1}{G}\tau_{xy} \\[2mm]
\gamma_{yz} = \dfrac{1}{G}\tau_{yz} \\[2mm]
\gamma_{zx} = \dfrac{1}{G}\tau_{zx}
\end{cases}
\quad \text{或} \quad
\begin{cases}
\sigma_x = 2G\varepsilon_x + \dfrac{\nu E}{(1+\nu)(1-2\nu)}(\varepsilon_x + \varepsilon_y + \varepsilon_z) \\[2mm]
\sigma_y = 2G\varepsilon_y + \dfrac{\nu E}{(1+\nu)(1-2\nu)}(\varepsilon_x + \varepsilon_y + \varepsilon_z) \\[2mm]
\sigma_z = 2G\varepsilon_z + \dfrac{\nu E}{(1+\nu)(1-2\nu)}(\varepsilon_x + \varepsilon_y + \varepsilon_z) \\[2mm]
\tau_{xy} = G\gamma_{xy} \\[2mm]
\tau_{yz} = G\gamma_{yz} \\[2mm]
\tau_{zx} = G\gamma_{zx}
\end{cases}
\tag{9-13}
$$

在单向拉伸时，$\sigma_x \neq 0$，其他应力分量均为 0，于是广义胡克定律简化为

$$\varepsilon_x = \frac{1}{E}\sigma_x \qquad\qquad \varepsilon_y = \varepsilon_z = -\nu\varepsilon_x = -\frac{\nu}{E}\sigma_x \tag{9-14a}$$

可见在单向拉伸加载条件下，材料在受拉方向有伸长变形，同时在垂直于拉伸方向有收缩变形。

在单轴应变状态下，$\varepsilon_x \neq 0$，其他应变分量均为 0，于是广义胡克定律简化为

$$\sigma_x = (\lambda + 2G)\varepsilon_x = M\varepsilon_x \qquad\qquad \sigma_y = \sigma_z = \lambda\varepsilon_x = \frac{\lambda}{\lambda+2G}\sigma_x = \frac{\nu}{1-\nu}\sigma_x \tag{9-14b}$$

可见此时存在侧限应力 σ_y 和 σ_z，属于三向应力状态。

9.3 弹性模量

任何一个构件在正常服役过程中都是处于弹性变形状态的。在机械设计和结构设计中，构件的弹性变形需要控制在一定范围之内，以免因弹性变形过大而失效，这就需要知道材料的弹性常数，包括杨氏弹性模量、剪切弹性模量、体积弹性模量和泊松比等。弹性模量是最重要的也是最基本的一个材料力学性能指标。它既是工程实践经验的总结，也是理论分析得出的结果。弹性常数反映了材料变形时应力与弹性应变之间的线性关系。在不同的加载模式下，在不同的应力分量与应变分量之间，需要采用不同形式的弹性常数。对于各向同性材

料，只有两个独立的弹性常数，因此各种形式的弹性常数之间存在一定的换算关系。弹性常数是材料弹性性质的体现，主要取决于材料的组成元素和价键结构，对温度、加载速率等其他外界条件的影响不太敏感。在工程应用中，还涉及刚度和弹性比功的问题。弹性常数可视为材料的刚度。而构件的刚度不仅取决于材料的弹性常数，还与构件的形状、尺寸及承载方式有关。采用比刚度可以衡量不同密度材料的刚度。弹性比功是材料吸收变形功而不发生永久变形的能力，不仅取决于材料的弹性常数，还与材料的弹性极限有关。

9.3.1 弹性常数的工程意义

固体弹性的近代理论是从英国物理学家罗伯特·胡克（Robert. Hooke）1678 年的弹簧拉伸试验开始的，其结论是力与伸长成正比。按现在的胡克定律形式可写为

$$\frac{F_n}{S} = E \frac{\Delta l}{l_o} \tag{9-15}$$

式中，F_n 是内力；S 是 F_n 作用的面积；l_o 是弹性体原长；Δl 是其受力后的伸长量，比例系数 E 是弹性体的一个弹性常数，通常被称为弹性模量。在此基础上，英国物理学家托马斯·杨（T. Young）进一步指出，如果弹性体的伸长量超过一定限度，材料就会断裂，胡克定律就不再适用了，并于 1807 年用试验测定了一些材料的 E 值，所以现在把这一弹性常数又称为杨氏模量。

其实早在胡克提出这一定律的 1500 年前，我国东汉时期的经学大师郑玄（公元 127—200）为《周礼·考工记·弓人》一文的"量其力，有三钧"一句进行注解中写到："假令弓力胜三石，引之中三尺，弛其弦，以绳缓摆之，每加物一石，则张一尺"。后来在唐朝贾公彦对此又有疏云："郑又云，假令弓力胜三石，引之中三尺者，此即三石力之弓也。必知弓力三石者，当弛其弦，以绳缓摄之者，谓不张之，别以一条绳系两萧，乃加物一石张一尺、二石张二尺、三石张三尺"。到了明代，宋应星的《天工开物》也谈及有关问题："凡试弓力，以足踏弦就地，称钩搭挂弓腰，弓满之时，推移称锤所压，则知多少"。这就正确地揭示了在弹性限度内材料的力与变形成正比的关系，因此也有物理学家认为胡克定律应称之为"郑玄-胡克定律"。

承受拉伸应力的圆棒除产生轴向伸长外还伴随着径向收缩，即 $\varepsilon_y = -v\varepsilon_x = -v\sigma_x/E$。这个关系是法国物理学家泊松（S. D. Poisson）于 1829 年发现并提出的，所以现在把比例常数 v 称为泊松比。泊松比是材料横向应变与纵向应变的比值的绝对值，也称为横向变形系数，它是反映材料横向变形的弹性常数。在弹性工作范围内，泊松比 v 一般为常数，而且对绝大多数材料 v 值为 $1/4 \sim 1/3$ 左右。但超越弹性范围以后，v 值一般会随应力的增大而增大，直到 $v = 0.5$ 为止。对于传统材料，泊松比 v 是正值，不过现在也出现了一些新型的泊松比为负值的材料。

类似地，在纯剪切变形时胡克定律可写为 $\tau = G\gamma$，其中 G 称为剪切模量；在静水压力作用下体积收缩时胡克定律可写为 $p = K(\Delta V/V)$，其中 K 称为体积模量或压缩模量，也常将 $1/K$ 称为压缩系数。

在复杂应力状态下，弹性本构关系需要表示为广义胡克定律，详见上一节所述。这时可以采用这些工程上定义的弹性常数，也可以采用其他形式的弹性常数，它们之间的转换关系可见表 9-1。下面对工程中常用弹性常数的物理意义和测量方法进行简述。

弹性模量 E 反映了材料抵抗正应变的能力，可由材料的静态拉伸或压缩试验测定，在单向受力状态下有

$$E = \frac{\sigma_x}{\varepsilon_x} \tag{9-16}$$

泊松比 ν 反映了材料横向正应变与受力方向（纵向）正应变的相对比值，可由材料的静态拉伸或压缩试验测定，有

$$\nu = -\frac{\varepsilon_y}{\varepsilon_x} \tag{9-17}$$

剪切模量 G 反映了材料抵抗切应变的能力，可由材料的静态扭转试验测定，在纯剪切受力状态下有

$$G = \frac{\tau_{xy}}{\gamma_{xy}} \tag{9-18}$$

体积模量 K 表示材料在三向等压缩下压力 p 与体积应变 Δ 之间的比例关系，因此根据胡克定律有

$$\varepsilon = \frac{1}{E} \left[-p - \nu(-p-p) \right] = \frac{p}{E}(2\nu-1)$$

于是体积应变为

$$\Delta = \frac{\Delta V}{V} = 3\varepsilon = \frac{3p}{E}(2\nu-1)$$

所以有

$$K = \frac{-p}{\Delta} = \frac{E}{3(1-2\nu)} \tag{9-19}$$

应当指出的是，由于各向同性体本质上只有两个独立的弹性常数，所以这些工程上定义使用的弹性常数间也存在一定关系，即

$$E = 2G(1+\nu) \tag{9-20a}$$

$$E = 3K(1-2\nu) \tag{9-20b}$$

橡胶材料的泊松比约为 0.5，因此由上式可知 $E=3G$，$K=\infty$，即橡胶的弹性模量是剪切模量的 3 倍，变形时不产生纯粹体积变形，具有不可压缩性。

常用弹性常数 E、G、ν 通常是用静拉伸或扭转试验测定的。不过当需要精确测定或需要给出单晶在特定方向上的弹性模量时，则宜采用动态试验法，一般是利用某种形式的共振试验测出其共振频率，然后通过相应的关系式计算相应的弹性常数，详见 4.1 节所述。

9.3.2 弹性模量和刚度

在实际工程结构中，材料弹性模量的意义通常是以刚度来体现的。这是因为构件一旦设计定型，在弹性变形范围内的服役过程中，通常以其所受载荷来判定变形量，而刚度是指引起单位应变的载荷，即

$$Q = \frac{F}{\varepsilon} = \frac{\sigma A}{\varepsilon} = EA \tag{9-21}$$

式中，A 是构件的承载面积；E 是构件材料的弹性模量。可见 EA 即为刚度。不难看出，要

减小构件的弹性变形，可选用高弹性模量材料或适当增加承载面积。精密仪器的工作台一般选择弹性模量大的材料，而且比较重，目的就是尽可能减小外界振动对仪器的影响。现在许多光学仪器的平台采用花岗岩材料就是这个道理。

严格来讲，构件的刚度还与加载方式有关。因此式（9-21）给出的是构件的拉压刚度。对于承受扭转载荷的构件，其刚度需要采用扭转刚度来表示，即引起1°单位扭转角的扭矩

$$Q = \frac{T}{\theta} = GI_p \tag{9-22}$$

式中，I_p 是构件横截面的极惯性矩；G 是构件材料的剪切模量。而对于承受弯曲载荷的构件，其刚度需要采用弯曲刚度来表示，即引起单位弯曲曲率的弯矩

$$Q = \frac{M}{1/\rho_o} = EI \tag{9-23}$$

式中，I 是构件横截面对中性轴的惯性矩；ρ_o 是中性层的曲率半径。

刚度是指材料或构件在受力时抵抗弹性变形的能力，是材料或构件弹性变形难易程度的表征。需要指出的是，材料的刚度与构件的刚度是不同的。材料的刚度即材料的弹性模量。材料的弹性模量越大，在相同应力条件下材料的弹性变形越小。因此，弹性模量表征了材料对弹性变形的抗力，代表了材料的刚度。而构件的刚度除了取决于材料的刚度外，还与构件的截面尺寸与形状以及载荷作用方式有关。这也是力学分析所要解决的一个重要问题。例如：精密机床的主轴如果不具备足够的刚度，就无法保证所加工零件的精度。

对于结构质量不受严格限制的地面构件，在多数情况下可以采用增大横截面积的方法提高刚度。但对于空间受严格限制的场合，如风力发电中的风轮机叶片、航空航天装置中的一些构件，往往要求不仅刚度要高，而且重量要轻。因此加大横截面积是不可取的，需要选用高弹性模量的材料。不仅如此，为了追求质量轻，还需要考虑材料的比弹性模量，即材料弹性模量与密度的比值

$$E_\rho = \frac{E}{\rho} \tag{9-24}$$

图 9-3 所示为不同材料的密度和弹性模量的分布范围。总体来看，密度大的材料，弹性模量也高。但在密度大致相同的情况下，不同材料表现出不同的弹性模量。因此有必要考虑材料的比弹性模量。几种常用材料的比弹性模量见表 9-2。可见金属中铍的比弹性模量最大，为 $16.8 \times 10^7 \mathrm{N \cdot m \cdot kg^{-1}}$，因此在导航设备中得到广泛应用。另外氧化铝、碳化硅等也显示出了明显的优势。这从图 9-3 中也可看出，碳化纤维强化材料和陶瓷等材料位于图形的上方，具有较大的比弹性模量。如利用高弹性模量的 SiC 晶须与金属 Ti 或 Al 复合，制成的 SiC 晶须增强钛或铝金属基复合材料，不仅具有较高的弹性模量，而且质量轻，有望成为较有竞争力的导航仪表材料。

表 9-2 几种常用材料的比弹性模量

材料	铜	钼	铁	钛	铝	铍	氧化铝	碳化硅
比弹性模量×10^7/（N·m·kg^{-1}）	1.3	2.7	2.6	2.7	2.7	16.8	10.5	17.5

当既要提高构件的刚度，又要减轻构件的自重时，就要以材料的比刚度来评定。材料的比刚度需要根据载荷的作用形式而定。对于拉伸件，其比刚度以 E/ρ 来衡量。对于受弯曲

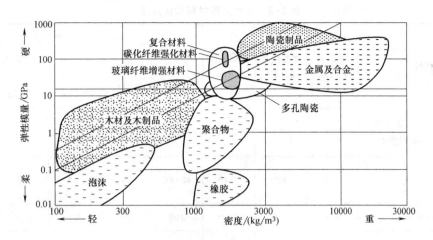

图 9-3 不同材料的密度和弹性模量的分布范围

的梁，其比刚度以 $E^{1/2}/\rho$ 来衡量。对于均匀受弯的板，其比刚度以 $E^{1/3}/\rho$ 来衡量。这是因为，若两杆件在拉伸时的刚度相等，即 $E_1 A_1 = E_2 A_2$，则其重量比为 $\dfrac{W_1}{W_2} = \dfrac{\rho_1 A_1 L}{\rho_2 A_2 L} = \dfrac{\rho_1 E_2}{\rho_2 E_1} = \dfrac{E_2}{\rho_2} \Big/ \dfrac{E_1}{\rho_1}$，所以需要用 E/ρ 来表示材料的比刚度，这样在保持刚度相同的情况下，当两种材料的比刚度相等时，则由该两种材料制成的构件重量相等。而对于受弯曲的梁，当抗弯刚度相同时，即 $E_1 I_1 = E_2 I_2$，又因为 $\dfrac{I_1}{I_2} = \left(\dfrac{d_1}{d_2}\right)^4$，则其重量比为 $\dfrac{W_1}{W_2} = \dfrac{\rho_1 \pi d_1^2 L}{\rho_2 \pi d_2^2 L} = \dfrac{\rho_1}{\rho_2}\left(\dfrac{I_1}{I_2}\right)^{1/2} = \dfrac{\rho_1}{\rho_2}\left(\dfrac{E_2}{E_1}\right)^{1/2} = \dfrac{E_2^{1/2}}{\rho_2} \Big/ \dfrac{E_1^{1/2}}{\rho_1}$，所以需要用 $E^{1/2}/\rho$ 来表示材料的比刚度。同理对于受弯曲的板，因为 $\dfrac{I_1}{I_2} = \left(\dfrac{h_1}{h_2}\right)^3$，则抗弯刚度相同时重量比为 $\dfrac{W_1}{W_2} = \dfrac{\rho_1 b h_1 L}{\rho_2 b h_2 L} = \dfrac{\rho_1}{\rho_2}\left(\dfrac{I_1}{I_2}\right)^{1/3} = \dfrac{E_2^{1/3}}{\rho_2} \Big/ \dfrac{E_1^{1/3}}{\rho_1}$，所以需要用 $E^{1/3}/\rho$ 来表示材料的比刚度。某种材料在不同的结构形状和受力状态的条件下，其比刚度可以概括为

$$Q_\rho = \frac{E^\alpha}{\rho} \tag{9-25}$$

式中，$\alpha \leqslant 1$，其具体数值视构件的形状和受力状态而定。相比于比弹性模量，比刚度可以更为合理的描述材料弹性模量与构件重量之间的关系。

表 9-3 列出了几种典型材料的比刚度。可见，碳纤维增强材料的比刚度是最高的，远优于其他三种材料，但其过高的价格成本限制了其实际应用。对于受拉伸的杆件，以 E/ρ 作为判据，高强度钢、铝合金、玻璃纤维增强的复合材料三者没有多大差别。但如果是悬臂梁，需要以 $E^{1/2}/\rho$ 作为判据，则铝合金要比高强度钢好得多，而玻璃纤维增强的复合材料并不会比铝合金好很多。如果是一个大平板均匀受弯，需要以 $E^{1/3}/\rho$ 作为判据，玻璃纤维增强的复合材料则要好得多。因此民用飞机的主框架一般选用铝合金，但在战斗机或直升机的旋翼中则会广泛采用价格成本偏高的玻璃纤维增强的复合材料，甚至是碳纤维增强材料。

表 9-3　几种典型材料的比刚度

材料		密度 ρ /g·cm^{-3}	弹性模量 E/GPa	屈服强度 /MPa	断裂韧度 K_{Ic}/ MPa·cm$^{1/2}$	比刚度/KN·m·kg^{-1}			比强度 σ_s/ρ/kN· m·kg^{-1}
						E/ρ/MN· m·kg^{-1}	$E^{1/2}/\rho$/ kN$^{1/2}$· m^2·kg^{-1}	$E^{1/3}/\rho$/ N$^{1/3}$· m$^{1/3}$·kg^{-1}	
复合 材料	58%单向碳纤维 在环氧树脂中	1.5	189	1050	32~45	126	9	3.8	700
	50%单向玻璃 纤维在聚酯中	2.0	48	1240	42~60	24	3.5	1.8	620
高强度钢		7.8	207	1000	100	27	1.8	0.76	128
铝合金		2.8	71	500	28	25	3.0	1.5	179

9.3.3　弹性模量和弹性比功

弹性比功，又称为弹性比能或弹性应变比能，是指应力-应变曲线下弹性范围内所吸收的最大弹性变形功，如图 1-26 所示阴影面积，即

$$w_e = \frac{1}{2}\sigma_e\varepsilon_e = \frac{\sigma_e^2}{2E} \tag{9-26}$$

式中，σ_e 是材料的弹性极限；E 是材料的弹性模量。弹性比功反映了材料吸收变形功而不发生永久变形的能力，是一个韧度指标。由式（9-26）可以看出，欲提高材料的弹性比功，途径有二：提高 σ_e，或者降低 E。由于 σ_e 是二次方，而且弹性极限 σ_e 与材料的组织结构密切相关，所以提高 σ_e 是提高材料弹性比功的有效途径。

需要强调指出的是弹性极限与弹性模量的区别。弹性极限是材料的强度指标，它敏感地决定于材料的成分、组织及其他结构因素，而弹性模量是材料的刚度指标，它只取决于原子间的结合力，对结构不敏感，合金成分、组织以及环境条件的改变对它都不会产生明显影响。在弹簧钢的生产中，普遍采用合金化、热处理以及冷加工等措施，其目的是为了最大限度地提高弹性极限，从而提高材料的弹性比功，这样的弹簧材料称为硬弹簧材料。而在某些仪表中的顺磁性磷青铜或铍青铜弹簧材料，它们既具有较高的弹性极限，又具有较小的弹性模量，这样就能保证在较大的变形量下仍然处于弹性变形状态，这样的弹簧材料称为软弹簧材料。

弹簧在工作时，既要起到缓冲和减振的作用，又要传递动力，在一些仪表中它还是测力元件，因此不能将弹簧的作用简单理解为是缓冲和减振。否则就应选取高阻尼的材料，如高分子塑料、橡胶和软金属等来制作弹簧，这样可以更好吸收变形功。但弹簧不仅要能吸收变形功，而且还要始终处于弹性状态，所以需要有较高的弹性比功。对于硬弹簧，不仅要弹性比功大，而且弹性模量也要大，以提供足够的承载力和缓冲力。而对软弹簧，不仅要弹性比功大，而且弹性模量要小，以提供更好的灵敏度。例如：汽车的板簧，它把车架所支承的汽车重量或载荷传递给车桥和车轮，同时也把驱动力传递给车架，这就要求它有尽可能高的弹性比功和足够的弹性模量。几种常见材料的弹性比功见表 9-4。

表 9-4　几种常见材料的弹性比功

材料	弹性模量 E/GPa	弹性极限 σ_e/MPa	弹性比功 $w_e/\mathrm{J\cdot cm^{-3}}$
中碳钢	210	310	0.228
高碳弹簧钢	210	965	2.217
65Mn 弹簧钢	200	1380	4.761
55Si2Mn 弹簧钢	200	1480	5.476
50CrVA 弹簧钢	200	1420	5.041
冷轧不锈钢	200	1000	2.500
硬铝	72.4	125	0.108
铜	110	27.5	0.0034
铍青铜	120	588	1.44
磷青铜	101	450	1.000
橡皮	0.001	2	2.000

9.3.4　弹性模量的影响因素

弹性模量是材料力学性能中最稳定的指标，主要取决于材料的原子结构，对材料的组织分布与变化不敏感，也很少受除温度以外的外界条件波动的影响。因此一般的加工手段和冷热处理工艺都很难调整材料的弹性模量，若需大幅度改变弹性模量，唯有通过选材才可以实现。

1. 原子结构的影响

由于弹性变形是原子间距在外力作用下的可逆变化结果，因此弹性模量与原子间结合力强弱密切相关。原子结构、价电子层、能带结构不同，直接影响原子间相互作用势能，另外原子间距、近邻原子数不同，对原子的相互作用势能和恢复力系数也有影响。

弹性模量同熔点、汽化热等物理性能类似，会随原子序数而发生周期性变化，如图 9-4 所示。同一周期中的元素（如 Na、Mg、Al、Si 等）随原子序数增加，价电子数增多，原子半径减小，弹性模量增高；而同一族中的元素（如 Be、Mg、Ca、Sr、Ba 等）价电子数相等，由于原子半径随原子序数增加而增大，弹性模量随之减小。除了过渡族金属外，弹性模量 E 与原子半径 r 之间存在下列关系，即

$$E = \frac{k}{r^m} \qquad (9-27)$$

式中，k、m 均为与原子结构有关的常数，而且 $m>1$，这表明弹性模量随原子半径增大而减小，也即随原子间间距增大而减小。过渡族金属（如 Sc、Ti、V、Cr、Mn、Fe、Co、Ni 等）的弹性模量较大，并且当 d 层电子数等于 6 时弹性模量具有

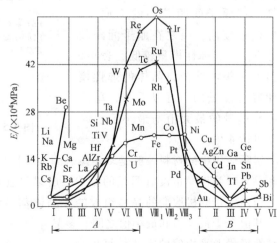

图 9-4　弹性模量随原子序数周期性变化

最大值。过渡族金属的特性在理论上尚未解决。但可预测到 d 层电子的特殊结构应起重要的作用。

从原子间结合键的本质看，具有强化学键结合的材料的弹性模量高，而仅由弱化学键结合的材料的弹性模量很小。所以弹性模量与熔点一样，都取决于材料组成元素间的键合强度，两者有相同的变化趋势，越是难熔的材料其弹性模量也越高，见表 9-5。共价键结合的材料弹性模量最高，如 SiC、Si_3N_4 陶瓷材料和碳纤维复合材料有很高的弹性模量。而主要依靠次级键结合的高聚物，即依靠氢键以及弱的共价键和范德华作用力（即分子间作用力）相结合，其弹性模量最低。金属键也有较强的键力，其弹性模量适中。各种常见工程材料的弹性模量取值范围如图 9-5 所示。

表 9-5 常见材料的弹性模量、熔点与化学键类型

材料	弹性模量 E/MPa	熔点[1] T_m/℃	化学键类型
金刚石	1140000	3800	共价键
钨	410000	3387	金属键
铁及低碳钢	207000	1538	金属键
铜	121000	1084	金属键
铝	69000	600	金属键
刚玉	400000	2050	共价键和离子键
石英玻璃	70000	$T_g \approx 1150$	共价键和离子键
电木	5000	—	共价键
硬橡胶	4000	—	共价键
非晶态聚苯乙烯	3000	$T_g \approx 100$	次级键
低密度聚乙烯	200	$T_g \approx 137$	次级键

[1] 表中 T_m 默认为晶体材料的熔点，除了特别指明的 T_g 为玻璃体的软化温度。

各向异性是晶体的一个主要特征。单晶体的弹性模量，其值在不同的方向是不同的，也表现出各向异性。在原子间距较小的方向上，弹性模量较高；反之在原子间距较大的方向上，弹性模量较低。表 9-6 列出了一些常见金属晶体的弹性模量和剪切模量的。可以看出，单晶体弹性模量的最大值与最小值有时相差可达 4 倍。

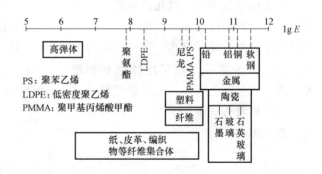

图 9-5 各种常见工程材料的弹性模量取值范围

实际应用中的材料一般是多晶体。因为弹性模量取决于原子间结合力的大小，而晶粒大小和晶界对弹性模量没有明显的影响，所以尽管每个晶粒在不同的方向上有不同的弹性模量，但由大量随机取向的晶粒组成的多晶体却显示出各向同性，弹性模量在各个方向上一样，其值介于最大值和最小值之间。多晶体材料弹性模量不依方向而改变，其量可用单晶体的弹性模量取平均值的方法估算出来。不过，当采用特殊处理使多晶体材料晶粒取向一致时，弹性模量就会表现出各向异性。如对于经铸造、压力加工和热处理而形成织构的金属，通常沿金属流变方向弹性模量最大，大致等于单晶体在这一方向上的弹性模量。凡形成织构的材料，不论是变形织构、生长织构，还是再结晶织构，均会导致材料各向异性。

表 9-6　一些常见金属晶体的弹性模量和剪切模量

晶格类型	金属	弹性模量 E/MPa			剪切模量 G/MPa		
		单晶体		多晶体	单晶体		多晶体
		最大值	最小值		最大值	最小值	
面心立方	Al	76100	63700	70300	28400	24500	26100
	Cu	191100	66700	129800	74500	30600	48300
	Au	116700	42900	78000	42000	18800	27000
	Ag	115100	43000	82700	43700	19300	20300
体心立方	Fe	272700	125000	211400	115800	59900	81600
	W	384600	384600	411000	151400	151400	160600
密排六方	Mg	50600	42900	44700	18200	16700	17300
	Zn	123500	34900	100700	48700	27300	39400

弹性模量与材料的许多固态物理性质紧密相关，如熔点、比热容、特征温度等，它们都反映了原子间结合力的强弱。因此不仅在力学中，在物理学、化学和材料学等相关领域，弹性模量都是一个重要的性能参量。根据现代量子力学和固体物理学的知识，可以从理论上计算得到各种材料的弹性模量，结果与试验测试值基本符合。

图 9-6 所示为一些材料的弹性模量与熔点之间的关系，可见弹性模量 E 与熔点 T_m 成正比例关系，可以近似表示为

$$E = \frac{100kT_\mathrm{m}}{V_\mathrm{a}} \tag{9-28}$$

式中，V_a 是原子体积或分子体积；k 是玻尔兹曼常数。

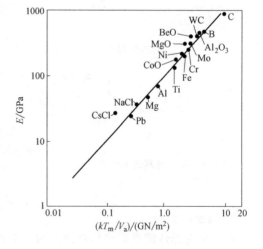

图 9-6　一些材料的弹性模量与熔点之间的关系

2. 组织结构的影响

弹性变形涉及材料中每个原子，是材料整体平均的效果，而且每个原子的贡献是相同的。因此若想改变材料的弹性，就需要改变材料原子间的结合力，或者改变材料的原子组成。这样的性质对于材料的局部变化不敏感，也称为组织不敏感参量。与其相反，有的材料性质所涉及的状态变化起源于材料局部，并往往经历一个比较漫长的发展过程后才会影响全局，如材料的塑性、蠕变等，这样的性能指标属于组织敏感性参量。因此弹性模量是一个组织不敏感的力学性能参数，是材料比较稳定的力学性能指标。

通常认为弹性模量与材料的晶粒大小、形状、相弥散程度、分布无关，仅与组成各相的

体积分数有关。

对于多相复合材料，总的弹性模量 E 可用混合定律来描述，即

$$E = E_1\varphi_1 + E_2\varphi_2 \tag{9-29}$$

式中，E_1、E_2 分别是两相各自的弹性模量；φ_1、φ_2 分别是两相的体积分数。上式也即 Voigt 并联模型给出的弹性模量上界。若按照 Reuss 串联模型，可给出弹性模量下界，即

$$\frac{1}{E} = \frac{\varphi_1}{E_1} + \frac{\varphi_2}{E_2} \tag{9-30}$$

实际复合材料的弹性模量处在这两者之间。对于层合材料，如图 9-7 所示，式（9-29）表示平行于层面受力时的弹性模量 $E_{11} = E_1\varphi_1 + E_2\varphi_2$，式（9-30）表示垂直于层面受力时的弹性模量 $E_\perp = E_1E_2/(E_2\varphi_1 + E_1\varphi_2)$。

多孔陶瓷的第二相主要是气孔，气孔的弹性模量可视为零，因此多孔陶瓷的弹性模量要低于致密的同类陶瓷材料。经验表明，对于含有气孔的材料，弹性模量可表示为

$$E = E_0 e^{-a\varphi} \text{ 或 } E = E_0(1 - b\varphi + c\varphi^2) \tag{9-31}$$

式中，E_0 是无孔材料的弹性模量；φ 是气孔体积分数；a、b、c 是与气孔形状有关的常数。图 9-8 所示为 Al_2O_3 陶瓷的弹性模量随气孔率变化的实测值与理论计算曲线。

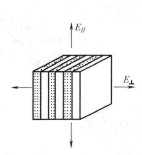
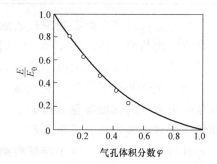

图 9-7 层合材料的弹性模量计算

图 9-8 Al_2O_3 陶瓷的弹性模量随气孔率变化的实测值与理论计算曲线

3. 温度的影响

温度是对弹性模量影响相对较大的一个外部因素。通常，温度升高使原子间距增大，体积膨胀，原子间结合力减弱，从而引起弹性模量降低。另外，温度升高还能显著降低原子位移的阻力，这也会导致弹性模量的降低。图 9-9 所示为弹性模量随温度的变化，可见大部分材料的弹性模量随温度升高近似呈线性下降。

弹性模量 E 随温度 T 的变化可用弹性模量的温度系数 α_E 来表征，即

$$\alpha_E = \frac{1}{E}\frac{dE}{dT} \tag{9-32}$$

而根据式（9-27），将其两端对温度求导后整理可得

$$\frac{1}{E}\frac{dE}{dT} = -m\frac{1}{r}\frac{dr}{dT}$$

式中，$\dfrac{1}{r}\dfrac{dr}{dT} = \beta$ 是材料的热膨胀系数。于是可知弹性模量的温度系数 α_E 与热膨胀系数 β 成

正比，即

$$\alpha_E = -m\beta \qquad (9\text{-}33)$$

试验数据表明，对于大部分材料，常数 m 的值大约为 25，也即 $\alpha_E \approx -25\beta$ 或 $\beta \approx -0.04\alpha_E$。于是对式（9-32）两端积分可得

$$\int_{T_0}^{T} \frac{\mathrm{d}E}{E} = -\int_{T_0}^{T} m\beta \mathrm{d}T$$

考虑到热膨胀系数 β 随温度的变化规律近似为线性，即

$$\beta = \beta_0(1+bT) \qquad (9\text{-}34)$$

式中，β_0 是绝对零度时的热膨胀系数；b 是一个接近于零的很小的常数。将其代入积分式中可求得

$$E = E_0 e^{-m\beta_0\left(T+\frac{bT^2}{2}\right)} \qquad (9\text{-}35)$$

利用 $e^x \approx 1+x$ 可将上式化简为

$$E = E_0\left[1-\left(1+\frac{b}{2}T\right)m\beta_0 T\right] \qquad (9\text{-}36)$$

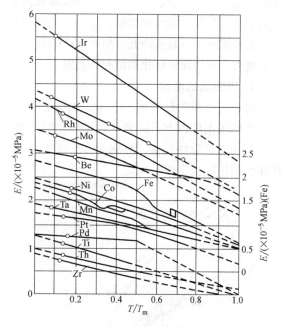

图 9-9　弹性模量随温度的变化

式中，E_0 是绝对零度时的弹性模量。因为 $b \approx 0$，所以近似有

$$E = E_0(1-\alpha_0 T) \qquad (9\text{-}37)$$

式中，$\alpha_0 = m\beta_0 > 0$，这也就表明是大多数材料的弹性模量 E 随温度 T 增高而直线下降。实际上，由于 β_0 非常小，α_0 也是一个非常小的常数，这种变化趋势是很微弱的。

另外，随温度的升高，由热激活而诱导生成的位错更加密集，位错的运动也更加容易，这时在材料局部就可能会发生塑性变形。由于塑性变形的产生，理论上此时应力和应变之间不再遵从线性胡克定律，但由于这些局部塑性变形所占比例极小，因此宏观上应力和应变之间的线性比例关系不会遭到严重破坏，线弹性胡克定律仍然是表征材料宏观力学行为的主导规律。

不同材料的弹性模量对温度的敏感程度也不同。对于结构零件，在 $-50 \sim 50$℃ 的温度范围下服役时，弹性模量的变化很小，可视为常数。在高温时，每升高 100℃，弹性模量下降约 $3\% \sim 5\%$。然而，对于精密仪表中的弹性元件，弹性模量随环境温度的微小变化，将会影响仪表的指标或测量精度，造成较大的误差，因此要尽量选用弹性模量恒定的合金来制造这些弹性元件。

随温度变化，有些材料会发生多晶型转变、有序化转变、磁性转变、超导态转变等相变，这时其弹性模量会受到比较明显的影响。其中有些转变的影响在比较宽的温度范围里发生，而另一些转变则在比较窄的温度范围里引起弹性模量的突变，这往往是由于原子在晶体学上的重构所造成的。图 9-10 所示为几种发生相变的金属材料在温度变化时的弹性模量变化规律。当铁加热到 910℃ 时发生 α-Fe 向 γ-Fe 的同素异构转变，由体心立方晶格变为面心立方晶格，点阵密度增大，从而使弹性模量突然增大，反之在冷却时发生 α-γ 的逆转变使弹性模量降低。另外铁在 768℃ 发生磁性转变时，曲线也产生拐折。钴在温度升高到 480℃ 时由六方晶系转变为

立方晶系，弹性模量增大；反之在温度降低到400℃时弹性模量降低。这种逆转变的温差显然是由于过冷所致。镍的弹性模量随温度的变化比较复杂，退火状态的镍，在200℃以下，弹性模量随着温度的升高而降低，但在200℃以上出现一段反常变化，即随着温度升高，弹性模量反而增大。但当镍被磁化到饱和状态时，这种反常现象即行消失。

4. 电磁场的影响

对于介电质和铁磁质，电场、磁场能引起电致伸缩、磁致伸缩，从而影响弹性模量。

在居里温度以下，铁磁材料未磁化时的弹性模量比磁化饱和后的弹性模量低，这一现象称为弹性的铁磁性反常，又称为 ΔE 效应，如图 9-11 所示。它是由于铁磁体中磁致伸缩的存在引起附加应变所造成的。

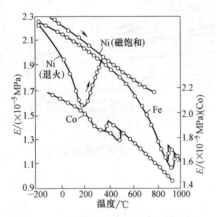

图 9-10　几种发生相变的金属材料在
温度变化时的弹性模量变化规律

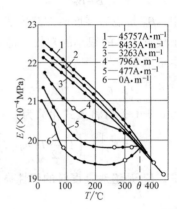

图 9-11　不同磁场、温度下铁磁材料
的弹性模量

5. 加载速率的影响

一般情况下，加载速率并不影响弹性性能，因为固体的弹性变形是以介质中的声速传播的。固体中的平均声速 c 可表示为

$$\frac{3}{c^3} = \frac{1}{c_1^3} + \frac{2}{c_t^3} \tag{9-38}$$

式中，c_1 是纵向弹性波的速度；c_t 是横向弹性波的速度。在一维介质中，$c_1 = \sqrt{E/\rho}$，$c_t = \sqrt{G/\rho}$，于是有

$$E = \rho c_1^2 \tag{9-39}$$

$$G = \rho c_t^2 \tag{9-40}$$

而在三维介质中，$c_1 = \sqrt{M/\rho} = \sqrt{\frac{(1-\nu)E}{(1+\nu)(1-2\nu)\rho}}$，$c_t = \sqrt{G/\rho}$，于是有

$$E = \left[3 - \frac{1}{(c_1/c_t)^2 - 1}\right]\rho c_t^2 \tag{9-41}$$

$$\nu = \frac{1}{2}\left[\frac{(c_1/c_t)^2 - 2}{(c_1/c_t)^2 - 1}\right] \tag{9-42}$$

式中，ρ 是材料的密度；E、G、M 分别是材料的弹性模量、剪切模量和约束模量。

材料的结合力越强，弹性模量越大，则其中的弹性波速也越大。例如：声波在钢铁中的传播速度约为 5000m/s，在塑料中的传播速度约为 3000m/s，在陶瓷中的传播速度约为 6000m/s。可见，材料的弹性变形速度很快，远远超过一般的加载速率，如摆锤冲击试验时的加载速度仅为 4~6m/s，子弹离开枪膛的速度约为 1000m/s。因此，一般工程技术中的加载速率不会影响材料的弹性模量。于是便可利用动态电阻应变仪，测得动载下材料的弹性应变值，再按胡克定律求得材料所受的动应力。

需要说明的是，以上分析是针对理想弹性而言的。在实际材料中，应变在微观上常与原子迁移、位错运动、晶界滑移等机制相关，而这些微观运动是需要时间来完成的，这就在宏观上表现出一定的弹性不完善性。因此对于黏弹性和滞弹性材料，宏观上的变形速率、弛豫时间等因素也影响其弹性模量。

6. 弹性模量的测定

弹性模量的测量方法包括静态法和动态法两种。静态法是依据材料应力-应变曲线的弹性段，由其斜率求得弹性模量，详见第 1 章和第 2 章。动态法是依据材料的固有振动频率或声波（弹性波）速度来计算弹性模量，详见第 4 章。

从应力-应变曲线确定弹性模量，测量精度较低，其载荷大小、加载速度等都可能在一定程度上影响测试结果。但这种方法受试样尺寸规格影响小，在力学分析中是一种基本的弹性模量测试方法。通常情况下，静态法测得的弹性模量要低于动态法测得的弹性模量，其原因有二：一是因为在静态测试时，加载频率较低，材料的应变率很小，极易发生应变弛豫现象；二是因为测试时应力往往较大，很难杜绝不发生微观塑性变形。这就导致静态法测得的弹性应变一般偏大，所以弹性模量偏小。另外，由于高温时的蠕变，静态法测量就有很大困难。还有脆性材料，其应变较小，这就不利于静态法的准确测量。

动态法是在试样承受交变应力或瞬时冲击而产生很小应变的条件下测量弹性模量，用这种方法获得的弹性模量称为动态模量。动态法的优点是测量设备简单，测量速度快，测量结果准确。但这种方法受试样尺寸规格影响大，在力学分析中是一种间接测量弹性模量的方法。动态法加载频率较高，可通过测定试样（棒材、板材）的固有振动频率或声波（弹性波）在试样中的传播速度来计算弹性模量。由振动方程可推得，弹性模量与试样的固有振动频率的平方成正比，即

$$E = k_1 f_1^2, \quad G = k_2 f_t^2 \tag{9-43}$$

式中，f_1 和 f_t 分别是试样的纵向固有振动频率和扭转固有振动频率；k_1 和 k_2 是与试样尺寸、材料密度等有关的常数。式（9-43）是声频法测量弹性模量的基础，声波法测量弹性模量的基础见式（9-39）~式（9-42）。动态法测量精度高、试样受力小，并且特别适合于高温及交变复杂载荷条件下工作时的弹性模量的测定。材料在静态法下测得的弹性模量相当于在等温条件下测量，即等温模量 E_T，而在动态法下测得的弹性模量相当于在绝热条件下测量，即绝热模量 E_a。

9.4 弹性不完善性

完善的弹性性能应当是受到应力作用时立即发生相应的弹性应变，去除应力时应变也随即消失。表现在应力-应变曲线上，即加载线与卸载线完全重合，应变与应力严格地同相位。

然而实际材料往往不可能是理想弹性体,即使在弹性变形范围内,实际材料的应变与应力也不是严格的对应关系。应变不仅与应力有关,还与时间(频率)和加载方向有关。这些与完善弹性性质不同的现象,包括黏弹性(Visoelasticity)、滞弹性(Anelasticity)、伪弹性(Pseudoelasticity,又称为超弹性 Superelasticity),统称为弹性不完善性。它们与材料内部不可避免地存在各种缺陷有关,是组织结构的不均匀性或特殊相变在宏观上对整体弹性性能的影响,因此在宏观弹性可逆的情况下出现了一些与时间(频率)和加载方向有关的弹性不完善现象,并造成了材料的内耗。

材料在外力作用下,弹性和黏性两种变形机理同时存在的力学行为称为黏弹性。它的特征是:应变对应力的响应不是瞬时完成的,通常需要通过一个弛豫过程,但在卸载后,应变终究会恢复到初始值,不留下残余变形。由于材料发生黏弹性变形,在宏观上会表现出弹性后效的特点,在静态加卸载或动态载荷下出现弹性滞后环。因此黏弹性有时也被称为滞弹性,这时强调应变相对于应力的滞后性。材料的滞弹性在宏观上导致材料出现弹性模量亏损和内耗,这与应力水平或加载频率有关,而究其微细观机制,是由于材料内第二相粒子以及各种位错、晶界等局部缺陷的存在和运动所导致的。

1. 弹性后效

早在 1825 年,德国物理学家韦伯(W. Weber)研究电流计悬线时就发现,力偶卸除后悬线不是立即而是逐渐回到零点,他称之为弹性后效。现在,弹性后效泛指静载作用下与材料黏弹性变形有关的现象,包括弹性蠕变和应力松弛。

将低于弹性极限的某一应力 σ_1 在 $t=0$ 的瞬间骤然加到材料上,立即产生一应变 ε_1,在随后保持应力 σ_1 不变的情况下,若应变不变化,则为完善弹性(图 9-12a);若应变随时间的延长而逐渐增长,但增长速度逐渐减慢,最后达到一极限,此时的总应变为 $\varepsilon_1+\Delta\varepsilon_1$(图 9-12b),$\Delta\varepsilon_1$ 是在应力与时间的复合作用下产生的。这种现象称为弹性蠕变、冷蠕变或微蠕变,也称为<u>正弹性后效</u>。当骤然除去应力后,应变瞬时地回复一部分 ε_2,剩余部分 $\Delta\varepsilon_2$ 随时间的延长而逐渐消失,这种现象称为<u>反弹性后效</u>。一般将正弹性后效与反弹性后效统称为弹性后效。通常用 $\Delta\varepsilon_1/(\varepsilon_1+\Delta\varepsilon_1)$ 或 $\Delta\varepsilon_2/(\varepsilon_2+\Delta\varepsilon_2)$ 来定量地表示弹性后效的大小。

如果是在 $t=0$ 的瞬间骤然加某一应力 σ_1 到材料上,产生一应变 ε_1,并保持应变 ε_1 不变,则对完善弹性性能的情况,应力不会随时间发生变化(图 9-12a)。若应力随时间的延长而逐渐降低,但降低速度逐渐减慢,最后达到一极限 σ_2,这种现象称为应力松弛。这时再卸载至应变为零后,应力并没有成为零,而是表现为反向应力,然后随着时间的延长才逐渐降至零(图 9-12c)。

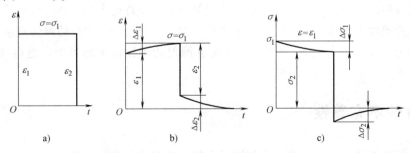

图 9-12 弹性后效示意图

a)完善弹性 b)弹性蠕变与回复 c)应力松弛

弹性后效与材料的晶体结构和组织不均匀性有关。材料的成分和组织不均匀，弹性后效增大。具有密排六方晶格的镁，其弹性后效强烈，这与晶格的对称性较低即"结晶学上的不均匀性"有关。因此，经淬火或塑性变形的钢，其弹性后效增大。碳钢的弹性后效有时高达 30%，而精密弹性合金的弹性后效仅为 0.1%~0.5%。

温度升高，弹性后效速度加快，变形量 $\Delta\varepsilon_1$ 也增大。锌在温度升高 150℃ 时，弹性后效速率增大 50%。温度下降，弹性后效变形量急剧下降，在液氮温度下无法测出弹性后效现象。

应力状态对弹性后效有强烈影响。切应力分量越大，弹性后效越明显。所以，扭转时的弹性后效比弯曲或拉伸时大得多。而在多向压缩状态下，完全观测不到弹性后效现象。

弹性后效现象对于仪表和精密机械中的传感元件十分重要。用于制造长期承受大载荷的测力弹簧、膜盒、巴顿管等传感器的材料，如果弹性后效明显，仪器仪表的精度就会降低，读数就会失真。另外，矫直的工件放置一段时间后又会变弯，这也与弹性后效有关。通过合理选择回火温度（钢 300~450℃，铜合金 150~200℃），在回火过程中使反弹性后效充分进行，可以有效减少弹性后效。

2. 弹性滞后环

对于黏弹性材料，即便在弹性范围内加载，由于加载不是瞬时完成的，因而在加载过程中对于每一个应力值都会产生正弹性后效，而且其发展的程度随应力的升高而增大，卸载时则相应地产生反弹性后效，如图 9-13a 所示。因此，加载和卸载时的应力-应变曲线不重合，形成一封闭的回线，称为弹性滞后环。回线中所包围的面积代表载荷循环一周所产生的能量损耗，回线的面积越大，则能量损耗也越大。

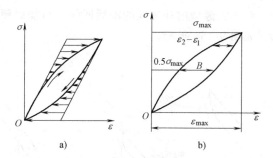

图 9-13 静态弹性滞后环示意图

a）正弹性后效与反弹性后效 b）静态滞后环

由于弹性滞后，在每一应力水平下，加载时产生的应变为 ε_1，卸载时为 ε_2，两者之差 $\varepsilon_2-\varepsilon_1$ 表示该应力下的弹性滞后，如图 9-13b 所示。显然，在不同的应力下所产生的弹性滞后是不同的。可以近似地认为，在最大应力的一半处具有最大的弹性滞后。弹性滞后行为可用相对滞后系数 γ 表示，$\gamma = B/\varepsilon_{max}$，其中 B 是弹性滞后环的最大宽度，ε_{max} 是最大应力下的总应变。

在交变应力作用下，理想弹性材料的应力和应变随时间的变化不存在相差，完全同步，但黏弹性材料的应力和应变随时间的变化存在一定相差，应变的变化滞后于应力的变化（图 9-14a）。因此黏弹性材料的应力-应变曲线构成一个滞后环（图 9-14b）。回线中所包围的面积大小取决于应变和应力之间的相差。当相差为零时，材料为理想弹性体，回线的形状为一条直线，不存在滞后，不产生内耗。对于黏弹性材料，应变和应力之间相差不为零，回线围成一个椭圆，而且相差越大，回线包围的面积越大，内耗也越大。

在不同的加载方式下，弹性滞后环的类型也不同。在单向静载作用下，弹性后效得以充

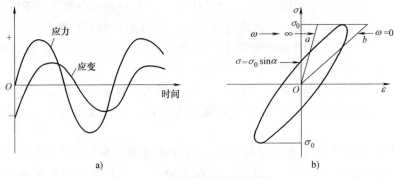

图 9-14 动态弹性滞后环示意图

a) 交变应力和应变与时间的关系 b) 动态滞后环

分体现，滞后环如图 9-15a 所示。在交变载荷作用下，当加载速度不是太快时，弹性后效还来得及表现，则仍可观察到如图 9-15b 所示的两个对称的弹性滞后环；若加载速度较快，弹性后效不能充分地进行，则所得的弹性滞后环如图 9-15c 所示。在交变载荷下，对于静滞型内耗造成的滞后回线，与加载频率无关，但与载荷振幅有关，一般会产生微量塑性变形，即在完全去掉载荷后会残留少量永久变形，仅当反向加载时才能回复到零应变，如图 9-15d 所示。对于弛豫型内耗造成的滞后回线，与加载频率有关，但与载荷振幅无关，一般为一椭圆形，如图 9-15e 所示。

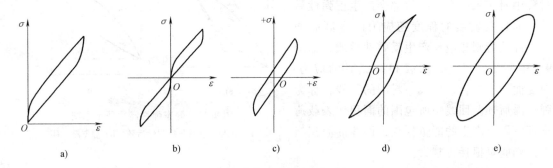

图 9-15 弹性滞后环的类型

a) 单向静载 b) 低速交变载荷 c) 高速交变载荷 d) 静滞型滞后回线 e) 弛豫型滞后回线

3. 材料的内耗

对于理想弹性材料，弹性变形时材料储存弹性能，弹性恢复时材料释放弹性能，在循环变形过程没有能量损耗。但在存在弹性不完善性的情况下，由于应力和应变不同步，使加载线与卸载线不重合而形成滞后环。这说明加载时材料吸收的变形功大于卸载时材料释放的变形功，加载变形功中有一部分被材料吸收，造成局部发热或振动等而耗散掉。这部分在变形过程中被吸收耗散掉的功称为材料的内耗。在交变载荷下材料的内耗引起材料振动的阻尼。因此实际材料的自由振动并不可能永远延续下去，即便在与外界完全隔绝的理想环境中，其振动也会逐渐停止。如果要使固体材料维持受迫振动状态，就必须从外界不断提供能量，以弥补材料内耗造成的能量耗散。

从宏观唯象的角度出发，借助胡克弹簧、牛顿黏壶、圣维南滑块、惯性质量块等各种基本力学元件，可以对不同类型、机制的内耗建立相应的力学模型和微分方程，用解析的方法来描述内耗的规律性及其对应力和应变响应的影响特性。

但究其本质，内耗是指材料在弹性范围内，由于其内部各种微观因素的原因，致使弹性势能逐渐转化成为热能和内能等而被耗散掉的现象，相应的微观因素被称为内耗机制，这也是导致材料发生应力弛豫或应变弛豫的机制。

内耗的测量方法很多，由于往往需要在宽广的频率、振幅、温度（有时还在一定的磁场）下进行测量，因而出现了种类繁多的仪器装置。根据不同的要求而设计的仪器，其结构特点各不相同，但按照振动的频率大致可分为三类：①低频（0.5~几十赫兹），如扭摆法；②中频（千赫兹），如共振棒法；③高频（兆赫兹），如超声波法。

10

第 10 章
塑性变形

材料在外力去除后仍保持部分变形的特性称为塑性（Plasticity）。材料经受此种变形而不破坏的能力称为延展性（Ductility）。常见的塑性变形方式为滑移，还包括孪生和扭折。位错等晶体缺陷的运动对塑性变形起重要作用。高温下晶界滑动对多晶体塑性变形有一定贡献。

材料的塑性变形在超过屈服应力作用下才会产生。屈服强度是衡量材料开始塑性变形的重要指标，它受诸多因素的影响。为防止塑性变形失效，需要尽可能地提高材料的屈服强度。由于材料的塑性变形，通常会导致形变强化，这也是塑性变形的一个特点。

10.1 塑性变形的物理机制

固体受外力作用而使各点间相对位置发生改变，当外力撤销后，固体不能恢复原状，这就是塑性变形，也称为"范性变形"，又称为"索性变形"。这里"塑"取可塑性之意，"范"取就范的意思，表示屈服、受制。当外力撤销后，固体不能恢复原状，乖乖就范，形象称为范性变形。

大部分固体材料为晶体材料，当其发生塑性变形时，不会改变晶体的点阵结构，只是晶体的一部分相对另一部分发生滑移。位错等晶体缺陷对于实际材料的滑移和塑性变形有着重要影响。个别晶体材料中还会发生孪生或扭折，这对塑性变形也有一定贡献。对于实际的多晶材料，各晶粒之间的塑性变形存在着非同时性和不均一性，因此表现出一定的相互制约性与协调性。对于非晶材料，塑性变形则依赖于原子或分子的扩散以及它们的相对移动。在较高温度下，位错的交滑移、攀移以及晶界滑移也对塑性变形有一定贡献，甚至起主导地位。

10.1.1 滑移

滑移（Slip）就是在切应力作用下，晶体的一部分相对于另一部分沿一定晶面和晶向产生滑动，如图 10-1 所示。相应的晶面和晶向分别称为晶体的滑移面和滑移方向。它们常常是晶体中原子排列最密的晶面和晶向，如面心立方结构中的（111）面、[110]方向；体心立方结构中的（110）面、(111) 方向；密排六方结构中的（0001）面、[1120]方向。这是因为在最密晶面和最密晶向之间的原子间距最大，原子结合力最弱，滑移阻力最小，在切应力作用下最容易引起滑移。一个滑移面和该面上的一个滑移方向构成一个滑移系。故晶体中的滑移系数目等于滑移面和滑移面上滑移方向数目的乘积。晶体中的滑移系越多，滑移时可能采取的空间取向便越多，其塑性也就越好。图 10-2 所示为三种常见晶格的滑移系。但是这些滑移系不是同时启动的，而是在不同的温度范围有不同的滑移系。另外，晶体塑性也与滑移面上原子的密排程度和滑移方向的数目有关。例如：体心立方结构与面心立方结构的滑移系同样多，但体心立方结构滑移面上的滑移方向没有面心立方结构滑移面上的滑移方向多，同时滑移面距离也较小，原子间结合力较大，必须在较大的应力作用下才能开始滑移，所以体心立方结构的 α-Fe 要比面心立方结构的铝、铜等塑性差。

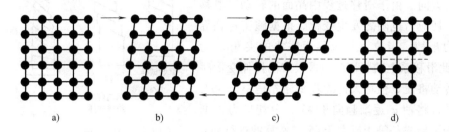

图 10-1　晶体的滑移

a）未变形　b）弹性变形　c）弹塑性变形　d）塑性变形

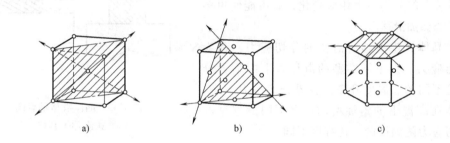

图 10-2　三种常见晶格的滑移系

a）体心立方晶格滑移系：$\{110\}_6 \times <111>_2 = 12$　b）面心立方晶格滑移系：$\{111\}_4 \times <110>_3 = 12$

c）密排六方晶格滑移系：$\{0001\}_1 \times <1120>_3 = 3$

图 10-3 所示为晶体滑移示意图，从中可以看出假设的滑移面和滑移方向。当轴向力 F 足够大时，晶体各部分将发生如图 10-3 所示的分层移动，也就是滑移。如果两端自由的话，滑移的结果将使得晶体的轴线发生偏移。不过，通常晶体的两端并不能自由横向移动，或者说拉伸轴线保持不变，这时单晶体的取向必须进行相应转动，转动的结果使得滑移面逐渐趋向于与轴向平行，同时滑移方向逐渐与应力轴平行。而由于夹头的限制，晶面在接近夹头的地方还会发生一定程度的弯曲。因此转动的结果将使滑移面和滑移方向趋于与拉伸方向平行。同样的道理，晶体在受压变形时，晶面也要发生相应转动，转动的结果是使得滑移面逐渐趋向于与压力轴线相垂直。

图 10-4 所示为两个滑移面邻近的 A、B、C 三部分的运动情况，这可以解释滑移过程中晶面发生转动的原因。在滑移前，作用在 B 层晶体上的力作用于 O_1、O_2 两点。当滑移开始后，由于 A、B、C 三部分发生了相对位移，结果这两个力的作用点分别移至 O_1'、O_2' 两点，此时的作用力可按垂直于滑移面和平行于滑移面分别分解为 σ_1、τ_1 及 σ_2、τ_2。于是可以看出，正是力偶 σ_1 及 σ_2 使得滑移面发生了趋向于拉伸轴的转动。在滑移面内的两个分力 τ_1 及

τ_2可以进一步沿平行于滑移方向和垂直于滑移方向进一步分解。平行于滑移方向的分量就是引起滑移的分切应力，而另外两个分量构成了一对力偶，使得滑移方向转向最大切应力方向。可见，与滑移相伴的晶体转动有两种：一种是滑移面向外力轴方向转动，另一种是在滑移面上滑移方向转向最大切应力方向。由于滑移过程中晶面的转动，滑移面上的分切应力也随之发生变化。根据施密特临界分切应力规律，当拉力与滑移面法线的夹角 φ 为45°时，此滑移系上的分切应力最大。但拉伸变形时晶面的转动将使 φ 值增大，故若 φ 原先是小于45°，滑移的进行将使 φ 逐渐趋向于45°，分切应力逐渐增加；若 φ 原先是等于或大于45°，滑移的进行使 φ 值更大，分切应力逐渐减小，此滑移系的滑移就会趋于困难。此外，由于晶体的转动，也使得其他各个滑移系统上的分切应力相应变化，有可能使更多的滑移系统参加滑移。

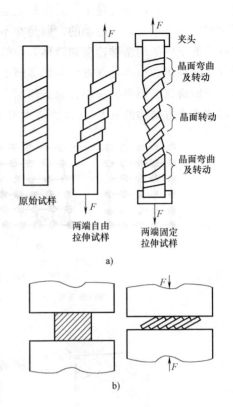

图 10-3　晶体滑移示意图
a）拉伸　b）压缩

使单晶体产生滑移所需要的分切应力，称为临界分切应力。在不同类型的滑移系上的临界分切应力是不同的。温度升高，临界分切应力下降，因而晶体在高温下的塑性增加。但不同滑移系的临界分切应力随温度的变化程度不同。

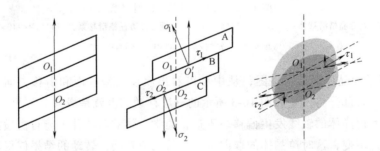

图 10-4　两个滑移面邻近的 A、B、C 三部分的运动情况

下面通过一个简化的计算来估算一下材料的剪切屈服强度。假设有两个原子面在外力作用下缓慢移动而彼此错过一个原子间距，如图 10-5 所示。不妨假定整个原子面的相对移动是各个原子同时进行的，所以可以任取其中某一个原子来研究，即由初始的 $x=0$ 处移动到 $x=b$ 处。所需的切应力 τ 最初会随着位移 x 的增加而迅速增大，之后又迅速下降。当原子在非稳定平衡位置 $x=b/2$ 处相对错过时，经过切应力为零的点。然后切应力的方向将发生改变，达到 $x=b$ 处的新的稳定结构。因此，可以假定切应力按正弦规律变化，即

$$\tau = \tau_{max}\sin\left(\frac{2\pi x}{b}\right) \tag{10-1}$$

式中，τ_{max} 是切应力 τ 随 x 变化的最大值，即理论剪切屈服强度。

应力-应变关系曲线的初始阶段是服从弹性胡克定律的，因此其斜率即为材料的剪切模量，即 $G = \mathrm{d}\tau/\mathrm{d}\gamma$。考虑到在小变形的情况下有 $\gamma = x/h$，于是可以得到

$$G = \frac{\mathrm{d}\tau}{\mathrm{d}\gamma}\bigg|_{x=0} = h\frac{\mathrm{d}\tau}{\mathrm{d}x}\bigg|_{x=0}$$

将式（10-1）代入上式求导可得

$$\tau_{max} = \frac{Gb}{2\pi h} \tag{10-2}$$

式中，h 是相对滑动的两原子面间的距离；b 是原子面内的原子间距；所以 b/h 的值随晶体结构而变化，一般约为 $0.5 \sim 1$。于是可以看出，理论剪切屈服强度的近似估算值为 $\tau_{max} \approx G/10$。

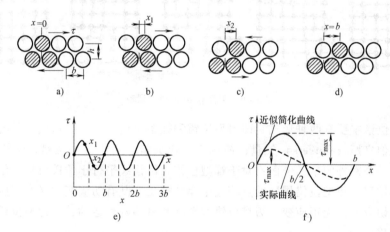

图 10-5　材料剪切屈服强度估算示意图

但是，这一理论估算值要比试验测试结果高很多。以铝为例，$G \approx 0.9\text{GPa}$，而剪切屈服强度仅为 $\tau_{max} \approx 0.78\text{MPa}$。再以 α-Fe 为例，$G \approx 100\text{GPa}$，而剪切屈服强度仅为 $\tau_{max} \approx 27\text{MPa}$。理论值与实际值相差 100 倍以上。即便采用更精确的曲线来拟合滑移时的剪切应力-应变曲线，理论预测值也可达到 $\tau_{max} \approx G/30$，仍然远高于一般材料的试验测试值。这是因为实际材料中不可避免地存在着位错等晶体缺陷，这些缺陷在滑移过程中扮演着重要角色。表 10-1 列出了几种晶须的剪切屈服强度，由于其中晶体缺陷得到了极大地抑制，所以测得的剪切屈服强度与理论估算值比较接近，这也就证实了上述分析的正确性。

表 10-1　几种晶须的剪切屈服强度

材料	铜	银	铁	SiC	Al_2O_3	NaCl	ZnO
τ_{max}/GPa	0.78	0.69	3.51	21	21	0.53	10
τ_{max}/G	0.022	0.031	0.060	0.043	0.049	0.030	0.029

考虑单晶体某一部分相对于另一部分进行整体滑移，据此可计算出临界分切应力，但如前所述，计算结果要比试验测定结果大几个数量级。进一步研究表明，单晶体的滑移过程并不是晶体的一部分相对于另一部分进行整体的刚性移动，滑移实质是滑移面上的

位错运动造成。正因为位错等晶体缺陷的存在，实际晶体要比理想晶体容易滑移。例如：刃型位错在切应力作用下沿滑移面运动，即通过一根位错线从滑移面的一侧到另一侧的运动便造成一个原子间距的滑移，如图10-6所示。在滑移过程中，只需位错中心上面的两列原子（实际为两个半层原子面）向右做微量的位移，位错中心下面的一列原子向左做微量的位移，位错便右移一个原子间距。由此可见，通过位错运动方式的滑移，仅需位错中心附近极少量的原子做微量位移即可，故而临界分切应力要比移动整个上半部分所需的小得多。这一过程就类似蠕虫在爬行，是沿着滑移面逐步传播、移动的。根据Peierse-Naborro公式，为了使位错运动，作用在位错上的力大致为$\tau_0 \approx 2 \times 10^{-4} G$，这一估算值与实际的剪切屈服强度是相当的。

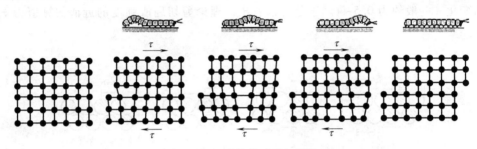

图 10-6　刃型位错运动与滑移

晶体中的位错主要有两种形式，即刃型位错和螺型位错。围绕位错线原子的位移矢量称为滑移矢量或伯格斯（Burgers）矢量，简称为伯氏矢量。对于刃型位错，位错线垂直于伯氏矢量，具有一个额外的半原子面；对于螺型位错，位错线平行于伯氏矢量，位错附近的原子是按螺旋形排列。刃型位错周围的点阵发生弹性畸变，既有切应变，又有正应变；而螺型位错周围只有切应变而无正应变。刃型位错有滑移和攀移两种运动，而螺型位错只有滑移运动而不产生攀移运动。

10.1.2　孪生

孪生（Twinning）是指晶体在切应力作用下沿一定的晶面和晶向以一定顺序连续切变，使部分晶体的取向发生改变。发生孪生切变的晶面称为孪晶面，发生孪生切变的晶向称为孪晶方向。孪生是发生在晶体内局部区域的一个均匀切变过程，切变区的宽度较小。孪生区域内发生的切变在相邻晶面之间引起等距离的位移。切变后已变形区的晶体取向与未变形区的晶体取向关于孪生面成镜面对称关系，点阵类型相同，称为孪晶，如图10-7所示。孪晶区中每个原子面的绝对移动量与该面到对称面的距离成比例，也就是所有相邻原子面的相对位移都相等，并且等于点阵间距的某个分数。

孪生是晶体塑性变形的另一种重要方式。与滑移相似，孪生也使晶体产生切变。孪生变形也是沿着特定晶面和特定晶向进行的。但孪生和滑移之间又存在着很大差别，如图10-8所示。从晶体取向上来看，孪生变形产生镜像对称的孪晶，晶体取向发生了改变，而滑移之后沿滑移面两侧的晶体在取向上没有发生变化。从金相上来看，滑移使表面出现台阶（滑移线），表面重新抛光后，滑移线消失；孪生则使表面出现浮凸，重新抛光并侵蚀后仍能看到。从变形情况来看，滑移是一种不均匀的切变，变形相对移动集中在少数原子面上，而且每个原子面上的移动量可以达到点阵间距的很多倍；但是孪生变形时，切变却均匀地分布在

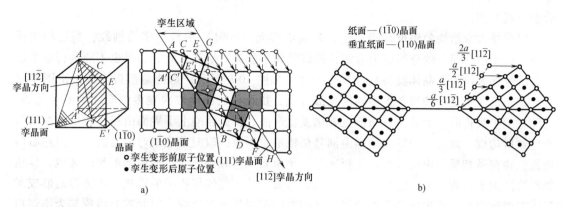

图 10-7　孪晶

a）孪晶面和孪晶方向　b）孪生变形时原子的移动

孪生区的每一个原子面上，不过每个原子面的移动量只达到点阵间距的某个分数。因此孪生的变形量很小，并且很容易受阻而诱发裂纹，但滑移的变形量就可达几十甚至上百倍。

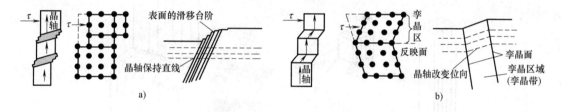

图 10-8　滑移和孪生之间的差别示意图

a）滑移　b）孪生

　　孪生变形也是沿着特定晶面和特定晶向进行的。以孪生方式变形一般比滑移变形需要更大的切应力，所以只有在滑移不容易进行的情况下，才产生孪晶。密排六方晶格由于滑移系少，在滑移不足以适应变形要求的情况下，经常以孪生方式变形，作为滑移的补充。体心立方和面心立方晶格，在变形温度很低、变形速度极快（如冲击）的情况下，也发生孪生变形。

　　孪生所能达到的变形极为有限，如金属镉单纯依靠孪生变形最大只能获得 7.4% 的变形，而滑移变形却可达 300%。但是孪生可以改变晶体的取向，使晶体的滑移系由原先难滑动的取向转到易于滑动的取向，因此，孪生提供的直接塑性变形虽很小，但间接的贡献却很大。

10.1.3　扭折

　　当受力的晶体处于不能进行滑移或孪生的某种取向时，或者当晶体的塑性变形受到某些约束时，如果外力超过某一临界值，晶体将会发生局部弯曲，形成轮廓比较明显的楔形 S 状组织来适应所作用的外力。这种变形方式称为扭折（Kink），变形区域则称为扭折带。扭折是不均匀塑性变形的一种形式，它是滑移在某些部位受阻后，由位错堆积而形成的。与孪生类似，扭折带的晶体取向也是发生了改变，只不过发生的是不对称的变化，因此在腐蚀抛光后也可观察到。

以密排六方结构的镉单晶棒为例,若其滑移面(0001)平行于棒的轴线,当沿轴向压缩时,由于滑移面上的分切应力为零,所以晶体不能进行滑移。此时如果也不能进行孪生的话,继续加大压力,晶体就会局部发生弯曲,如图10-9所示,这就是扭折现象。由图10-9可见,扭折变形是一种与孪生不同的变形方式,扭折区的晶体取向发生的变化是不对称的,点阵发生中央折曲,而其左右两侧点阵则发生弯曲,折曲区的上下界面由符号相反的两列刃型位错所构成,而每一个弯曲区则由同号位错堆积而成,取向是逐渐弯曲过渡的,但左右两侧的位错符号相反。由此可见,扭折区是一个由其他区域运动而来的位错汇聚的区域,位错的汇聚产生了弯曲应力,使晶体点阵折曲和弯曲,从而促使扭折带的形成。扭折带的形成对晶体有两种影响:首先使晶体变短了,从而有助于与外力相适应,因此有时也称其为协调扭折(Accommodation Kink);其次扭折区内晶体的取向与未变形区的不同,一旦在扭折区内的应力达到临界切应力就会产生滑移。因此,扭折是一种协调性变形,它能引起应力松弛,使晶体不致断裂。

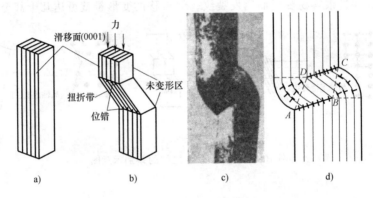

图 10-9 镉单晶棒的扭折

a)变形前 b)变形后 c)形貌 d)位错分布

扭折带有时也伴随着孪生而发生。在晶体进行孪生变形时,由于孪晶区域的切变位移,在有约束的情况下(如拉伸夹头的限制作用),在靠近孪晶区域的应变更大,为了消除这种影响来适应其约束条件,在这些区域往往形成扭折带以实现过渡,如图10-10所示。

10.1.4 单晶体应力-应变曲线

如果晶体中原来位错很少,或者原有位错因本身结构特殊或受到杂质原子的牢固钉扎而不容易运动,滑移的启动将比较困难,这是共价晶体和体心立方金属有上下屈服强度现象的根源所在。与此相反,面心立方金属的屈服就比较顺利。宏观塑性变形的开始,标志着晶体中已经出现了很多可移动的位错;然后随着变形的进一步发展,位错

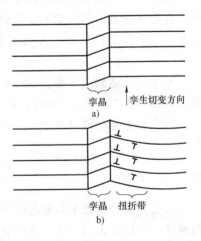

图 10-10 伴随着孪生的扭折现象

会大量的增殖。塑性变形伴随着位错的运动、增殖,在它们之间发生复杂的相互作用,这些

过程在单晶体应力-应变曲线上可以不同程度地反映出来。图 10-11 所示为在剪切作用下单晶体典型的拉伸曲线，纵坐标为分切应力 τ，横坐标为切应变 γ。根据曲线斜率（即应变硬化系数 $\theta = d\tau/d\gamma$）的变化，可以把曲线分为三个阶段。

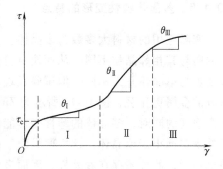

图 10-11　在剪切作用下单晶体典型的拉伸曲线

1）易滑移阶段（Ⅰ）。当 τ 达到晶体的 τ_c 后，应力增加不多，便能产生相当大的变形，近似为线性流变阶段。在阶段Ⅰ中，晶体中位错密度低，分布均匀，它们可以沿自己的滑移面长距离运动，与其他位错干涉很少，所以应变硬化速率很低，约为 $10^{-4}G$，这里 G 是材料的剪切模量。这时晶体表面滑移线细且长，无交叉滑移现象。该阶段终止在应变约为 $0.05 \sim 0.2$ 处。

2）线性硬化阶段（Ⅱ）。当变形进入第Ⅱ阶段时，位错密度增大到中等程度，滑移可以在几组相交的滑移面中发生。由于运动位错之间的交互作用及其所形成不利于滑移的结构状态，如有可能在相交滑移面上形成割阶与缠结，致使位错运动变得非常困难。在整个第Ⅱ阶段，随应变的增大，应变硬化十分显著，应力与应变近似呈线性关系，应变硬化速率大致为 $G/300$。这时晶体表面滑移线较短，甚至表现为点线状滑移带。滑移线长度 L 与应变 γ 有如下关系：$L = \Lambda/(\gamma - \gamma_{\mathrm{I}})$，其中 Λ 是常数，γ_{I} 是第一阶段终止时的应变。

3）抛物线硬化阶段（Ⅲ）。在应力进一步增高的情况下，已产生的滑移障碍将逐渐被克服，并通过交滑移的方式继续进行变形。在第Ⅲ阶段，应变硬化速率 θ_{III} 随应变的增大而不断下降，所以随应变增加，应力上升缓慢，呈抛物线变化。这时晶体表面出现交叉滑移线或波浪线。该阶段在应变为 $0.3 \sim 0.5$ 处开始，与试验温度有关。

各种晶体的实际曲线因其晶体结构类型、晶体取向、杂质含量、初始位错密度以及试验温度等因素的不同而有所变化，但总的来说，其基本特征相同，只是各阶段的长短通过位错的运动、增殖和交互作用而受影响，甚至某一阶段可能就不再出现。图 10-12 所示为三种典型晶体结构的单晶体应力-应变曲线，面心立方晶体和体心立方晶体显示出典型的三阶段，而密排六方晶体只有上述Ⅰ和Ⅱ阶段，而且第Ⅰ阶段通常很长，远远超过其他结构的晶体，以至于第Ⅱ阶段还未充分发展时就会断裂。金属材料越纯，第Ⅰ阶段越短，但 θ_{I} 变化不大。一般来说，当温度较低时第Ⅲ阶段会消失，而且温度越低第Ⅰ、Ⅱ阶段越

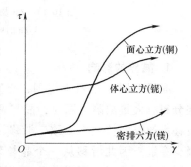

图 10-12　三种典型晶体结构的单晶体应力-应变曲线

长，但 θ_{I} 和 θ_{II} 与温度无关。另外第Ⅲ阶段开始时的应力 τ_{III} 对温度非常敏感，温度越高，τ_{III} 越小。变形速率的影响和温度的影响相反，降低温度的影响相当于增加变形速率的影响。力轴相对于晶体是软取向时（单滑移时），第Ⅰ阶段比较长，并且 θ_{I} 较小；力轴为硬取向时，θ_{I} 较大。力轴取向对 θ_{II} 也有类似影响，但不如对 θ_{I} 的影响大。

10.1.5 多晶体塑性变形的特点

实际应用的材料大多数为多晶体。多晶体是由大量称为晶粒的小晶体组成的，每个晶粒的取向与其相邻晶粒不同，从而使材料在宏观上表现为各向同性。就本质而言，多晶体的塑性变形与单晶体并无不同。但试验发现，通常多晶的塑性变形抗力都较单晶高，尤其对密排六方的金属更显著，图 10-13 所示为 Zn 及 NaCl 单晶体与多晶体的拉伸应力-应变曲线。另外在高强度的同时，多晶体的塑性变形能力要弱于单晶体，从图 10-13 中可以看出，多晶体的延伸率要远小于单晶体。这主要是由于多晶体中各晶粒的空间取向不同，不同种类晶粒的性质也不同，此外还存在着晶界，因而多晶体的塑性变形既需克服晶界的阻碍，又要与周围晶粒发生相适应的变形以保持晶粒间的结合及体积上的连续性，故多晶体的塑性变形要比单晶体复杂很多。多晶体的塑性变形由于晶界的阻碍作用和晶粒之间的协调配合要求，各晶粒不可能以单一滑移系动作而必然有多组滑移系同时作用，因此多晶体的应力-应变曲线不会出现单晶曲线的第 I 阶段，而且其硬化曲线通常更陡。

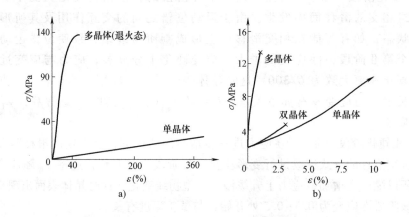

图 10-13　Zn 及 NaCl 单晶体与多晶体的拉伸应力-应变曲线
a) Zn 的单晶体与多晶体　b) NaCl 单晶体与多晶体

1. 晶界的影响

晶界上原子排列不规则，点阵畸变严重，而且往往分布有大量缺陷。同时，晶界两侧的晶粒取向不同，滑移系的位向彼此不一致，滑移、孪生多终止于晶界，极少穿过。因此滑移从一个晶粒延续到另一个晶粒是很困难的，晶界对滑移有阻碍作用。这也就是多晶体的屈服强度要高于单晶体的本质原因。

对只有 2~3 个晶粒的试样进行拉伸试验表明，在晶界处呈竹节状，如图 10-14 所示。也就是说在晶界处的晶体部分变形较小，而晶内变形则大得多，整个晶粒的变形不均匀。这是由于导致晶体产生变形的位错滑移在晶界处受到阻碍和约束作用。

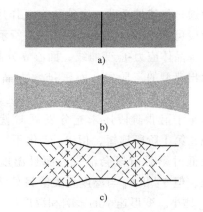

图 10-14　拉伸后晶界处呈竹节状
a) 变形前　b) 变形后　c) 滑移情况示意

双晶试验也表明：试样的屈服强度随两个晶粒取向差的加大而加大，把取向差与强度的关系外推到取向差为零时，屈服强度大体和单晶体的各种取向的屈服强度的平均值接近。说明晶界本身对强度的贡献不是主要的，对强度的贡献主要来自晶粒间的取向差。因相邻晶粒的取向不同，为保持变形时应变连续，各晶粒变形要协调，在晶界附近会出现多系滑移。正是这些多系滑移增加了变形阻力，从而增加强度。因此从这个意义上来看，晶界的影响和晶体取向的影响实际上很难区分。

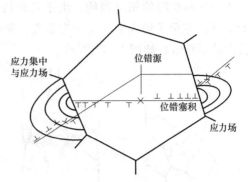

图 10-15　位错在晶界处的塞积和应力集中

在多晶体的变形过程中，晶界是滑移的障碍，但同时又起到传递变形的作用。当位错运动到晶界附近时，受到晶界的阻碍而堆积起来，称为位错塞积，如图 10-15 所示。要使变形继续进行，则必须增加外力，从而使材料的变形抗力提高。当塞积位错前端的应力达到一定程度，加上相邻晶粒的转动，使相邻晶粒中原来处于不利取向滑移系上的位错开动，从而使滑移由一批晶粒传递到另一批晶粒，当有大量晶粒发生滑移后，金属便显示出明显的塑性变形。由于晶界数量直接决定于晶粒的大小，因此晶界对多晶体起始塑性变形抗力的影响也可通过晶粒大小的影响来体现。

2. 晶粒取向的影响

多晶体中各晶粒取向的差异是导致其塑性变形能力与单晶体不同的关键原因，这一方面表现在各晶粒塑性变形的非同时性和不均一性，另一方面表现为各晶粒塑性变形的相互制约性与协调性。

1）各晶粒塑性变形的非同时性和不均一性。由于多晶体中各晶粒的空间取向不同，在外力作用下各晶粒的不同滑移系上的切应力分量不同，而且不同晶面的临界分切应力也不相同。因此，那些滑移系上切应力分量最大值达到临界分切应力的晶粒，将首先开始塑性变形，而其他的晶粒仍处于弹性变形状态。对于多相材料，会在较软相的晶粒中首先发生塑性变形。材料内部的组织越不均匀，各相性质差别越大，则初始塑性变形非同时性的情况越严重。因此实际材料在外力作用下最初的塑性变形都带有局部性质，从而无法精确测定真正的起始塑性变形抗力指标——弹性极限，只能测定在发生规定微量宏观塑性变形时的应力作为条件的弹性极限或屈服强度。

多晶体塑性变形的非同时性实际上也反映了塑性变形的不均一性。不仅在各个晶粒之间，基体晶粒与第二相晶粒之间，即使同一晶粒的内部也是变形不均一的。因此，当宏观塑性变形不大时，个别晶粒的塑性变形可能已超过极限，于是在这些地区出现裂纹或微孔，导致损伤甚至早期的韧性断裂。材料的组织越不均匀，塑性变形的不均一性就越严重，断裂前的宏观塑性变形就越小，即塑性越低。

2）各晶粒塑性变形的相互制约性与协调性。由于各相邻晶粒取向不同，当一个晶粒发生塑性变形时，为了保持材料的连续性，其变形必须与相邻各个晶粒的变形相适应，因此各晶粒的变形既要相互制约，又要相互协调。如图 10-16 所示，如果多晶体中各晶粒的变形像单晶体一样不受约束，则会在晶粒间形成空洞或发生重叠（图 10-16b），这是不可能的。正是由于各晶粒间的相互制约，由于几何协调的需要会在晶界处产生大量位错（图 10-16c、d），从而避免了形成空洞或发生重叠，保持了材料的连续性。最终在各晶粒中形成了不同方向的滑移带，如图 10-17 所示。

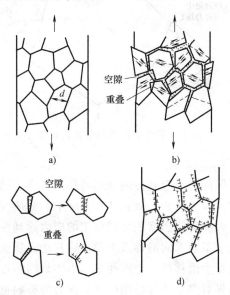

图 10-16　多晶试样拉伸塑性变形时的晶粒协调

图 10-17　铜多晶体试样拉伸后形成的滑移带

多晶体中某一晶粒发生塑性变形时，会受到周围晶粒的制约，即由于晶界的影响以及周围处于较硬取向的晶粒尚不能发生滑移而只能以弹性变形相适应，从而会在首批滑移晶粒的晶界附近造成位错堆积。由于晶粒间的这种相互约束，使得多晶体材料的塑性变形抗力提高。随着外力增大，应力集中达到一定程度，变形才会越过晶界，传递到另一批晶粒中。此过程不断继续下去，塑性变形就进一步发展。所以多晶体的塑性变形总是这样一批一批晶粒逐步发生，从少量晶粒开始逐步扩大到大量的晶粒，从不均匀变形逐步发展到较为均匀的变形。

由于各晶粒的变形受周围晶粒的不同制约作用，即使在一个晶粒内各区域的变形也不同。X 射线衍射试验结果证实：靠近晶界处点阵畸变大，晶粒中心处畸变小，而且畸变程度和变形不一定一致。由于周围晶粒的不同制约作用，在靠近晶界的不同区域有不同的滑移系起作用，因而各区域的旋转方向和程度不同，易于形成亚晶。

为了使各晶粒的变形能相互协调，则周围的晶粒必须相应地变形，必须在更多的滑移系上配合地进行滑移。已知物体中任一点的应变状态可由三个正应变分量和三个切应变分量表示。由于塑性变形过程中材料的体积可认为是常数，此为一限制条件，故而 6 个应变分量中只有 5 个是独立的。因此，多晶体内任一晶粒可以独立进行变形的条件是在 5 个滑移系上同时进行滑移。试验已经在多晶体铝中观察到某个晶粒内有 5 个滑移系发生滑移。这表明滑移系的多少在多晶体塑性变形过程中保持变形协调的重要性。大量的试验结果表明，滑移系较多的面心立方和体心立方晶体，通过多系滑移，晶粒协调性好，能够产生较大的延伸率和界面收缩率，表现出良好的塑性，而密排六方晶体的滑移系少，晶粒之间的协调性差，故塑性变形能力低。若各晶粒的变形因某种原因不能相互协调，就会产生裂纹，在很小的塑性变形后即发生断裂。因此，只有基面三个滑移系的六方晶格材料，变形不易协调，塑性甚差。多相材料中，各相性质差别大，变形也不易协调，塑性降低。

试验证明，即使在应变很小的情况下，各个晶粒也明显地在几个滑移系上滑移，特别是在靠近晶界的区域。由于晶界对滑移的阻碍作用，以及多个滑移系统的位错相互干扰，多晶材料的应变硬化速率比单晶体大许多倍，而且其应力-应变曲线不像单晶体那样表现出明显的阶段性。

3. 晶粒大小的影响

一般而言，在常温下，当晶粒细小而均匀时，不仅材料的强度较高，而且塑性和韧性较好，其原因如下。

1）晶粒越细，晶界的总面积就越大，每个晶粒周围不同取向的晶粒越多，因而对滑移产生的抗力就越大，使材料的屈服强度提高。

2）晶粒越细，单位体积内晶粒数目越多，有利于协调变形，在同样变形下，变形分散在更多的晶粒内进行，变形较均匀，引起的应力集中减小，裂纹不易萌生，使材料在断裂之前能承受较大的变形，所以具有较大的断后伸长率和断面收缩率，表现出良好的塑性。

3）晶粒越细，晶界越曲折，越不利于裂纹沿晶界的传播，从而在断裂前消耗的功也越大，在断裂过程中可以吸收更多的能量，表现出较高的韧性。

因此，多晶体的屈服强度与晶粒尺寸密切相关，这可用著名的 Hall-Petch 公式表示。对于一般的晶体材料，服从正常的 Hall-Petch 关系，即多晶体屈服强度随晶粒平均直径的减小而增大。但对于纳米晶体材料，由于晶粒极度细化，晶界的体积百分数非常高，表现出了反Hall-Petch 关系的特点，即存在某一临界晶粒尺寸，当晶粒尺寸小于这一临界尺寸后，纳米晶体材料的屈服强度反而随着晶粒的进一步细化而降低。

4. 定向扩散形变和晶界滑动

在温度足够高同时又有应力加在晶体上时，在应力场和热激活的作用下，间隙原子和比基体原子大的代位溶质原子将从晶体的受压缩部分向膨胀部分迁移；相反，空位和比基体原子小的代位溶质原子将从晶体的膨胀部分向受压缩部分迁移，大量原子迁移的结果可引起宏观变形，并称为定向扩散形变。在大多数情况下扩散变形与空位定向流动相关，空位一方面在某些位错、晶界和晶体表面处消亡，同时又可以比较容易地在另一些位错、晶界和晶体表面处产生，从而保持不断流动。由于位错可以充当空位和填隙原子的源泉及其尾闾（Sink），它们将不断地在位错线上产生和消亡，结果导致位错多余半原子面的伸长或缩短，两者都使位错从自己原来的滑移面攀移出来。当位错在滑移面上遇到障碍时，位错攀移可以帮助它们绕过障碍，继续滑移更远的路程，这种机制在高温蠕变变形中起着重要作用。

当变形温度高于 $0.5T_m$（熔点）以上时，由于原子活动能力的增大以及原子沿晶界的扩散速率加快，使高温下的晶界具有一定的黏滞性特点，它对变形的阻力大为减弱，即使施加很小的应力，只要作用时间足够长，也会发生晶粒沿晶界的相对滑动，成为多晶体在高温时一种重要的变形方式。由于晶界滑动速度缓慢，因此也只是在蠕变条件下，即高温度和低应力的情况下晶界滑动才显得重要。晶粒尺寸越小，即单位体积中晶界面积越大，晶界滑动对总应变的贡献越大。一般需要在晶粒内部有某些位错运动来配合晶界滑动，这是由于大多数晶粒形状不规则，为了在发生晶界滑动时不出现裂隙，晶粒形状必须做相应的变化。位错运动是满足这种要求的主要途径，扩散形变也会有所帮助。在某些情况下，材料可以通过晶粒之间的相对滑动发生高达 1000% 的变形而不破裂，造成超塑性，但这要求晶粒十分细小，变形温度和变形速率的限制也较严。有些合金在相变温度附近变形时也出现超塑性现象。

10.2 单向拉压下材料的塑性变形

关于塑性变形基本规律的认识主要来自于试验。从试验中找出在应力超出弹性极限后材料的特性，将这些特性进行归纳并提出合理的假设和简化模型，确定应力超过弹性极限后材料的本构关系，从而建立塑性力学的基本方程。从材料简单拉伸的应力-应变曲线可以看出，塑性力学研究的应力与应变之间的关系是非线性的，它们的关系也不是单值对应的。

10.2.1 卸载定律

加载产生的变形在卸载后是否可以恢复，这是区分弹性变形和塑性变形的根本。在卸载过程中，只是使得弹性变形得到恢复，而塑性变形保持不变。在单向应力状态下，屈服以后材料的变形包括弹性变形和塑性变形两部分，因此加载到应力 σ 时的总应变 ε 可表示为

$$\varepsilon = \varepsilon_e + \varepsilon_p \tag{10-3}$$

式中，ε_e 是弹性应变；ε_p 是塑性应变。卸载后塑性应变 ε_p 保持不变，只有弹性应变 ε_e 可以被卸除，若卸载到应力 σ_r 时的弹性应变为 ε_{re}，那么卸载前后的应变改变量为

$$\Delta\varepsilon = (\varepsilon_{re} + \varepsilon_p) - (\varepsilon_e + \varepsilon_p) = \Delta\varepsilon_e \tag{10-4}$$

考虑到应力只取决于材料的弹性应变，因此卸载前后的应力改变量为

$$\Delta\sigma = \sigma_r - \sigma = E\varepsilon_{re} - E\varepsilon_e = E\Delta\varepsilon_e = E\Delta\varepsilon \tag{10-5}$$

这也就是说材料的卸载服从与弹性加载一样的线性胡克定律。

上述结论可以推广到任意复杂应力状态，即卸载后的应力或应变等于卸载前的应力或应变减去以卸载时的载荷改变量为假想载荷按弹性计算所得到的应力或应变，即卸载过程中应力或应变的改变服从弹性本构关系，这就是卸载定律。需要说明的是，在使用上述卸载定律时需满足两点：①卸载过程必须是简单卸载，即卸载过程中各点的应力分量是按比例减少的；②卸载过程中不发生第二次塑性变形，即卸载不应引起应力改变符号而达到新的屈服。

根据卸载定律，在全部卸载后，即外载荷恢复为零时，由于塑性变形的发生，在材料内会留下残余变形，而且还会产生残余应力。只有在弹性范围内卸载时，应力和应变才会恢复为零。一旦已经发生了塑性变形，就必然会留下残余变形。当材料内各个部分之间的残余变形不协调时就会产生残余应力，例如：局部组元的塑性弯曲、扭转等会导致变形不一致，因此残余构型仍然是弯曲或扭曲的，也就存在一定的残余应力。

10.2.2 单向拉压下的加卸载曲线

在单向拉压下的典型应力-应变曲线如图 10-18 所示，从图中可以看出以下基本的塑性屈服和变形规律。

1）随着载荷的增加，在变形的最初阶段，直到点 A 以前，应力 σ 和应变 ε 成直线关系，这一阶段发生的是弹性变形，服从胡克定律 $\varepsilon = \sigma/E$，其中弹性模量 $E = \tan\alpha$ 是直线段的斜率。

2）当载荷继续增加，超过点 A 比例极限 σ_p 后应力和应变之间不再是线性关系，但仍然

是可恢复的弹性变形；而继续超过点 B 弹性极限 σ_e 后再卸载就会出现残余变形，也就意味着变形不再完全是弹性变形了；当继续增加至过点 C 屈服强度 σ_s 后，这时卸载就会发生显著的残余变形，说明材料进入塑性变形阶段。对于低碳钢等材料，应力-应变曲线上会出现一个比较明显的屈服平台，这时在几乎不增加载荷的情况下，变形也会继续迅速增加，屈服平台就对应于屈服强度 σ_s，但对于很多材料并没有明显的屈服平台，这时一般取 $\sigma_{0.2}$ 为屈服强度。

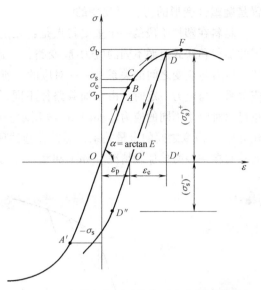

图 10-18　在单向拉压下的典型应力-应变曲线

3）对于各向同性材料，如果开始时不做拉伸试验，而做压缩试验，则压缩应力-应变曲线将和拉伸时的曲线一样，在达到屈服强度 $-\sigma_s$ 后进入塑性变形阶段。因此将开始时 $|\sigma| \leqslant \sigma_s$ 的阶段称为初始弹性阶段，将临界点 $|\sigma| = \sigma_s$ 称为初始屈服点。材料由初始弹性阶段进入塑性阶段的过程就称为初始屈服。

4）当材料屈服之后，若再继续加载，必须继续增大应力才能使其产生新的塑性变形，就称为应变硬化阶段；反之若再继续加载，伴随塑性变形的增长应力是下降的，就称为应变软化阶段。一些高塑性材料在经历一段应变硬化后达到点 F 抗拉强度 σ_b，然后就会发生缩颈局部变形，表象上进入一种应变软化阶段。

5）如果材料在拉伸到塑性阶段的某点 D 时卸载，则应力-应变曲线将沿着大致与初始弹性阶段 OA 平行的直线 $O'D$ 下降。在全部卸除载荷之后，留下残余变形 OO'，即塑性应变 ε_p。相应的 $O'D'$ 是可以恢复的弹性应变 ε_e。因此在点 D 时的总应变 $\varepsilon = \varepsilon_e + \varepsilon_p$，而应力 $\sigma = E\varepsilon_e$。

6）若在卸载后重新加载，曲线基本上仍沿 $O'D$ 上升至 D 后又开始产生新的塑性变形，好像又进入了新的屈服，然后顺着原来的 DF 线上升，就像未曾卸载一样。为了与初始屈服相区别，继续发生新的塑性变形时材料的再度屈服称为继续屈服或后继屈服，相应的屈服点 D 称为后继屈服点。相应的屈服应力 σ'_s 称为后继屈服应力。由于应变硬化作用，使材料的后继屈服强度比初始屈服强度提高了，即 $\sigma'_s > \sigma_s$，而且和 σ_s 不同，σ'_s 不单纯是材料常数，它的大小和塑性变形的历史有关。

7）如果在完全卸载后施加相反方向的应力，如由拉伸改为压缩，则曲线沿 DO' 的延长线下降，即开始是直线关系（弹性变形）。但反向加载至一定程度后又开始进入屈服，反向屈服点 D'' 的位置与材料的强化特性有关，对应屈服强度 $(\sigma'_s)^-$ 可能大于也可能小于 $(\sigma'_s)^+$。具有包辛格效应的材料表现为 $(\sigma'_s)^- \leqslant (\sigma'_s)^+$。

8）在卸载的过程中，从 D 到 O' 虽然也是线性关系，而且服从胡克定律，但不能写成全量关系，而应写成增量关系，这是因为全应变中有一部分是塑性应变，并不服从弹性胡克定律。从 O' 到 D 的重新加载过程也是如此，可表示为增量关系的胡克定律。区别于初始弹性阶段，这一变形阶段称为后继弹性阶段，后继屈服点就是它的界限点，而且这种界限点的位置是随塑性变形的历史而改变的。

材料在塑性阶段的一个重要特点是：在加载和卸载的过程中应力和应变服从不同的规律，因此加载和卸载遵循不同的应力-应变路径。而在弹性阶段，理想情况下加卸载都服从胡克定律，应力与应变之间的关系是一一对应的。所以塑性状态下应力和应变之间不再具有确定的对应关系，当应力一定时，由于加载路径不同，可以对应不同的应变，同样当给定某一应变时，也可以对应于不同的应力，如图 10-19 所示。因此进入塑性状态后，如不给定加载路径就无法建立应力-应变之间的全量关系，通常在塑性理论中建立应力增量与应变增量之间的增量关系，而只有在一些简单加载情况（如不卸载）才可能建立应力-应变之间的全量关系。

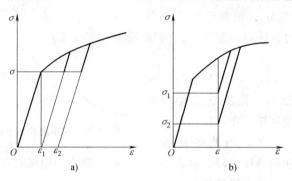

图 10-19　塑性状态下应力和应变之间不再具有确定的对应关系
a）同一应力对应不同应变　b）同一应变对应不同应力

为了描述清楚一个完整的加卸载过程（包括加载、卸载和反向加载），必须对应力和应变状态是处于弹性还是塑性阶段、应力和应变变化是处于加载还是卸载过程、应力和应变增量的方向有何关系这些基本问题进行探讨，这也就是塑性力学中关于屈服准则、加卸载准则、硬化法则、流动法则、一致性条件等的基本内容。

1. 屈服准则

在单向应力状态下，材料是否屈服可直接由应力大小来进行判断，如果拉压屈服强度相等，即 $\sigma_{ts} = \sigma_{cs} = k$，可定义函数 $f(\sigma) = \sigma^2 - k^2$ 为屈服函数，则屈服准则可表示为

$$\begin{cases} f(\sigma) < 0 & \text{弹性状态} \\ f(\sigma) = 0 & \text{塑性状态} \end{cases} \tag{10-6}$$

显然当 $f(\sigma) < 0$ 时应力和应变的值可由 $\sigma = E\varepsilon$ 唯一确定，但当 $f(\sigma) = 0$ 时应力和应变的值还需要结合加卸载准则和硬化法则才能确定。

2. 加卸载准则

利用上述屈服函数 $f(\sigma)$，不难发现当 $\mathrm{d}f > 0$ 时对应于加载，而当 $\mathrm{d}f < 0$ 时对应于卸载，考虑到 $\mathrm{d}f = \dfrac{\partial f}{\partial \sigma}\mathrm{d}\sigma = 2\sigma\mathrm{d}\sigma$，于是可将加卸载准则表示为

$$\begin{cases} \sigma\mathrm{d}\sigma < 0 & \text{卸载} \\ \sigma\mathrm{d}\sigma > 0 & \text{加载} \end{cases} \tag{10-7}$$

显然在拉伸时 $\sigma > 0$，则当 $\mathrm{d}\sigma > 0$ 时拉应力值增大，即为加载，而当 $\mathrm{d}\sigma < 0$ 时拉应力值减小，即为卸载。而在压缩时 $\sigma < 0$，则当 $\mathrm{d}\sigma > 0$ 时压应力值减小，即为卸载，而当 $\mathrm{d}\sigma < 0$ 时压应力值增大，即为加载。

3. 硬化法则

对于理想塑性材料，在屈服之后应力恒为 σ_s，因此函数 $f(\sigma)$ 中的 k 值保持不变，这时在塑性变形过程中恒有 $\mathrm{d}f=0$，称为中性变载。但对于硬化材料，继续加载时需要增大应力，也就是说后继屈服应力与塑性变形的历史有关，因此函数 $f(\sigma)$ 也是塑性变形历史的函数，称为硬化法则。根据后继屈服应力的变化规律，可将硬化法则分为以下三种情况。

1）随动硬化模型。如果材料在一个方向的屈服强度提高，而其他方向的屈服强度相应下降，这就是随动硬化。这时拉伸和压缩的弹性区范围不变，拉伸的屈服强度提高多少，反向压缩的屈服强度就减少多少。如图 10-20 所示路径 ABDE 表示的就是随动硬化。该模型的硬化法则可表示为

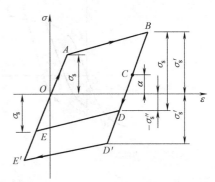

图 10-20　等向硬化和随动硬化示意图

$$f(\sigma,\alpha)=(\sigma-\alpha)^2-\sigma_s^2 \tag{10-8}$$

式中，α 是背应力，表示弹性范围的中心所对应的应力值，如图 10-20 所示。它与塑性加载的历史有关，在初始屈服时有 $\alpha=0$，在图 10-20 所示加载到点 B 时有 $\alpha=\sigma_B-\sigma_s$。

2）等向硬化模型。如果材料在一个方向屈服强度提高，则在其他方向的屈服强度也同时提高，这就是等向硬化。这时拉伸和压缩下的屈服强度相等，显然与随动硬化模型相比，等向硬化模型的弹性区范围扩大了。如图 10-20 所示路径 ABD'E' 表示的就是等向硬化。该模型的硬化法则可表示为

$$f(\sigma,k)=\sigma^2-k^2 \tag{10-9}$$

式中，k 是一个与塑性加载历史有关的单调递增函数，称为硬化函数，它表示弹性区的大小。在初始屈服时有 $k=\sigma_s$，在图 10-20 所示加载到点 B 时有 $k=\sigma_s'$。

3）混合硬化模型。介于随动硬化模型和等向硬化模型之间的是混合硬化模型，其硬化法则可表示为

$$f(\sigma,\alpha,k)=[\sigma-(1-M)\alpha]^2-[(1-M)\sigma_s+Mk]^2 \tag{10-10}$$

式中，M 是混合硬化参数，取值范围为 0~1。显然当 $M=0$ 时对应于随动硬化模型，当 $M=1$ 时对应于等向硬化模型。

10.2.3　包辛格效应

材料预先加载产生少量塑性变形（残余应变约 1%~4%）后，若卸载后再同向加载，弹性极限与屈服强度升高；若反向加载，则弹性极限与屈服强度降低，这一现象称为包辛格效应。它最早由包辛格于 1886 年在金属材料的力学性能试验中发现的。这种现象在退火状态或高温回火状态的金属与合金中表现明显。它的实质是塑性屈服后的一种随动硬化（也可能伴随等向硬化或应变软化）。

包辛格效应可用图 10-21a 所示曲线来说明。具有硬化性质的材料受到拉伸作用且拉应力超过屈服强度（点 A）后，材料进入硬化阶段（AD 段）。若在点 B 卸载，则再受拉，拉伸屈服强度由原先没有塑性变形时的点 A 提高到点 B。若在卸载后反向加载，则压缩屈服强度的绝对值由没有塑性变形时的点 A' 值降低到点 B' 值。图 10-21a 中 OACC' 线是对应更大塑

性变形时的加载-卸载-反向加载路径，其中点 C 和点 C' 值分别为新的拉伸屈服强度和压缩屈服强度。反之，如果先进行压缩使材料发生塑性变形，卸载至零后再拉伸时，材料的拉伸屈服强度同样是降低的。若一个方向屈服强度提高的值和其相反方向降低的值相等，则称为理想包辛格效应。

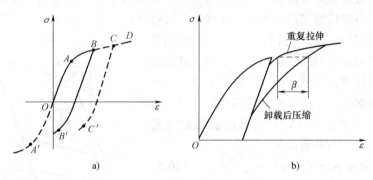

图 10-21　包辛格效应和包辛格应变
a）包辛格效应　b）包辛格应变

从位错的观点看，包辛格效应是由下列原因引起的：在正向外应力作用下，位错按某种方式运动并产生塑性变形，遇到障碍时形成塞积；外应力去除后，位错并不能做反向运动以完全消除塑性变形，已经塞积的位错群会在滑移面上产生和原先所加正向外应力相反的应力；因此若再施加反向外应力时，只要反向外应力和位错塞积群产生的应力之和达到材料屈服强度时，便会屈服，而再施加正向外应力时，需正向外应力和位错塞积群产生的应力之差达到材料屈服强度时才会屈服。这便解释了反向屈服所需地外应力较小、正向屈服所需的外应力较大。由于晶界对位错的阻力一般要大于晶内缺陷对位错的阻力，所以包辛格效应更多地出现在多晶材料中，被认为与晶界间的残余应力有关。但试验表明，有的单晶体也会表现出包辛格效应，这是因为位错在晶内运动时受到阻碍。

包辛格效应可以直接对比 σ_e 或 σ_s 下降的幅度来量度，或者用包辛格应变来衡量。包辛格应变是在指定应力下，屈服卸载后第二次再加载的曲线，与反向加载的曲线之间的应变差 β，如图 10-21b 所示。

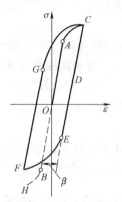

图 10-22　塑性滞后环示意图

包辛格效应使材料表现出各向异性性质。因此对于具有包辛格效应的材料，在金属塑性加工过程中，正向加载引起的塑性应变硬化将导致金属材料在随后的反向加载过程中呈现塑性应变软化（屈服强度降低）的现象。这就使金属材料塑性加工过程的力学分析复杂化。为了使问题简单，易于进行力学分析，在塑性加工的力学分析中，通常对包辛格效应不予考虑。但对于具有往复加载卸载再加载的变形过程，由于有反向塑性变形的问题，则必须予以考虑。在材料的使用和加工中，有时需要避免包辛格效应，如大型输油气管道要采用几乎没有包辛格效应的材料，以避免管道弯折成形后带来强度的损失，有时则可以利用包辛格效应，如薄板的反向弯曲成形（先小塑性预载，再反向大塑性成形时需克服的屈服强度小很多）、拉拔的钢棒经过轧辊压制较直等。

包辛格效应对于研究材料疲劳问题很重要，因为疲劳就是在反复交变加载的情况下出现的。对于应变控制的高应力低周疲劳，在反复加卸载时会形成滞后环，如图 10-22 所示。包辛格应变小的材料，滞后环面积小，材料疲劳寿命高；而包辛格应变大的材料，滞后环面积大，材料疲劳寿命低。

若要减弱或消除包辛格效应，可预先进行较大的塑性变形，或在第二次反向加载前先进行回复或再结晶温度下退火，如钢在 400~500℃，铜合金在 250~270℃ 退火。

10.3　塑性变形的影响

塑性变形不但可以改变材料的外形和尺寸，而且能够使材料的内部组织结构和各种性能发生变化，如形成形变织构、产生残余应力、发生加工强化等。

10.3.1　组织结构的变化

材料的塑性变形是借助位错在应力作用下运动和不断增殖来实现的。随着变形的增大，晶体中的位错密度迅速提高。例如：金属经严重冷变形后，位错密度可从原先退火态的 $10^6 \sim 10^7/cm^2$ 增至 $10^{11} \sim 10^{12}/cm^2$。因此，材料的显微组织将发生明显变化，这在各个尺度上都会体现出来。

就每个晶粒而言，其内部出现大量的滑移带或孪晶带，而且随着变形度的增加，原来的等轴晶粒将被拉长或压扁，逐渐沿其变形方向伸长。当变形很大时，晶粒变得模糊不清，晶粒已难以分辨而呈现出一片如纤维状的条纹，称为纤维组织。纤维的分布方向即是材料流变伸展的方向。当材料中有夹杂物存在时，塑性杂质将沿变形方向被拉长为细条状，脆性杂质将破碎，沿变形方向呈断续状或链状分布。

随着塑性变形程度的增加，各个晶粒的滑移方向逐渐向主形变方向转动，使多晶体中原来取向互不相同的各个晶粒在空间取向上逐渐趋向一致，集中到施力轴方向上来，这一现象称为择优取向（Preferred Orientation），由此形成的这种组织状态则称为形变织构（Deformation Texture）。

形变织构随加工变形方式不同主要有两种类型：①拉丝时形成的丝织构，其特点是各个晶粒的某一晶向大致与拉丝方向平行；②轧板时形成的板织构，其特点是各个晶粒的某一晶面与轧制面平行，而某一晶向与轧制主形变方向平行，如图10-23所示。随形变进行，各晶粒的取向会逐渐转向某一个或多个稳定的取向，这些稳定的取向取决于材料的晶体结构及形变方式。

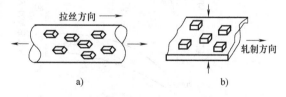

图 10-23　形变织构的示意图
a）丝织构　b）板织构

一般当形变达到 10%~20% 时，择优取向现象就达到可觉察的程度。随着形变织构的形成，多晶体的各向异性也逐渐显现。当形变达到 80%~90% 时，多晶体就呈现明显的各向异性。这对材料的加工和使用都会带来一定的影响。

形变织构现象对于工业生产有时可加以利用，有时则要避免。例如：沿板材的轧制方向有较高的强度和塑性，而横向则较低，因而在零件的设计和制造时，应使轧制方向与零件的最大主应力方向平行。而在用这种具有形变织构的板材冲制杯状工件时，由于沿不同方向的形变抗力与形变能力不同，冲制后工件边缘不齐，壁厚不均，产生波浪形裙边，即"制耳"现象，这种情况要设法防止，如图 10-24 所示。再如制造变压器铁心的硅钢片时，有意使特定的晶面和晶向平行于磁力线方向，可使变压器铁心的磁导率显著增大，磁滞损耗大大减小，从而提高变压器的效率。

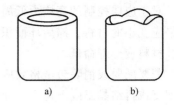

图 10-24 形变织构导致的"制耳"
a）无"制耳" b）有"制耳"

10.3.2 材料性能的变化

经塑性变形后的材料，由于点阵畸变、空位和位错等结构缺陷的增加，其力学、物理和化学性能均发生明显的改变，如塑性变形通常可使金属的电阻率增加，增加的程度与形变量成正比。另外，塑性变形后，金属的电阻温度系数下降，磁导率下降，热导率也有所降低，铁磁材料的磁滞损耗及矫顽力增大。由于塑性变形使得材料中的结构缺陷增多，原子活动能力增大，因而导致材料中的扩散过程加速，化学活性增大，耐蚀性下降。

材料经冷加工发生塑性变形后，强度、硬度提高，而塑性、韧性则下降，这种现象称为加工硬化（Work Hardening），也称为冷作硬化、形变强化。图 10-25 所示为金属材料的加工硬化情况，可见加工硬化现象非常显著。由于加工硬化，有变形的地方就慢慢变得不能变形，而变形要转移到其他地方，致使最后形成均匀塑性变形。加工硬化现象作为变形金属的一种强化方式，有其实际应用意义，如许多不能通过热处理强化的金属材料，可以利用冷变形加工同时实现成形与强化的目的。但是，加工强化会给材料的进一步加工带来困难。例如：铜板在冷轧过程中会越轧越硬，以致完全不能产生变形。为此，必须安排中间退火工序，通过加热消除加工强化，恢复塑性变形能力，使轧制得以继续进行。

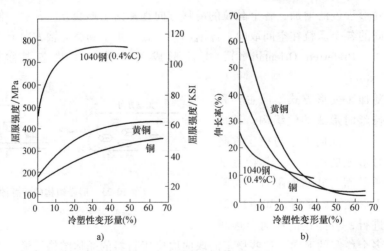

图 10-25 金属材料的加工硬化情况
a）屈服强度的变化 b）伸长率的变化

加工硬化的机理主要在于材料中位错密度的增大，如图 10-26 所示。随着塑性变形的进行，位错密度不断增加，因此，位错运动时的相互交割加剧，产生位错塞积群、割阶、缠结网等障碍，增大了位错运动的阻力，引起变形抗力增加，从而提高了材料的强度。

位错增殖是导致加工硬化的最本质原因，其他原因还包括：随变形量增加，亚结构细化，亚晶界对位错运动也有阻碍作用；随变形量增加，空位密度增加，空位也阻碍位错运动；另外随着变形的发展，晶粒要转动，逐渐由原来的有利取向转到不利取向，导致位错难以启动和运动，从而发生几何硬化，使得变形抗力增加。

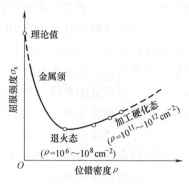

图 10-26　加工硬化与材料中位错密度的关系

10.3.3　残余应力

当没有通过材料表面向材料内部传递应力时，在材料内部保持平衡的应力称为固有应力或初始应力，也称为内应力。材料发生塑性变形时，外力所做的功大部分转化为热能散失了，只有一小部分（10%~15%）以残余应力的方式储存在形变材料内部。残余应力（Remnant Stress）是一种弹性内应力，在金属中处于自相平衡的状态。根据残余应力的平衡范围不同可分为三类，即宏观残余应力、微观残余应力及点阵畸变，这也正是储存能的具体表现方式。残余应力随变形量增大而增大，但占变形总功的分数却随变形量增大而减小。

第一类残余应力又称为宏观残余应力，是由材料不同部分（如表面与心部）的宏观变形不均匀引起的，故其应力平衡范围包括整个工件，如图 10-27 所示。这种残余应力在全部残余应力中所占的比例很少，一般不到 1%。第一类残余应力主要使材料产生变形，极端情况下也会诱发开裂。

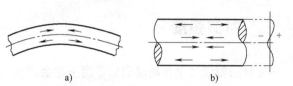

图 10-27　金属棒材中的宏观残余应力

a）弯曲变形后的宏观残余应力　b）拉丝后的宏观残余应力

第二类残余应力又称为微观残余应力，是由晶粒或亚晶粒之间的变形不均匀引起的，其作用范围与晶粒尺寸相当，在晶粒或亚晶粒之间保持平衡。这种残余应力在全部残余应力中所占的比例不大，一般不到 10%。但有时在某些局部区域，它可达到很大的数值，甚至可能造成显微裂纹并导致工件破坏。

第三类残余应力又称为点阵畸变，是由材料变形时产生的大量位错、空位等缺陷引起的，即晶格畸变引起的，其作用范围更小，只在几百个到几千个原子范围内（几十至几百纳米）维持平衡。大约 90% 左右的残余应力是以这种点阵畸变的形式存在的。这部分能量提高了变形晶体的能量，使之处于热力学不稳定状态，故它有一种使变形晶体重新恢复到吉布斯自由能最低的稳定结构状态的自发趋势，并导致塑性变形材料在加热时的回复及再结晶过程。因此，这种残余应力使材料强度、硬度升高，但塑性、韧性和耐腐性下降。

产生残余应力的原因除了不均匀塑性变形，还包括热应力、相变以及化学变化等。由于在材料制备及加工过程中会在其内部产生残余应力，这就会对其可靠性和使用寿命带来重要影响。一般来说，残余应力的存在对材料是有害的，会导致材料及工件的变形、开裂和产生应力腐蚀。所以需要对材料或工件内的残余应力进行测定和评估，在必要时采取适当的措施来减小残余应力或改进其分布，以尽可能消除其影响。但有时可利用残余应力来提高材料的某些性能，如采取表面滚压或强化喷丸使工件表面产生一定的压应力层，可有效地提高承受交变载荷工件（如弹簧、齿轮等）的疲劳寿命。

残余应力的测量技术始于 20 世纪 30 年代，发展至今已形成了数十种测量方法。概括起来大致可以分为三大类。一种是非破坏性机械测量法，即根据残余应力作用导致的工件尺寸变化来测量和计算残余应力的分布，由于残余应力分布的复杂性，该方法在实际使用中受到很大制约，适用范围有限。另一种是破坏性机械测量法，即将存在残余应力的工件用一定方法进行局部分离或分割，使残余应力释放掉一部分，然后测量工件剩余部分的变形，并利用弹性力学方法计算出残余应力。例如：逐层剥除法、钻孔法、压痕法等。这两种方法主要是针对宏观残余应力来进行测定的。还有一种方法是物理测量法，包括利用晶体的 X 衍射现象或材料的磁性变化来进行测定，这时不需对材料进行分离或分割即可直接测得残余应力，而且既能测定宏观残余应力，也能测定微观残余应力。此外，通过声学、光学散射、拉曼散射、光弹覆膜的方法，以及测定强度、硬度变化的方法也可测定残余应力。

残余应力的消除或调整，可以靠热作用的方法或机械作用的方法。热作用法就是通常的退火法，即通过加热调整组织而使残余应力得到松弛直至去除的方法。机械作用法就是靠施加静态或动态的应力，使残余应力减小或重新分布，如利用矫直机进行校正、通过拉拔在截面内产生均匀拉应力、利用振动产生交变应力、借助表面加工调整残余应力分布等。

10.4 屈服强度

材料的塑性变形在超过屈服强度下才会产生。在不同的应力状态下，根据不同的屈服准则所确定的屈服强度略有差异，不过均可通过简单应力状态下的屈服强度来确定。屈服强度是衡量材料开始塑性变形的重要指标，受诸多因素的影响。为防止塑性变形失效，需要尽可能地提高材料的屈服强度。

10.4.1 塑性屈服的位错理论

屈服强度标志着材料对起始塑性变形的抗力，是材料的一个重要力学性能指标。对于有明显屈服现象的材料，可取下屈服强度作为材料的屈服强度。对于没有明显屈服现象的材料，可取某一规定伸长应力作为材料的屈服强度。规定伸长量可因材料的服役条件而异。常用条件屈服强度为 $\sigma_{0.2}$，表示残余变形量为 0.2% 时的应力，这对于一般的机器零件已经可以满足。对于一些特殊机件，如高压容器，为保持严格气密性，其紧固螺栓不允许有微小的残余伸长，要采用 $\sigma_{0.01}$，甚至 $\sigma_{0.001}$ 作为条件屈服强度。对于桥梁、建筑物等大型工程结构的构件则可以允许更大的残余变形量，如 $\sigma_{0.5}$ 等。

从理论上讲，单晶体的屈服强度可根据施密特（Schmid）定律由临界分切应力来确定。如前所述，实际测得晶体滑移的临界分切应力值较理论计算值低两三个数量级，表明晶体滑移并不是晶体的一部分相对于另一部分沿着滑移面做刚性整体位移，而是借助位错在滑移面上运动来逐步地进行的。

与弹性变形不同，塑性变形在晶体中的分布是不均匀的。滑移线现象清楚地表明，晶体的塑性变形实际上仅由部分晶面上的滑移承担。不仅如此，即使在一个晶面上，滑移也是先从局部开始，然后再由小到大地逐步扩展滑移面积。从原子角度来看，滑移过程的机制最终归结为位错沿滑移面的运动。由于位错附近的原子已经从点阵的平衡位置移动出来，因此使位错前进一个原子间距所要求的原子移动距离就变得很小，而且随着位错的运动，在一些原子势能升高的同时另一些原子势能降低，总能量变化很小。所以晶体以位错运动的机制逐步滑移，比无位错完整晶体做刚性相对滑移所需的力要小得多。在后一种情况下，要经历滑移面上的全部原子同时向高能位置移动的过程。由此可知，塑性变形所需的力应该是用于克服位错产生、增殖和运动时所遇到的障碍，而变形速度则决定于单位体积中位错数量的多少以及位错本身的运动速度。这也就意味着，屈服强度不仅与形成位错所需的能量或使位错开始运动所需的能量有关，还和任一特定速度保持位错以一定速度运动所需的力有关。晶体的滑移必须在一定的外力作用下才能发生，这说明位错的运动需要克服一定阻力。这些阻力主要包括点阵阻力（派-纳力 τ_{p-h}）、位错间交互作用产生的阻力、位错与其他晶体缺陷交互作用的阻力等。

10.4.2　多晶体的屈服与细晶强化

就多晶体而言，若将多晶体中的晶粒看作单晶体，则其屈服强度除了受各个单晶体的屈服强度影响外，由于多晶体中晶界的存在，多晶体的位错运动还必须克服界面阻力。因为晶界两侧晶粒的取向不同，因而其中一个晶粒滑移并不能直接进入邻近的晶粒，于是位错在晶界附近塞积，造成应力集中，直至激发相邻晶粒中的位错源开动，才能引起宏观的屈服应变。

20 世纪 50 年代霍尔（Hall）和佩奇（Petch）对 α-Fe 多晶体的力学性能和晶粒尺寸之间的关系进行了大量研究，提出了著名的 Hall-Petch 关系式，即

$$\sigma_s = \sigma_0 + k_y d^{-\frac{1}{2}} \tag{10-11}$$

式中，σ_s 是多晶体的屈服强度；σ_0 是位错在晶粒内部运动时的总阻力，大体相当于单晶体的屈服强度；d 是多晶体中各晶粒的平均直径，k_y 是表征晶界对强度影响程度的常数，与晶界结构有关。进一步试验证明，Hall-Petch 公式适用性甚广，除屈服强度外，流变应力、断裂强度、疲劳强度、硬度等与晶粒尺寸间也符合 Hall-Petch 关系，只不过参数的意义及数值不同。而且亚晶粒大小或两相片状组织的层片间距对屈服强度的影响也可用 Hall-Petch 公式来表示。因此对大多数材料而言，Hall-Petch 公式是适用的，而且 k_y 通常为正值，即细化晶粒可提高材料的屈服强度，增大塑性抗力。图 10-28 所示为晶粒大小与强度的关系。

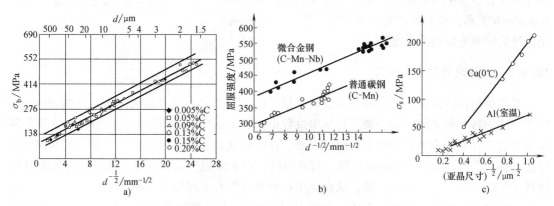

图 10-28　晶粒大小与强度的关系

a）低碳钢　b）普通碳钢和微合金钢　c）铜和铝

　　一般在室温使用的结构材料都希望获得细小而均匀的晶粒。因为细化晶粒不仅使材料具有较高的强度、硬度，而且也使它具有良好的塑性和韧性，即具有良好的综合力学性能。所以细化晶粒是一种有效的强韧化手段，与其他几种强化方法相比，细晶强化（Fine-Grain Strengthening）是唯一的一种在增加材料强度的同时也增加材料塑性的强化方式。究其原因，晶粒越细，单位体积材料中晶粒的数目越多，晶界的总面积越大，对材料塑性变形的阻力越大，这就是细晶强化的实质，所以细晶强化也称为晶界强化（Boundary Strengthening）。另一方面，由于晶界既是位错运动的阻力，又是裂纹扩展的障碍，因此在细化晶粒提高强度的同时，也提高了材料的韧性。

　　不过，由于细晶强化所依赖的前提条件是晶界阻碍位错滑移，这在温度较低的情况下是存在的，而晶界本质上是一种缺陷，当温度升高时，随着原子活性的加强，晶界也变得逐渐不稳定，这将导致其强化效果逐渐减弱，甚至出现晶界弱化的现象。因此，实际上多晶体材料的强度-温度关系中，存在一个所谓的"等强温度"，小于这个温度时，晶界强度高于晶内强度，反之则晶界强度小于晶内强度，如图 10-29 所示。这是因为相对于晶内强度，晶界强度更容易受到温度的影响，随温度升高下降得更快一些。另外需要注意的是，晶界强度受应变率的影响也更大一些。

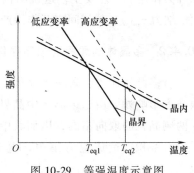

图 10-29　等强温度示意图

　　图 10-30 所示为显微硬度或屈服强度与晶粒尺寸关系示意图。显然，强度并不随着晶粒尺寸减小而无限地增加。理论上，材料强度不可能超过其完整晶须的强度，它可视为 H-P 关系的上限。此外，在晶粒非常细小的情况下，晶界处任何弛豫过程均可使强度下降；同时，如果晶粒小到不能容纳一个位错时，H-P 关系将不再成立，此即图 10-30 中 $d<d_c$ 时的情况。从极限角度讲，当晶粒尺寸趋近于零时，材料已变成非晶态，晶界强化效应消失。试验表明非晶态的硬度确实低于其晶态值。这就说明，晶界强化效应的实现是有条件的。近期的研究也发现一些材料的确并不符合 Hall-Petch 关系，或者表现为 k 为负值，即反 Hall-Petch 关系，或者表现为非单调性，即 σ_s 随 d 的减小呈先升后降或先降后升的变化。

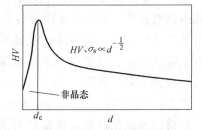

图 10-30　显微硬度或屈服强度
与晶粒尺寸关系示意图

10.4.3　屈服现象与应变时效

　　某些单相固溶体合金，特别是含有间隙原子的体心立方金属（如低碳钢），它们的应力-应变曲线，具有明显的屈服现象。在屈服过程中，各处的应变是不均匀的，当应力达到上屈服强度时，首先在应力集中处开始塑性变形，这时在光滑试样表面，出现与拉伸轴成 45° 的应变痕迹，称为吕德斯（Lüders）带。与此同时，应力降到下屈服强度。然后吕德斯带开始沿试样长度方向不断形成与扩展，从而产生拉伸曲线平台上屈服应力的一次次微小波动，每一次波动对应一个新变形带的形成，如图 10-31 所示。当吕德斯带扩展到整个试样标距范围后，这个屈服平台延伸阶段就结束了。

材料的屈服现象具有时效效应。如果在试验之前，对试样进行少量的塑性变形后立即加载，屈服平台暂不出现，如图 10-32 所示曲线 *BAC*。但如果将预塑性变形的试样放置一段较长的时间，或经 200℃ 左右短时加热后再加载，则屈服平台又重新出现，而且屈服应力提高，如图 10-32 所示曲线 *BDC*。这种现象称为应变时效。

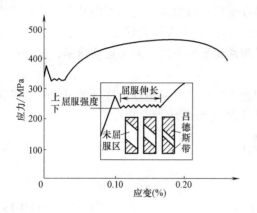

图 10-31　低碳钢的应力-应变曲线及屈服现象

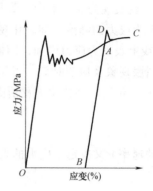

图 10-32　应变时效

屈服现象最初是在低碳钢中发现的，进一步研究发现，在其他一些晶体，如钼、铌、钛等一些金属以及铜晶须和硅、锗、LiF 晶体中都发现了屈服现象。关于屈服现象与应变时效的微观机制解释，主要有以下两种观点。

（1）科垂耳（Cottrell）气团"钉扎"理论　最早是用 Cottrell 气团"钉扎"模型来解释非均匀屈服现象的，因为早期的大量试验表明，非均匀屈服与材料中含有少量的间隙型溶质或杂质原子有关。例如：采用湿氢处理从低碳钢中将碳与氮全部除去，屈服平台也就消除了。可是，只需要有这些元素的任何一个约为 0.001% 的含量（质量分数），屈服平台就又重新出现。

通常认为在固溶体合金中，溶质原子或杂质原子（如碳、氮等）在晶体中造成点阵畸变，由于畸变产生的应力场与位错发生弹性交互作用，使得它们倾向于扩散到位错线附近，形成偏聚"气团"，即 Cottrell 气团，从而锚定位错。间隙型溶质原子和位错的交互作用很强，位错被牢固地钉扎住。位错要运动，必须在更大的应力作用下才能挣脱间隙型溶质原子的钉扎，从而摆脱 Cottrell 气团的束缚发生移动，这就形成了上屈服强度；而一旦脱钉后，位错运动就比较容易了，因此应力有降落，出现下屈服强度和平台。

Cottrell 气团对位错的钉扎作用，提高了固溶体合金的屈服强度；而位错一旦挣脱气团的钉扎，便可在较小的应力下运动。已经屈服的试样，立即重新加载时，由于位错已摆脱溶质原子气团的钉扎，故不出现屈服平台。但若卸载后，放置较长时间或适当加热后，溶质原子通过扩散又聚集到位错周围，形成气团，再进行加载，屈服现象又重新出现。

试验研究表明，应变时效重新产生物理屈服的激活能与碳原子在铁中扩散激活能相同，约 84kJ/mol；而应变时效所需时间与形成原子气团的时间也在同一数量级内。因此，屈服现象和应变时效的产生是位错与溶质原子相互作用的结果，即 Cottrell 气团的存在、破坏和重新形成。

（2）位错增殖理论　实际上，拉伸曲线表明的物理屈服现象是材料特性和试验机系统共同作用的结果。试样的变形是受试验机夹头运动控制的，夹头恒速运动时，试样以恒定的速率变形。在弹性变形阶段，试样伸长完全受夹头运动控制，载荷和伸长都均匀增加。但在开始塑性变形后，弹性变形速率降低，应力的增加速率减慢，应力和应变偏离直线关系。如果塑性变形增加较快，等于夹头运动速率，则弹性变形不再增加，应力不再升高，这在应力-应变曲线上就表现为屈服平台。如果塑性变形速率超过了夹头运动速率，就会在应力-应变曲线上表现为应力的降落，即软化现象。而如果塑性变形速率低于夹头运动速率，就会在应力-应变曲线上表现为应力增加，即硬化现象。

对于屈服现象及应变时效，可用位错增殖理论来解释。材料塑性应变速率 $d\varepsilon/dt$ 与可动位错密度 ρ_m、位错运动速率 v 及柏氏矢量的大小 b 的关系式为

$$\frac{d\varepsilon}{dt} = b\rho_m v \tag{10-12}$$

而位错运动速率 v 又决定于应力的大小，即

$$v = \left(\frac{\tau}{\tau_0}\right)^m \tag{10-13}$$

式中，τ 是沿滑移面的切应力；τ_0 是产生单位位错滑移速度所需的切应力；m 是位错运动速率应力敏感系数。

在试验过程中，夹头恒速运动时，应变速率 $d\varepsilon/dt$ 接近某一恒定值。在开始塑性变形前，可动位错密度 ρ_m 较低，只有提高应力 τ 使位错运动速率 v 增大才能维持某一 $d\varepsilon/dt$ 值，这就是上屈服强度高的原因。随着塑性变形的发展，会引起位错的增殖，或者由于位错脱钉，使得可动位错密度 ρ_m 迅速增大。这时若继续维持某一 $d\varepsilon/dt$ 值，所需的应力 τ 必然下降，于是出现了屈服降落现象，造成下屈服强度。位错运动速率应力敏感系数 m 越小，为使位错运动速率变化满足要求所需的应力变化就越大，屈服现象越明显。体心立方材料的 m 值一般小于 20，面心立方材料的 m 值则通常大于 100～200，因此前者屈服现象明显，后者屈服现象不明显。表 10-2 所列为几种常见材料的 m 值，Ge、Si、LiF 等材料 m 值较小，屈服现象明显；而 Cu、Ag 等材料 m 值较大，屈服现象不明显。

根据这一理论，要出现明显的屈服必须满足两个条件：材料中原始的可动位错密度 ρ_m 较小和位错运动速率应力敏感系数 m 较小。在上屈服强度，ρ_m 较小导致 τ 较大；在下屈服强度，ρ_m 较大故 τ 较小。

屈服平台的存在有利于屈服强度的精确测定，而且这对预防塑性变形是有助的。但它也会对材料的使用产生不利影响。具有屈服现象与应变时效的金属材料，在拉伸和深冲过程中，由于变形不均匀，会造成工件表面不平整。例如：在薄钢板冲压成形时，往往因局部变形不均匀，板面吕德斯带导致表面折皱，影响表面质量。为避免这种缺陷，可预先进行冷轧，使钢板先压下 1%～2% 变形量，然后尽快进行深冲，这样就不会出现物理屈服，避免了折皱。或者也可在合金中加入少量能够与溶质原子形成稳定化合物的元素，减少溶质原子的含量，从而减轻或消除屈服现象。例如：在低碳钢中加入 Al、V、Ti、Nb、B 等元素。另外，由于应变时效使得材料发生强化，但同时导致材料脆性增大，因此一般应予以避免。但若调整成分和工艺以避免塑性下降过多，应变时效也能用于提高低碳钢等材料的强度，这就是形变强化。

表 10-2　几种常见材料的 m 值

材料	Si（600~900℃）	Ge（420~700℃）	Cr	Mo	W	LiF	Fe-3%Si	Cu	Ag
m 值	1.4	1.4~1.7	~7	~8	5	14.5	35	~200	~300

10.4.4　屈服强度的影响因素

材料的屈服强度既受化学成分、晶格结构的影响，又受晶粒尺寸、晶界组织的影响，而且还与诸多外部因素如温度、应变速率和应力状态等有密切关系。所以材料的屈服强度是一个组织成分敏感的不稳定的力学性能指标。

材料一般是多晶体，不仅具有多晶粒，往往具有多相组织，因此讨论影响屈服强度的因素时必须注意以下三点：①塑性变形是位错增殖和运动的结果，凡影响位错增殖和运动的各种因素必然影响屈服强度；②实际材料的力学行为是由许多晶粒综合作用的结果，因此必须考虑晶界、相邻晶粒的约束；③各种外界因素通过影响位错运动而影响屈服强度。

1.成分结构的影响

材料的成分结构是影响其屈服强度的内在因素，这包括化学成分、原子本性、晶体结构、晶粒大小、组织分布以及各种材料缺陷。其中，点阵阻力是决定屈服强度的根本因素，而位错在运动过程中受到的各种阻力是影响屈服强度的关键因素。

点阵阻力与原子间结合键的性质密切相关，由于派尔斯（R. Peierls）和纳巴（F. R. N. Nabarro）在 20 世纪 40 年代后期首先估算了这一阻力，故又称其为派-纳（P-N）力，即

$$\tau_{p-n}=\frac{2G}{1-\nu}\exp\left[-\frac{2\pi a}{b(1-\nu)}\right]=\frac{2G}{1-\nu}\exp\left[-\frac{2\pi W}{b}\right]\tag{10-14}$$

式中，G 是剪切模量；ν 是泊松比；a 是滑移面的晶面间距，即垂直于滑移方向的原子间距，b 是柏氏矢量的模，即沿滑移方向的原子间距；W 是位错宽度，即 $W=a/(1-\nu)$。采用上式就可以简单推算单晶体中使位错运动所需的临界分切应力，从而确定理论屈服强度。对于简单立方晶体，存在 $a=b$，对金属材料，泊松比可取为 $\nu=0.3$，于是可求得 $\tau_{p-n}=3.6\times10^{-4}G$，显然这比理想晶体的理论屈服强度（$\tau\approx G/30$）小得多，与实际的屈服强度（$\tau\approx10^{-4}G$）在同一数量级。这就定量解释了实际材料的屈服强度远低于理想晶体理论屈服强度的原因在于实际材料的晶体中存在位错。

根据派-纳力的计算公式不难看出屈服强度与剪切模量有关，材料的剪切模量越大，屈服强度也越高，这都反映了原子价键的结合能力。陶瓷材料由于是共价键或离子键结合，具有很高的屈服强度，不过也表现出固有的脆性。高聚物以分子间的次级键结合，所以屈服强度很低。金属材料的金属键则表现出较高的屈服强度和较好的塑性变形能力。过渡族金属 Fe、Ni 等价键结合力强，也就具有较高的弹性模量，较大的屈服强度。

另外，根据派-纳力的计算公式可知，屈服强度还与晶体结构有关，因为不同晶体结构下滑移面间距以及可能的位错柏氏矢量大小是不同的。一般面心立方金属 Cu、Al 等和密排六方金属 Mg、Zn 等在滑移方向的原子间距 b 较小，所以其屈服强度也较低。而体心立方金属 α-Fe、Cr 等的 b 较大，也就具有较高的屈服强度。

晶体中的各种缺陷如点缺陷、晶界以及固溶元素和第二相质点等，对位错的运动也会产生阻力，这就使得屈服强度不同于弹性模量，表现为对组织结构非常敏感的力学性能指标，与材料中的各种缺陷分布密切相关。但也正是因为如此，才可以合理地利用这些因素给位错的运动设置障碍，从而提高材料抵抗塑性变形的能力。因此这也就成为强化材料的主要手段，如形变强化、晶界强化（细晶强化）、固溶强化、第二相强化（包括沉淀强化和弥散强化）等。

2. 温度的影响

一般来说，对于绝大多数材料，温度升高，屈服强度下降；反之温度降低，屈服强度增大，表现出低温脆性。图 10-33 所示为几种金属材料的屈服强度与温度的关系。

屈服强度受温度的影响通常有以下两方面的原因：一是随温度上升原子热振动增大，点阵间距增加，弹性模量下降，晶格对位错运动的阻力也下降；二是温度上升后，阻碍位错运动的因素可借热激活和原子扩散等过程得到克服。不同的晶体结构对温度的敏感性也不同。图 10-34 所示为三种常见晶格的临界分切应力与温度的关系。体心立方结构对温度最敏感，尤其是在低温区域。例如：Fe 由室温降到-196℃，屈服强度提高 4 倍。面心立方结构对温度不太敏感。例如：Ni 由室温降到-196℃，屈服强度仅提高 0.4 倍。密排六方结构介于两者之间。这是因为派-纳力在屈服强度中占有较大的比例，而派-纳力属于短程作用力，对温度十分敏感。在体心立方晶格中 τ_{p-n} 值要比面心立方高很多，因此体心立方结构的屈服强度表现出更敏感的温度效应。绝大多数结构钢以体心立方铁素体为基体，其屈服强度具有强烈的温度效应，这是结构钢产生低温脆性的原因之一。

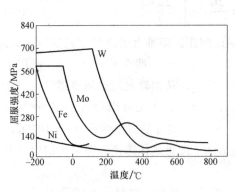

图 10-33　几种金属材料的
屈服强度与温度的关系

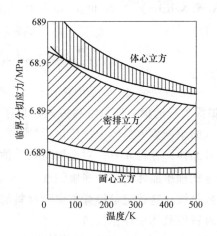

图 10-34　三种常见晶格的临
界分切应力与温度的关系

3. 加载速度（应变率）的影响

材料的屈服一般取决于位错运动，位错运动与原子扩散有关，因而必然受到加载速度的影响。通常，加载速度增大，扩散来不及充分进行，故引起屈服强度增大。增大加载速度相当于降低温度。

屈服强度随应变率的变化要比抗拉强度的变化明显得多，这种因应变率增加而产生的强度提高现象，称为应变率硬化效应。图 10-35 所示为应变率对低碳钢强度的影响。在低温条件下，屈服强度随着应变率增大的趋势更加明显，如图 10-36 所示。

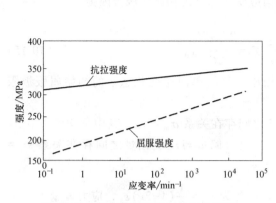

图 10-35　应变率对低碳钢强度的影响

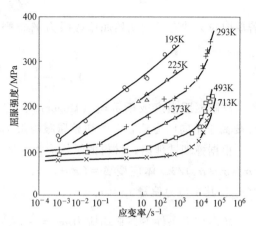

图 10-36　低温状态下低碳钢的
屈服强度随应变率变化的关系

4. 应力状态的影响

同一材料在不同加载方式下，屈服强度不同。因为只有切应力才会使材料发生塑性变形，而不同应力状态下，材料中某一点所受的切应力分量与正应力分量的比例不相同，切应力分量越大，越有利于塑性变形，屈服强度越低。所以，扭转屈服强度比拉伸屈服强度低，拉伸屈服强度又比弯曲屈服强度低，而三向不等拉伸下的屈服强度最高。但必须指出，不同应力状态下材料的屈服强度不同，并非是材料性质发生变化，只不过是材料在不同条件下表现出的力学行为不同而已。

在单向应力状态下，由于泊松效应，材料的应变不是一维的，这也称为无侧限拉伸或压缩，相应得到的屈服强度是材料在无侧限状态下的屈服强度。

而在单向应变情况下有 $\varepsilon_y = \varepsilon_z = 0$，因此存在侧限应力，即

$$\sigma_y = \sigma_z = \frac{\lambda}{\lambda + 2\mu} \sigma_x = \frac{\nu}{1-\nu} \sigma_x$$

这时轴向应力和应变关系为

$$\sigma_x = (\lambda + 2\mu) \varepsilon_x = E_L \varepsilon_x$$

式中，E_L 是侧限弹性模量，即约束模量 M，有

$$E_L = M = K + \frac{4G}{3} = \lambda + 2\mu = \frac{(1-\nu)E}{(1+\nu)(1-2\nu)}$$

材料的变形可表示为 $\varepsilon = \varepsilon_e + \varepsilon_p$，一般认为塑性变形对体积变化没有影响，即 $\varepsilon_{p1} + \varepsilon_{p2} + \varepsilon_{p3} = 0$，因此容变律完全是弹性性质的，始终服从胡克定律。而畸变律在弹性状态下服从胡克定律，在理想塑性状态下可用屈服条件表示。

在单向应变条件下，Mises 屈服准则和 Tresca 屈服准则具有相同的形式，即

$$\sigma_x - \sigma_y = \frac{1-2\nu}{1-\nu} \sigma_x = Y$$

式中，Y 是表征材料强度极限的参数，一般可取为单向应力状态下的屈服强度 σ_s。因此在单向应变条件下屈服时的轴向应力为

$$\sigma_x = \frac{1-\nu}{1-2\nu}Y$$

若单向应力状态下的初始屈服极限为 Y_0，则单向应变状态下的初始屈服极限为

$$Y_{\mathrm{H}} = \frac{1-\nu}{1-2\nu}Y_0 = \frac{\lambda+2\mu}{2\mu}Y_0 = \frac{K+\frac{4}{3}G}{2G}Y_0 \tag{10-15}$$

称为侧限屈服强度或雨贡纽（Hugoniot）弹性极限。显然单向应变状态下的初始屈服极限 Y_{H} 要高于单向应力状态下的初始屈服极限 Y_0。

根据弹塑性理论，材料的平均应力与体应变之间存在关系 $\sigma_{\mathrm{m}} = K\Delta$，其中平均应力 $\sigma_{\mathrm{m}} = (\sigma_x+\sigma_y+\sigma_z)/3$，体应变 $\Delta = (\varepsilon_x+\varepsilon_y+\varepsilon_z) = 3\varepsilon_{\mathrm{m}}$，应力偏量与应变偏量之间存在关系 $s_{xx} = 2Ge_{xx}$，其中应力偏量 $s_{xx} = \sigma_x - \sigma_{\mathrm{m}}$，应变偏量 $e_{xx} = \varepsilon_x - \varepsilon_{\mathrm{m}}$。

单向应力条件下，平均应力 $\sigma_{\mathrm{m}} = \frac{1}{3}\sigma_x$，平均应变为 $\varepsilon_{\mathrm{m}} = \frac{1}{3}(1-2\nu)\varepsilon_x$，应力偏量为 $s_{xx} = \sigma_x - \sigma_{\mathrm{m}} = \frac{2}{3}\sigma_x$，应变偏量为 $e_{xx} = \varepsilon_x - \varepsilon_{\mathrm{m}} = \frac{2}{3}(1+\nu)\varepsilon_x$，因此弹塑性应力和应变关系可写为

$$\begin{cases} \sigma_{\mathrm{m}} = \frac{1}{3}\sigma_x = K(1-2\nu)\varepsilon_x = \frac{1}{3}E\varepsilon_x \\ s_{xx} = \frac{2}{3}\sigma_x = \begin{cases} 2G\frac{2}{3}(1+\nu)\varepsilon_x = \frac{2}{3}E\varepsilon_x(\text{弹性}) \\ \frac{2}{3}Y_0 \qquad\qquad (\text{塑性}) \end{cases} \end{cases} \tag{10-16}$$

于是轴向应力 σ_x 及应力偏量 s_{xx} 可表示为

$$\sigma_x = \sigma_{\mathrm{m}} + s_{xx} = \begin{cases} E\varepsilon_x(\text{弹性}) \\ Y_0(\text{塑性}) \end{cases} \quad \text{及} \quad s_{xx} = \begin{cases} \frac{2}{3}E\varepsilon_x(\text{弹性}) \\ \frac{2}{3}Y_0(\text{塑性}) \end{cases}$$

$$\tag{10-17}$$

其应力-应变曲线如图 10-37 所示。

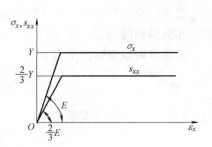

图 10-37　单向应力条件下的应力-应变曲线

单向应变条件下，平均应变 $\varepsilon_{\mathrm{m}} = \frac{1}{3}\varepsilon_x$，应变偏量为 $e_{xx} = \varepsilon_x - \varepsilon_{\mathrm{m}} = \frac{2}{3}\varepsilon_x$，平均应力为 $\sigma_{\mathrm{m}} = \frac{1}{3}(\sigma_x+2\sigma_y)$，

应力偏量为 $s_{xx} = \sigma_x - \sigma_{\mathrm{m}} = \frac{2}{3}(\sigma_x-\sigma_y)$，因此弹塑性应力和应变关系可写为

$$\begin{cases} \sigma_{\mathrm{m}} = \frac{1}{3}(\sigma_x+2\sigma_y) = K\varepsilon_x \\ s_{xx} = \frac{2}{3}(\sigma_x-\sigma_y) = \begin{cases} 2G\cdot\frac{2}{3}\varepsilon_x(\text{弹性}) \\ \frac{2}{3}Y_{\mathrm{H}}(\text{塑性}) \end{cases} \end{cases} \tag{10-18}$$

于是轴向应力 σ_x 及应力偏量 s_{xx} 可表示为

$$\sigma_x = \sigma_m + s_{xx} = \begin{cases} \left(K + \dfrac{4}{3}G\right)\varepsilon_x\,(\text{弹性}) \\ K\varepsilon_x + \dfrac{2}{3}Y_H\,(\text{塑性}) \end{cases} \quad \text{及} \quad s_{xx} = \begin{cases} \dfrac{4}{3}G\varepsilon_x\,(\text{弹性}) \\ \dfrac{2}{3}Y_H\,(\text{塑性}) \end{cases} \tag{10-19}$$

其应力-应变曲线如图 10-38 所示。可见在单向应变条件下，即便是理想塑性材料，屈服后随着塑性变形的增加，轴向流变应力也不断增大，不过应力偏量保持一定值。这时流变应力可以表示为两项之和，第一项与体积变化有关，表示为斜率为 K 的直线，这也正是静水压力作用下的 $p\text{-}\Delta$ 变化线（此时 $p = \sigma_m$，$\Delta = \varepsilon_x$），第二项则与塑性畸变有关，表示偏离静水压力作用线的

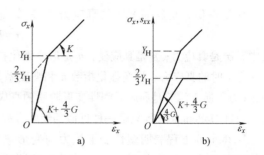

图 10-38　单向应变条件下的应力-应变曲线

距离。单向应变在一维应力波传播的研究中具有重要意义，Hugoniot 弹性极限是区分弹性波与塑性波的依据。

在其他复杂应力状态下，由单向拉伸试验测得的屈服强度 $\sigma_{0.2}$ 也是建立屈服判据的重要指标。包括屈雷斯加（Tresca）准则的 k_t 值、米塞斯（Mises）准则的 k_m 值、莫尔库仑（Mohr-Coulomb）准则的 C、Φ 值、双剪准则的 α 值等，都可以通过单向拉伸试验的屈服强度 $\sigma_{0.2}$ 来确定。

屈服判据是工程中避免材料发生塑性变形的强度设计依据。一般情况下，总是希望选择屈服强度高的材料。但需要注意的是，过高的屈服强度会增大材料的屈强比（屈服强度与抗拉强度的比值），不利于局部应力集中部位的应力松弛和重分布，极易引起脆性断裂，这是在材料选择中必须注意到的问题。因此在考虑材料的强化手段时，也需结合材料的具体应力状态进行综合分析。

10.5　形变强化

绝大多数材料在经过屈服阶段后，就又会恢复抵抗变形的能力，表现出应力随应变增大而上升应变强化的特点。试验表明，在经历少量塑性变形后的第二次加载过程中，弹性模量仍保持不变，但弹性极限及屈服极限有升高现象，其升高程度与塑性变形的历史有关，取决于之前塑性变形的程度。这种现象也称为材料的形变强化或加工硬化，衡量材料形变强化效果的指标是形变强化指数 n 和形变强化容量 ε_b。形变强化在工程实践中有着重要意义，是一种重要的强化措施，但它会降低材料的塑性和韧性，使得材料脆断危险性提高。

10.5.1　Hollomon 方程和形变强化指数

材料在塑性变形时的真应力-真应变曲线也称为流变曲线。绝大多数材料在屈服后，要使塑性变形继续进行，必须不断增大应力，在真应力-真应变曲线上表现为应力不断上升。这种现象也称为形变强化或应变硬化。在低应变率下，材料的塑性变形可采用与应变率无关

的本构方程，流变应力 σ_h 一般遵循下列指数关系，即

$$\sigma_n = \sigma_0 + k\varepsilon_p^n \tag{10-20}$$

式中，σ_0 是初始屈服强度，反映了材料发生塑性变形的初始抗力；ε_p 是塑性应变；指数 $n<1$，反映了材料的形变强化程度；k 是强化项的系数。可见屈服之后，流变应力随塑性应变的增大而增加，这就反映了材料的形变强化特点。

作为近似，材料屈服后的真应力-真应变曲线可用 Hollomon 方程来表示，即

$$\sigma = K\varepsilon^n \tag{10-21}$$

式中，σ 是真应力；ε 是真应变；n 是形变强化指数，其值为 $0 \leqslant n \leqslant 1$；$K$ 是强度系数，等于真应变为 1 时的真应力。形变强化指数 n 和强度系数 K 均为表征形变强化的参量。严格来讲，Hollomon 方程所表示的是屈服后塑性变形阶段的真应力-真应变曲线，在弹性阶段仍应以胡克定律表示。而且 Hollomon 方程只是一种近似的经验方程，更严谨的塑性本构关系见塑性力学。

Hollomon 方程表明塑性变形抗力与变形量的 n 次幂成正比。当 $n=0$ 时，$\sigma=K$ 为常数，材料的塑性变形抗力与应变无关，说明材料没有形变强化能力，可以在外力不增大的情况下持续塑性变形，因此表现为理想塑性体。当 $n=1$ 时，$\sigma=K\varepsilon$，这与胡克定律的形式一致，说明材料为理想弹性体。大多数金属材料的形变强化指数 n 值在 $0.05 \sim 0.5$ 之间，见表 1-2。形变强化指数 n 越大，形变强化效果越明显。

由试验可知，形变强化指数 n 与材料的屈服强度 σ_s 大致成反比关系。因此，金属材料的形变强化指数 n 一般随金属强度等级降低而增加，通常退火态金属的 n 值比较大。在某些合金中，n 随溶质原子含量的增加而下降。另外，材料晶粒变粗时，n 值提高。

形变强化指数 n 反映了材料屈服后继续变形时的形变强化情况，它决定了开始发生缩颈时的最大应力。另外根据缩颈判据式（1-16），$\varepsilon_b = n$，即 n 决定了材料能够产生的最大均匀应变量，这一数值在冷加工成形工艺（如拉拔、挤压等）中是很重要的。形变强化指数 n 大的材料，冲压性能好，因为其形变强化效应好，变形均匀，不易产生裂纹。

10.5.2 形变强化容量和屈强比

材料的形变强化是靠牺牲其塑性及韧性及得以实现的。随着预先塑性变形量的增大，材料的弹性极限和屈服极限提高，但同时其塑性及韧性却有所下降。因此形变强化能力是有一定限度的，这可通过形变强化容量以及屈强比来衡量。

1. 形变强化容量

对于有拉伸缩颈现象的材料，当被拉伸到出现缩颈之前，材料在整个长度上的塑性变形是均匀的；产生缩颈后，塑性变形主要集中在缩颈区附近。因此，表示材料最大塑性的力学性能指标应包括均匀变形（均匀伸长率 A_b 或均匀断面收缩率 Z_b）和集中变形（A_n 或 Z_n）两部分。大多数形成缩颈的塑性材料，均匀变形量比集中变形量要小很多，一般不超过集中变形量的 50%。许多钢材的均匀塑性变形量只占集中变形量的 5% ~ 10%，铝和硬铝占18% ~ 20%，黄铜占 35% ~ 45%。

均匀伸长率或均匀断面收缩率的大小表征材料产生最大均匀塑性变形的能力。材料的形变强化是产生均匀塑性变形的先决条件。哪里有变形，哪里就强化，因而难于再继续变形，变形便转移到别处去，如此反复交替进行，就达到了均匀变形的效果。当变形达到 ε_b 后，由于形变强化跟不上变形的发展，于是从均匀变形转为集中变形，导致形成缩颈。因此，ε_b

除了代表材料的均匀变形能力的大小外，还包含着材料利用形变获得强化的可能性大小，所以称为形变强化容量。ε_b 越大，表示这种材料通过形变获得强化的可能性大；如果 ε_b 非常小（$\varepsilon_b \approx 0$），则这种材料不会发生均匀塑性变形，就没有形变强化现象。奥氏体钢，特别是形变时伴有物理-化学性能变化的含锰奥氏体钢、奥氏体铬镍钢以及黄铜、青铜等，它们的 ε_b 值较大，可达 50%~60%，因而这些材料的形变强化现象特别显著。

试验表明，均匀变形的 ε_b 或 Z_b 主要取决于材料中基体相的状态，反映基体相的强化程度，对第二相的存在不敏感，也不受晶粒度的影响。而集中变形的 ε_n 或 Z_n 则不同，它不仅取决于基体相的总塑性，并受第二相的影响，对结构组织非常敏感。

如前所述，采用真应变表示最大均匀应变 ε_b 时，ε_b 在数值上等于形变强化指数 n，因此形变强化指数 n 越大，形变强化容量也越大。所以形变强化指数 n 是衡量材料形变强化能力的重要指标。

2. 屈强比

材料屈服强度与抗拉强度的比值 $\varepsilon_s/\varepsilon_t$ 称为屈强比。屈强比的大小反映了材料均匀塑性变形的能力和形变强化性能，对材料冷成形加工具有重要意义。屈强比小，即屈服强度远低于低抗拉强度，表明材料均匀塑性变形量大，塑性好，材料容易冷成形。屈强比大，即屈服强度高接近抗拉强度，材料抗均匀塑性变形能力强，均匀塑性变形量小，塑性低。使用这样的材料加工的机件受载后易在应力集中部位产生低应力脆性断裂。在建筑工程领域，为了减轻地震地质灾害，我国规定热轧钢筋及高强度建筑用钢的屈强比要小于 0.8，使钢结构在地震时能吸收较多地震能，避免建筑物严重损毁。大跨度结构用钢板也要求在保证抗拉强度和屈服强度足够的前提下，钢板应具有较低的屈强比，以提高建筑结构的抗地震性能。石油天然气输送管道用的宽厚钢板要求具有高强度和良好的韧性。但随着材料屈服强度的提高，尽管材料的抗拉强度也会增大，可是屈服强度与抗拉强度之比一般会增大，材料的脆性加剧。所以有关标准中规定这种钢的屈强比 σ_s/σ_t 最大在 0.90~0.95 之间。弹簧在弹性极限以下工作，应具有尽可能高的弹性极限和屈强比，其屈强比高达 0.80~0.92，但若遇偶然过载，极易发生脆性断裂失效，所以也要注意提高弹簧钢的韧性。

屈强比对材料形变强化能力的影响，表现为形变强化指数 n 值随屈强比发生变化。一般屈强比大，则 n 值小；反之，屈强比小，则 n 值大。形变强化指数 n 与屈强比的关系可表示为

$$n = 1 - \sqrt{\sigma_s/\sigma_t} \qquad (10\text{-}22)$$

屈强比不是材料独立的力学性能指标，但由于它的重要实际意义，在某些工程领域，屈强比也是选材的一项关键性能指标。

10.5.3　影响形变强化的因素

形变强化的本质是由于位错增殖、运动受阻而引起的。研究表明，形变强化指数 n 与材料的层错能有关。当材料的层错能较低时，位错不易发生交滑移。这是因为扩展位错交滑移前必须使两个偏位错合并（束集）成一个全位错才可滑移，而合并的难易取决于位错的宽度，层错能低的材料由于位错扩展得比较宽，难以合并为一个全位错，故不易交滑移。因此在层错能较低的材料中，位错在障碍附近产生的应力集中要高于层错能高的材料。所以，层错能低的材料形变强化程度大，n 值也大。一般面心立方晶体中层错能比体心立方晶体低，

所以面心立方晶体的形变强化趋势相对要比体心立方晶体大一些。表 10-3 列出了部分金属材料的层错能和形变强化指数 n 值,可见 n 值随层错能的降低而增加,而且滑移特征由波纹状变为平面状,说明交滑移受到了抑制。

表 10-3 部分金属的层错能和形变强化指数 n 值

金属材料	晶体结构	层错能/MJ·m^{-2}	形变强化指数 n	滑移特征
奥氏体不锈钢	面心立方	<10	≈0.45	平面状
铜	面心立方	≈90	≈0.40	平面状/波纹状
铝	面心立方	≈250	≈0.25	波纹状
室温铁(α-Fe)	体心立方	≈259	≈0.2	波纹状

晶粒细化除了提高屈服强度之外,也能提高形变强化的程度。形变强化的本质是由于位错增殖、位错塞积导致位错运动受阻的结果。晶粒细化后,位错塞积群的长度变小了、塞积位错的数目少了、因此应力集中程度比较小,变形分配到更多晶粒中,更容易发生均匀变形。这就避免了局部塑性变形的集中,提高了形变强化容量。

固溶体合金不仅屈服强度高于纯金属,而且其形变强化效果也高于纯金属。这是因为溶质元素的畸变场会影响位错运动状态,而且会降低层错能,阻止交滑移,这些都有助于提高形变强化效果。

形变强化程度随温度升高总是降低的,因为温度升高后有助于受阻位错通过热扩散继续运动,这就削弱了形变强化的效果。

10.5.4 形变强化的工程意义

形变强化在工程中有着重要意义,是材料的一种重要力学性能特点。

1) 形变强化是一些材料加工工艺的基础。形变强化与塑性变形相配合,保证了材料在截面上的均匀变形,避免了因局部变形导致的断裂,得到均匀一致的冷变形制品,这就保证了某些冷成形工艺(如冷拔、深冲等)的顺利进行。

2) 形变强化性能使材料在服役中具有适当的抗偶然过载的能力,保证了构件的安全工作。材料在实际工作过程中,难免会遇到偶然过载或局部应力超过屈服强度的情况。此时若材料不具备形变强化能力,过载将引起塑性变形发展进而断裂。但若材料具有形变强化性能,可以阻止塑性变形的继续发展。因此形变强化是材料具有的一种安全因素,而形变强化指数就是衡量这种安全性的定量指标。

3) 形变强化是提高金属材料强度,特别是弹性极限、屈服强度的一种重要工艺手段。生产上形变强化和合金化及热处理处于同等重要地位。特别是对于一些无相变的材料,不能用热处理方法强化,如某些铝、铜合金,采用形变强化方法提高其强度显得尤为重要。例如:18-8 型不锈钢,变形前 $\sigma_{0.2}=196$MPa,经 40%冷轧后,$\sigma_{0.2}=780\sim980$MPa,屈服强度提高4~5 倍。生产上常用喷丸和滚压对工件进行表面形变强化,是提高工件材料疲劳抗力的有力措施。

4) 形变强化可以降低低碳钢的塑性,改善其切削加工性能。

不过形变强化现象也存在不利之处:当连续变形加工时,由于形变强化使材料变形阻力提高,动力消耗增大,而且塑性大为降低,以致丧失继续变形的能力。为了消除形变强化,使材料重新恢复变形的能力,必须对其进行退火处理。另外,由于形变强化降低了材料的塑性和韧性,使得材料脆断危险性提高。

第 11 章
断裂和损伤

在外力作用下，一块材料分裂为两块或两块以上的现象称为断裂。断裂是最具破坏力的一种材料失效形式。断裂是材料的一种十分复杂的行为，在不同的力学、物理和化学环境下，会有不同的断裂形式。研究材料完全断裂的宏观和微观特征，阐明断裂机理，揭示影响材料断裂的内外因素，对于科学合理地进行零部件安全设计和选材以及材料失效破坏分析，都具有重要意义。根据材料断裂的不同特征与机制，可以将断裂分为韧性断裂和脆性断裂两大类。不过需要指出的是，材料的断裂形式并非固定不变，在一定的条件下脆性与韧性有可能发生转变。

从断裂的微观机制来看，可以根据原子间的结合力推导给出材料的理论断裂强度。但是，材料的实际断裂强度往往远低于其理论断裂强度，这正是由于实际材料中不可避免地存在各种裂纹和类裂纹等初始缺陷。这些裂纹可能是在材料加工制备过程中形成的原始裂纹，也可能是在材料服役过程中由于受力变形而产生的。近代断裂力学的研究揭示了断裂的实质就在于这些裂纹的扩展。断裂力学就是以材料中存在宏观裂纹为前提，研究含裂纹构件（简称为裂纹体）的断裂问题，具体包括裂纹的起裂条件、扩展过程以及扩展到什么程度就会导致材料断裂。它提出了裂纹体断裂判据和材料力学性能新指标——断裂韧度（Fracture Toughness），具有重大科学意义和工程价值。据此建立了材料力学性能、裂纹尺寸和工作应力之间的关系，形成了结构设计的新思路和规范，也为材料强韧化研究提出了新思路。

断裂力学基于裂纹扩展揭示了断裂的实质，但并未指明裂纹是如何产生的。实际上，材料的变形破坏过程既非均匀又非连续，是一个损伤演化的过程。20 世纪 70 年代末开始兴起的损伤力学提供了损伤分析的力学手段，为工程材料的寿命预测、增强增韧开辟了新的思路。

11.1 断裂的基本特点

在工程应用中，通常根据断裂前是否发生宏观塑性变形，把断裂分为脆性断裂（Brittle Fracture）和韧性断裂（Ductile Fracture）。脆性断裂是指断裂前没有明显的塑性变形，断裂突然发生，无明显的征兆。韧性断裂是指断裂前有明显的塑性变形，断裂发展较慢。一般规定光滑拉伸试样的断面收缩率小于 5% 时为脆性断裂；大于 5% 时为韧性断裂。通常，脆性断裂断口平整，而韧性断裂断口粗糙。

此外，还可根据断裂面取向分为正断和切断。正断是由正应力引起的，断裂面与最大主应力方向垂直；切断是由切应力引起的，断裂面与最大切应力方向一致。

从微观本质上来看，断裂是由于原子间的结合力被破坏而引起的相互分离的现象。在切应力或正应力作用下材料的断裂机制是有所不同的。在切应力作用下，当材料没有屈服时只发生弹性变形。随着应力和应变的增大，材料开始屈服，发生弹塑性变形。塑性变形的实质是原子（位错）沿滑移面的滑动，如图 11-1 所示。这时若卸载则塑性变形会被保留下来，材料的形状尺寸发生变化。若继续加载则最终将导致滑移面两侧的原子完全错开，彼此分离而断裂。显然在切应力下材料一般会经历塑性变形后才发生断裂，表现出韧性断裂的特点。但在正应力作用下，当材料的弹性变形增大到一定程度后，就有可能会沿解理面彼此分离，发生正断，如图 11-2 所示，这时通常表现为脆性断裂。若材料的塑性比较好，则在正应力作用下也会沿合适的分切应力作用面发生滑移，表现出弹塑性变形的特点，如图 11-2 所示。这时材料的变形与断裂与前述切应力作用效果是一致的，材料内部原子将沿滑移面滑动，直至最终完全错开而断裂，表现出韧性断裂的特点。

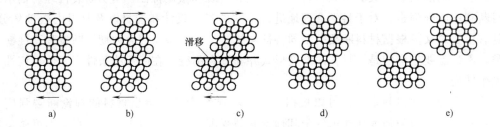

图 11-1 切应力作用下材料变形及断裂时的原子移动情况

a）变形前 b）弹性变形 c）弹塑性变形 d）残余塑性变形 e）切断（韧性断裂）

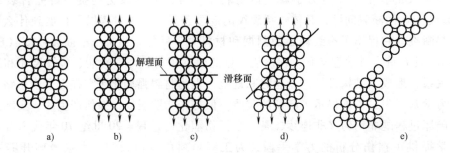

图 11-2 正应力作用下材料变形及断裂时的原子移动情况

a）变形前 b）弹性变形 c）正断（脆性断裂） d）弹塑性变形 e）切断（韧性断裂）

从宏观上来看，材料的正断和切断也是材料断裂的重要特征。例如：在单向拉伸时，金属材料的断裂特征可分为四种情况，如图 11-3 所示。其中图 11-3a 所示为单晶体与多晶体的脆性正断，图 11-3b 所示为塑性单晶体的脆性切断，图 11-3c 所示为单晶体的完全塑性切断，图 11-3d 所示为多晶体的一般韧性切断。这里面需要注意的是图 11-3b 所示的情况，这一情况只有当塑性剪切滑移很小时就能导致材料完全沿滑移面分离才会出现，或者是在端部不受约束的拉伸下出现，也有观点认为这时本质上是沿并非最大正应力作用面的特定截面的正断。

材料断裂的过程一般包括裂纹的形成和扩展两个阶段。关于裂纹的形成，大量的试验观察表明，显微裂纹总是在材料的缺陷部位或局部应力集中区域出现。裂纹形成后，在外力作用下将进一步扩展，直至最终断裂。就裂纹扩展路线而言，可分为穿晶断裂（Transgranular Fracture）与沿晶断裂（Intergranular Fracture），如图 11-4 所示。穿晶断裂的特点是裂纹穿过晶粒内部，而沿晶断裂的特点是裂纹沿晶界扩展。有时材料的断裂既包含穿晶断裂，也包含沿晶断裂。穿晶断裂既可能是脆性断裂也可能是韧性断裂，而沿晶断裂一般为脆性断裂。另外需要说明的是，这里的晶粒不一定局限于狭义的晶体颗粒，而是广义泛指一切材料内部特征组元，如各种尺度的组织相、复合材料的组元相等。穿晶断裂和沿晶断裂的区分所关注的是包含晶界、相界等在内的各种内部界面对裂纹的影响，所以这里的"晶"在不同尺度上可以由不同的含义。例如：金属中有时裂纹会沿相界面扩展，而有时会穿过组织相；岩石中的裂纹有时沿矿物颗粒表面扩展，有时则会穿过矿物颗粒内部。

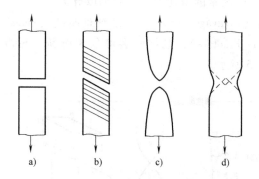

图 11-3　单向拉伸时的正断与切断
a）脆性正断　b）脆性切断　c）完全
塑性切断　d）一般韧性切断

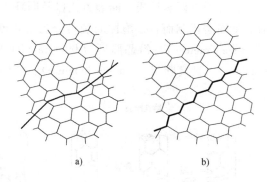

图 11-4　穿晶断裂和沿晶断裂
a）穿晶断裂　b）沿晶断裂

　　材料的断裂与材料的受力状态和周围环境介质有很大关系。例如：在静载下有拉伸断裂、扭转断裂和剪切断裂等，在动载下有冲击断裂和疲劳断裂等，其中疲劳断口的研究尤为重要；再如低温冷脆断裂、高温蠕变断裂、氢脆断裂等。所以有时也需要针对特定的受力状态和环境介质来研究断裂的机制。

　　材料断裂后形成的一对相互匹配的断裂表面称为断口，断口位置一般是材料中性能最薄弱或应力最大的部位，断口的形貌、轮廓线和粗糙度等特征记录了有关断裂过程中的许多资料，通过断口分析可以了解材料断裂破坏的力学特点及机理，如查明断裂原因、推断断裂过程、确定断裂性质及断裂机理等，进而可为改善设计、防止失效等提供依据。因此，在充分了解材料断裂前承载历史的基础上，对断口形貌特征进行充分观察分析，是了解断裂原因和断裂机理的主要方法。这不仅是材料力学性能研究的一个重要方面，也是材料失效分析的重要手段。随着断裂学科的发展，断口分析（Fractography）同断裂力学（Fracture Mechanics）等所研究的问题更加密切相关，往往相互渗透、相互配合。

　　断口分析时一般将断口分为宏观断口和微观断口。宏观断口反映了断口的全貌，而微观断口则揭示了断口的本质，两者各有特点，相互补充。宏观断口分析是一种非常简便而又实用的分析方法，主要通过肉眼、放大镜或低倍显微镜观察，大体可判断出断裂类型（韧断或脆断、正断或切断等），粗略找出裂纹源位置和裂纹扩展路径，初步分析出破坏原因。微观断口分析可进一步深入分析断口的显微特征，这需要借助扫描电镜、透射电镜来进行观测，其至可以用原子力显微镜显示断裂表面的原子级图像。应用电子显微镜对断裂进行描述和解释，称为电子断口分析。分析表明，尽管在断口处可以找到裂纹源区和相应裂纹萌生的一些信息，但断口上更多地（或主要）记录着仍是裂纹扩展的各种信息。

将加载装置与光学显微镜或电子显微镜等各种分辨率的观测装置整合起来，就可以对材料表面（或材料薄膜）的裂纹萌生、扩展过程进行直接观察或连续观察。通过将加载装置和CT、核磁共振等系统整合起来，就可以进一步对材料内部组织结构随应力状态的变化进行观测记录。这种先进的原位加载实时观测试验系统已成为联系材料学研究和力学研究的重要手段，对于揭示材料变形破坏的内在机理具有重要意义。

为了阐明断裂的全过程（包括裂纹的形成和扩展），已提出多种微观断裂模型，以探讨其物理实质，这称为断裂机制或断裂机理。各种断裂机制的提出主要是以断口的微观形态为基础，并根据断裂性质、断裂方式以及同环境和时间因素的密切相关性而加以分类。一般来看，就断裂机制而言，脆性断裂可分为解理断裂（Cleavage Fracture）、准解理断裂（Quasi-Cleavage Fracture）、沿晶脆断（Intergranular Brittle Fracture），韧性断裂可分为滑断（Slide Fracture）、韧窝断裂（Dimple Fracture），如图11-5所示。

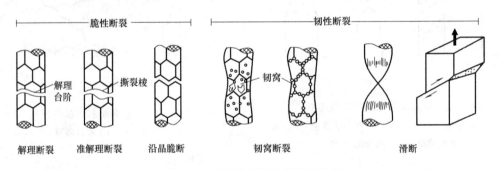

图 11-5　几种主要的材料断裂机制

11.2　脆性断裂

脆性断裂从宏观上看没有明显征兆，断裂突然发生，而且脆性断裂往往在低应力下发生。因此这种断裂形式更具破坏性和危害性。脆性断裂的微观机制一般认为有解理断裂、准解理断裂和沿晶脆断。

11.2.1　解理断裂

解理断裂是在正应力作用下产生的一种穿晶断裂，即沿一定结晶面分离的断裂，这种结晶面称为解理面。解理面通常是原子密排面，因为密排面的面间距最大，原子间结合键最弱。解理断裂一般在体心立方和密排六方晶体中发生，面心立方晶体由于有较多的滑移系，通常在解理之前就已产生显著塑性变形，所以一般不会发生解理断裂。

对于理想的单晶体，若解理断裂是完全沿单一晶面的分离，则解理断口为垂直于正应力方向的一个平坦完整的晶面。但实际上，解理是沿着晶面指数相同的一族相互平行但位于"不同高度"的晶面进行，而且由于晶体中不可避免地存在有位错等缺陷，因此在解理面之间形成台阶，众多台阶的汇合便形成河流状花样。

解理台阶是沿两个高度不同的平行解理面上扩展的解理裂纹相交时形成的，主要有以下两种方式：①解理裂纹与螺型位错交割而形成台阶（图 11-6）；②两个互相平行的解理面间距较小时可通过次生解理相互连接而形成台阶，但若解理裂纹的上下两个面间距较大时，两解理裂纹之间的材料会产生较大的塑性变形，结果由于塑性撕裂也可形成台阶（图 11-7）。

在解理台阶扩展的过程中，同号台阶相遇便加强，异号台阶相遇便削弱，从而形成河流状花样，如图 11-8 所示。河流的流向与裂纹扩展方向一致，因而从河流状花样的走向可以判断裂纹扩展的方向。河流的上游（即支流的发源处）就是裂纹的发源地，而河流的下游就是裂纹扩展的方向。河流状花样是解理断口在电子显微镜下的典型特征。图 11-9 所示为低温 Sn-Ti 合金发生穿晶解理脆断的 SEM 照片。

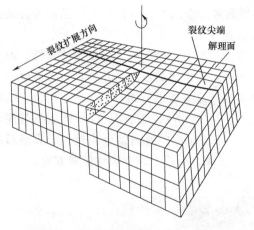

图 11-6　解理裂纹与螺型位错交割

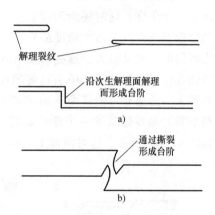

图 11-7　解理裂纹相互连接

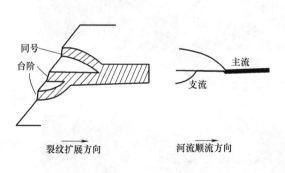

图 11-8　河流状花样裂纹形成示意图

图 11-9　低温 Sn-Ti 合金发生穿
晶解理脆断的 SEM 照片

对于实际多晶体，河流状花样在扩展过程中遇到小角度倾斜晶界、扭转晶界和普通大角度晶界时，河流形态将发生改变。当解理裂纹穿过小角度倾斜晶界时，将引起河流方向的偏转，基本上只改变走向而不改变花样，如图 11-10 所示。因为小角度倾斜晶界一般是由刃型位错组成的，晶界两侧晶体取向差小，两侧晶粒的解理面也只是倾斜一个小角度，所以在裂纹穿过时，河流状花样可以顺延到下一个晶粒。

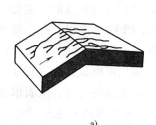
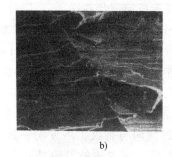
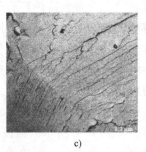

a)　　　　　　　b)　　　　　　　c)

图 11-10　解理裂纹穿过小角度倾斜晶界

　　而当解理裂纹穿过扭转晶界时，由于两侧解理面方向不同以及晶界处往往有大量位错，这使得裂纹不能简单穿过晶界，而需重新形核，再沿若干新的解理面扩展，从而引起解理台阶的增多和河流数激增，如图 11-11 所示。扭转界面多为孪晶界，两侧晶体以晶界为公共界面旋转了一个角度，这时还会形成后面所说的舌状花样。

　　当解理裂纹穿过普通大角度晶界时，由于晶界结构复杂，两晶粒之间缺乏连续性，而且晶粒之间的取向差又很大，这些都使解理裂纹无法通过。这时裂纹需要重新形核才能继续扩展，因此有可能在新的晶粒中引起解理台阶的增多和河流数激增，而且晶界两侧河流台阶的高度差很大，这也有可能使原来的河流消失，如图 11-12a 所示。此外，也有可能只是在新的晶粒中靠近晶界处激发一个新的解理裂纹，并以扇形方式扩展到整个晶粒，形成扇形花样，如图 11-12b 所示。这时河流上游即扇柄处是裂纹源，扇面下游即裂纹扩展方向。

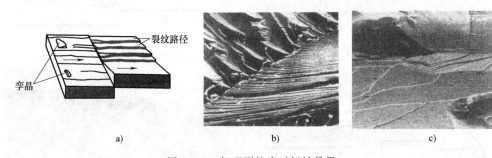

a)　　　　　　　b)　　　　　　　c)

图 11-11　解理裂纹穿过扭转晶界

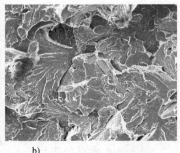

a)　　　　　　　　　　b)

图 11-12　解理裂纹穿过普通大角度晶界

a）河流消失　b）扇形花样

　　解理断口的另一典型特征是舌状花样，如图 11-13 所示。当解理裂纹以很高速度向前扩展时，在裂纹尖端可能形成孪晶，解理裂纹穿过孪晶界时则会留下舌状凸台或凹坑，这是解理裂纹沿着孪晶面产生二次解理及局部塑性变形撕裂的结果。舌状花样是成对出现的，在断口的一个断面上是凸出的，那么在另一断面上是凹入的。而且舌头表面一般很光滑。体心立方晶体在低温和快速加载时，以及密排六方晶体中，由于孪生是主要形变方式，断口上经常可见到舌状花样。在体心立方金属材料中（如碳钢、不锈钢）有时还可看到形状类似鱼脊骨状花样，如图 11-14 所示。中间脊线是 {100} [100] 解理造成的，两侧是 {100} [100] 和 {112} [110] 解理所引起的花样。另外还有解理羽毛，如图 11-15 所示。

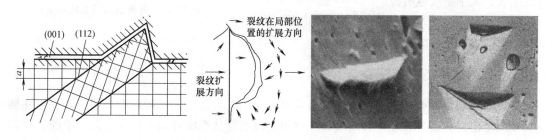

图 11-13　解理断口舌状花样

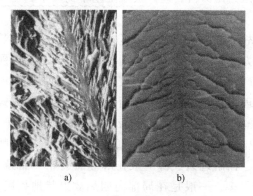

图 11-14　解理断口鱼脊骨状花样

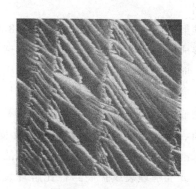

图 11-15　解理羽毛

　　在非常脆的金属或金属间化合物的断口上，会产生一种称为瓦纳（Wallner）线的花样，如图 11-16 所示。在这些材料中，不产生塑性变形，而是在弹性范围断裂，开裂方式与晶体结构无关。瓦纳线是裂纹前沿线与以缺陷为中心的球形冲击波交互作用形成的图像。图 11-16 中 A 表示裂纹源，O 处为缺陷。当裂纹前沿线与 O 处缺陷发生的冲击波相遇时，其交点轨迹就是瓦纳线花样。

　　从宏观上看，解理断裂前几乎没有塑性变形，断口边缘没有或很少有剪切唇。断口表

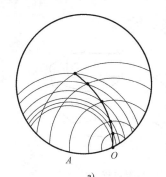

a)

b)

图 11-16　解理断口瓦纳线花样

面一般垂直于最大正应力方向。解理断口宏观形貌特征是结晶状小刻面、放射状或人字条纹。解理断口上的结晶面宏观上无规则取向，在光线照射下转动断口时呈现许多闪闪发光的小刻面，如图11-17所示。解理断口另一宏观特征是具有放射状或人字条纹。放射条纹的收敛处和人字条纹的尖端为裂纹源。人字条纹形态反映了材料性质与加载速度。材料性能相同时，加载速度越大人字条纹越明显；加载速度相同时，材料脆性越大，人字条纹越明显。

图 11-17　解理断口结晶状小刻面

　　解理断裂宏观上表现为脆性断裂，但是，在一些韧性断裂的局部也可能发生解理断裂。

11.2.2　准解理断裂

　　准解理断裂是淬火加低温回火的高强度马氏体钢较为常见的一种断裂形式，常发生在韧脆转变温度附近。最初发现这种断裂特征时因为没有能从准解理面上辨出结晶学平面，但其断裂特征与解理断裂相似，故被命名为"准解理"断裂。按断裂形态，准解理断裂介于解理断裂和韧窝断裂之间，其韧性比解理断裂好，但比韧窝断裂差，宏观上基本仍属于脆性断裂范围。

　　准解理断裂的断裂过程如图11-18所示。首先许多准解理裂纹在不同部位形核，然后长大扩展成许多小准解理面，最后准解理面以塑性方式撕裂贯通。准解理裂纹常起源于晶内硬质点，向四周放射状地扩展。正是马氏体钢回火产物中细小的碳化物质点对准解理裂纹的产生和扩展产生重要影响。最初和随后长大的准解理小裂纹即为准解理面，而最终的塑性方式撕裂则成为撕裂棱（或韧窝、韧窝带）。因此准解理断裂的断口表现为由平坦的"类解理"小平面、微孔及撕裂棱组成的混合断裂。与解理断裂相比，准解理断裂表现出以下不同特征：①准解理裂纹源常在准解理平面的内部形成，而解理裂纹源一般在解理面边界（晶界）形成；②准解理裂纹扩展路径比解理裂纹不连续得多，一般是在局部向四周放射状地扩展，而解理裂纹一般是自一侧向另一侧扩展，表现出一定的河流流向；③准解理包含更多的撕裂，二次裂纹也较多；④准解理小平面位相并不与解理面严格对应，准解理断裂时，其准解理面除（001）面外，还有（110）、（112）等晶面。表11-1中列出了准解理断裂和解理断裂的主要区别。

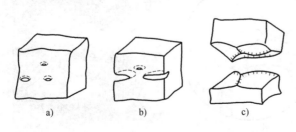

图 11-18　准解理断裂的断裂过程
a）裂纹形成　b）裂纹长大　c）撕裂连接成撕裂棱

图 11-19　准解理断口宏观形貌

准解理断口宏观形貌比较平整，具有细小的放射状条纹或呈瓷状，如图 11-19 所示。它的微观形貌特征表现为由撕裂棱连接的准解理面，如图 11-20 所示。准解理面上也有河流状花样，但河流短而弯曲，支流少，不连续。而且由于塑性撕裂的影响，准解理面一般不是平面，呈凹盆状，周围有较多的撕裂棱。所以在准解理断口上一般可以看到大量高密度短而弯曲的撕裂棱，以及点状裂纹源由准解理断面中部向四周放射的河流状花样。准解理断口上局部区域也会出现韧窝，尤其是在撕裂棱附近。因此准解理断裂是解理断裂与韧窝断裂的混合型断裂。

准解理断裂的主要机制仍是解理，其宏观表现是脆性的，所以一般将其归为脆性断裂。

表 11-1 准解理断裂和解理断裂的主要区别

	准解理断裂	解理断裂
裂纹形核位置	晶内、夹杂、空洞、硬质点	晶界或其他界面
裂纹扩展面	不连续、局部放射扩展，碳化物及质点影响路径非标准解理面	自一侧向另一侧扩展标准解理面连接
扩展面连接方式	撕裂棱、韧窝、韧窝带	次解理面解理、撕裂棱
断口特征形态尺寸	较大凹盆状准解理面	狭长的河流状解理平面

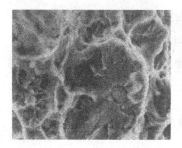 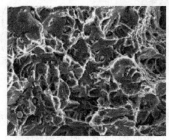 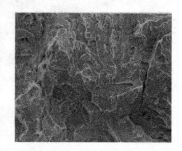

图 11-20 准解理断口微观形貌

11.2.3 沿晶脆断

在多晶体变形中，晶界起协调相邻晶粒变形的作用。但当晶界受到损伤，其变形能力被削弱，不足以协调相邻晶粒的变形时，便形成晶界开裂。裂纹扩展时，总是沿阻力最小的路径发展，因此就形成了沿晶断裂。因此沿晶断裂的过程包括晶界处裂纹的形成与裂纹沿晶界的扩展。多数情况下沿晶断裂属于脆性断裂，但也可能出现韧性断裂，如高温蠕变断裂。

沿晶脆断的断口宏观形貌一般有两类：①晶粒特别粗大时形成石块或冰糖状断口；②晶粒较细时形成结晶状断口，如图 11-21 所示。沿晶脆断的结晶状断口比解理断裂的结晶状断口反光能力稍差，颜色黯淡。从微观形貌上看，沿晶脆断反映了晶界的外形，如图 11-22 所示。

沿晶断裂是晶界上的一薄层连续或不连续的脆性第二相、夹杂物，破坏了晶界的连续性所造成的，也可能是杂质元素向晶界偏聚引起的。应力腐蚀、氢脆、回火脆性、淬火裂纹、磨削裂纹都会导致沿晶断裂。有时沿晶断裂和穿晶断裂可以混合发生。

a)　　　　　　　　　　　　　b)

图 11-21　沿晶脆断的断口宏观形貌　　　　　　图 11-22　沿晶脆断的断口微观形貌

a）冰糖状断口　b）结晶状断口

　　通常沿晶断裂总是脆性的。由于晶粒是多面体，因此沿晶脆断断口的主要特征是有晶界刻面的冰糖状形貌，如图 11-23a 所示。然而，某些材料的沿晶断裂在有些情况下会显示出较大的延性，断口上除呈现沿晶断裂特征外，还有大量细小的韧窝，如图 11-23b 所示。这时称其为沿晶韧性断裂，本质上也是一种韧窝断裂。这种沿晶韧窝是由晶界的分散粒子作为裂纹核，然后以剪切方式形成空洞，最后由空洞连接而形成的。

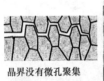  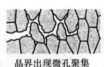 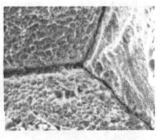

晶界没有微孔聚集　　　　　　　　　　晶界出现微孔聚集

a)　　　　　　　　　　　　　　　　b)

图 11-23　沿晶断裂的裂纹扩展示意图及微观形貌特征

a）沿晶脆性断裂　b）沿晶韧性断裂

11.3　韧性断裂

　　韧性断裂在断裂前和断裂时一般都有明显的塑性变形，其微观机制主要是微孔聚合型断裂（韧窝断裂），也有少数是滑移延伸型断裂（滑断）。

11.3.1　滑断

　　材料发生塑性变形时，在切应力作用下将沿一定的滑移面产生滑移，从而形成滑移线（可在电镜下分辨出）和滑移带（可在光学显微镜下分辨出）。当外力不断增加时，一方面滑移带不断加宽，另一方面在原有滑移带之间还会出现新的滑移带。滑移延伸型断裂就是指在切应力作用下沿一定滑移面分离而断裂，简称为滑断，也称为纯剪切断裂或切离。

　　在实际多晶体材料中，由于不同晶粒间的相互制约以及各种缺陷的影响，滑移不可能仅仅沿着某一个滑移面进行，必然在许多个滑移系进行滑移。这些滑移系相互交叉，在微观上呈现出蛇形滑动的特征，如图 11-24 所示。

随着变形加剧，已产生的蛇形滑移带趋于平滑，微观特征表现为涟波，即断口表面稍许有些波纹状，如图 11-25 所示。当变形继续时，则形成平滑的、无特征的延伸区。这一无特征平面平行于切应力方向。

材料在单向拉伸时的滑断如图 11-26 所示。从理论上讲，在试样端部不受约束时，单晶体沿滑移面发生错动，变形破坏形式如图 11-26a 所示，断口呈锋利的楔形，也称为

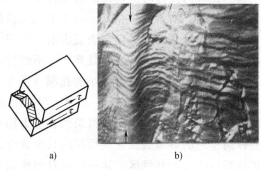

图 11-24　晶体滑移微观形貌

刃状断口。但实际上由于受到夹头的影响，试样不能自由变形。在远离夹头的地方晶体滑移方向向拉伸方向转动，如图 11-26b 所示。尤其是在多晶体中，多个滑移系协调动作，推动变形发展，直至缩颈部截面积为零时断裂，最终形成尖锥状的断口，如图 11-26b 所示。

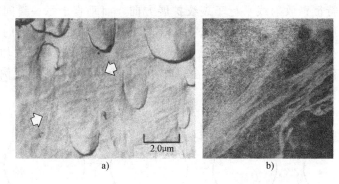

图 11-25　涟波花样

一般来说，只有高纯材料才可能发生滑断，对于大多数材料，韧性断裂表现为具有韧窝状断口的微孔聚合型断裂。

11.3.2　韧窝断裂

大部分材料发生韧性断裂时形成的断口，宏观上表现为纤维状，微观形态则主要为各种韧窝。韧窝是材料在微区范围内塑性变形产生的显微空洞，经形核、长大、聚集，最终相互连接而导致断裂后，在断口表面上所留下的痕迹，也称为微坑、孔坑、微孔等，有等轴形、长形和卵形等各种形态。这种断裂

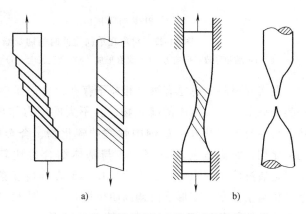

图 11-26　材料在单向拉伸时的滑断

a）无约束的单晶体滑动破坏　b）固定夹头拉伸时的滑移面转动与破坏

机制被称为微孔聚合型断裂，或称为韧窝断裂，其过程表现为"微孔形成→微孔长大→微孔聚合"三步。

　　材料在单向拉伸时的韧窝断裂及杯锥状断口的形成如图 11-27 所示。当光滑圆柱试样拉伸发生缩颈后，缩颈部位相当于一个不太尖锐的环形缺口，试样原先均匀沿着轴向的单向应力状态被破坏，形成中心轴向应力最大的三向应力状态（图 11-27a）。在中心三向拉应力的作用下，塑性变形难以进行，而且真应力不断提高。于是试样中心部位的夹杂等第二相粒子破碎或与基体分离，产生很多细小的孔洞（图 11-27b）。随着变形的发展，这些微孔不断长大与聚合，形成显微裂纹（图 11-27c）。早期形成的显微裂纹尖端会产生较大的塑性变形，而且集中于极窄的变形带内。显微裂纹在应力作用下还将沿着与拉力轴垂直的方向撕裂扩展。这些横向扩展的显微裂纹在变形带内长大聚合，裂纹连接形成锯齿状（图 11-27d）。这便是杯锥状断口中央的纤维区。这一扩展过程伴随着比较大的塑性变形，消耗大量的变形功，裂纹扩展速度比较慢，是一个相对比较稳定的渐进扩展过程。当纤维区扩展达到一定临界尺寸后，裂纹将失稳发生快速扩展，从而形成放射区。伴随内部裂纹的产生和发展，原来在缩颈部位形成的三向应力状态逐渐消失了，最后试样边缘沿着最大切应力方向发生剪切滑移而快速断开，形成倾斜的光滑的剪切唇（图 11-27e）。放射区是裂纹快速低能量撕裂而形成的，表现出放射线花样特征，放射线平行于裂纹扩展方向，而垂直于每一瞬间的裂纹前端轮廓线。撕裂时塑性变形量越大，则放射线越粗。对于几乎不产生塑性变形的材料，放射线消失。一般来说，材料强度提高，塑性降低，则放射区比例增大。试样尺寸加大，放射区增大明显，而纤维区变化不大。若试样表面存在缺口，不仅会改变各区所占比例，而且可能导致裂纹形核位置出现在表面。

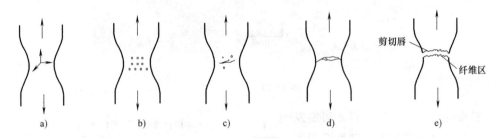

图 11-27　材料在单向拉伸时的韧窝断裂及杯锥状断口的形成

a）缩颈导致三向应力　b）微孔形成　c）微孔长大　d）裂纹连接形成锯齿状　e）边缘剪切断裂

　　在实际材料中总是有第二相粒子存在，它们是微孔成核的源。第二相粒子分为两大类，一类是夹杂物，如钢中的硫化物，在不大的应力作用下便与基体脱开或本身裂开而形成微孔；另一类是强化相，如钢中弥散的碳化物、合金中弥散的强化相，它们本身比较坚实，与基体结合也比较牢固，主要是通过位错塞积引起的应力集中，或在高应变条件下，第二相与基体塑性变形不协调而萌生微孔的。图 11-28 所示为微孔形核的位错模型，首先在第二相粒子与基体界面处位错塞积、界面分离而形成微孔（图 11-28a），微孔形核后，大量的位错在外力作用下移向微孔，使微孔逐渐长大，形成空洞（图 11-28b）。因此微孔形核有两种情况：一是类似弹性脆断发生界面分离形成微孔；二是由于位错塞积或两相塑性变形不协调而发生界面分离形成微孔。

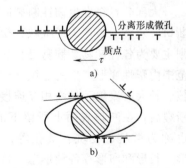

图 11-28　微孔形核的位错模型

a）形成微孔　b）形成空洞

随着微孔长大，许多微孔彼此聚合后形成裂纹，裂纹再和前方的微孔聚合，最终导致了断裂。聚合主要由两种方式。其一，微孔和裂纹分割形成的小单元类似于一个小的拉伸单元，微孔长大后出现了"内缩颈"，使实际承载的面积减少而应力增加，起了"几何软化"作用，从而发生断裂将微孔连通，如图 11-29a 所示。这种聚合方式变形均匀且较慢，消耗能量较多，塑性和韧性较好。其二，裂纹尖端与微孔或微孔与微孔之间分割形成的小单元上切应力集中，从而沿滑移带滑动，这种局部滑移的应变量很大，从而产生了快速剪切断裂，使微孔连通，如图 11-29b 所示。这种方式聚合速度快，消耗能量较少，塑性和韧性较差。

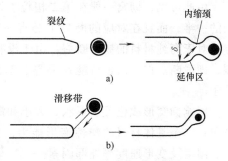

图 11-29　聚合方式示意图

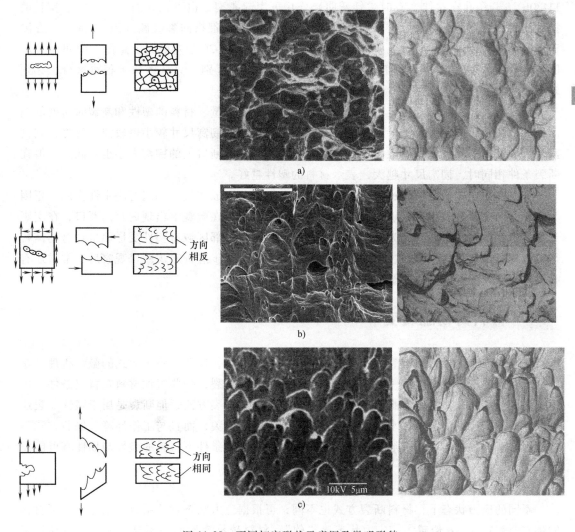

图 11-30　不同韧窝形状示意图及微观形貌

a）等轴韧窝　b）剪切型抛物线状韧窝　c）撕裂型抛物线状韧窝

由此可见，韧窝一般在第二相粒子处形成。因而在微观断口上观察到的韧窝只是显微空洞的一半，而且在对应的断口上必有一对应韧窝，两者的底部，至少其中之一有夹杂物质点。对于高纯材料的韧性断裂，由于没有第二相粒子，所以可能不产生韧窝而形成纯剪切断裂，即滑断。但韧窝也可能在晶界、孪晶界及相界处成核，这种韧窝中就可能没有第二相粒子。

影响韧窝形成位置、形状、大小和深浅的因素大致有三个方面：一是成核粒子的大小及分布；二是基体材料的塑性变形能力，尤其是材料形变硬化能力；三是应力大小、应力状态、温度及变形速度等外部因素。

韧窝的形状主要取决于应力状态或应力与断面的相对取向。当正应力垂直于微孔的平面时，微孔在此平面上各方向长大的倾向相同，从而形成等轴韧窝（图 11-30a）。低碳钢单轴拉伸试样的杯锥状断口底部中心就呈现等轴韧窝。但在杯锥状断口的剪切唇，在切应力作用下微孔被拉长，断裂时形成的韧窝必呈抛物线状，而且在对应断面上抛物线方向相反（图 11-30b）。若微孔在拉伸（有时包括弯曲）作用下引起撕裂，也可以在断口上观察被拉长的抛物线状韧窝，但对应断面上的抛物线的方向相同，而且都指向裂纹源（图 11-30c）。在测定断裂韧度的缺口试样断口上就常常出现这种情况。图 11-30 中左侧为示意图，中间为 SEM 图像，右侧为 TEM 图像。剪切韧窝和撕裂韧窝形状没有区别，只从图像上很难区分，必须对断口两侧进行对应研究，看凸向是否相同才能确定。

韧窝的大小和深浅则决定于材料断裂时微孔成核的数量、材料的塑性和断裂时所处的温度。如果微孔成核数多或材料塑性较差，则断口上形成的韧窝尺寸较小也较浅；反之，则韧窝较大也较深。而且材料中微孔成核的粒子大小不同，则断口上的韧窝大小也不同。一般在断裂条件相同时，韧窝尺寸越大，表示材料的塑性越好。

如上所述，在韧窝断裂过程中，塑性变形对微孔的形成和发展都起着决定性作用。正因为如此，韧窝断裂宏观上表现为韧性断裂。但应当注意，在微观上出现韧窝的断口，在宏观上不一定就是韧性断裂。因为宏观上的脆性断裂不排斥局部区域有塑性变形而呈现有韧窝特征的微观断口形貌。正因为这样，在断裂失效分析中，初步进行宏观断口观察后，常常还有必要进行微观断口分析，以给出确切断裂原因的判断。

11.4 材料的韧脆转变

从宏观上看，材料的断裂可分为脆性断裂和韧性断裂，这两种断裂形式的微观机理也是不同的。需要指出的是，不一定塑性材料就只发生韧性断裂，一些塑性材料在特定条件下可能发生脆性断裂，如低应力脆断。不同的材料有不同的断裂方式，但断裂是属于脆性断裂还是韧性断裂，这不仅与材料本身的化学成分和组织结构有关，而且与工作环境、加载方式等外部因素有关。材料的断裂形式并非固定不变，在一定的条件下材料的脆性与韧性有可能发生转变。

1. 应力状态的影响

不同的应力状态下，材料断裂方式也不同，可根据应力状态软性系数 α 来近似判断材料的韧脆断裂特性。α 值越大，应力状态越"软"，材料越易变形而较不易开裂，即越易处于韧性状态。例如：灰铸铁在单向拉伸（$\alpha = 0.5$）时表现为脆性，而在测定布氏硬度（$\alpha > 2$）

时可以压一个很大的坑而不开裂。

2. 温度的影响

表面能和弹性模量是决定断裂强度的主要因素，而温度对表面能和弹性模量的影响不大，所以对断裂强度影响不大。但温度对屈服强度影响很大，主要是因为温度有助于激活位错源，有利于位错运动，使滑移易于进行。因此，普通碳钢在室温或高温下，断裂前有较大的塑性变形，是韧断，但低于某一温度后，位错源激活受阻，难以产生塑性变形，断裂便可能变为脆性了。这一现象也可用图 11-31 解释。随着温度升高，材料的屈服强度 σ_s 随温度升高下降较快，而断裂强度 σ_f 的下降变化较小，两条曲线相交处的温度就是材料的韧脆转变温度 T_k，低于此温度时是脆断，高于此温度时是韧断。当温度低于 T_k 时，应力先达到断裂强度 σ_f，断裂是在未经屈服、几乎没有宏观塑性变形下发生。宏观断口平齐而光亮，其微观特征主要是解理或准解理。当温度大于 T_k

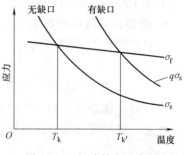

图 11-31 韧脆转变示意图

时，应力先达到屈服强度 σ_s，然后才能达到断裂强度 σ_f，此时材料断裂先要产生一定量的塑性变形。图 11-31 中还分别给出了无缺口试样和有缺口试样的情况，由于缺口处有塑性约束，有效屈服强度增加到 $q\sigma_s$。可见试样（或构件）有缺口时，韧脆转变温度要提高。这对构件的安全服役是不利的，设计构件时需注意这一点。

例如：对于高强度材料 40CrNiMo 热处理成高硬度 246HRC，在室温下观察其拉伸断口，几乎整个断口都由放射区构成，纤维区消失了，试样边缘只有很少的剪切唇。但如试验温度高至 80℃以上，纤维区急剧增加，这时材料表现出明显的韧断特征，如图 11-32 所示。

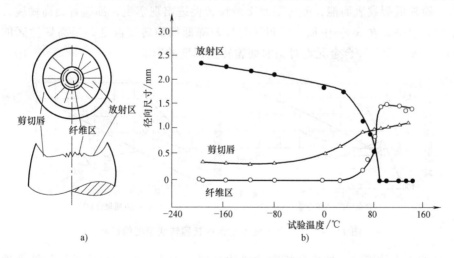

图 11-32 拉伸断口与试验温度的关系

3. 加载速率的影响

提高加载速率起着与温度相似的作用。加载速率提高，则相对形变速率增加，相对形变速率超过某一限度会限制塑性变形发展，使塑性变形极不均匀，结果变形抗力提高了，并在局部高应力区形成裂纹。此外，加载速率提高容易激发解理断裂，即使是微孔聚合的韧性断裂机理，微孔聚合的模式也只能是快速剪切裂开，因而增加了脆性倾向。

一般来说，加载速率较慢时，韧脆转变温度范围变窄，相反当加载速率增加时，韧脆转变温度范围变宽，并向高温区移动。图 11-33 所示为加载速率对碳的质量分数为 0.15% 的低碳钢韧脆转变温度的影响。

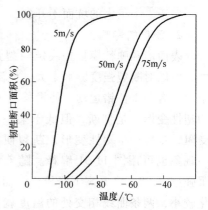

图 11-33　加载速率对碳的质量分数为 0.15% 的低碳钢韧脆转变温度的影响

4. 微观组织结构的影响

影响韧脆转变的材料内在因素很多，也比较复杂，主要有以下几方面。

（1）晶格类型的影响　一般来说，面心立方晶格塑性、韧性好，体心立方和密排六方晶格的塑性、韧性则相对较差，这与面心立方晶格滑移系多，而且易出现多系滑移有关。所以面心立方晶格的材料，如铜、铝、奥氏体钢，一般不出现解理断裂而处于韧性状态，也没有韧脆转变，其韧性可以维持到低温。体心立方晶格的材料，如铁、铬、钨和普通钢材，韧脆转变受温度及加载速率的影响很大，因为在低温和高加载速率下，它们易发生孪晶，也容易激发解理断裂。微量的氧、氮以及间隙原子溶于体心立方晶格中会阻碍滑移，促进其脆断，提高韧脆转变温度。

（2）成分的影响　材料中的第二相成分与材料的断裂有很大关系，它们的分布影响材料的韧脆特性。例如：钢中含碳量增加，塑性变形抗力增加，不仅冲击韧度降低，而且韧脆转变温度明显提高，转变的温度范围也加宽了。钢中的氧、氮、磷、硫等杂质元素对韧性也是不利的。磷降低裂纹表面能，硅可限制交滑移，促进出现孪生，都起着提高韧脆转变温度的不利作用。但是，在 α-Fe 中加入镍和锰能显著降低韧脆转变温度并提高韧性区的冲击韧度。图 11-34 所示为几种合金元素对钢的韧脆转变温度的影响。

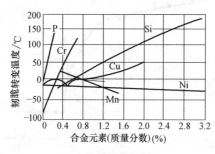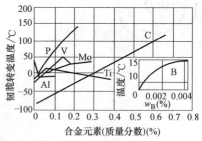

图 11-34　几种合金元素对钢的韧脆转变温度的影响

（3）晶粒大小的影响　理论分析和试验均证明，细化晶粒能够使材料的韧性增加，韧脆转变温度降低。在碳的质量分数为 0.02% 的纯铁中，当晶粒度处于 1~6 级（16~512 晶粒/mm²）范围内时，韧脆转变温度与晶粒度的关系是线性的，如图 11-35 所示。每增加 1 级晶粒度，韧脆转变温度降低约 17℃。细化晶粒提高韧性的原因在于晶界对裂纹扩展有阻碍作用。当晶粒细小时，滑移距离短，在障碍物前塞积的位错数目较少，相应的应力集中较小。而且晶粒越细，则晶界总面积越大，需要消耗更多的能量。因此就抑制了解理断裂以及沿晶脆断的发展，易于发生韧窝断裂。所以晶粒细小时，屈服应力低于断裂抗力，是先屈服后断裂，断裂前有较大的塑性变形，表现为韧性断裂。当晶粒尺寸大于某一数值时，则断裂前不再有屈服，是脆性断裂。研究表明，韧脆转变温度 T_k 和晶粒的平均直径 d 的关系可用派奇方程描述，即

$$\beta T_k = \ln B - \ln C - \ln d^{-\frac{1}{2}} \tag{11-1}$$

式中，β、B、C 是材料常数。这与 Hall-Petch 关系十分类似，即韧脆转变温度 T_k 和晶粒大小 $\ln d^{-\frac{1}{2}}$ 成反比，如图 11-36 所示。可见细化晶粒能够降低材料的韧脆转变温度，使材料的韧性增加。另外，减小亚晶和胞状结构尺寸也能降低韧脆转变温度，提高材料韧性。

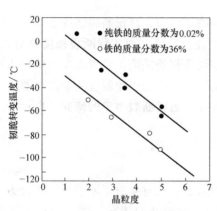

图 11-35　晶粒度对韧脆转变温度的影响

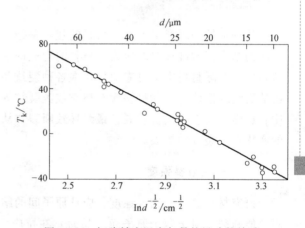

图 11-36　韧脆转变温度与晶粒尺寸的关系

　　晶粒细化既提高了材料的强度，又提高了它的塑性和韧性。这是形变强化、固溶强化、弥散强化与沉淀强化等方法所不及的。因为这些方法在提高材料强度的同时，总要降低一些塑性和韧性。但仅靠晶粒细化，往往满足不了高强度、超高强度的要求。所以实际中总是几种强化方法共用的。

　　（4）组织的影响　材料的不同组织具有不同的韧脆特性，其韧脆转变温度也不相同。例如：钢中的各种金相组织，珠光体韧性最差，韧脆转变温度最高，然后依次是上贝氏体、铁素体、下贝氏体和马氏体，马氏体的韧性最好，韧脆转变温度最低。在从室温到 900℃ 温度范围内对结构钢进行系列冲击试验，吸收能量随温度的变化曲线如图 11-37 所示。总的趋势是韧度随温度的下降而降低，但是在某些温度范围内，吸收能量会急剧下降，与其相对应的就是材料出现冷脆性、蓝脆性与重结晶脆性的温度范围。冷脆是指低于韧脆转变温度后出现的脆性。蓝脆是指大多数铁素体-珠光体组织的合金钢，随温度升高，在 300℃ 附近出现抗拉强度、硬度升高，而延伸率、断面收缩率下降的现象。它发生在钢表面有蓝色氧化膜的温度范围，因此称为蓝脆。产生蓝脆的原因是碳、氮间隙原子的

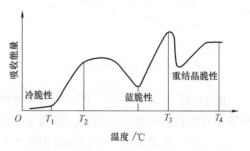

图 11-37　吸收能量随温度的变化曲线

形变时效。在 150～350℃ 温度范围内形变时，已开动的位错迅速被可扩散的碳、氮间隙原子

所锚定，形成柯氏气团。为了使形变继续进行，必须开动新的位错，结果钢中在给定的应变下，位错密度增高，导致强度升高和韧性降低。蓝脆倾向较大的钢材应变时效倾向也较明显。在冲击载荷下钢的蓝脆温度区间上升到 $525 \sim 550℃$。重结晶脆性是指在 $T_3 \sim T_4$ 温度区间，钢中形成 $\alpha + \gamma$ 两相混合组织，导致韧性降低。另外，硫在钢中与铁形成 FeS（熔点为 $1190℃$），FeS 与 Fe 可形成低熔点共晶体（熔点为 $989℃$）分布在奥氏体晶界上。当对钢进行热加工（锻造，轧制）时，加热温度常在 $1000℃$ 以上，这时晶界上的 FeS+Fe 共晶熔化，导致沿晶界开裂。这种现象称为钢的"热脆"或"红脆"，也被称为"硫脆"。

11.5 断裂强度

从基本的物理意义上讲，材料的强度是指原子间的结合力，理论断裂强度是指材料中原子间的结合都被破坏时的应力。材料的理论断裂强度往往很高，而实际断裂强度要低得多，这是由于实际材料中不可避免地存在各种裂纹和类裂纹等初始缺陷。格里菲斯（Griffith）提出的裂纹理论认为实际材料含有裂纹或类裂纹等初始缺陷，从而引起裂纹尖端的局部应力集中，进而诱发裂纹失稳扩展，最终导致断裂。从此开辟了近代断裂力学的研究，揭示了断裂的实质在于裂纹的扩展。

11.5.1 理论断裂强度

研究材料的理论结合强度，应从原子间的结合力入手，只有克服了原子间的结合力，材料才能断裂。对于两个原子面（晶面）在拉应力作用下被撕开的情况（图11-38），要从原子间相互作用势能考虑。作为简化，只考虑近邻原子间的作用力。不妨设想在拉应力作用下，AB 面左右两侧原子沿拉应力方向发生相对位移 x，并最终沿 AB 面分开。用 σ 表示此原子面上单位面积近邻"原子对"作用力的总和，则根据双原子间的作用力是吸引力和排斥力综合作用的结果，类似于原子间结合力随原子间距变化的关系曲线，可以得到 σ-x 关系曲线，如图11-39所示。

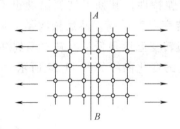

图 11-38　沿原子面断裂的示意图

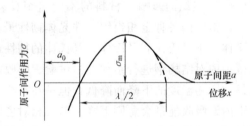

图 11-39　原子间作用力与相对位移关系曲线

图11-39中 a_0 是不受力情况下两相邻原子间距。由图11-39可见，原子间作用力 σ 最初是随相对位移 x 的增加而增大，达到某一峰值 σ_m 以后就逐渐下降。显然这一峰值 σ_m 就是理论断裂强度。如果知道原子间结合力的细节，就可以得到 σ-x 关系曲线的精确形式，从而确定 σ_m。这也就意味着固体材料的理论断裂强度能够根据其化学组成及晶体结构计算得到。但不同材料有不同的组成、结构及结合方式，因此这种理论计算非常复杂，甚至需要考虑量子力学与热力学的综合运用。作为简化分析，可用波长为 λ 的正弦曲线来近似拟合原子间

作用力随相对位移变化的关系曲线，如图 11-39 所示，则两原子面间的作用力为

$$\sigma = \sigma_m \sin\left(\frac{2\pi x}{\lambda}\right) \tag{11-2}$$

当相对位移 x 很小时，有 $\sin(2\pi x/\lambda) \approx (2\pi x/\lambda)$，因此 $\sigma = (2\pi x/\lambda)\sigma_m$，此时材料处于弹性变形状态，根据胡克定律有 $\sigma = E\varepsilon = Ex/a_0$，因此可得

$$\sigma_m = \frac{\lambda E}{2\pi a_0} \tag{11-3}$$

为使断裂发生，必须提供足够的能量以形成两个新的表面，因此分开两个原子面时外力要做的功至少应等于形成两个新表面的表面能，即

$$\int_0^{\lambda/2} \sigma_m \sin\left(\frac{2\pi x}{\lambda}\right) \mathrm{d}x = \frac{\lambda \sigma_m}{\pi} = 2\gamma_s \tag{11-4}$$

式中，γ_s 是单位表面的表面能。将式（11-4）与式（11-3）合并，消去 λ 即得理论断裂强度为

$$\sigma_m = \sqrt{\frac{E\gamma_s}{a_0}} \tag{11-5}$$

由此可见，材料的理论断裂强度只与弹性模量 E、表面能 γ_s 和原子（晶格）间距 a_0 这些材料常数有关。在 E、a_0 一定时，σ_m 与表面能 γ_s 有关，因而解理面往往是表面能最小的面。

以 α-Fe 为例，$E \approx 200\mathrm{GPa}$，$\gamma_s \approx 2\mathrm{J/m^2}$，$a_0 \approx 2.5 \times 10^{-10}\mathrm{m}$，代入上式可得其理论断裂强度 $\sigma_m \approx 4 \times 10^4 \mathrm{MPa} \approx E/5$。对于一般固体材料而言，就算采用更复杂的解析式来逼近原子间作用力随原子相对位移变化的关系曲线，所得到的理论断裂强度 σ_m 值也大致在 $E/15 \sim E/4$ 之间。所以一般可取 $\sigma_m \approx E/10$。

但实际上，纯铁的抗拉强度 σ_b 只有 250MPa，仅为 σ_m 的 1/160，即使经过一系列的强化措施之后，钢的实际断裂强度也很难超过 4000MPa，仍比理论断裂强度小一个数量级以上，仅仅达到理论断裂强度的 1/10 左右。

在实际工程材料中，只有极细的几乎没有缺陷的金属晶须和 SiO_2 纤维的断裂强度才能接近于其理论断裂强度。一般情况下，实际工程材料的断裂强度要比理论值偏低 1~3 个数量级，只是理论断裂强度的 1/4~1/1000。造成这一差别的原因在于所采用的基本假设不符合事实。该模型认为晶体材料是完整的，外力达到断裂面上所有原子间作用力的总和时才能断裂。但实际上材料中总会存在各种缺陷和裂纹等不连续因素，由此引起的应力集中对断裂的影响是不能忽视的。一方面缺陷处可能产生裂纹并迅速扩展，另一方面材料内部总是会有位错的运动并在切应力作用下发生塑性变形。这种裂纹扩展以及很小的局部塑性变形都会使得材料的断裂强度下降，从而达不到理论断裂强度。

11.5.2　Griffith 脆性断裂理论

为了解释实际断裂强度和理论断裂强度的巨大差异，Griffith 在 1921 年提出了裂纹理论。Griffith 假定在实际材料中存在着裂纹，于是当名义应力还很低时，裂纹尖端局部应力就已达到很高的数值，从而使裂纹快速扩展，并导致断裂。

设有一单位厚度的无限宽平板，先使其受均匀拉应力 σ 作用而弹性伸长，然后将两端固定，形成一个隔离系统，如图 11-40 所示。此时因与外界无能量交换，裂纹的扩展只能来

自系统内部储存的弹性能的释放。如果此时在这块板上开一垂直于应力 σ、长度为 $2a$ 的裂纹，则平板内能量变化可写成

$$\Delta U = U_e + W \tag{11-6}$$

式中，W 是形成裂纹表面所需的表面能，$W = 4a\gamma_s$，γ_s 是表面能；U_e 是引入裂纹后板中释放的弹性能，由弹性理论计算可得 $U_e = (-\pi\sigma^2 a^2)/E$。则

$$\Delta U = 4a\gamma_s - \frac{\pi\sigma^2 a^2}{E} \tag{11-7}$$

系统能量随裂纹半长 a 的变化如图 11-41 所示。当裂纹增长到 $2a_c$ 后，若再增长，则系统的总能量下降。于是从能量的观点来看，裂纹长度的继续增长将是自发过程。也就是说，当裂纹扩展引起的弹性能释放超过了裂纹增长所需的表面能时，裂纹增长将导致裂纹的失稳扩展。所以，系统能量变化对裂纹长度的变化率 $\partial\Delta U/\partial a = 0$ 应为裂纹处于临界失稳状态的能量平衡条件，即

$$\frac{\partial\Delta U}{\partial a} = 4\gamma_s - \frac{2\pi\sigma^2 a}{E} = 0$$

由此平衡条件可得裂纹失稳扩展的临界应力为

$$\sigma_c = \sqrt{\frac{2E\gamma_s}{\pi a}} \tag{11-8}$$

这就是著名的 Griffith 公式。式中，σ_c 是含裂纹板材的实际断裂强度。

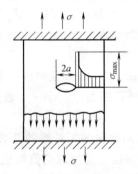

图 11-40　无限宽平板中的裂纹

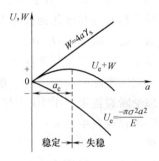

图 11-41　系统能量随裂纹半长 a 的变化

Griffith 公式表明，对于初始长度为 $2a$ 的某一裂纹，外加应力达到 σ_c 时裂纹将失稳扩展。另外，承受拉伸应力时，板材中的裂纹长度也有一个临界值 $a_c = 2E\gamma_s/\pi\sigma^2$，当 $a > a_c$ 时裂纹失稳扩展，当 $a < a_c$ 时要使裂纹扩展需由外界提供能量，即增大外力。

比较 Griffith 公式和理论断裂强度计算公式，可以看出，因为 $\sqrt{2/\pi} \approx 1$，所以 $\sigma_c = \sqrt{E\gamma_s/a}$，而 $\sigma_m = \sqrt{E\gamma_s/a_0}$，即两者在形式上是一致的，只是 Griffith 公式用 a 代替了 a_0。而且在推导过程中，两者都是基于能量变化与平衡的。由于 Griffith 公式考虑了裂纹的影响，其计算结果接近于实测结果。可见，如果能控制裂纹长度和原子间距在同一数量级，就可使材料达到理论断裂强度。当然这在实际上是很难做到的，但这也指出了制备高强材料的方向，即增大 E 和 γ，并尽量降低缺陷及裂纹的尺寸。

应用 Griffith 公式可以成功解释工程材料实际断裂强度远低于理论断裂强度的原因。例

如：材料中的微裂纹尺寸约为 $1\mu m$ 时，近似可得 $a/a_0 \approx 10^4$，则由式（11-5）和式（11-8）可得 $\sigma_c/\sigma_m = 1/100$，即实际断裂强度要比理论断裂强度低 2 个数量级；若微裂纹尺寸达到 $100\mu m$ 时，实际断裂强度要比理论断裂强度低 3 个数量级。

应用 Griffith 公式也可解释强度的分散性及尺寸效应。对于同一种材料，不同大小的试样中，裂纹出现的概率也不同，因此强度值会随之波动，表现出一定分散性。尺寸大的试样内部存在大裂纹的概率大，导致其强度值统计偏低；反之，尺寸小的试样中小裂纹长度出现的概率大，因此其强度值统计偏高。例如：把石英玻璃纤维分割成几段不同长度测其强度时发现，长度为 12cm 时强度为 275MPa，长度为 0.6cm 时强度可达 760MPa。

应该指出，Griffith 公式所要说明的不仅仅是 $\sigma_c \ll \sigma_m$ 的问题，实际上它提出了一个不同于传统强度准则的新的断裂准则

$$\sigma_c\sqrt{\pi a} = \sqrt{2E\gamma_s} \tag{11-9}$$

这表明，对一定的材料，其断裂既不单纯取决于所承受应力的大小，也不单纯取决于材料中所存在的最大裂纹尺寸，而是这两者共同作用的结果。不管应力与裂纹尺寸如何配合，只要两者的乘积达到并超过某个材料常数值，裂纹就会失稳扩展，从而导致材料断裂。这一概念在断裂力学中得到进一步发展，促成断裂韧度这一力学性能指标以及相关断裂判据的提出。

11.5.3 Griffith 公式的修正

Griffith 公式的提出成功解释了材料的低应力脆断，但它主要应用于玻璃这类很脆的材料，因此在当时并未引起很大重视。直到 20 世纪 40 年代，由于金属的脆断事故不断发生，人们又重新开始审视 Griffith 脆性断裂理论。

对于大多数金属材料，虽然裂纹尖端由于应力集中作用会产生很高的局部应力，但一旦超过材料的屈服强度，就会发生塑性变形，因而在裂纹尖端有一塑性区。材料的塑性越好、强度越低，所产生的塑性区的尺寸越大。裂纹扩展必须首先通过塑性区，所以需要消耗塑性功 γ_p。塑性功大约是表面能的 1000 倍，故而成为裂纹扩展需要克服的主要阻力。因此裂纹扩展功会有相当一部分消耗在塑性变形上，这也是不同于脆性材料断裂过程的主要区别。由此，奥罗万（Orowan）修正了 Griffith 公式，提出

$$\sigma_c = \sqrt{\frac{2E(\gamma_s + \gamma_p)}{\pi a}} \tag{11-10}$$

上式也被称为 Griffith-Orowan-Irwin 公式。当没有塑性变形或塑性变形可以忽略时，$\gamma_p = 0$，上式退化为 Griffith 公式。当塑性变形较大时，上式也可简化为

$$\sigma_c = \sqrt{\frac{2E\gamma_p}{\pi a}} \tag{11-11}$$

典型陶瓷材料的 $E = 3\times10^{11} Pa$，$\gamma_s = 1J/m^2$，如有长度 $a = 1\mu m$ 的裂纹，则按式（11-8）计算可得其强度为 $\sigma_c = 4\times10^8 Pa$。而高强度钢的 $\gamma_p \approx 10^3\gamma_s = 10^3 J/m^2$，假定 E 值相同，则当 $\sigma_c = 4\times10^8 Pa$ 时，裂纹长度 a 可达 1.25mm，比陶瓷材料的允许裂纹尺寸大了三个数量级。由此可见，陶瓷材料中的微裂纹即可导致其在低于理论断裂强度的应力下发生脆断，而金属材料中要有宏观尺寸的裂纹才能在低应力下断裂。这也表明了塑性是阻止裂纹扩展的一个重要因素。

11.6 断裂韧度

11.6.1 裂纹尖端的应力场

包含裂纹的构件简称为裂纹体，它是断裂力学研究的基本单元。依据外加应力与裂纹面的取向关系，可将裂纹分为三种基本形式。

（1）Ⅰ型裂纹（张开型或拉伸型裂纹）外加拉应力垂直于裂纹面，在拉应力作用下裂纹顶端张开，扩展方向和拉应力垂直。轴的横向裂纹在轴向拉力或弯曲力作用下的扩展，长圆筒压力容器或管道壁上的纵向裂纹在内压力作用下的扩展都属于这种情形。

（2）Ⅱ型裂纹（滑开型或剪切型裂纹）外加切应力平行于裂纹面，而且与裂纹前缘线垂直，裂纹沿裂纹面平行滑开扩展。轮齿或花键根部沿切线方向的裂纹或者受扭转的薄壁圆筒上的环形裂纹都属于这种情形。

（3）Ⅲ型裂纹（撕开型裂纹）外加切应力平行于裂纹面，而且与裂纹前缘线平行，裂纹沿裂纹面撕开扩展，如同撕布一样。圆轴上的环形切槽受扭转作用而引起的撕裂、表面环形裂纹都属于这种情形。

图 11-42 给出了这三种基本裂纹形式的示意图，实际的裂纹扩展并不局限于这三种形式，往往可能是它们的组合，如Ⅰ-Ⅱ、Ⅰ-Ⅲ、Ⅱ-Ⅲ型复合裂纹。在这些不同的裂纹扩展类型中，以Ⅰ型裂纹扩展最常见，许多实际情况也都可能简化成Ⅰ型裂纹来处理。而且Ⅰ型裂纹最容易引起低应力脆断，是工程构件中最危险的一种裂纹形式。所以对Ⅰ型裂纹的研究也较完善和深入。

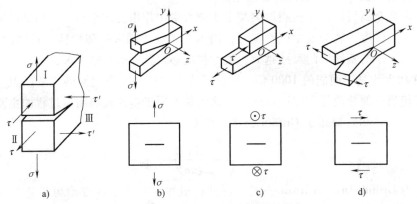

图 11-42 复合裂纹与基本裂纹示意图

a) 复合型裂纹　b) Ⅰ型裂纹示意图　c) Ⅱ型裂纹示意图　d) Ⅲ型裂纹示意图

由于缺口效应的影响，在裂纹尖端会出现复杂的双向或三向应力状态，应用弹塑性力学分析计算出裂纹尖端的应力场和应变场是断裂力学的主要研究内容之一。

裂纹尖端的应力场表现为变化复杂的多向应力状态，很难直接由此建立裂纹扩展的判据。而且应力的 $r^{-1/2}$ 阶奇异性也使得无法用应力判据来处理裂纹扩展问题，因为不论外加应力如何小都会得到裂尖应力分量趋于无穷大。理论计算结果表明，裂纹尖端区域各点的应力分量除了取决于其位置（r，θ）外，还与一个因子 K 有关。对于某一确定的点，其应力分量就由 K 的大小决定。因此 K 的大小直接影响应力场的大小，K 值越大则应力场中各应力分量越大。可见 K 表示了应力场的强弱程度，称为应力场强度因子。通常以下标形式标示裂纹类型，即 K_{I}、K_{II}、K_{III} 分别表示 I 型、II 型、III 型裂纹的应力场强度因子。

于是可得无限大平板中 I 型裂纹的应力场为

$$\begin{pmatrix} \sigma_x \\ \sigma_y \\ \tau_{xy} \end{pmatrix} = \frac{K_{\mathrm{I}}}{\sqrt{2\pi r}} \begin{pmatrix} \cos\dfrac{\theta}{2}\left(1-\sin\dfrac{\theta}{2}\sin\dfrac{3\theta}{2}\right) \\ \cos\dfrac{\theta}{2}\left(1+\sin\dfrac{\theta}{2}\sin\dfrac{3\theta}{2}\right) \\ \sin\dfrac{\theta}{2}\cos\dfrac{\theta}{2}\cos\dfrac{3\theta}{2} \end{pmatrix} \tag{11-12}$$

式中，应力场强度因子 $K_{\mathrm{I}} = \sigma\sqrt{\pi a}$，适用于无限大平板中的中心穿透裂纹。对于 I 型裂纹，应力场强度因子一般具有形式

$$K_{\mathrm{I}} = Y\sigma\sqrt{a} \tag{11-13}$$

式中，a 是裂纹半长；σ 是远处与裂纹垂直的均匀拉应力；Y 是形状因子，它是一个无量纲的系数，与试样尺寸及裂纹位置有关，一般 $Y = 1 \sim 2$。断裂力学的工作之一就是求出不同条件下的 Y 值，除了理论推导，Y 也可以通过试验得到。在各种情况下的 Y 已汇编成册，以便查索。

附录 A 中给出了几种常用的应力场强度因子表达式。需要说明的是，在不同资料中，形状因子的表达式有可能不同。有的情况下它们是完全等价的，仅仅是表达式形式不同，可以相互进行变换。但有的情况下会略有差异，尤其是通过试验测定时，由于试验结果本身的离散性或者拟合函数选取的不同，都有可能得出不同的表达式。一般来说这种差异是微小的，可任选其中一种方式计算。但有时需仔细比较表达式的前提条件，选择更为适合的表达式以尽可能减少误差。

应力场强度因子的量纲为 [应力]×[长度]$^{1/2}$，其单位是 $\mathrm{MPa \cdot m^{1/2}}$ 或 $\mathrm{MN \cdot m^{-3/2}}$，它是一个能量指标，可以看作是推动裂纹扩展的动力。

应力场强度因子是裂纹体所受外力在裂纹顶端产生效果的综合体现，这种效果通过 $K = f(Y, \sigma, a)$ 表现出来。对于具有一定形状和尺寸的裂纹体，在一定的应力环境中，其应力场强度因子是唯一确定的，因此裂纹附近的应力场是确定的。若裂纹体的材料一定，而且裂纹尖端附近某一点的位置给定时，该点的应力应变分量唯一决定于应力场强度因子，其值越大该点各应力应变分量的值越高。应力场强度因子的大小取决于试样尺寸、裂纹尺寸及外加应力大小。因此，应力场强度因子综合反映了外加应力和裂纹形态对裂纹尖端应力场强弱的影响。在传统材料力学中，描述物体受力状态的参量有应力、应变、能量等，利用这些参量可以建立相应的强度准则。类似地，在断裂力学中，应力场强度因子是描述裂纹体受力情况的一个重要参量，据此也将建立相应的裂纹扩展判别准则。

随着应力 σ 或裂纹长度 a 的增大，应力场强度因子不断增大，裂纹尖端应力场中各应力分量也随之增大。当应力场强度因子达到某一临界值时，意味着在裂纹尖端足够范围内的应力达到了材料的断裂强度，于是裂纹将失稳扩展而导致材料断裂。这个临界状态的 K 值记为 K_{C}，称为断裂韧度。因此，裂纹扩展并导致裂纹体断裂的判据为 $K = K_{\mathrm{C}}$。这一表达式与屈服判据 $\sigma = \sigma_{\mathrm{s}}$ 类似。屈服判据的左边是材料实际承受的应力，右边是材料本身固有的力学性能指标屈服强度。K 判据的左边是材料实际承受的应力场强度因子，右边是材料本身固有的力学性能指标断裂韧度。

K 判据表明，当 K_I 达到了材料的断裂韧度 K_{IC} 后，裂纹就会发生失稳扩展而导致材料破坏。所以为保证裂纹体的安全服役，其应力场强度因子 K_I 必须低于材料的断裂韧度 K_{IC}。由式（11-13）可得

$$Y\sigma\sqrt{a} \leq K_{IC} \tag{11-14}$$

这表明无论是应力 σ 增大还是裂纹长度 a 增大，都有可能最终引起材料中裂纹的失稳扩展而导致材料断裂。但如果在特定应力及裂纹长度组合下，$Y\sigma\sqrt{a} < K_{IC}$，则材料仍是安全的。

因此，当可以测量或用无损检测技术探测出构件中的裂纹尺寸时，通过 K 判据就可以根据材料的断裂韧度确定材料的最大工作应力，即

$$\sigma_c = \frac{K_{IC}}{Y\sqrt{a}} \tag{11-15}$$

这也就是相应裂纹体的断裂强度。反之，当工作应力已经确定时，可以通过 K 判据确定材料中所允许的最大裂纹尺寸，即临界裂纹长度

$$a_c = \left(\frac{K_{IC}}{Y\sigma}\right)^2 \tag{11-16}$$

若其小于实际材料中的裂纹尺寸，则构件是不安全的。

K 判据旨在解决裂纹体中的裂纹扩展导致的低应力脆断问题，因此若材料中的裂纹可以被忽略，即 a 近似为零时，由式（11-15）会得出很大的许可应力，这在实际材料中是不可能的。此错误的产生是由于违背了上述判据提出的前提，即材料中存在一定长度的裂纹。因此在应用 K 判据之前，还需首先考虑传统强度理论的安全许可，仅当材料中的平均应力低于材料强度的许可值（如屈服强度、断裂强度等）时，才需进一步考虑材料中裂纹的影响。对于塑性材料，当材料中的平均应力较大时，还需考虑裂纹尖端塑性变形的影响，需对应力场强度因子进行修正或采用其他断裂判据。

上述断裂判据是建立在严密的线弹性断裂力学基础之上的，是可靠的定量判据，可以确切地回答裂纹在什么状态时失稳，因此可对各种工程结构或零件中材料的断裂进行定量评估。K 判据将材料中的平均应力、裂纹尺寸和材料的断裂韧度这三者联系起来，因而解决了裂纹体的断裂问题，对于判断带裂纹构件是否发生脆断、计算带裂纹构件的承载力、确定构件中的临界裂纹尺寸具有重要意义，为选材和工艺设计提供了新的依据，是传统强度安全设计的重要补充与完善。

11.6.2 裂纹扩展的能量分析

上一节从应力分析的角度对裂纹体进行了分析，此外还可从能量分析的角度对裂纹体进行分析，这也是 Griffith 公式思想的推广。

设有一裂纹体，裂纹面积为 A，若此面积扩展了 dA，这一过程中外力做功为 dW，系统弹性能变化为 dU_e，塑性功变化为 dU_p，裂纹表面能增加为 dU_s。假定这一过程是绝热和静态的，即可不考虑热功间的转换，则由能量守恒和转换定律可得

$$dW - dU_e = dU_p + dU_s \tag{11-17}$$

式中，$dU_p = \gamma_p dA$，$dU_s = \gamma_s dA$，γ_p 和 γ_s 分别为裂纹扩展单位面积所需要的塑性功和表面能。上式等号右端是裂纹扩展所要消耗的能量，包括形成裂纹的表面能和塑性变形消耗的塑性

功。对脆性材料而言，$\gamma_p \ll \gamma_s$，所以塑性功可以忽略不计。要使裂纹扩展，系统必须提供这部分能量。上式等号左端即是系统提供的能量，包括外力所做的功和弹性能的释放，这是裂纹扩展的动力。若 $(dW-dU_e)<(dU_p+dU_s)$，则裂纹不会扩展，不会有 dU_s，因此 $dW=dU_e+dU_p$，即外力做功仅仅引起弹性应变能与塑性功的变化。

在力学分析中，系统的势能等于系统的弹性能减去外力功，即 $U=U_e-W$。因此式（11-17）左端是系统势能增量的负值，即 $-dU$。这表示裂纹扩展时，系统势能是下降的。

裂纹扩展单位面积时系统释放的能量定义为裂纹扩展能量释放率，简称为裂纹的能量释放率，用 G 表示，即

$$G=-\frac{\partial U}{\partial A}=\frac{\partial W}{\partial A}-\frac{\partial U_e}{\partial A} \tag{11-18}$$

它表示裂纹扩展单位面积时系统势能的变化，其量纲为 [能量]/[面积]，单位为 $J \cdot m^{-2}$ 或 $N \cdot m^{-1}$。裂纹的能量释放率是系统为裂纹扩展提供的能量，也称为裂纹扩展力。对于单位厚度的裂纹体就有 $G=-\partial U/\partial a$，即裂纹的能量释放率表示裂纹扩展单位长度所需的力。对于不同类型的裂纹，裂纹扩展力也不相同，它取决于外加应力、试样尺寸和裂纹尺寸等因素。如同应力场强度因子 K 一样，裂纹的能量释放率可以看作是推动裂纹扩展的动力。

裂纹扩展单位面积时所需要消耗的能量定义为裂纹扩展阻力率，用 R 表示，即

$$R=\frac{\partial U_p}{\partial A}+\frac{\partial U_s}{\partial A}=\gamma_p+\gamma_s \tag{11-19}$$

则式（11-17）可表示为 $GdA=RdA$，这也就是裂纹扩展时的条件，即 $G=R$。若 $G<R$，裂纹体中的裂纹不会扩展。一旦 G 达到甚至超过 R 时，裂纹将失稳扩展并导致裂纹体断裂。

考虑一无限大平板，中心开一穿透裂纹，当加载到 F 后两端固定，则位移保持不变，即为固定边界条件或恒位移条件，如图 11-43a 所示。此时板内储存的弹性能可用面积 OAB 表示。由于位移 OB 保持不变，如裂纹扩展 da，则会引起平板刚度下降，板内存储的弹性能下降到面积 OCB，阴影部分的三角形面积 OAC 即相当于裂纹扩展所释放出的弹性能。

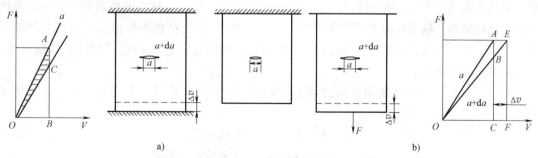

图 11-43　不同条件下裂纹扩展的能量关系
a）恒位移　b）恒载荷

更为普遍的情形是恒载荷条件，即裂纹在恒定载荷 F 作用下扩展 da，则位移从点 C 增加到点 F，如图 11-43b 所示。此时外载所做的功相当于矩形面积 $AEFC$，板内弹性能从面积 OAC 增加到面积 OEF，增加量为梯形 $CBEF$ 与三角形 OAB 之差，即矩形 $AEFC$ 与三角形 OAE 之差。由于面积 $AEFC$ 为面积 OAE 的 2 倍，因此弹性能的增量为面积 $AEFC$ 的一半。这就表明，外在所做的功有一半用于增加平板的弹性能，另一半将用于裂纹扩展。

比较图 11-43a 和图 11-43b 可知，不管是恒位移的情况还是恒载荷的情况，裂纹扩展可利用的能量是相同的。只不过在恒位移情况下，$W=0$，U_e 下降，故 $G_I=-\partial U_e/\partial a$，而在恒载荷情况下，$\partial W/\partial a=2\partial U_e/\partial a$，故 $G_I=\partial U_e/\partial a$。即

$$G_I=-\frac{\partial U_e}{\partial a}(\text{恒位移},\mathrm{d}U_e<0) \tag{11-20}$$

$$G_I=\frac{\partial U_e}{\partial a}(\text{恒载荷},\mathrm{d}U_e>0)$$

这就表明：在恒位移情况下，裂纹扩展所需的能量来自系统弹性能的释放，因此裂纹扩展造成系统弹性能下降；在恒载荷情况下，裂纹扩展所需的能量来自外力做功，而且系统的弹性能并不下降，反而是增加的。但在两种情况下裂纹扩展的能量释放率是相同的，或者说裂纹扩展力是相同的。而且只有当这一裂纹扩展的能量释放率达到材料的裂纹阻力率时，材料中的裂纹才会开始扩展。

对于不同形状的裂纹，其裂纹扩展力 G 是可以计算的。例如：具有中心穿透裂纹无限大平板在两端受拉时，在平面应力条件下，$U_e=\pi\sigma^2a^2/E$，在平面应变条件下，$U_e=(1-\nu^2)\pi\sigma^2a^2/E$。因此可得

$$G_I=\frac{\pi\sigma^2a}{E}(\text{平面应力})$$

$$G_I=\frac{(1-\nu^2)\pi\sigma^2a}{E}(\text{平面应变}) \tag{11-21}$$

可见，G_I 与 K_I 相似，也是应力和裂纹尺寸的复合参量，只是它们的表达式和单位不同而已。

由式（11-19）可知，裂纹扩展阻力率 R 等于裂纹扩展单位面积所消耗的塑性功 γ_p 和表面能 γ_s，这两者都是材料常数，因此 R 也是材料固有的性能。对于脆性材料 $R=\gamma_s$，但对于塑性材料 $R=\gamma_p+\gamma_s$。大量试验表明，不管试验条件如何变化，材料的 R 值最终都将趋于某一极大值，可将其记为 G_C。因此可建立裂纹扩展的断裂判据 $G\geq G_C$，式中 G_C 也称为断裂韧度。一旦 G 值大于材料的断裂韧度 G_C，裂纹将失稳扩展并导致材料最终断裂。G 判据的物理意义比较清晰。随着应力和裂纹尺寸的增大，裂纹扩展力 G 也不断增大，当增大到某一临界值后，就可以克服裂纹扩展阻力 G_C，即裂纹扩展能量释放率超过了裂纹扩展阻力率，于是裂纹便会失稳扩展。

对于 I 型裂纹，可以证明，应力场强度因子 K_I 与裂纹扩展能量释放率 G_I 之间存在关系

$$G_I=K_I^2/E \qquad (\text{平面应力}) \tag{11-22a}$$

$$G_I=(1-\nu^2)K_I^2/E \qquad (\text{平面应变}) \tag{11-22b}$$

因此断裂韧度之间也存在关系，可由 K_{IC} 求出 G_{IC}。

在复合裂纹形式下，有

$$G=\frac{K_I^2}{E'}+\frac{K_{II}^2}{E'}+\frac{K_{III}^2(1+\nu)}{E'} \tag{11-23}$$

式中，对于平面应力状态 $E'=E$，对于平面应变状态 $E'=E/(1-\nu^2)$。这表明不同加载方式得到的 G 是可以相加的。

11.6.3　断裂韧度与断裂判据

在断裂力学出现以前，由于生产知识的积累，人们曾总结出一些材料的韧性指标，如冷脆转变温度、冲击能量等，它们都是一些定性的经验的参量，只能在一定条件下用于评定材料，而不能用于设计。随着逐步建立起线弹性断裂力学理论并进而发展出弹塑性断裂力学，提出了一些描述裂纹扩展的参量，如应力场强度因子、J 积分、裂纹张开位移（见 COD 法）等，它们可以定量地用于设计。将它们和传统的强度理论结合起来，可以设计出更安全和更经济的工程结构。因此，在航天、核电工程等领域断裂力学的应用越来越广泛。

另一方面，由于裂纹尖端的一个很小的区域对于裂纹扩展规律有重要影响，因此，裂纹扩展同材料的一些微观特性，特别是冶金性质（如晶粒大小、二相粒子、位错等）关系极大，这就要求断裂力学在研究中把材料工艺学、冶金学、金属物理学等方面的成果同力学结合起来。随着断裂力学的发展，微观裂纹也已进入研究范围。在研究裂纹扩展规律时，也开始涉及裂纹产生的原因。

断裂力学的研究内容主要包括三个方面：①裂纹的起裂条件；②裂纹在外部载荷和（或）其他因素作用下的扩展过程；③裂纹扩展到什么程度物体会发生断裂。为此，断裂力学研究给出了裂纹扩展准则作为材料断裂的判据，这包括宏观准则和细观准则。

常见的裂纹扩展宏观准则如下。

1）能量释放率准则：

$$G<G_C \tag{11-24a}$$

2）应力场强度因子准则：

$$K<K_C \tag{11-24b}$$

3）J 积分准则：

$$J<J_C \tag{11-24c}$$

4）裂纹张开位移 COD 准则：

$$\delta<\delta_C \tag{11-24d}$$

式中，临界值 G_C、K_C、J_C、δ_C 统称为材料的断裂韧度。当相应的断裂力学参数超过断裂韧度时，裂纹就将发生扩展，极端情况下就会发生失稳扩展。断裂韧度是在一定外界条件下材料阻止裂纹扩展的韧性指标，是材料断裂韧性的定量度量，其大小将决定材料的承载能力和脆断倾向。因此，提高材料的断裂韧度具有重要意义。

断裂力学给出了含裂纹体的断裂判据，将其用于工程设计，可以确定材料的承载力或者最大稳定裂纹。在给定裂纹尺寸和形状时，根据裂纹扩展判据可以求出不致发生脆断时所允许的最大工作应力。或者是在给定工作应力时，可以确定出在不发生脆断的前提下材料中所允许的最大裂纹尺寸。

如前所述，裂纹扩展判据是针对裂纹体提出的，若材料中的裂纹不予考虑或可以忽略，则不能由此计算材料的断裂强度，而仍需采用传统弹塑性理论来解决材料的断裂强度问题，如经典强度理论中的最大拉应力准则、最大拉应变准则以及莫尔强度理论等。

其中 K 判据是工程中应用最广的，相应的断裂韧度 K_{IC} 也是材料的一个重要力学性能指标。在应用裂纹扩展的 K 判据时，首先需要辨别清楚裂纹的类型，选择合适的应力场强度因子计算方式，然后需判断是否考虑塑性区对 K 值的修正。

断裂韧度和其他一些力学性能指标一样都是材料的固有性能。所以它们之间必然存在相互联系，但这种关系是非常复杂的。根据对大量试验数据的分析，目前已经提出了一些经验公式来说明它们的关系。据此可以推断影响材料断裂韧度的因素。一般来说，凡是能同时提高材料强度和塑性的因素都能提高材料断裂韧度，因此就可以根据控制材料强度及塑性的措施来改变材料的断裂韧度。此外，利用这些经验公式，可以通过测定相对容易测试的其他常规力学性能指标来间接推得材料的断裂韧度，这就可以避免进行复杂的断裂韧度测试试验。

11.6.4 影响断裂韧度的因素

材料的断裂韧度是表征材料抵抗断裂的力学性能指标，是材料本身固有的力学性能。它主要由材料的成分、组织和结构决定。成分不同，材料的断裂韧度会有明显的不同。对同一成分的材料，若采用不同的制备、加工和热处理工艺，则也会引起组织结构的差异，从而导致断裂韧度的不同。另外，环境温度、介质情况以及应变率也会对材料的断裂韧度产生影响。

1. 组织成分的影响

材料中的裂纹扩展主要是在基体相中进行，但在很大程度上受第二相的影响，不同的基体相和第二相组织结构将影响裂纹扩展的路径、方式和速率，从而影响材料的断裂韧度。

1）化学成分。根据已有资料，化学成分对 K_{IC} 的影响规律基本上与对 KV 的影响相似，其大致规律是：细化晶粒的合金元素因提高强度和塑性使 K_{IC} 提高；强烈固溶强化的合金元素因降低塑性使 K_{IC} 明显降低，并且随合金元素含量的提高，K_{IC} 降低越厉害；形成金属化合物并呈第二相析出的合金元素，因降低塑性有利于裂纹的扩展，也使 K_{IC} 降低。钢中某些微量杂质元素（如锑、锡、磷、砷等）容易偏聚于奥氏体晶界，降低晶间结合力使裂纹沿晶界扩展并断裂，使 K_{IC} 降低。一些合金结构钢的调质回火脆性就属于这种情况。

2）晶粒尺寸。在多晶体材料中，由于晶界两边晶粒取向不同，晶界成为原子排列紊乱的区域，当塑性变形由一个晶粒穿过晶界进入另一个晶粒时，由于晶界阻力大，穿过晶界困难。另外，穿过晶界后滑移方向又需改变，因此，与晶内相比，这种穿过晶界而又改变方向的变形需要消耗更多的能量，即穿过晶界所需的塑性变形能增加，裂纹扩展阻力增大，K_{IC} 也增大。晶粒越细，晶界所占比例越大，裂纹尖端附近从产生一定尺寸的塑性区到裂纹扩展所消耗的能量也越大，因此 K_{IC} 越高。同时，细化晶粒也有强化作用，并使韧脆转变温度降低，所以细化晶粒是使强度和韧性同时提高的有效手段。细化晶粒是提高低、中强度钢低温断裂韧度的有效措施之一。

一般来说，晶粒越细小，形变强化指数 n 和断裂强度 σ_C 就越高，则 K_{IC} 也越高。例如：En24 钢的奥氏体晶粒度从 5~6 级细化到 12~13 级，可使 K_{IC} 由 44.5MPa·m$^{1/2}$ 增至 84MPa·m$^{1/2}$。但是，在某些情况下，细化晶粒对 K_{IC} 的影响和对常规力学性能的影响可能并不一定相同，有时粗晶粒的 K_{IC} 反而较高。例如：40CrNiMo 钢经 1200℃ 超高温淬火后，晶粒度可达 0~1 级，K_{IC} 为 56MPa·m$^{1/2}$；而 870℃ 正常淬火后晶粒度较细为 7~8 级，但 K_{IC} 仅为 36MPa·m$^{1/2}$。实际上，粗晶化提高 40CrNiMo 钢 K_{IC} 的试验结果，并非简单的晶粒大小作用所致，可能还和形成板条马氏体及残留奥氏体薄膜的有利影响有关。该钢材经两种不同热处理工艺处理后，塑性和冲击吸收能量的变化却与 K_{IC} 的变化正好相反。总之，细化晶粒对提高全面力学性能是有利的，但对于具体的材料，是否需要采取细化晶粒的措施，还需要视具体情况综合考虑。

3）夹杂物或第二相。在大多数材料内部（如金属材料），一般都含有大小、多少不同的夹杂物或第二相，其韧性比基体差，称为脆性相。它们的存在一般都使材料 K_{IC} 下降。

在裂纹尖端的应力场中，若材料中的夹杂物或第二相本身脆裂或在相界面开裂，就会形成微孔，微孔和主裂纹连接将使裂纹扩展，从而使 K_{IC} 降低。当材料的 σ_s、E 相同时，随着夹杂物或第二相体积分数的增加，其 K_{IC} 下降。这是因为分散的脆性相数量越多，其平均间距越小所致。因此，减少材料中的夹杂物或第二相数量，提高材料的纯净度，如应用真空冶炼技术等，可使 K_{IC} 提高。

夹杂物或第二相的形状及其在材料中的分布形式对 K_{IC} 也有影响。例如：球状渗碳体就比片状渗碳体的韧性高，因此，采用球化工艺可以大大改善钢的塑性和韧性；又如硫化物，一般呈长条分布，横向韧性很差，若加了稀土、锆等，使它变成球状硫化物，即可大大提高韧性。

虽然一般认为夹杂物或第二相对 K_{IC} 有害，但具体有害程度的大小与材料和工艺有很大的关系，在某些情况下，夹杂物或第二相的多少对 K_{IC} 影响不大，甚至也有随夹杂物或第二相含量增加，K_{IC} 反而提高的情况。

尤其是在陶瓷材料中，加入第二相延性颗粒，利用其塑性变形来缓解裂纹尖端高度的应力集中，可以明显提高材料的断裂韧度。在适当的条件下，如果形成延性裂纹桥联会进一步提高增韧效果。

4）组织结构。不同的组织结构形态，其断裂韧度也不同。例如：钢的基体相一般为面心立方和体心立方两种铁的固溶体。从滑移塑性变形和解理断裂的角度来看，面心立方固溶体容易产生滑移塑性变形而不产生解理断裂，并且 n 值较高，所以其 K_{IC} 较高。因此，奥氏体钢的 K_{IC} 较铁素体钢、马氏体钢的高。因此，在马氏体基体上，有少量残留奥氏体的存在，可使材料断裂韧度升高。

板条马氏体是位错型亚结构，具有较高的强度和塑性，裂纹扩展阻力较大，常呈韧性断裂，因而 K_{IC} 较高；针状马氏体是孪晶型亚结构，硬而脆，裂纹扩展阻力小，呈准解理或解理断裂，因而 K_{IC} 很低。回火索氏体的基体具有较高的塑性，第二相是粒状碳化物，分布间距较大，裂纹扩展阻力较大，因而 K_{IC} 较高；回火马氏体基体相塑性差，第二相质点小且弥散分布，裂纹扩展阻力较小，因而 K_{IC} 较低；回火托氏体的 K_{IC} 居于上述两者之间。

在亚共析钢中，无碳贝氏体常因热加工工艺不当而形成魏氏体组织，使 K_{IC} 下降。上贝氏体因在铁素体片层间分布有断续碳化物，裂纹扩展阻力较小，K_{IC} 较低。例如：将35CrMo钢的上贝氏体组织与等强度的回火索氏体组织相比，其 K_{IC} 下降约45%。下贝氏体因在过饱和铁素体中分布有弥散细小的碳化物，裂纹扩展阻力较大，与板条马氏体相近似，K_{IC} 较高。调质钢下贝氏体组织与同硬度的回火马氏体组织相比，其 K_{IC} 较高。

残留奥氏体是一种韧性第二相，分布于马氏体中，可以松弛裂纹尖端的应力峰，增大裂纹扩展的阻力，提高 K_{IC}。例如：某种沉淀硬化不锈钢通过不同的淬火工艺，可获得不同含量的残留奥氏体，当其含量（质量分数）为15%时，K_{IC} 可提高 2~3 倍，如图 11-44 所示。低碳马氏体的 K_{IC} 较高，其原因除了位错型亚结构外，马氏体板条束间的残留奥氏体薄膜也起很大作用。

又如相变诱发塑性钢（即 TRIP 钢），钢中含有大量的 Ni、Cr、Mn 等合金元素，室温全部是奥氏体，在应力作用下切变马氏体相变需要消耗极大的能量，使断裂韧度增加；另外，由于马氏体阻止裂纹扩展的阻力小于奥氏体阻止裂纹扩展的阻力，故奥氏体相变成马氏体，将使断裂韧度下降，但断裂韧度下降并不大。这样，应力诱发相变就使断裂韧度明显提高。这种钢 σ_b = 1680MPa，室温 K_{IC} = 1775MPa·$m^{1/2}$，即使在 -196℃，K_{IC} = 462MPa·$m^{1/2}$，它是目前断裂韧度最好的超高强度钢。

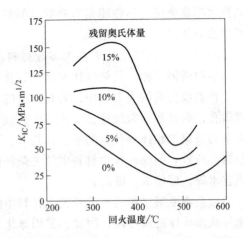

图 11-44　残留奥氏体量及回火温度对沉淀硬化不锈钢断裂韧度的影响

5）特殊热处理。相关的研究表明，超高温淬火、亚临界区淬火及形变热处理等特殊热处理工艺对断裂韧度 K_{IC} 有一定的影响。

超高温淬火就是把淬火温度提高到 1200~1250℃，即比正常温度约高 300℃，然后快速冷却。试验表明，虽然晶粒度从 6~7 级长大到 0~1 级，但断裂韧度 K_{IC} 却能提高一倍。随着淬火后回火温度的提高，超高温淬火和正常淬火的 K_{IC} 差异逐渐缩小。试验也表明，如淬火温度小于 1100℃，则 K_{IC} 提高并不明显。

亚临界区淬火是把钢加热到 Ac_1 和 Ac_3 之间的亚临界区再淬火和回火。它能细化晶粒，提高韧性，特别是低温韧性，同时也能抑制回火脆性。只有原始组织为淬火回火的调质状态，亚临界处理后，才能获得较好的效果。如原始组织是退火或正火的组织，亚临界处理的结果不太理想，甚至会使韧性降低。

压力加工和热处理都可使材料的强度和韧性提高，综合运用这两种工艺的形变热处理，不仅使材料强化，而且也可使韧性大幅度提高。低温形变处理由于要在低温变形，而且变形量越大，效果越显著。由于轧机载荷限制，这种工艺的应用有一定的局限性。因此，近年倾向研究高温形变处理。例如：40CrNiMnMo 钢，高温形变处理比一般调质处理会使 σ_s 从 145MPa 提高到 168MPa，K_{IC} = 272MPa·$m^{1/2}$，这种强化和韧化的效果是由于显著细化了奥氏体，从而细化了马氏体引起的。

6）裂纹扩展路径。材料的最终断裂是由于裂纹的失稳扩展导致的，因此提高材料断裂韧度的一个重要措施是尽量阻止裂纹的扩展，这包括：①分散裂纹尖端应力；②消耗裂纹扩展的能量，增大裂纹扩展所需克服的能量；③转换或吸收裂纹扩展的能量。尤其对于陶瓷材料，其内部天然存在大量的微裂纹，如何控制这些裂纹的扩展就成为陶瓷增韧的关键。目前采用的方法有微裂纹增韧、裂纹偏折和弯曲增韧、裂纹桥联增韧等。

在陶瓷基体相和分散相之间，由于温度变化引起的热膨胀差或由相变引起的体积差，会在陶瓷材料内部产生弥散均布的微裂纹。当陶瓷材料受到拉应力的作用时，在主裂纹的尖端形成塑性区，在塑性区内，原先存在的大量微裂纹发生延伸，增加许多新的裂纹表面，吸收大量的弹性能，从而引起陶瓷断裂韧度的增加。另外，延伸后形成的较大微裂纹将与主裂纹汇合，导致主裂纹的扩展路径发生扭曲和分叉，变得蜿蜒曲折，增加了裂纹扩展路径，吸收更多的弹性能，阻碍了裂纹的快速扩展，从而导致材料断裂韧度的进一步提高。这一增韧机理被称为微裂纹增韧。微裂纹增韧对温度和粒子尺寸很敏感，合适的粒子尺寸应大于应力诱发相变的临界尺寸而小于自发产生危险裂纹的临界尺寸，并且应减小基质与粒子间的热失配，使其产生最大的相变拉应力。需要注意的是，微裂纹的密度大到一定程度后，就会使裂纹相互连接，形成大裂纹，反而使韧性下降。

裂纹偏折和弯曲增韧机制是指基体中第二弥散相的存在会扰动裂纹尖端附近应力场，使裂纹产生偏折和弯曲，从而减小了驱动力，增加了新生表面区域，提高了韧性。裂纹偏折产生非平面裂纹，而裂纹弯曲产生非线形裂纹前沿。这种增韧机制的优点是基本不受温度和粒子尺寸大小的影响。

上述微裂纹增韧、裂纹偏折和弯曲增韧都是发生在裂纹尖端局部区域内的能量耗散行为，而裂纹桥联增韧是发生在裂纹尖端后部较大范围内的能量耗散行为。裂纹桥联增韧是指由第二相增强元连接扩展裂纹的两表面，由于变形而给裂纹表面加上了闭合应力，抵消裂纹尖端的外应力，钝化裂纹扩展，从而起到了增韧作用。此外，裂纹扩展时，伴随第二相增强元地拔出还要克服摩擦力，进一步起到了增韧的作用。根据第二相增强元的变形特点，桥联作用可以分为刚性桥联和延性桥联。桥联相与基体界面间分离长度以及拔出长度的大小直接影响到桥联和拔出作用的增韧效果，因此桥联相与基体在物理和化学性质上的相互匹配十分重要，合理的两相界面设计是提高桥联和拔出增韧作用的关键。

2. 温度的影响

随着温度下降，材料的塑性变形能力降低，相应 K_{IC} 也降低。与冲击韧度随温度的变化相类似，随着温度的降低，断裂韧度会有一急剧降低的温度范围（一般在 $-200 \sim 200℃$ 的范围），低于此温度范围，断裂韧度趋于一数值很低的水平（下平台），如图 11-45 所示。

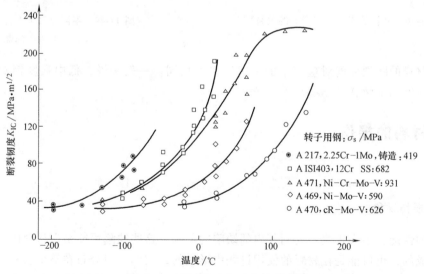

图 11-45　断裂韧度与温度的关系

断裂韧度随温度降低而减小的这种转变特性是材料固有的特性。断口分析表明，裂纹尖端的微观断裂形貌与断裂时的温度有关。在接近下平台时，断裂表现为解理断口，宏观塑性变形很小，属于脆性断裂。而在转变温度上端，断裂表现为韧性断口，宏观变形也很大，属于韧性断裂。

3. 应变率的影响

随着材料应变率的增大，材料塑性变形能力将受到制约，使得材料的韧性下降，材料的 K_{IC} 与应变率的关系如图 11-46 所示。在一定应变率范围内近似呈线性关系，即 $d\varepsilon/dt$ 每增加一个数量级，K_{IC} 约下降 10%。但当 $d\varepsilon/dt$ 很大时，可出现 K_{IC} 反而上升的情况。这是由于塑性变形所产生的热量来不及传导，甚至呈绝热状态使裂纹前沿温度升高，从而使塑性变形能力增大所产生的后果。由于动态加载下的断裂韧度不同于静态的 K_{IC}，所以动态断裂韧度常用 K_{Id} 标记，以示区别。

增加应变率和降低温度的影响是相似的，这都会增加材料的脆化倾向。图 11-47 所示为不同温度下在冲击条件和 Hopkinson 杆上测得的断裂韧度。

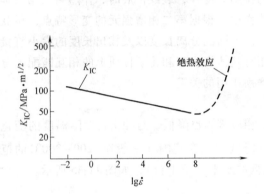

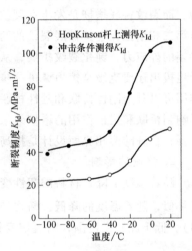

图 11-46　材料的 K_{IC} 与应变率的关系　　图 11-47　不同温度下在冲击条件和 Hopkinson 杆上测得的断裂韧度

不同材料的断裂韧度对应变率的敏感度也不相同。一般来说，低中强度钢对应变率敏感，而高强度钢不敏感。

11.7　材料的损伤

11.7.1　损伤现象

材料的性能在很大程度上受到其内部缺陷的影响，这些缺陷可能是在材料的成形或加工过程中形成的，也可能是在材料的使用过程中形成的，它们一般分布在整个材料之中。从几何拓扑上看，这些缺陷可分为点缺陷（空穴、异质原子等）、线缺陷（位错等）、面缺陷（晶界、滑移面、解理面、微裂纹等）以及体缺陷（微孔洞、夹杂等）。当材料受到力、电、热、磁等外部因素作用时，材料的细观结构中可以发生缺陷的形核、长大等不可逆热力学耗散过程，从而在宏观上表现为材料性能的劣化直至破坏，如刚度下降、韧性变差、强度减弱甚至局部破坏等。这种由于细观结构缺陷引起的材料或结构的劣化过程称为损伤。它表现为在外载作用下材料的内黏聚力的进展性减弱乃至体积单元的破坏。

通常可将材料在外载作用下的变形分为两类，即弹性变形和塑性变形。弹性变形在宏观上表现为一种可恢复性，即随外载作用而产生，又随外载卸除而消失。从材料的组织结构上看，弹性变形是原子间平衡距离在外载作用下的一种变化。因此材料的弹性变形过程是一个热力学可逆过程。塑性变形在宏观上表现为一种不可恢复性，即随外载作用而产生，但并不随外载卸除而消失，而是永久保留下来，使得材料的体积或形状发生改变。从材料的组织结构上看，滑移、孪生或分子链构型的变化是产生塑性变形的原因。通常，材料的塑性变形过程是一个不可逆过程。在材料的塑性变形过程中，位错等缺陷起着极为重要的作用。一方面，这些缺陷降低了初始滑移的门槛值，促成了塑性变形的产生；另一方面，缺陷的富集又会导致附加的应力，从而阻止塑性变形的进一步发展。

显然，纯粹的弹性变形是不会引起损伤的，只有当原子间的作用力超过某一临界值，导致原子间的平衡距离无法继续维持而使得原子间的价键发生破坏，即"脱键"时，才可能诱发损伤。伴随着"脱键"，可能促成微裂纹的形核及长大或导致塑性变形的发展，从而形成不同的损伤机制。

材料内部的塑性变形是比较复杂的，这涉及位错等缺陷的运动。所以实际材料中的塑性变形往往具有空间上的不均匀性和时间上的不同时性。于是，塑性变形的发展有可能导致局部微孔洞的产生，引起损伤。材料的塑性变形不会导致明显的体积改变，仅仅是产生了形状改变，但塑性导致的损伤往往会引起材料体积的变化，这是损伤与塑性的根本区别。

损伤的产生将对弹性产生直接的影响，因为与弹性变形相关的原子价键减少了，这也就意味着损伤一般总是会带来弹性的劣化。但损伤并不直接影响滑移等塑性变形的机制，只是加剧了材料内部塑性变形的不均匀性和不同时性，从而使材料的宏观塑性变形性能发生变化。

因此，从热力学上看，损伤与弹性之间存在状态的耦合，而损伤与塑性之间没有状态的耦合。也就是说损伤不影响塑性状态，损伤对塑性的影响是在状态变化中产生的，需通过动力方程来体现，这种影响关系称为动力耦合。

类似于断裂物理研究中将材料的断裂分为脆性断裂和韧性断裂，材料的损伤机制也可分为两类。

一类称为脆性损伤。这类损伤在细观上表现为微裂纹的形成、扩展和汇合。这意味着解理力小于产生滑移的力而大于脱键力，因此在原子间的价键破坏后即形成解理面，逐渐产生微裂纹。从宏观上看，这类损伤通常不引起明显的塑性变形，损伤局部化的程度比较高，而且往往会表现出明显的尺寸效应、剪胀效应以及拉压性质不同，并伴随着应力突然跌落和应变软化。

另一类称为韧性损伤。这类损伤在细观上表现为微孔洞的形核、长大和聚合。这意味着产生滑移的力小于解理力而大于脱键力，因此首先产生了局部塑性变形，而塑性变形发展的不平衡将导致微孔洞的产生。从宏观上看，这类损伤往往伴随着一定的塑性变形，损伤局部化的程度与塑性应变局部化的程度相当。

不同的材料组织结构和不同的外载条件会导致材料表现为不同的损伤机制，而这两种不同机制所产生的影响也有明显差异，相应研究方法也略有不同。尤其是在细观损伤力学中，损伤模型的建立与损伤机制密切相关。不同材料在不同的外载下，材料的损伤机制可能是单纯的脆性损伤或韧性损伤，也可能是以脆性损伤或韧性损伤为主，在个别情况下还可能是脆性损伤和韧性损伤共同作用。

此外，根据外载作用方式的不同，还可将损伤分为蠕变损伤、高周疲劳损伤、低周疲劳损伤等。而根据损伤在空间的对称特性，还可将损伤分为各向同性损伤和各向异性损伤，这一区分将影响到损伤模型的建立。

11.7.2 损伤变量

由于损伤，材料的细观结构缺陷将发生变化，如位错密度、微裂纹密度、微裂纹形状、微孔洞密度、微孔洞形状等都可能发生改变，伴随这一变化，材料的宏观性能也会有所变化，这意味着材料的状态发生了改变。这种变化是一种统计平均意义上的变化，是无法直接测量的，因此需要用一个内变量来描述，称为损伤变量。通过损伤变量这一内变量，可以刻画材料损伤这一能量耗散的不可逆过程所产生的影响。

通常，损伤变量定义为一个无量纲的量，而且取值在 0~1 之间。当损伤变量为 0 时表示完全没有损伤，而当损伤变量为 1 时表示完全损伤。一般情况下，材料的损伤变量总是大于 0 而小于 1。

尽管损伤变量实质上是一个热力学内变量，但考虑到损伤必然引起一些外变量的变化，如几何尺寸、弹性模量、电阻率等，所以在实际应用中往往通过某些特定的表示方式来近似表示损伤变量的值，借此刻画损伤的程度。根据测量方式的不同，可将损伤变量的描述分为以下两类。

（1）损伤变量的几何拓扑描述　损伤变量的几何拓扑描述是指通过特定的方法直接测量损伤材料中各种微缺陷的数目、大小、形状、方位等几何拓扑性质，从而由此定义材料的损伤变量。这种方法是直接测量损伤引起的细观结构缺陷变化，因此也称为直接测量法。

各种光学显微镜、扫描电子显微镜、激光表面仪、扫描探针显微镜等广泛应用于材料表面的分析测试，借此可以测定材料的损伤变量。但各种显微镜只能观测岩石表面的细观损伤过程，而且随放大倍率的增大视野相应减小，因而只能对局部区域进行观测分析。随着计算机断层扫描（CT）技术的发展和应用，就可以实现对材料内部的观测分析。CT技术采用X射线进行断层扫描，然后根据每个扫描断层分辨单元的CT数判断相应部位的物理密度，并通过适当的三维重构方法得到材料的内部结构图像。CT方法的最大优点在于可以无损地检测出材料内部的细微变化。

（2）损伤变量的物理力学描述　损伤变量的物理力学描述是指通过测量材料在损伤时的物理力学性能来定义材料的损伤变量。这种方法是通过间接测量损伤导致的物理力学性能变化来描述损伤，因此也被称为间接测量法。

可用于间接反映损伤的物理力学性能很多，包括弹性模量、电阻率、磁通率、超声波速度、显微硬度、循环应力幅和疲劳寿命等。具体选择何种描述，一是取决于所考察的损伤过程的外部条件，如外载状况及环境状况；二是取决于损伤过程的内部机制，包括材料特性以及损伤机制（韧性还是脆性）。

在间接测量法中，应用最多的是基于弹性模量变化的损伤变量描述。最早采用这一描述的是 Lemaitre 用无损弹性模量 E 和损伤弹性模量 $\bar{E}$ 定义的损伤变量

$$D = 1 - \tilde{E}/E \qquad (11\text{-}25)$$

在实际应用中，采用弹性模量来定义损伤的情况较为多见，为此谢和平和鞠杨等人详细讨论了该方法的适用条件，将其修正为

$$D = 1 - \left(1 - \frac{\varepsilon_p}{\varepsilon}\right)\frac{\tilde{E}}{E_0} \qquad (11\text{-}26)$$

式中，E_0 是没有损伤的初始弹性模量（一般取为切线模量）；$\tilde{E}$ 是损伤后的卸荷模量（一般取为割线模量）；ε 是总应变；ε_p 是卸载后的残余应变，也就是塑性应变。

这种基于弹性模量变化的损伤变量定义是一种标量形式，仅适用于各向同性损伤。

除了直接通过弹性模量来描述损伤变量外，另一种是通过材料中声波速度的变化来描述损伤。通常可由无损材料中纵波速度 v_p 和损伤材料中纵波速度 $\tilde{v}_p$ 来定义损伤为

$$D = 1 - \left(\frac{\tilde{v}_p}{v_p}\right)^2 \qquad (11\text{-}27)$$

此外，Belloni 采用密度的变化率定义损伤变量为 $D = \Delta\rho/\rho_0$，Rousselier 也给出了类似的定义。

总的来说，损伤变量作为描述材料损伤的内变量，在热力学上具有明确的意义，采用不同描述方式的损伤变量在热力学上是等价的，其区别在于不同描述下所形成的具体状态方程和动力方程具有不同的形式。但需要指出的是，在采用不同的描述方式时，必须谨慎考虑损伤与相应物理力学描述之间的耦合关系，尽可能使得所定义的描述能真正反映损伤变量。因此，在实际应用中，应该在符合热力学原理的前提下，尽可能选择易于测量且利于分析的损伤变量描述方式。

11.7.3　损伤力学模型

材料的实际损伤是十分复杂的，不同的材料、不同的情况，损伤的表现形式以及内在机制都不尽相同。对于损伤的研究可通过采用适当的假定，然后建立相应的理论模型来进行。材料损伤的描述模型按其特征尺寸和研究方法可大致分为微观、细观和宏观三种。

微观损伤模型是在原子结构层次上用经典或量子统计力学方法来推测宏观上的损伤行为，由于理论尚未完备、计算量又过于浩繁，目前这一方法只能定性而有限地预测某些损伤现象。在实际应用中，较多使用的还主要是宏观损伤模型以及细观损伤模型。

宏观损伤模型是基于宏观尺度上的连续介质力学和非平衡热力学来建立的，把包含各种缺陷的材料笼统地看成是一种含有"损伤场"的连续体，引进在物体内连续变化的损伤变量来描述损伤状态，进而在满足力学和热力学基本公式及定理的条件下唯象地确定材料的状态方程和损伤演化规律，并通过试验拟合其中的参数，使理论预测与试验结果趋于一致。宏观损伤模型不直接考察损伤的物理背景和材料内部结构的变化，而是从唯象的角度引入标量、矢量或张量形式的损伤变量来表征损伤的程度与效应，因此也被称为唯象损伤模型。采用这一模型研究损伤的方法称为宏观损伤力学或连续损伤力学。目前，宏观损伤模型正处于一个百家争鸣兴旺发达阶段，不过在这种理论争鸣中，宏观损伤模型已被广泛用于工程实际，解释了若干材料损伤破坏的现象。

细观损伤模型是从材料的细观结构出发，对不同的损伤机制加以区分，通过对细观结构变化的物理过程加以研究，揭示材料破坏的本质和规律，并借助一定的平均化方法导出材料的状态方程和损伤演化规律。细观损伤模型将某一真实的几何形状及物理过程赋予损伤变量和损伤演化，使其不再仅仅是笼统而抽象的数学符号和方程式，避免了宏观损伤模型的唯象性。同时又依靠细观单元的选取将物理微观过程统计的表示出来，避免了微观损伤模型中烦琐复杂的计算分析。因此，细观损伤模型能够更为真实地刻画材料的损伤破化过程。但细观损伤模型只有具备了几何上的直观性、逻辑上的合理性和数学上的可解性才能显示出巨大的吸引力，才能得到广泛应用，这使得细观损伤力学成为当前研究的重点和难点。

事实上，损伤的形态及其演化过程是发生于细观层次上的物理统计现象，而损伤对材料力学性能的影响则是这一现象在宏观层次上的体现。可以认为细观结构的变化是宏观性能劣化的根本原因，而宏观性能的劣化是细观结构变化的必然结果。因此，只有运用宏、细、微观相结合的研究方法才能完全解释材料损伤的现象和规律。随着现代分析测试技术的发展以及损伤力学研究的深入，现在已有可能开展宏-细-微观相结合的试验研究，并在此基础上给出材料宏-细-微观损伤模型的联系，建立宏-细-微观相结合的材料状态方程和动力方程。

在损伤模型中，必须首先从材料中选出一个包含足够缺陷的微元体进行研究，通常称为代表性体积单元（RVE）。该微元体的选择需要满足两个条件。

一是宏观无限小，即 RVE 的选择应足够小，从而可通过 RVE 定义材料内一点处的状态变量（各种广义应力和广义应变），这类似于弹塑性力学中根据特定单元体定义一点处的应力和应变。由于 RVE 是足够小的，也就是要保证基于 RVE 定义的材料内的宏观状态变量是连续的以及在 RVE 内发生的损伤等不可逆过程是适用于热力学的局域平衡假设的，所以可以应用场分析或平均化的方法将损伤在宏观上表示出来。

二是微观无限大，即 RVE 的选择还应足够大，RVE 不能抽象为一个几何点，而应该是一个包含大量粒子和微缺陷的体积单元。由于 RVE 是足够大的，也就是要保证基于 RVE 定义的材料内的宏观状态变量是服从热力学统计规律的，而且在 RVE 内发生的损伤是具有代表性的，能够反映材料的损伤机制，所以可以借助对 RVE 的分析从细观上定量描述损伤。

连续损伤力学将 RVE 内的损伤以一个连续的损伤变量来表示，从而形成一个连续的损伤场，并通过应变等效原理或其他等效原理以等价替换的方式将材料在没有损伤时的状态方程修正为考虑损伤的状态方程，因此对于连续损伤力学而言，RVE 是一个"黑箱"。细观损伤力学则将 RVE 视为"灰箱"，详细研究 RVE 内的损伤特征和演化规律，然后通过自洽方法、Taylor 方法等平均化方法将 RVE 扩展到宏观整体。可见，合理选择 RVE 是联系宏、细损伤模型的一种有效途径。

从细观或微观的角度研究材料微结构（包括微裂纹和微孔洞）的形态变化及其对材料宏观力学性能的影响，这也是典型的材料学研究方法。探究损伤演化的物理机制对于构建合理的损伤模型具有重要意义。各种高精度电子显微镜、工业 CT 的应用以及先进试验测试技术的发展使得从微细观尺度上观察损伤的物理现象成为可能。但目前关于微细观结构的变异和宏观力学响应之间的相互关系及解释仍然是一个难题。尽管如此，还是可以通过微细观观察结果来帮助阐明损伤演化过程及其对宏观力学行为的影响，这种考虑损伤的力学分析方法将更贴近真实的材料，从而能够更加可靠地预测材料的寿命，指导材料的强韧化设计。

第3篇 典型材料的力学性能特点

工程中用于抵抗力学载荷的材料称为结构材料，可以是金属材料、陶瓷材料、高分子材料及复合材料这四大类材料中的任何一类。金属材料是当前许多工程应用中的主要结构材料，前面的章节中也大多以金属材料为例进行讲解，在本书中用于描述这些材料的篇幅要比其他材料相对多一些。然而，陶瓷材料、高分子材料以及复合材料也至关重要。近年来，非金属材料和复合材料的发展使得一些应用中形成了用它们来取代金属材料的趋势。

材料的力学性能主要取决于材料的物质结构以及组织形态，并受加工工艺的影响。不同的材料具有不同的内部组元结构，也就表现出不同的力学性能特点。从材料的内部组元结构特点出发，结合材料的力学行为表现进行科学分析和验证，这是从根本上认识和控制材料力学性能的基础。在本书第1篇试验评测和第2篇机理分析的基础上，就可以结合具体的材料展开其力学性能和行为的分析研究，这对于科学合理发挥材料的力学性能，预防其失效破坏具有重要意义，也是将所学内容付诸实践的过程。

金属材料、陶瓷材料、高分子材料及复合材料这四大类材料表现出一些共性特点，其力学响应具有类似之处。但它们又各自表现出一些独特之处，这与其各自的内部组元结构有关。在下面的章节中将分别结合其各自的内部结构特点对其力学性能特征加以说明。

除了上述人工合成的材料外，工程实践中还涉及岩土材料。它们是无法加工制备的，但其力学行为和性能特点对采矿、交通、建筑等工程实践有着重要影响，下面也会对其进行简要介绍。

限于篇幅，本书没有展开介绍各种材料的物质结构以及组织形态，如有需要可参阅相关材料学方面的书籍，如金属结构、陶瓷结构、高聚物结构、复合材料结构、岩土材料结构等。当然，这一部分的内容也可与后续的专业课内容衔接起来，结合不同专业，可针对某些材料的力学性能特点进行更加深入的研究。

第 12 章
工程材料的力学性能

12.1 金属材料的力学性能

金属材料是最重要的工程材料，应用十分广泛，包括各种金属和以金属为基的合金。金属材料原子间的结合键基本上为金属键，个别情况下以共价键结合，因此金属键决定了金属材料的性能。按照金属键的概念，金属离子沉浸在自由运动的电子气氛中，呈均匀对称分布的形态，没有方向性，不存在结合的饱和性。因此金属原子趋于做高度对称的、紧密的和简单的排列。金属原子的这种排列，决定了金属具有密度大、强度高、塑性好、韧性佳以及一系列较好的工艺性能特点，从而成为应用广泛的重要的工程材料。

金属和合金大都是晶体。就单晶体而言，它具有明显的方向性。但实际金属材料往往是以多晶体的形态存在，从而在整体上表现为各向同性的特点。而且，实际金属结构中存在大量晶体缺陷，如空位、间隙原子、刃型位错、螺型位错以及亚晶界、晶界等，这些缺陷对金属材料的性能也有重要影响。块体形式的纯金属在非常低的应力下即可发生屈服，但可通过引入位错运动障碍来使其获得有用的强度水平。引入位错运动障碍的方法有冷变形、固溶强化、沉淀强化、细晶强化和多相强化等。通常需要采用不同数量的一种或一种以上的其他金属或非金属进行合金化来实现这种强化效果，并且也可以调整加工工艺来获得有用的工程金属材料。

在金属和合金中，化学成分相同、晶体结构相同并有界面与其他部分分开的均匀组成部分称为相。固态的金属材料就是由数量、形态、大小和分布方式不同的各种相组成的。纯金属一般为单一相，合金中有两类基本相：固溶体和金属化合物。相的组成和分布对金属材料的性能也有着重要影响。

对于一定成分的合金，其力学性能会进一步受到具体加工条件的影响。这些加工条件包括热处理、加工变形和铸造。在热处理中，合金经受一个特定工艺过程，即加热、保温和冷却，该过程能使材料获得所需的物理或化学变化。加工变形是通过施加压力使一块材料改变厚度或形状的过程。能够实现这种变形的方法有锻造、轧制、挤压和拉拔等。铸造是将熔化的金属倒入铸型，然后使其凝固后的形状与铸型的形状相符合。热处理可以与加工变形或铸造结合起来使用，并经常会加入一些特殊合金元素，因为它们会以一种所需的方式来影响加工形式。将变形作为最后一步加工的金属称为锻制金属，目的是将它们与铸造金属进行区分。

由前面的知识可知，塑性变形是由位错运动引起的，金属和合金的屈服强度通常会通过引入位错运动障碍而得到提高。这些障碍可以是位错缠结、晶界、杂质原子引起的晶体结构畸变或者弥散在晶体中的小颗粒。金属和合金的强化方法及其强化特征见表 12-1。

表 12-1　金属和合金的强化方法及其强化特征

强化方法	强化(阻碍位错运动)特征
形变强化(冷加工)	高位错密度导致缠结
细晶强化(晶粒细化)	晶体取向的改变及晶界处的其他不规则性
固溶强化	间隙杂质或置换杂质原子造成晶格畸变
沉淀强化	固溶之后冷却过程中细小的硬质颗粒沉淀析出
多相强化	相界处的晶体结构不连续
调质处理	体心立方铁中马氏体和 Fe_3C 沉淀析出相组成多相结构

冷加工是指金属材料在室温下的剧烈变形，经常采用的方法是轧制或拉拔。冷加工会导致位错密度升高和晶体结构无序化，结果造成屈服强度的升高和塑性的下降。由于大量位错形成高密度位错缠结，这些缠结将成为进一步变形的障碍，从而使金属材料发生强化。因此，可以通过控制冷变形量的大小来改变其性能。例如：可以采用这种方法来强化铜及铜合金。冷加工的影响可以通过将金属加热到一定温度使固体材料内形成新晶粒的方法部分或全部消除，该工艺称为退火。如果在剧烈的冷加工后进行退火，则形成的再结晶晶粒在刚开始时将非常细小。如果将材料在这个阶段进行冷却，将由于晶粒细化而发生强化，这是因为晶界阻碍了位错的运动。长时间退火或在高温下退火会导致晶粒合并成大尺寸晶粒，造成强度下降，但会使塑性升高。

经过形变强化的金属和合金进行加热时，随着温度的升高，其组织和性能会发生不同变化，一般依次经历三个阶段，即回复、再结晶、二次再结晶。回复在工业生产中被广泛应用。例如：冷变形后的机械零件由于存在残余内应力，易因超载而断裂，精密零件由于内应力的长期作用易引起尺寸的不稳定等，对此通常采取低温退火，这样既消除了内应力又保持了形变强化所获得的高硬度及高强度。

如果在形变的同时可以进行回复和再结晶，就可造成形变强化的消除和塑性变形能力的恢复，同时还能使材料获得较高的变形程度。工程实践中广泛采用的轧制、锻造等热加工工艺主要是利用了这种过程。

12.2　陶瓷材料的力学性能

由于陶瓷材料的化学键大都是离子键或共价键，键结合牢固并有明显的方向性，与一般的金属相比，其晶体结构复杂而表面能小，因此陶瓷材料的强度、硬度、弹性模量、耐磨性、耐蚀性及耐热性都比金属材料优越，但塑性、韧性、可加工性、抗热震性及使用可靠性不如金属材料。因此，陶瓷材料能够在各种苛刻的服役条件下（如高温、腐蚀和辐照环境下）工作，是一种重要的工程结构材料。但陶瓷材料的塑性、韧性性能比金属材料低得多，对缺陷很敏感，强度及可靠性较差，常用韦伯（Weibull）模数表征其强度均匀性。陶瓷材料的制备技术、气孔、夹杂物、晶界、晶粒结构均匀性等因素对其力学性能有显著影响，这些都是陶瓷材料的致命弱点。尤其是陶瓷材料的"脆性"，在很大程度上限制了其特性的发挥和实际应用，因此陶瓷材料的韧化成为相关研究领域的核心课题。

1. 陶瓷材料的弹性

几乎所有的陶瓷材料在室温静载下均不出现塑性变形，弹性变形后即发生脆性断裂。陶瓷材料的弹性模量具有以下特点。

1）陶瓷材料的弹性模量在各类材料中是最高的，比金属高若干倍，比高聚物高2~4个数量级，这是由于陶瓷材料具有强固的离子键或共价键。共价键晶体结构的主要特点是键具有方向性，它使晶体拥有较高的抗晶格畸变和阻碍位错运动的能力，从而具有很高的弹性模量和硬度。离子键晶体结构的键方向性不明显，但滑移系不仅受到密排面与密排方向的限制，而且还要受到静电作用力的限制，从而导致实际可动滑移系较少，其弹性模量也较高。

2）陶瓷材料的弹性模量不仅与结合键有关，还与构成陶瓷材料的相种类、分布、比例以及气孔率有关。金属材料的弹性模量是极为稳定的力学性能指标，合金化、热处理、冷热加工等手段基本不会导致弹性模量的改变。但陶瓷材料的生产工艺过程却对其弹性模量有重大影响。尤其是气孔率，气孔的存在降低了材料的弹性模量。

3）陶瓷材料在压缩状态下的弹性模量 $E_压$ 一般大于拉伸状态下的弹性模量 $E_拉$。而金属材料在压缩与拉伸状态下的弹性模量基本是相等的。陶瓷材料 $E_压$ 与 $E_拉$ 的不等与陶瓷材料显微结构的复杂性和不均性有关。

2. 陶瓷材料的强度

从组分和结构因素看，共价键晶体和复杂离子晶体陶瓷具有很高的理论强度，因此陶瓷材料的实际强度也是较高的。不过，由于陶瓷材料在烧结成形过程中，不仅存在大量的气孔，而且在固相中进行反应生成新的化合物，生成物分布极不均匀，所以陶瓷材料的组织结构远较金属材料复杂，陶瓷材料的实际强度与理论强度之间的差异要比金属材料更加显著。影响陶瓷材料强度的因素有微观结构、内部缺陷的形状和大小、试样本身的尺寸和形状、应变率、环境因素（温度、湿度、酸碱度等）、受力状态和应力状态等。下面讨论几种主要影响因素。

微观结构对陶瓷材料强度的影响非常明显。陶瓷材料的微观结构主要有晶粒尺寸、形貌和取向，气孔的数量、尺寸、形状和分布，第二相杂质的性质、尺寸和分布，晶界相的成分、结构和形态以及裂纹的尺寸、密度和形状等。它们的形成主要和陶瓷材料的制备工艺有关。

陶瓷材料一般由粉末成形后烧结而成，不可避免有大量气孔残存下来。气孔对陶瓷材料的强度产生重大影响，具体表现为：①气孔率增加，固相截面减小而导致实际应力增大，降低断裂强度；②气孔率增加，气孔间距缩短，材料内部应力三轴度增大，材料脆性增大，有利于裂纹扩展；③形状不规则的气孔本身作用便相当于裂纹，在尖锐处应力集中而扩展；④气孔存于晶界处，特别是在多晶粒交界处，会引起严重的应力集中，在外力作用下容易形成裂纹。可见陶瓷材料的强度随气孔率的增加而下降。

晶界相对陶瓷材料强度的影响主要是大多数陶瓷材料烧结要加入助烧剂，因此形成一定量的低熔点晶界相而促进致密化。晶界相的成分、性质及属性（如厚度）对强度有显著影响。晶界玻璃相的存在对强度不利，所以应通过热处理使其晶化，尽量减少脆性玻璃相。晶界相最好能起到阻止裂纹扩展并能松弛裂纹尖端应力场的作用。

晶粒尺寸对陶瓷材料强度的影响也很大。一般来说，晶粒细化有助于提高陶瓷材料的强度。

由于陶瓷材料中存在较金属材料中更明显的裂纹类缺陷，因而使抗拉强度明显低于理论值。在压缩时，由于裂纹类缺陷可以闭合，对抗压强度影响较少。因此，陶瓷材料的抗压强度比抗拉强度大得多，其差别程度大大超过金属材料。即使很脆的铸铁，其抗拉强度与抗压强度之比也为 1/4~1/3，而陶瓷材料的抗拉强度与抗压强度之比几乎都在 1/10 以下。

3. 陶瓷材料的脆性和增韧

脆性是陶瓷材料的特点，也是它致命的弱点，具体表现为：在外力作用下，陶瓷材料一般不发生显著变形即破坏。这一严重弱点使得陶瓷材料在实际使用过程中很容易造成灾难性的后果，因此在很大程度上限制了其应用范围。

由于陶瓷材料是脆性材料，同时硬度又比其他材料大，很难像普通材料一样对陶瓷材料进行切割、刨磨、钻孔等操作。而陶瓷材料的烧结温度很高，设备贵、能耗大，很不利于对环境的保护。如何使陶瓷材料能在较低温度下烧结，并具有较好的可加工性，也是长期以来试图解决但却一直未能解决的问题。

材料的断裂韧度是其强度和塑性的综合反映。陶瓷材料的脆性本质在于滑移系少和组织不均匀，因此很难发生塑性变形。根据 Griffith 断裂理论，脆性材料断裂强度的提高只能通过提高韧性和减小临界裂纹尺寸来达到。因此，人们在陶瓷制备工艺方面进行了大量的研究工作，这主要是围绕着如何减少由于制备工艺而导致的裂纹的尺寸和数量，同时设计韧性更高、可靠性更强的陶瓷而展开的。迄今为止，陶瓷增韧的主要途径如下：

1) 改善陶瓷材料的物质组织结构，提高塑性变形能力，或通过相变来吸收裂纹扩展的能量，如 ZrO_2 相变增韧、第二相增韧等。

2) 通过在陶瓷微观结构中加入能量吸收单元（如晶片、晶须、颗粒等），利用裂纹偏转和提供桥联单元来阻止裂纹的进一步扩展，如微裂纹增韧、纤维增韧等。

3) 减少或控制陶瓷材料中的缺陷，如降低晶粒尺寸、降低气孔、减少有害杂质等。

这些方法对提高陶瓷材料的韧性有很大的作用，但是离彻底解决陶瓷材料的脆性问题依然还很遥远。

12.3 高分子材料的力学性能

高分子材料是以高分子化合物为主要成分，与各种添加剂配合，经加工而成的有机合成材料。高分子材料的主要成分是高分子化合物，高分子化合物是由小分子化合物经加聚反应或缩聚反应合成的，所以高分子材料也称为"高聚物"，用于聚合的小分子化合物则被称为"单体"。

高分子材料的结构主要包括两个微观层次：一是高分子化合物的结构，即大分子链结构，又分为近程结构和远程结构，大分子链的几何形状主要有线型、支化型、体型（网状）三类；二是聚集态结构，即大分子链之间的几何排列形式（堆砌形式），如晶态、非晶态、取向结构、织态结构等，这是在加工过程中形成的，是由微观结构向宏观结构过渡的状态。

高分子材料的性质与温度和时间密切相关。随着温度的变化，在一些特定的温度，某些热力学性质会发生突然改变，这种现象称为转变，转变时的温度称为转变温度，如脆化温度、玻璃化温度、黏流温度等。这种转变与聚合物内部的分子运动状态相关，是其宏观表现形式，是在分子结构不变的情况下，分子运动从一种模式转换到另一种模式的表现。高分子材料的转变受加热、冷却和应变速率的影响而变动，与热力学上的热平衡相变不同，它是一种非平衡热力学状态的转变。

1. 高分子运动的特点

由于高分子是长链结构，长链上带有不同的侧基以及分子链的支化、相互交联、部分结晶和分子大小的随机分布等，从而使它的运动非常复杂，大体来讲可分为下列几种形式的运动。

1）链的整体运动：这是一种分子链的质量中心的运动，熔融状态和结晶过程中的分子链运动便属于这种运动。

2）链段运动：在整体高分子质量中心不动的情况下，主链单键内的旋转，使一部分链段（20~50个链节以上）相对于另一部分链段运动，产生很大的弹性变形。橡胶态的分子运动属此类型。

3）链节运动：链节运动是比链段小的单元的运动，可能是一个或数个链节在运动。

4）侧基运动：除主链的运动外，连于主链上的侧基也可运动，其运动方式是多种多样的，如侧基绕主链轴的运动，柔性侧基本身的内旋转等。

5）晶区内的运动：晶区内部分子的运动，如晶型转变，晶区内缺陷的运动等。

2. 线型非晶态高分子材料的三种力学状态

随着温度变化，线型非晶态高分子材料的力学行为也有所改变，呈现出不同的特点。图12-1所示为线型非晶态高分子材料受恒力作用时变形与温度的关系曲线，也称为热力学曲线。热力学曲线还可由不同温度下的抗拉强度、弹性模量或其他力学性能来测绘。图12-1中，T_g是玻璃态与高弹态间的转变温度，称为玻璃化温度；T_f是高弹态与黏流态间的转变温度，称为黏流温度或软化温度。

由图12-1可以看出，热力学曲线明显分为三个阶段，即线型非晶态高分子材料的三种力学状态：玻璃态、高弹态和黏流态。从相态角度看，这三种状态均属液相，即分子间的排列是无序的。三种状态的主要差别在于变形能力不同、弹性模量不同，因而称为力学性能三态。下面分别介绍各种力学状态下的性能特点。

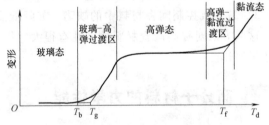

图 12-1　线型非晶态高分子材料热力学曲线

（1）玻璃态　温度低于T_g时，高分子材料的内部结构类似于玻璃，故称为玻璃态。在室温下为玻璃态的高聚物一般为塑料。

在T_g以下，温度不高，分子的动能较小，处于所谓的"冻结"状态，高分子材料为无定形的玻璃态。此时，整个分子链或链段不能发生运动，只有比链段更小的结构部分（链节、侧基、原子等）在其平衡位置附近做小范围的热振动。受外力作用时，链段进行瞬时的键长微量伸缩和键角微小变化。外力一经去除，变形立即消失。如图12-2a所示。因此，高分子材料处于玻璃态时，变形很小，且变化不大，而弹性模量较高，高分子材料表现为刚硬的特点。

T_b 是高分子材料的脆化温度。当温度 $T<T_b$ 时，高分子材料处于硬玻璃态，一般发生脆性断裂。此时，高分子材料受力变形符合胡克定律，并在瞬时达到平衡，基本无弹性滞后，其应力-应变曲线如图 12-3 中曲线 a 所示。当温度 T 介于 $T_b \sim T_g$ 之间时（$T_b<T<T_g$），高聚物处于软玻璃态，此时在外力作用下，原本不可运动的链段发生运动，使分子链沿外力方向取向。于是出现受迫弹性变形（变形在本质上是可逆的，但并不立即随外力的去除而消失，只有加热到 T_g 以上时变形的恢复才有可能），并表现出屈服现象（屈服后外力一般会下降，当分子链重新取向后又会上升），其应力-应变曲线如图 12-3 中曲线 b 所示。

高分子材料的玻璃化温度不像低分子材料的熔点那样是一个固定值，而是随外力作用的大小、加热的速度和测量的方法而改变的，因此它只能是一个范围。当温度高于 T_g 后，链节等的振幅加大，高分子链的键的内旋转开始，弹性模量将显著降低，高分子材料处于玻璃-高弹过渡区。这一转变区的温度宽度约 $5\sim20℃$，松弛模量可变化几个数量级，滞弹性特征表现得特别明显，所以也称为黏弹态。

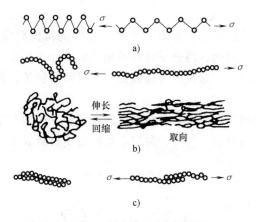

图 12-2 线型非晶态高分子材料变形方式

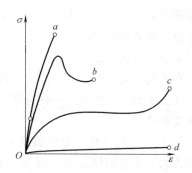

图 12-3 线型非晶态高分子材料在
不同温度下的应力-应变曲线

（2）高弹态 经过玻璃-高弹过渡区，高分子材料的热力学曲线又出现一平台，此即高弹态。这是高分子材料所特有的力学状态。在室温下为高弹态的高分子材料一般为橡胶。

处于高弹态的高分子材料变形很大，而弹性模量很低，外力去除后变形可以恢复，是可逆的弹性变形，高分子材料表现得柔软且极富弹性，其应力-应变曲线如图 12-3 中曲线 c 所示。

高弹态的高弹性来源于高分子链段的热运动。当 $T>T_g$ 时，分子链动能增加，同时因膨胀造成链间未被分子占据的空隙体积增大，链段得以通过转动而运动到新的空隙。分子链通过链段调整构象，使原来卷曲的链沿受力方向伸展，宏观上表现为很大的变形，如图 12-2b 所示。应当指出，高弹性变形时，分子链的质量中心并未产生移动，因为无规则缠结在一起的大量分子链间有许多结合点（分子间的作用和交联点），在除去外力后，通过链段运动，分子链又恢复至卷曲状态，宏观变形消失。不过这种调整构象的恢复过程需要一定的时间。

链段运动是高分子材料特有的一种运动形式，所以高弹态仅为高分子材料所独有，低分子物质一般没有这种高弹态。同时，相对分子量越大，则链段越多，高分子材料的柔顺性也越好，高弹区的范围将越宽；反之，当相对分子量小到一定程度时，高弹性完全消失（图12-4）。

高分子材料具有高弹性的必要条件是分子链应有柔顺性。但柔性链易引起链间滑动，导致非弹性变形的黏性流动（图 12-2c）。采用分子链的适当交联可防止链间滑动，以保证高弹性。但交联点过多会使交联点间链段变短，链段柔顺性降低，使弹性下降以至消失，而且弹性模量和硬度增加。这就使得 $T_g = T_f$，因而这种高分子材料与其他低分子材料无明显的区别，如酚醛树脂（一种体型高分子材料）。

（3）黏流态 温度高于 T_f 时，高分子材料成为黏态熔体（黏度很大的液体）。此时，分子动能大大增大，有可能发生许多链段同时或相继向一定方向的移动，而造成整个分子链的移动。因此，受力时极易发生分子链间的相对滑动，产生很大的不可逆永久变形，出现高分子材料的黏性流动，如图 12-2c 所示。

黏流态主要与大分子链的相对滑动有关，相对分子量越大，分子链越长，分子间的滑动阻力越大，黏度越高，T_f 也越高。并且由于分子链的多分散性，从高弹态转变为黏流态有一个较宽的温度范围，如图 12-4 所示。

图 12-3 中曲线 d 所示为黏流温度附近高分子材料处于半固态和黏流态时的拉伸曲线。由该图可见，当外力很小时即可产生很大的变形。因此，高分子材料的加工成型常在黏流态下进行。加载速率高时，黏流态可显示出部分的弹性。这是因为卷曲的分子可暂时伸长，卸载后又恢复卷曲之故。

在室温下处于黏流态的高分子材料称为流动树脂，可作为黏结剂，黏结各种金属和非金属零件或工具。它们也是一种特殊的、发展很快的材料。另外，黏流态是高分子材料成型的最重要的状态。

温度高于 T_d（化学分解温度）时，由于大分子间总作用力大于主链的键合力，高分子材料在未汽化之前就因主链断裂而分解了。

线型非晶态高分子材料的力学性能三态不仅与温度有关，还与相对分子量有关，如图 12-4 所示。可见，随相对分子量增大，T_g 和 T_f 升高。

与多数金属材料的力学性能随温度的变化相似，随温度下降，材料趋于强化和脆化。此外，高分子材料的弹性模量随温度有明显的变化，这点与金属材料、陶瓷材料有所不同。

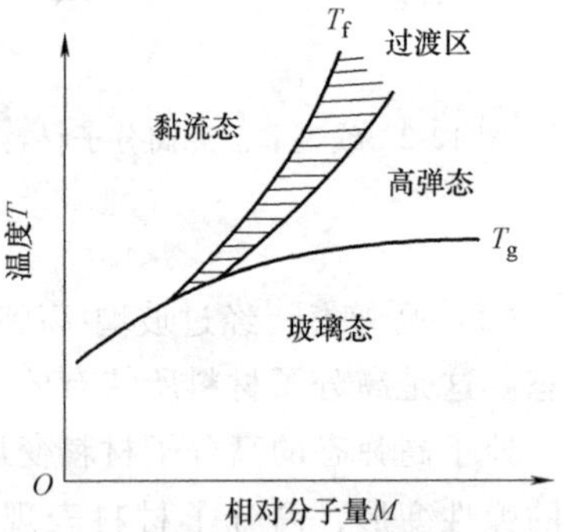

图 12-4 温度和相对分子量对线型非晶态高分子材料力学状态的影响

3. 体型高分子材料的力学状态

体型高分子材料由于分子链之间交联而具有网状结构。分子的运动特性与交联的密度有密切关系。交联密度越大，则分子运动的阻力越大。

高分子材料轻度交联时，因阻力小，有大量链段可以进行热运动，所以可以有玻璃态和高弹态。但交联束缚了分子链，使其不能发生滑动，因而没有黏流态。随着交联密度的增大，交联点间距离变短，链段运动的阻力增大，玻璃化温度提高，高弹区缩小。当交联密度增大到一定程度时，链段运动消失，此时高分子材料只能有玻璃态一种状态，因而力学响应就和低分子物质无甚差别了。

因此，交联剂能增大高分子材料结构的稳定性，提高其刚度和强度。例如：橡胶硫化时，以分子链间建立"硫桥"进行交联，即可提高橡胶的硬度。含硫 0.5%～5%（质量分数）时为软橡胶；含硫 10%～30%（质量分数）时则成为硬橡胶。图 12-5 所示为未经硫化和经硫化的天然橡胶的应力-应变曲线。

由于较高交联密度的体型高分子材料没有力学状态的变化，所以在加热到很高温度发生分解以前，都有较好的机械强度和较小的变形，作为某些工程结构材料使用时，耐热性较好。

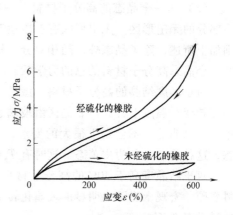

图 12-5　未经硫化和经硫化的天然橡胶的应力-应变曲线

4. 晶态高分子材料的力学状态

晶态高分子材料的热力学曲线和力学状态与非晶态高分子材料相比要复杂一些，可分以下几种情况。

（1）一般相对分子量的晶态高分子材料　一般相对分子量的晶态高分子材料和其他晶体一样，具有明确的熔点 T_m。在熔点以下，分子排列紧密、规整，分子间力较大，链段运动受阻，不产生高弹态，所以高分子材料变形很小，始终保持为强硬的晶体状态。直到温度到达 T_m 之后，因大分子的运动陡然加剧，过渡为无规结构，材料转变为液体，进入黏流态。在这种情况下 T_m 也就是黏流温度。所以晶态高分子材料只有晶态和黏流态两种状态，而没有高弹态。一般它在晶态下作为塑料或纤维使用，在黏流态进行成型加工。由于它的熔点高于非晶态高分子材料的玻璃化温度以及其分子间作用力比非晶态高分子材料大，所以这种塑料的使用温度范围通常都较大，并且强度也较高。

（2）相对分子量较大的晶态高分子材料　相对分子量较大的晶态高分子材料具有与一般相对分子量高分子材料相同的熔点 T_m（它不随相对分子量变化）。达到 T_m 以后，分子转变为无规排列，但因分子链非常长，还不能进行整个分子的滑动，而只能发生链段的运动，因此也出现高弹态，如图 12-6 所示。当温度继续升高到更高的温度 T_f 时，整个分子流动，于是进入黏流态。因此，相对分子量较大的晶态高分子材料有三种状态，即 T_m 以下为晶态、T_m～T_f 为高弹态、T_f 以上为黏流态。由于 T_f 接近于 T_d，为了保证良好的成型性能，晶态高分子材料的相对分子量不应过高。

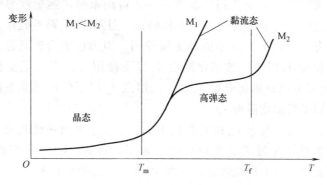

图 12-6　晶态高分子材料热力学曲线

（3）非完全晶态的高分子材料　一般晶态高分子材料皆为非完全晶态物质，都含有相当部分的无定形区。无定形区有链段运动的可能，因此存在玻璃态、高弹态和黏流态。晶区则如上所述，除了晶态外，随相对分子量的大小不同，有可能出现或不出现高弹态。因此，非完全晶态高分子材料的总的力学状态将随结晶度和相对分子量的不同而发生变化。

对于轻度结晶的高分子材料，微晶起着类似交联点的作用。试样仍然存在明显的玻璃化温度转变。温度上升时，非晶区由玻璃态转变为高弹态。但由于微晶的存在起着交联点的作用，所以非晶区不会发生很大的变形，于是高分子材料在整体上表现为既硬且韧的力学状态，这种状态常称为皮革态。这时有 T_g 也有 T_m，如软 PVC（聚氯乙烯）塑料地板。

对于结晶度高于 40% 的高分子材料，微晶彼此衔接，形成贯穿材料的连续结晶相，材料变硬，宏观上看不出明显的玻璃化转变，热力学曲线在熔点以前不出现明显转折。可以说这时没有 T_g 只有 T_m。

至于结晶高分子材料的晶区熔融后是不是进入黏流态，则要看材料的相对分子量大小。当相对分子量 M 不太大时，晶区在 T_m 温度以上熔融时，非晶区的黏流温度 $T_f < T_m$，于是材料成为黏流态。当相对分子量 M 足够大时，非晶区的黏流温度 $T_f > T_m$，则当晶区在 T_m 温度以上熔融时，非晶区还处于高弹态，需再升温到 T_f 以上才会流动。从加工角度看，这种情况是不希望的，因为在高温下出现高弹态将给加工带来不便。图 12-7 所示为温度和相对分子量对轻度结晶的高分子材料力学状态的影响。它的主要的特点是高弹态可以区分为皮革态和橡胶态两种。在 $T_g \sim T_m$ 范围内晶区仍处于强硬的晶态，而非晶区已转变为柔韧的高弹

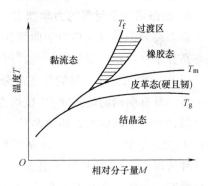

图 12-7　温度和相对分子量对轻度结晶的高分子材料力学状态的影响

态，所以高分子材料在整体上表现为既硬且韧的皮革态。处于这种状态的塑料为韧性塑料，T_m 为韧性塑料使用的上限温度。在 $T_m \sim T_f$ 范围内晶区已熔融，但非晶态区还处于高弹态，所以高分子材料在整体上表现为柔韧的橡胶态。

因此，轻度结晶的高分子材料可使材料既处于弹性状态，又不会弹性太高，从而处于强韧的皮革态。而 40% 以上结晶的高分子材料则可使材料变得坚硬，耐热性也提高，使用温度变宽。

玻璃化温度 T_g 是高分子材料的特征温度之一，可用来确定热塑性塑料的最高使用温度和橡胶的最低使用温度。对于给定的高分子材料，一旦高于 T_g 则不能作为塑料用，因为已经软化或进入高弹态，而低于 T_g 就不能作为橡胶用，因为已成为玻璃态。所以玻璃态高分子材料只能在脆化温度 T_b 以上、玻璃化温度 T_g 以下使用（温度太低变脆，温度太高则软化），晶态高分子材料可以在脆化温度 T_b 以上、熔点 T_m 以下使用（晶态高分子材料如果相对分子量不太大，则无玻璃化温度 T_g）。

另外，有的晶态高分子材料 T_m 和 T_d 都低于 T_f，也就是说加热到 T_m 还不能流动，只有加热到 T_f 才流动，但此时已超过 T_d，所以已经分解了。例如：PTFE（聚四氟乙烯）就是如此，所以不能注射成型，只能用烧结法；再如 PVA（聚乙烯醇）和 PAN（聚丙烯腈）也是如此，所以不能用熔融法纺丝，只能配成浓溶液进行纺丝或流延成膜。

5. 高分子材料的力学性能

由于高分子材料结构层次多和具有多重可能状态，其力学行为对温度和时间非常敏感，高分子材料的许多力学性能相对不够稳定，变化幅度较大，表现出一些独特的特点。

高分子材料是最轻的一类材料，比金属材料和陶瓷材料都轻。一般密度在 $1.0 \sim 2.0 \mathrm{g/}$ cm^3 之间，为钢的 $1/8 \sim 1/4$，为铝的一半左右，为普通陶瓷的一半以下。重量轻是高分子材料最突出的优点之一，这对要求减轻自重的机械设备（如车辆、船舶、飞行器等）具有特别重要的意义。

高分子材料的分子结构受其化学合成的具体过程及其参数影响，如压力、温度、反应时间、是否加催化剂及其数量多少以及冷却速率等。对于一种给定的高分子材料，经常可以通过改变这些参数来获得各种性能。任何倾向于阻止链状分子间的相对滑动的分子结构都会提离材料的刚度和强度。较长的分子链（即具有较大相对分子量的分子链）就具有这种作用，这是由于分子链越长，彼此之间就越易于发生缠绕。高分子材料的刚度和强度同样可以通过其他一些方式得到提高，这包括在非晶态高分子材料中增加更多的支链结构、增加高分子材料的结晶度以及在正常的热塑性高分子材料中产生一些交联。所有这些效果在 T_g 以上最为显著，此时链状分子之间可能会产生相对滑动。

（1）高分子材料的高弹性和黏弹性　非晶态和部分晶态高分子材料在玻璃化温度以上，由于有自由的链段运动，表现出很高的弹性，其特点如下：①弹性变形大，高分子材料的弹性变形可达到 $100\% \sim 1000\%$，而一般金属材料只有 $0.1\% \sim 1\%$；②弹性模量低，高分子材料的弹性模量约为 $2 \sim 20 \mathrm{MPa}$，而一般金属材料为 $10 \sim 250 \mathrm{GPa}$。另外，在一定温度范围内高分子材料弹性模量往往随热力学温度的增高成比例增大，但金属材料弹性模量是随温度的增高而减小的。

高分子材料的变形与时间有关，但不呈线性关系，而是介于理想弹性体和理想黏性体之间，因此高分子材料一般为黏弹性材料。高分子材料的黏弹性是指其应变不仅取决于应力，而且取决于应力作用的速度，在研究高分子材料的力学行为时必须考虑应力、应变与时间的关系及温度的依赖性。黏弹性产生的原因是：链段的运动受阻，需时间来调整构象以适应外力的要求，所以外力作用的速度越快，链段越来不及做出反应，则黏弹性越显著。根据高分子材料受到外部作用的情况不同，黏弹性的主要表现有蠕变、应力松弛和内耗等。

（2）高分子材料的变形和断裂　很多高分子材料的拉伸应力-应变曲线及拉伸试样变形表现出类似图 12-8 所示的形态，屈服后首先发生缩颈然后再发生强化至断裂。例如：处于高弹态的橡胶，在温度较低和相对分子量很高时；或者处于玻璃态的塑料，当温度较高时；还有很多晶态高分子材料在温度较高时，都会表现出这种拉伸行为。整个曲线可分为三个阶段。

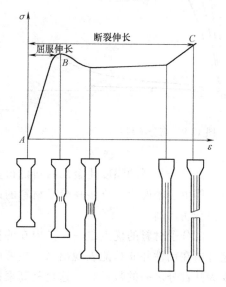

图 12-8　高分子材料拉伸应力-应变曲线
及拉伸试样变形示意图

313

在第一阶段，应力随应变线性地增加，试样被均匀地拉长，伸长率可达百分之几到十几，这要比金属等塑性材料大得多（金属一般为0.2%到1%）。到点 B 后，试样的截面突然变得不均匀，出现一个或几个细颈，应力明显下降，由此开始进入第二阶段。

在第二阶段，细颈与非细颈部分的截面积分别维持不变，而细颈部分不断扩展，非细颈部分逐渐缩短，直至整个试样完全变细为止。第二阶段的应力-应变曲线表现为应力几乎不变，而应变不断增加。第二阶段总的应变随高分子材料而不同，支化型的聚乙烯、聚酯、聚酰胺之类可达500%，而线型聚乙烯甚至可达1000%。

第三阶段是变细后的试样重新被均匀拉伸，应力又随应变的增加而增大，表现出形变强化的特点，直至达到点 C 后断裂。

高分子材料拉伸曲线上的转折点是与细颈的突然出现以及最后发展到整个试样而终止相关的。这时的变形以细颈扩展的方式进行。在非完全晶态和无定形高分子材料中都会发生这种变形过程，这是分子链取向强化作用的结果。高分子材料被缓慢拉伸时，缩颈部分变形大，分子链趋于沿受力方向被拉伸并定向分布，使强度提高，即产生取向强化，因此继续受拉时细颈不会变细或被拉断，而是向两端逐渐扩展。

高分子材料的品种繁多，它们的应力-应变曲线呈现出多种多样的形式。若按在拉伸过程中屈服强度的变化、伸长率大小及断裂状况，大致可分为五种类型，如图12-9所示。表12-2列出了它们的典型特征。高分子材料具有明显的非线性黏弹特性，应力-应变曲线有很大的畸变。

表 12-2　高分子材料应力-应变曲线的典型特征

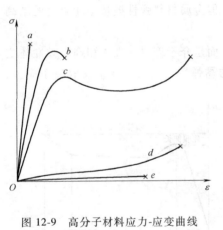

图 12-9　高分子材料应力-应变曲线

试样变形	类型	弹性模量	屈服强度	极限强度	断裂伸长
a	硬而脆	高	没有	高	低
b	硬而强	高	高	高	适中
c	硬而韧	高	高	高	高
d	软而韧	低	低	适中	高
e	软而弱	低	没有	低	适中

高分子材料的强度比金属材料低得多，这是它目前作为工程结构材料使用的最大障碍之一。但由于密度小，许多高分子材料的比强度还是很高的，某些工程塑料的比强度比钢铁和其他金属还高。

高分子材料的优点之一是其内在的韧性较好，即在断裂前能吸收较大的能量，但实际上这种内在韧性并非总能表现出来。主要由于强度低，高分子材料的冲击韧度比金属小得多，仅为其百分之一的数量级。这也是高聚物作为工程结构材料使用的主要障碍之一。

（3）高分子材料的老化　老化是高分子材料在长期使用或存放过程中，由于受各种因素的作用，性能随时间不断恶化，逐渐丧失使用价值的过程。它的主要表现有：对于橡胶为变脆、龟裂或变软、发黏等；对于塑料为失去光泽、开裂等。这些现象是不可逆的，所以老化是高分子材料所独有的一个主要缺点。老化的主要原因是分子链的结构发生了降解或交联。影响老化的内在因素主要是化学结构、分子链结构和聚集态结构中的各种弱点；外在因素有热、光、辐射、应力等物理因素和酸、碱、臭氧等化学因素以及微生物等生物因素。改进高分子材料的抗老化能力，应从具体情况出发，主要措施有表面防护、改进结构、添加防老化剂等。

12.4　复合材料的力学性能

　　金属材料、高分子材料和陶瓷材料在性能上各有优缺点，因而各有自己较合适的应用范围。近 30 年来，航空、运输和建筑等工业的迅速发展，特别是尖端科学技术的突飞猛进，不断地对材料的性能提出越来越高、越来越严和越来越多的要求，使传统的单一材料在全面满足强度、韧性、重量和稳定性等要求方面遇到越来越多的困难。在这种情况下，出现了一类新的材料——复合材料。复合材料就是由两种或更多种物理和化学本质不同的物质通过复合工艺制成的一种多相固体材料。复合材料实际上存在于自然界中，并早已被广泛应用。例如：木材就是由纤维素纤维和聚多糖木质素复合而成的复合物；骨头、牙齿和贝壳是另一类天然复合材料，由类似陶瓷基体的晶状矿物羟基磷灰石中包裹纤维状的胶原蛋白组成。用草拌泥制造的建筑材料性能既优于草又优于泥，这是人类最早使用复合材料的先例，可追溯到距今 7000 年以前。现在广泛使用的钢筋混凝土是由钢筋和砂、石、水泥构成的一类人工复合材料。

　　复合材料的最大优越性是，它的性能比其组成材料好得多。第一，它可改善或克服组成材料的弱点，充分发挥它们的优点。例如：玻璃和树脂的韧性和强度都不高，可是它们组成的复合材料（即玻璃钢）却有很高的强度和韧性，而且重量很轻。第二，它可按照构件的结构和受力要求，给出预定的、分布合理的配套性能，进行材料的最佳设计。例如：用缠绕法制造容器或火箭发动机壳体，使玻璃纤维的方向与主应力方向一致时，可将这个方向上的强度提高到树脂的 20 倍以上，最大限度地发挥了材料的潜力，并减轻了构件的重量。第三，它可创造单一材料不易具备的性能或功能，或在同一时间里发挥不同功能。例如：由两层塑料和中间夹一层铜片所构成的复合材料，能在同一时间里在不同方向上具有导电和隔热的双重功能，而这些功能是单一材料所无法实现的。所以，复合材料开拓了一条创造材料的新途径，已经在许多工业上和技术部门引起了极大重视。

　　复合材料的复合不是组成材料的简单组合，而是一种包括物理的、化学的、力学的甚至生物学的相互作用的复杂结合过程，其增强的实质和某些规律，可以概述如下。

　　对于细粒增强复合材料，承受载荷的主要是基体。细粒相的作用在于阻碍基体中位错的运动（基体是金属时）或分子链的运动（基体是高分子材料时）。增强的效果与细粒相的体积分数、分布、直径、细粒间距等有关。细粒相的直径过小时，位错容易绕过，难以对位错起障碍作用。直径过大时，会造成其邻近基体中的应力集中，或者本身破裂，导致材料强度的降低。这些与金属中的第二相粒子强化的本质和规律是一样的。

　　对于纤维增强复合材料，承受载荷的主要是增强纤维。第一，纤维是具有强结合键的物质或硬质材料（如石英、玻璃、碳、石墨烯等）。常规状态下它们的内部往往含有裂纹，容易断裂，表现出很大的脆性，使键的强度不能被充分利用。但是，如果将硬质材料制成细纤维，则由于尺寸小，其中出现裂纹的几率降低，裂纹的长度也减小，因而脆性能明显改善，而强度可显著提高。第二，纤维处于基体之中，彼此隔离，表面得到基体的保护，不易遭受损伤；也难在受载过程中产生裂纹，使承载能力增大。第三，在材料受到较大的应力时，一些有裂纹的纤维可能断裂，但塑性和韧性好的基体能阻止裂纹扩展。第四，纤维受力断裂时，它们的断口不可能都出现在一个平面上。这样，欲使材料整体断裂，必定有许多根纤维要从基体中被拔出，因而必须克服基体对纤维的黏结力，所以材料的断裂强度大大提高。第五，在不均匀的三向应力状态下，即使是脆性组成，也能表现出明显的塑性。例如：钢被塑性变形时，其中的渗碳体即能随之发生较大的变形；复合材料受力时，纤维的力学行为也应如此。因此，由于上述原因，增强纤维与基体复合时，材料可获得很大的强化效果。

13

第 13 章
岩土材料的力学性能

岩土材料泛指自然界中的岩石和土等地质材料以及混凝土一类的人造材料。岩石是在各种不同地质作用下产生的矿物集合体，地壳的绝大部分是由天然形成的岩石组成的。地壳表层的岩石长期遭受风化作用，随着地质环境的演变，岩石逐渐分裂、迁移并堆积而形成大小、形状和成分各异的颗粒集合体——土，土是一种散体材料。混凝土是以水泥为主要胶结材料，配以一定比例的砂、石和水，有时还加入少量的各种添加剂，经过搅拌、注模、振捣、养护等程序后，逐渐凝固硬化而成的人工混合材料。岩土材料中含有孔隙，孔隙中充满水和空气。在一般情况下岩土材料是多相介质，它的力学性能极为复杂，表现出许多独特的力学行为特点。由于岩土材料在自然界和工程应用中十分广泛，深入研究其力学性能极为必要。

13.1 岩石的力学性能

岩石的稳定和破坏是岩石力学行为研究的两大主题。一方面，大多数岩石工程需要在岩石稳定状态下工作，如边坡、地下巷道和硐室、岩石隧道等无不需要几十年甚至千万年的稳定；另一方面，开采矿产资源时又必须破碎岩石，工程中遇到的滑坡、岩爆及地震等地质灾害也是岩石破坏的过程。因此尽管岩石不是一种人类可以制备生产的材料，了解岩石的力学行为特点也是有着重要工程意义的，这对于岩石结构的支护或者爆破具有理论指导意义。

岩石是一种天然材料，由于岩石组织结构的差异，岩性变化范围很大，非均匀性、各向异性、非线性和非连续性是岩石力学性质复杂性的主要标志。在不同的载荷作用形式下，岩石的力学响应可能会出现很大差别。通常，岩石的抗拉强度与抗压强度之比为 1∶8，岩体的强度与岩块的强度之比为 1∶3。而且加载过程和卸载过程中岩石的力学行为也有较大差异，循环载荷对岩石的损伤作用机制也非常复杂。目前围绕岩石的力学行为测试已开展了一系列试验，其中最重要的就是单轴及三轴压缩试验，这既是表征岩石力学行为的基本试验，也与绝大部分岩石工程的实际受力状况相符。其他的岩石力学测试方法还包括直接拉伸、劈裂、剪切、弯曲、SHPB 冲击等。

典型的岩石压缩应力-应变曲线如图 13-1 所示，可把它分为 Ⅰ ~ Ⅵ 六个阶段。

（1）阶段 Ⅰ （孔隙和裂隙闭合阶段） 外加应力使岩石内原有的孔隙、裂隙或张开性结构面闭合，岩石被压密，形成早期的上凹型曲线。这一阶段岩石的弹性模量略有增大，体积应变减小。在多孔的或裂隙较发育的岩石中这一阶段比较明显，而对于坚硬的孔隙裂隙较少

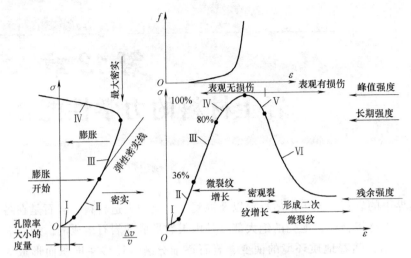

图 13-1　典型的岩石压缩应力-应变曲线

的岩石，这一阶段并不明显，甚至不会显现。这一阶段的变形通常也是弹性的，卸载后孔隙、裂隙又会恢复到原先的张开状态。

（2）阶段Ⅱ（线弹性变形阶段）　在这一阶段，轴向和侧向应力-应变关系都是线性的，变形是可恢复的弹性变形。这时基本不会出现微裂纹，因此体积应变依然是减小的。利用声发射检测技术可以监测到岩石内部发生微破裂时的声发射信号。在阶段Ⅱ，声发射信号出现的频率（次/s）基本为零。

（3）阶段Ⅲ（微破裂的稳定传播阶段，弹性损伤）　微裂纹从此阶段（始于35%~40%峰值应力处）开始传播，但试样内因裂纹形成和传播而形成的声发射信号并不活跃，所能监测到的声发射信号出现频率较小。在这一阶段，轴向变形是弹性的，轴向应力-应变关系是线性的；但应力-体积应变关系偏离直线，体积应变减小的程度变弱，直至这一阶段末尾（约80%峰值应力处），瞬时体积变化率降为零。在此阶段，微裂纹的生成和传播互不相关，也不占主导地位，被称为微破裂的稳定传播阶段。这一阶段是弹性变形与损伤的耦合阶段。

（4）阶段Ⅳ（非稳定的微破裂发展阶段，弹塑性损伤）　当应力增大到一定程度后，岩石从弹性阶段进入到塑性阶段，应力-应变曲线呈现出明显的非线性特征，岩石产生不可恢复的塑性变形，体积变形由压缩转变为膨胀。这时声发射活动剧增，可以持续监测到密集的声发射信号。这表明微裂纹迅速增加，尤其在高应力区裂纹密集，裂纹的扩展已相互影响，并力图聚合。该阶段的上界即为岩石达到的峰值强度，称为抗压强度，记为σ_c。对于比较脆的岩石，这一阶段很短，甚至不会显现；只有个别韧性较好的岩石才会明显表现出这一峰值前的非线性阶段。在峰值强度之前，微裂纹的形成和扩展主要发生在试样内部局部区域，试样表面没有明显的裂纹。这一阶段是弹塑性变形与损伤的耦合阶段。

（5）阶段Ⅴ（微裂纹聚合扩展阶段，塑性损伤）　在峰值强度之后，岩石承载能力下降，微裂纹开始贯通形成宏观裂纹面。绝大部分岩石比较脆，宏观裂纹的扩展过程很快，岩石中的弹性能急剧释放，与此相伴应力突然跌落。这时此阶段很短，但应力降幅非常明显。但也有部分岩石中会出现一段较长的应变软化阶段，应力随应变增加而逐渐下降，这反映了岩石中的塑性变形所导致的微裂纹分叉和聚合，变形集中到薄弱部位。这种情况下，该阶段是塑性变形与损伤的耦合阶段，弹性变形不再增加甚至急剧下降，因此只有在高刚性试验机上通过伺服控制加载才能得到这一阶段的曲线。对于较难发生甚至不发生塑性变形的岩石，曲线上这一阶段很短甚至没有，表现为应力突降。

（6）阶段Ⅵ（宏观破裂面上的运动，塑性滑动）　当微裂纹贯通形成宏观破裂面后，岩石实质上已裂成许多块，变形由这些碎块的滑移决定，有时不同的剪切还可形成二次断裂。这些块体互相滑移的摩擦阻力形成了岩石的残余强度。随着变形的发展，破裂面的滑移阻力不断下降，残余强度逐渐降低。有些岩石的残余强度可能是零。从岩石峰值后的循环加卸载曲线（图 13-2）可以看出，峰值后曲线构成了岩石残余强度包络线，反映了岩石碎块相互滑移的临界阻力。从峰值后某一点卸载后，岩石具备一定的承载能力，一旦再次加载回到峰值后包络线上，岩石将开始新的滑移，并伴随残余强度的再次下降。

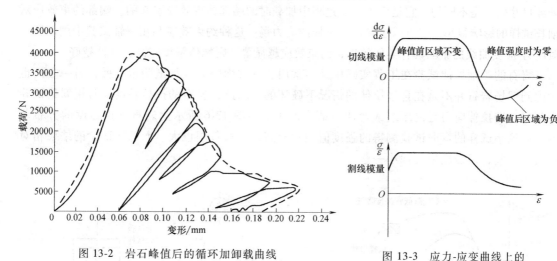

图 13-2　岩石峰值后的循环加卸载曲线

图 13-3　应力-应变曲线上的
切线和割线模量的变化

图 13-3 所示为应力-应变曲线上的切线和割线模量的变化。需要说明的是，在峰值强度之后的那段曲线是破坏轨迹，因此切线模量曲线的负值部分是没有物理意义的。因此割线模量的使用常常更加方便，通过对试样进行卸载和再加载（图 13-2），可在应力-应变曲线上任何一点获取割线模量。

实际的岩石可能会表现出以上的各阶段，或者只是表现出其中的某些阶段，这不仅与岩石自身的岩性有关，还取决于试样尺寸规格以及具体的加载条件，如应力状态、载荷速率、环境温度等。在试验测试中，岩石试样的力学性能指标往往表现出较大的离散性。这是因为每一个岩石试样含有不同的统计学上的微结构缺陷，每组试样中各个试样出现的最严重缺陷是非常不同的。因此，尽管试样是从同一块岩石上获取的，但如果做 50 次试验，就可以得到 50 个各不相同的强度值，所以需要分析其平均值和标准差来确定岩石的强度值。

图 13-4 所示为岩石（试样长度直径比不变的情况下）应力-应变曲线的尺寸效应，可见大试样的抗压强度和脆性都会降低。这是因为试样越大微裂纹的数量越多，因此试样就有更多的缺陷。而抗压强度，作为试样可以承受的峰值对试样中微缺陷分布的极端情况更为敏感。大试样有很不同的缺陷分布，通常有更多的极端缺陷，所以会表现出更低的峰值强度。这种统计效应也将影响峰值后曲线的形态。因此当把试验室所确定的强度值外推到现场尺度

时，就需要建立强度和试样尺寸的关系。通常采用 Weibull 分布来描述强度随试样尺寸的变化。但应注意到，这个理论是把裂纹起裂等同于裂纹发展，而在压缩试验中情况并非如此。因此，如果将极值统计学用于抗压强度的分析，那么需要某种形式的平行破裂模型，而不是最弱环节的 Weibull 路径。

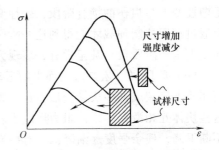

图 13-4 岩石应力-应变曲线的尺寸效应

当试样尺寸（即体积）不变，而形状发生改变时，也会影响岩石的应力-应变曲线，如图 13-5 所示。曲线的趋势表明，弹性模量基本上不受试样形状的影响，而强度和延展性都随着宽高比（定义为直径对长度的比值）的增加而增加。这个趋势的原因和纯尺寸效应是不同的，它是由于试验过程中加载时的端部约束效应引起的。端部约束效应对细长试样的影响很小，但可以主导矮胖试样的应力场。这种约束效应和在三轴试验中侧限压力对应力-应变曲线的影响具有类似效果，约束效应越显著，则峰值强度越高，延性越好。

岩石的单轴拉伸试验在工程实践中并不常用。一方面因为这种试验很难做，另一方面也考虑到现场岩石并不是在直接拉伸的情况下破坏的。因此，岩石的抗拉强度通常用间接试验来测定，即拉伸应力是由压缩或弯曲载荷来产生的。图 13-6 所示为岩石抗拉强度的分布范围。可见小试样的弯曲试验测得的强度值相对较高，分布范围也大。而巴西试验的结果相对更集中一些，但强度值要偏小一些。

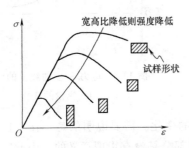

图 13-5 岩石单轴压缩的形状效应

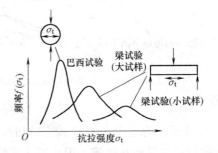

图 13-6 岩石抗拉强度的分布范围

岩石的三轴压缩试验表明，围压对岩石压缩应力-应变曲线的影响相当明显，如图 13-7 所示。

在零围压情况下的单轴压缩时一般表现为最脆的行为，几乎没有峰后曲线段。随着围压的增加，在峰值点附近或峰值点之后出现接近于水平的直线段，岩石从脆性劈裂破坏逐渐向塑性剪切及塑性流动破坏方式过渡。这表明岩石的脆性降低，延性增加，常被称为岩石的脆延转化。岩石发生脆延转化的围压随着岩石的种类而不同，并且在一些情况下可能很低。现在随

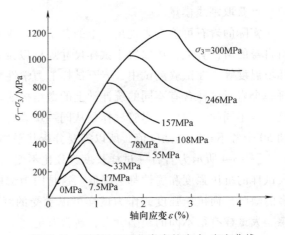

图 13-7 不同围压下花岗岩的应力-应变曲线

着岩石工程深度的增加，围压不断增大，岩石也由传统的脆性破坏转变为延性破坏，相应的工艺设计也就需要有所变革。

不同温度下岩石的应力-应变曲线如图 13-8 所示。温度的增加导致弹性模量和抗压强度的降低以及峰值后延性区的增长。许多室温时为脆性的岩石，高温时可有较大的塑性变形。就地热增温来看，每增加 100m 深度，温度升高约 3℃。这样在目前的最大工程深度 3000m 的情况下，岩石温度最高也就在 100℃ 左右。不过对于核废料填埋等岩石工程，岩石所承受的温度将要高很多，这时必须考虑岩石在高温下的蠕变特性。另外在温度谱的另一端，低温对岩石的影响也受到关注，尤其是冻融交替作用下岩石的变形破坏规律会表现出一些独特之处。

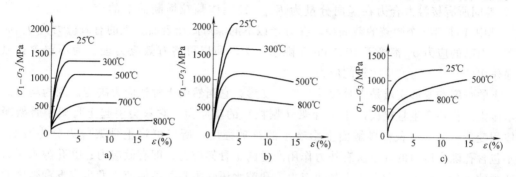

图 13-8　不同温度下岩石的应力-应变曲线（围压为 500MPa）
a）玄武岩　b）花岗岩　c）白云岩

加载速率对岩石的强度也有很大影响。加载速率越高，破坏时的峰值应力越高，测得的弹性模量越大，破坏时的应变则减小。ISRM（国际岩石力学学会）建议一般的室内静载试验加载速率为 0.5~1.0MPa/s。通常从试验开始到试样破坏的时间约为 5~10min。

13.2　土的力学性能

因为土是一种由三相物质（土颗粒及其间孔隙中的液体和气体）构成的碎散材料，受力后存在着：①外力如何由三种成分来分担？②它们是如何传递与相互转化的？③它们和材料的变形与强度有什么关系等问题。太沙基（Karl Terzaghi）早在 1923 年发现并研究了这些问题，提出了土力学中最重要的有效应力原理和固结理论，认为有效应力等于上层总压力减去孔隙水压力，而且有效应力才是引起土的体积压缩和抗剪强度发生变化的原因。1941 年，比奥（Biot）固结理论推广到了真三维空间。1960 年，毕肖普（Bishop）等提出了修正后的有效应力原理，即有效应力等于上层总压力减去等效孔隙水压力，其中，等效孔隙水压力等于孔隙水压力与等效（孔隙水压力）系数之积，等效系数介于 0~1 之间。等效系数为 1 时，就是 Terzaghi 公式。可以说，有效应力原理的提出和应用阐明了碎散颗粒材料与连续固体材料在应力和应变关系上的重大区别，是使土力学成为一门独立学科的重要标志。

饱和土是由固体颗粒构成的骨架和充满其间的水组成的两相体。当外力作用于饱和土时一部分由土骨架承担，并通过颗粒之间的接触面进行应力的传递，称为粒间应力；另一部分则由孔隙中的水来承担，水虽然不能承担切应力，但却能承受法向应力，并且可以通过连通的孔隙水传递，这部分水压力称为孔隙水压力。于是可得饱和土有效应力原理的表达式为

$$\sigma = \sigma' + p$$

这表明饱和土内任一平面上受到的总应力 σ 可分为有效应力 σ' 和孔隙水压力 p 两部分。对于黏性饱和土，由于颗粒周围包有结合水膜，颗粒间一般不直接接触，但一般认为粒间力仍可通过黏滞性很高的吸附水膜传递，故上式仍然适用。有效应力公式的形式很简单，却具有重要的工程应用价值。当已知土中某一点所受的总应力，并测得该点的孔隙水压力时，就可以利用上式计算出该点的有效应力。有效应力 σ' 其实是一个虚拟的物理量，它是单位面积土中的所有土颗粒间接触点力在一个方向上的分量之和，所以它既不是颗粒间接触点的实际应力，也不是切割各颗粒断面处的法向应力。对于某一土颗粒，颗粒四周作用有孔隙水压力 p，颗粒间所有接触力合力在竖向分量为 F_{svi}，则固体颗粒横断面上的应力为 $\sigma_{si} = p + F_{svi}/A_{si}$，其中 A_{si} 是第 i 个颗粒的截面积。在万米以下的深海海床表面，土的有效应力为0，而每个颗粒内部的应力 σ_{si} 都等于 100MPa 孔隙水压力。所以可将有效应力理解为不包含孔隙水压强作用的其他外力产生的粒间应力。

土的强度和变形实质是土骨架的强度和变形，它当然由土骨架应力决定。因为均匀的孔隙水压强的作用产生且仅仅产生土骨架（颗粒）的正应力。它只会引起土骨架中骨架颗粒的体积变形，且只在颗粒接触面上影响土的抗剪强度。所以可将土骨架应力分为两部分：①不包含孔隙水压力的其他所有外力作用产生的土骨架应力，即有效应力；②孔隙水压力作用产生的土骨架应力，即孔压土骨架应力。孔隙水压强本身并不能使土发生变形和强度的变化。这是因为水压强各方向相等，均衡作用于每个土颗粒周围，因而不会使土颗粒移动，导致孔隙体积变化。它除了使土颗粒受到浮力外，只能使土颗粒本身受到静水压强，而固体颗粒的压缩模量 E 很大，一般的孔隙水压强相对而言很小，因此固体颗粒本身的体积压缩可以忽略不计。另外，水不能承受切应力，因此孔隙水压强自身的变化也不会引起土的抗剪强度的变化，正是因为如此，孔隙水压强也被称为中性应力。所以一般情况下孔隙水压强的作用对土的强度和变形的贡献可以忽略，也就是说，土的强度和变形完全由有效应力决定。但是应当注意，当总应力 σ 保持常数时，孔压发生变化将直接引起有效应力 σ' 发生变化，从而使土的体积和强度发生变化。这时孔压的影响实质上还是有效应力的影响。

有效应力在土力学中是一个最有实际意义的量，它将引起土颗粒的位移，使孔隙体积缩小，土发生压缩变形，同时，有效应力大小直接影响土的抗剪强度。因此，只有通过有效应力分析，才能准确地确定土工建筑物或建筑地基的变形与安全度。

在外力作用下土体积缩小的特性称为土的压缩性。土受外力作用发生压缩变形包括三部分：①土固体颗粒自身变形；②孔隙水的压缩变形；③土中水和气体从孔隙中被挤出从而使孔隙体积减小。一般工程土所受应力为 100~600kPa，颗粒的体积变化不及全部土体积变化的 1/400，可不予考虑。水的压缩变形也很小，可以忽略。所以，土的压缩变形，主要是由于孔隙体积减小而引起的。因此，土的压缩过程可看成是孔隙体积减小和孔隙水和气体被排出的过程。

土的压缩变形随时间而变化的过程称为土的固结过程。对于透水性较大的砂土和碎石土，在载荷作用下，孔隙中的水很快排出了。因此，其固结过程在很短的时间内就可结束。相反地，对于黏性土，其透水性很差，在载荷作用下，土中水和气体只能慢慢地排出。因此，黏性土的固结过程所需的时间比砂土和碎石土长得多，有时需十几年或几十年才能完成。

在室内模拟和研究土的压缩性的试验方法主要包括侧限压缩试验（固结试验）、三轴压缩试验、无侧限压缩试验（单轴压缩）。

图 13-9 所示为侧限条件下土的典型应力-应变曲线，包括压缩曲线和回弹曲线。从图 13-9 中可以看出，回弹曲线 AB 并不和初始加载曲线 OA 重合，卸载至零时，土样的应变没有恢复到初始压力为零时的零值。这就表明土在载荷作用下残留了一部分压缩变形，称为残余变形（或塑性变形），但也恢复了一部分压缩变形，称为弹性变形。这是因为土的压缩变形中只有一部分是可恢复的，如粒间应力作用下，土粒接触点的弹性变形、片状颗粒的挠曲变形、粒间结合水膜的变形等，另一部分是不可恢复的，如土粒之间的相互位移、土结构的变化等，因此回弹量远小于当初的压缩量。

土不是理想的弹性材料，也不是理想的塑性材料，而是一种弹塑性材料。受应力作用后，弹性变形和塑性变形几乎同时发生，如图 13-10 所示。图 13-10 中曲线①表示理想弹塑性材料，曲线②表示超固结土或密砂的应力-应变曲线，曲线③表示正常固结土或松砂的应力-应变曲线。可见与理想的弹塑性材料相比，不但曲线的形状不同，性质也有很大差异。

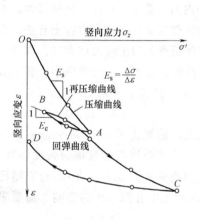

图 13-9　侧限条件下土的
典型应力-应变曲线

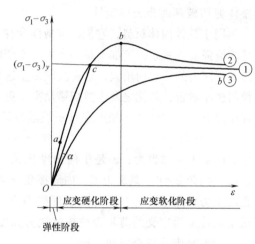

图 13-10　土的应力-应变曲线

有的观点认为，土在开始变形的一小段 Oa 接近于线弹性材料的性状，然后才发生屈服，只不过屈服应力很小。土在屈服之后将出现显著的塑性变形，并伴随发生应变硬化现象，如图 13-10 中 ab 段所示。属于曲线②类型的土到达峰值 b 点以后，应变再继续发展，应力反而下降，这一阶段土的强度随应变的增加而降低，称为应变软化现象。在应变软化阶段，土处于破坏状态。所以对于超固结土或密砂，土的强度并不是一个单一值，而是与应变的发展程度有关。相当于峰值点的强度称为峰值强度；相当于应变很大，应力衰至稳定值时的强度称为残余强度。但对于正常固结土或松砂，则只有一种强度。

也有观点认为，土的应力-应变曲线不存在完全弹性阶段。从一开始，应力引起的应变中就包含有弹性应变和显著的塑性应变，所以坐标的原点就是第一个屈服点。这两种不同的看法，反映了不同类型的土具有不同的变形特性。例如：颗粒间胶结较强的土，因为粒间的胶结力来自化学键，在胶结被破坏以前，变形一般很小且基本上可以恢复，故具有一定范围的弹性阶段，而颗粒间没有胶结的土，则没有弹性阶段。

因为土的弹性变形和塑性变形的发展过程很复杂，不但与材料的性质有关，而且还决定于应力路径和应力历史，很难准确预测。所以在古典土力学理论中，只能把土简化成理想弹塑性材料，认为一旦应力达到土的屈服强度即产生无限发展的变形而破坏。通常取峰值应力或者应变达到 15%~20% 时的应力作为土的屈服强度。随着土力学理论、土工试验技术以及数值计算方法的发展，国内外学者已在逐步建立按照土的真应力-应变关系特征进行土应力、变形的发展及至破坏的理论分析方法。

土是以固体颗粒为主的散体，颗粒是岩块或岩屑，本身强度很高，但颗粒间连接较弱。因此，土的强度问题表现为土粒间的错动、剪切以至于破坏。所以，研究土的强度主要是研究土的抗剪强度。

在土自重和外载荷作用下，土内部将产生切应力和剪切变形。随着切应力的增加，剪切变形也越来越大。当切应力增大到极限值时，土处于剪切破坏的极限状态，这个极限值就是土的抗剪强度。若土体内某一部分的切应力达到土的抗剪强度，在该部分就开始出现剪切破坏。随着载荷的增加，剪切破坏的范围逐渐扩大，最终在土中形成连续的滑动面，导致土发生整体剪切破坏而丧失稳定性。

不同于其他固体材料，它们的抗剪强度在一般应力范围内为一常量，而土的抗剪强度，不论是峰值强度或残余强度都不是一个固定不变的数值。土的抗剪强度与土的应力状态有关，往往随着正应力增大而增大，这就反映出土这种散粒体的强度特点。当正应力增大时，颗粒与颗粒间挤压紧密，若使之发生剪切错动需要更大的切应力，故抗剪强度大，反之则小。在一般工程压力下，抗剪强度 τ_f 和正应力 σ 可近似呈线性关系，遵从莫尔-库仑准则，即

$$\tau_f = C + \sigma \tan\varphi$$

式中，C 是土的黏聚力；φ 是土的内摩擦角。对于无黏性土，黏聚力 $C=0$。对于饱和黏性土，内摩擦角 $\varphi=0$。黏聚力 C、内摩擦角 φ 习惯上称为土的抗剪强度指标或抗剪强度参数。但在高压力作用下，τ_f 与 σ 的关系可能不再是直线而变成曲线关系，此时莫尔-库仑准则已不适用，可采用广义的莫尔理论描述抗剪强度。另外，考虑到土中孔隙水压的影响，需要采用有效应力来表示库仑定律，即

$$\tau_f = C' + \sigma'\tan\varphi' = C' + (\sigma - p)\tan\varphi'$$

式中，C' 是土的有效黏聚力；φ' 是土的有效内摩擦角。

从莫尔-库仑准则的形式上看，土的抗剪强度是由两部分组成的：一部分是由于黏性土颗粒间相互黏结作用而形成的内聚力，称为黏聚强度；另一部分是由于颗粒间的摩擦作用而形成的内摩擦力，称为摩擦强度。

摩擦强度决定于剪切面上的正应力 σ 和土的内摩擦角 φ。粗粒土的内摩擦涉及颗粒间的相对移动，其物理过程包括如下两个组成部分：一个是颗粒间滑动时产生的滑动摩擦；另一个是颗粒间脱离咬合状态而移动所产生的咬合摩擦。滑动摩擦是由于颗粒接触面粗糙不平所引起，与颗粒的形状，矿物组成，级配等因素有关。咬合摩擦是指相邻颗粒对于相对移动的约束作用。当土内沿某一剪切面产生剪切破坏时，相互咬合着的颗粒必须从原来的位置被抬起，跨越相邻颗粒或者在尖角处将颗粒剪断，然后才能移动。总之先要破坏原来的咬合状态，一般表现为体积胀大，即所谓"剪胀"现象，才能达到剪切破坏。剪胀需要消耗部分能量，这部分能量需要由剪切力做功来补偿，即表现为内摩擦角的增大。土越密实，磨圆度

越小，咬合作用越强，则内摩擦角越大。此外，在剪切过程中，土中的颗粒重新排列，也要消耗掉或释放出一定的能量，对内摩擦角也有影响。细粒土的颗粒细微，颗粒表面存在着吸附水膜，颗粒间可以在接触点处直接接触，也可以通过吸附水膜而间接接触，所以它的摩擦强度要比粗粒土复杂。除了由于相互滑动和咬合作用所引起的摩擦强度外，接触点处的颗粒表面，因为物理化学作用而产生吸引力，对土的摩擦强度也有影响。

砂土堆积成的土坡，在自然稳定状态下的极限坡角，称为自然休止角。砂土的自然休止角数值等于或接近其内摩擦角。休止角和内摩擦角都反映了散粒物料的内摩擦特性，但休止角和内摩擦角两者是不同的物理概念。内摩擦角反映散粒物料层间的摩擦特性，休止角则表示单粒物料在物料堆上的滚落能力，是内摩擦特性的外观表现，多数情况下两者数值不同。对质量和含水率近似的同类物料，休止角始终大于内摩擦角，而且都大于滑动摩擦角。只有对于缺乏黏聚力的散粒物料（如砂子等），其休止角等于内摩擦角。

细粒土的黏聚力 C 取决于土粒间的各种物理化学作用力，包括库仑力（静电力）、范德华力、胶结作用力等。对黏聚力的微观研究是一个很复杂的问题，目前还存在着各种不同的见解。可把黏聚力区分成两部分，即原始黏聚力和固化黏聚力。原始黏聚力来源于颗粒间的静电力和范德华力。颗粒间的距离越近，单位面积上土粒的接触点越多，则原始黏聚力越大。因此，同一种土，密度越大，原始黏聚力就越大。当颗粒间相互离开一定距离以后，原始黏聚力才完全丧失。固化黏聚力决定于颗粒之间的胶结物质的胶结作用，如土中的游离氯化物、铁盐、碳酸盐和有机质等。固化黏聚力除了与胶结物质的强度有关外，还随着时间的推移而强化。密度相同的重塑土的抗剪强度与原状土的抗剪强度往往有较大的差别，而且沉积年代越老的土，强度越高，很重要的原因就是固化黏聚力所起的作用。但一旦土体受扰动，发生膨胀以后，固化黏聚力消失，土的抗剪强度显著降低。此外，地下水位以上的土，由于毛细水的张力作用，在土骨架间引起毛细压。毛细压也有连接土颗粒的作用。颗粒越细，毛细压越大。在黏性土中，毛细压有时可达到一个大气压以上。

粗粒土的粒间分子力与重力相比可以忽略不计，故一般认为是无黏性土，不具有黏聚强度。但有时粗粒土间也有胶结物质存在而具有一定的黏聚强度。另外，非饱和的砂土，粒间有毛细压，含水量适当时也有明显的黏聚作用，可以捏成团。但因为是暂时性的，工程中不能作为黏聚强度考虑。

上述分析中把土的抗剪强度从物理概念上区分为摩擦强度和黏聚强度，似乎概念清晰，易于为人们所接受。但若进一步研究，按照固体摩擦的现代理论，摩擦的实质也是一种分子现象。任何固体间的接触面，放大后观察都粗糙不平，接触仅局限于一些点上。接触点的面积很小，应力很集中，往往超过材料的屈服应力。当物体相对移动时，接触面积上的分子引力阻碍物体相对移动，这就是摩擦现象的微观实质。摩擦强度与剪切面上的法向压力成正比，显然是传统概念中的摩擦。但从物理实质上分析，摩擦系数来源于接触面积上的分子引力，与黏聚力很相似。由此可见，土的抗剪强度，虽然形式上可以区分为摩擦强度和黏聚强度，而其物理实质则难以截然区分。同一种土的 C、Φ 值，依试验方法的不同而有很大的变化。而且有时摩擦强度体现为黏聚强度的一部分（取 $\Phi = 0$），有时黏聚强度又以摩擦强度的形式表现（取 $C = 0$）。因此，与其把土的抗剪强度指标 C、Φ 当成具有物理实质的指标，不如当成是两个计算土的抗剪强度的参数更为确切。在对土的抗剪强度的理解上，既要看到摩擦强度和黏聚强度间有区别的一面，又要看到它们之间相同的一面。

13.3 混凝土的力学性能

混凝土是指用水泥作胶结材料，用砂、石作骨料，与水（可含外加剂和掺合料）按一定比例配合，经搅拌均匀而得到称为混凝土拌合物的浆体，再经凝结硬化成为坚硬的人造石材。混凝土是由碎石、砂子和水泥浆料构成的混合物，其中水泥浆料在凝结硬化前起填充、润滑、包裹的作用，在凝结硬化后起胶结作用，负责将其他成分结合成固体材料。石头和砂子等骨料起骨架作用，可抑制混凝土的收缩，减少水泥用量，提高混凝土的强度及耐久性。混凝土硬化后的宏观结构包括骨料、水泥石以及它们之间的过渡层这三种主要组分。水泥石即硬化水泥浆料，是固、液、气三相并存的复杂体系，是混凝土的基相，对硬化混凝土的性能起着关键性的作用。从细观尺度上看，水泥石和骨料的界面是一个有一定厚度的过渡层，其厚度为 $20 \sim 100 \mu m$。过渡层是由于水泥浆料中的水在向骨料表面迁移的方向形成水灰比梯度而产生的。界面过渡层孔隙率较高、结构疏松。水化产物和骨料间的黏结力主要是范德华力，所以界面强度较低，这对混凝土强度和抗渗性都很不利。如何提高界面的黏结力，是提高混凝土性能的关键所在。

混凝土性能多样、用途广泛，通过调整组成材料的品种及配比，可以制成具有不同物理、力学性能的混凝土以满足不同工程的要求。混凝土各组成材料的成分、性质和相互比例以及制备和硬化过程中的各种条件和环境因素，都对混凝土的力学性能有不同程度的影响。所以，混凝土比其他单一性结构材料（如钢、木等）具有更为复杂多变的力学性能。总体来讲，混凝土具有良好的可塑性，可根据工程需要浇筑成各种形状尺寸的构件，硬化后的混凝土具有相对较大的抗压强度、具有很好的耐久性。但也存在自重大、抗拉强度低、脆性大等缺点，而且混凝土生产周期长、受施工过程影响较大。

施工和环境因素会引起混凝土的非均质性和不等向性。例如，浇筑和振捣过程中，密度和颗粒较大的骨料沉入构件的底部，而密度小的骨料和流动性大的水泥浆料、气泡等上浮，靠近构件模板侧面和表面的混凝土表层内，水泥浆料和气孔含量比内部的多；体积较大的结构，内部和表层的失水速率和含水量不等，内外温度差形成的微裂纹状况也有差别。因此当混凝土承受不同方向（即平行、垂直或倾斜于混凝土的浇筑方向）的应力时，其强度和变形有所不同。混凝土材料的非均质性和不等向性的严重程度，主要取决于原材料的均匀性和稳定性以及制作过程的施工操作和管理的精细程度。

混凝土在承受载荷（应力）之前，就已经存在复杂的微观应力、应变和裂纹，受力后更有剧烈的变化。在混凝土的凝固过程中，水泥的水化作用在表面形成凝胶体，水泥浆料逐渐变稠、硬化，并和粗骨料黏结成一整体。在此过程中，水泥浆料失水收缩变形远大于粗骨料，这一变形差使粗骨料受压，水泥浆料受拉。这些应力场在截面上的合力为零，但局部应力可能很大，以致在粗骨料界面产生微裂纹。此外，粗骨料和水泥浆料的热工性能（如线膨胀系数）有差别。当混凝土中水泥产生水化热或环境温度变化时，两者的温度变形差受到相互约束而形成温度应力场。更因为混凝土是热惰性材料，温度梯度大而加重了温度应力。混凝土内部有不可避免的初始气孔和缝隙，其尖端附近因收缩、温度变化或应力作用都会形成局部应力集中区，其应力分布更复杂，应力更高。当混凝土承受外力作用时，即使作用力完全均匀，混凝土内也将产生不均匀的空间微观应力场，这取决于粗骨料和水泥浆料的面（体）积比、形状、排列和弹性模量以及界面的接触条件等。在应力的长期作用下，水泥浆料和粗骨料的徐变差使混凝土内部发生应力重分布，粗骨料将承受更大的压应力。

变形和强度是混凝土的两项主要力学性能。混凝土的变形不仅包括瞬时的弹性变形，更重要的是其各种收缩变形以及长时间的徐变。混凝土的强度是工程设计和质量控制的重要依据，影响强度的因素有许多，如水泥强度、配合比、水灰比、孔隙率和养护条件等。

图 13-11 所示为典型的混凝土棱柱试样受压破坏全过程的应力-应变曲线，试验过程中还可以仔细地观察到试样表面宏观裂纹的出现和发展过程以及最终的破坏形态。混凝土受压应力-应变曲线包括上升段和下降段，是其力学性能的全面宏观反应。若应用普通液压式材料试验机加载，可毫无困难地获得曲线的上升段。但试样在达到最大承载力后急速破裂，测量不到有效的下降段曲线。试验机本身在加载过程中发生变形，存储了很大的弹性能。当试样承载力突然下降时，试验机因受力减小而恢复变形，立刻释放能量，将试样急速压坏。因此，为了获得稳定的应力-应变曲线，尤其是曲线的下降段，必须控制混凝土试样缓慢地变形和破坏。目前主要有两种试验方法：一种是应用电液伺服阀控制的刚性试验机直接进行试样等应变率加载；另一种是在普通液压试验机上附加刚性元件，使试验装置的总体刚度超过试样下降段的最大线刚度，就可防止混凝土的急速破坏。

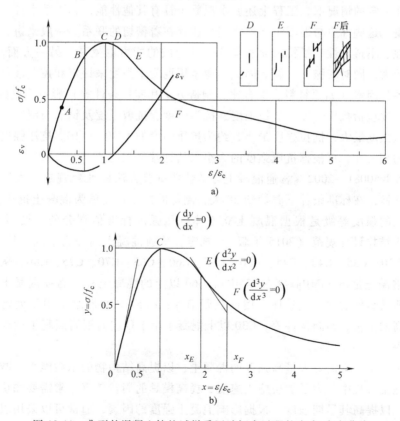

图 13-11 典型的混凝土棱柱试样受压破坏全过程的应力-应变曲线
a）实际曲线和试样裂纹发展情况 b）数学拟合曲线和关键特征点

应力-应变曲线峰点处的最大应力即为混凝土试样的抗压强度 f_c，相应的应变为峰值应变 ε_c。图 13-11 中纵坐标应力 σ、横坐标 ε 分别据此进行归一化。从图 13-11 中可以看出，混凝土的应力-应变曲线上升段并不是一条理想直线，具有非线性的特点，这反映了弹性（变形）模量随应力或应变而连续变化的特点，其原因在于混凝土受压过程中水泥石的黏性变形以及微孔隙和微裂隙演化引起的损伤。因此，确定混凝土弹性（变形）模量的方法一般采用割线模量或切线模量。为了便于比较分析，通常约定取为相当于结构使用阶段的工作应力 $\sigma=(0.4\sim0.5)f_c$ 时的割线模量值，如图 13-11 中点 A 所示。另外，由图 13-11 中体应变 ε_v 变化曲线也可发现，混凝土压缩时也会出现剪胀效应，在点 B 后试样的体积不再减小，反而增大，在峰值后点 D 以后，试样的表观体积甚至会大于原始体积（$\varepsilon_v>0$），这是因为裂纹的扩张导致的。应力-应变曲线下降段表明其峰值应力后的残余强度，曲线的形状和曲线下的面积反映了其塑性变形的能力。混凝土的应力-应变曲线是其图像化的本构关系，是研究和分析混凝土结构和构件力学性能的主要依据，为此需要建立相应的数学模型。迄今为止已提出众多的本构方程来描述混凝土的应力和应变关系，其函数形式包括多项式、指数式、三角函数、有理分式、分段式等。其中一些关键特征点具有明确的物理意义，满足一定的几何条件，如峰值强度对应于斜率为零的点，峰值后存在二阶导数为零的拐点等，如图 13-11b 所示。

强度是混凝土最重要的力学性能，这是因为任何混凝土结构都是用以承受载荷或抵抗各种作用力。在一定的情况下，工程上还要求混凝土具有其他性能，如不透水性、抗冻性、耐蚀性等。但是，这些性质与混凝土强度之间往往存在着密切的联系。一般来讲，混凝土的强度越高，刚性、不透水性、抵抗风化和某些侵蚀介质的能力也越高。另一方面，强度越高，往往干缩也较大，同时较脆、易裂。因此，通常用混凝土强度来评定和控制混凝土的质量以及作为评价各种因素（如原材料、配合比、制造方法和养护条件等）影响程度的指标。

混凝土强度包括抗压强度、抗拉强度、抗弯强度、抗剪强度及钢筋与混凝土的黏结强度等。其中抗压强度最大，抗拉强度最小，约为抗压强度的 1/20~1/10。抗压强度与其他强度之间有一定的相关性，可根据抗压强度的大小来估计其他强度值。

按照 GB/T 50081—2002《普通混凝土力学性能试验方法标准》规定，采用标准方法制作的立方体试样，在标准条件下养护到 28 天，测得的抗压强度值为混凝土抗压强度，以 f_{cu} 表示。混凝土的强度等级是根据混凝土立方体抗压强度标准值划分的。按照 GB 50010—2010《混凝土结构设计规范（2015 年版）》规定，普通混凝土划分为十四个等级，即 C15、C20、C25、C30、C35、C40、C45、C50、C55、C60、C65、C70、C75、C80。例如：强度等级为 C30 的混凝土是指 30MPa$\leqslant f_{cu}<$35MPa。C60 以上的混凝土称为高强混凝土。C15~C25 混凝土用于普通结构的梁、板、柱、楼梯及屋架等；C25~C30 混凝土用于大跨度结构、耐久性要求较高的结构、预制构件等；C30 以上混凝土用于预应力钢筋混凝土结构、起重机梁及特种结构等。

在实际工程中，常需要大量高强度的混凝土，以提高结构物的承载能力、减小自重，同时在混凝土施工过程中，为了加快施工速度、提高模具的周转效率，常需要加快混凝土的强度增长速度，以提高其早期强度。根据影响混凝土强度的因素，通常可以采用以下措施：①采用高强度等级水泥或平强型水泥；②减小水灰比；③掺加混凝土外加剂和掺合料，如减水剂、早强剂、超细粉煤灰、硅灰等；④采用机械搅拌和振捣；⑤采用温热处理养护混凝土，包括蒸汽养护、蒸压养护等。

附 录

附录 A 一些常见的材料力学性能参数

表 A-1 常见材料的屈服强度

材　料	屈服强度/MPa	材　料	屈服强度/MPa
金刚石	50000	铜合金	60~960
SiC	10000	铝合金	120~627
Si_3N_4	8000	铁素体不锈钢	240~400
Al_2O_3	5000	碳纤维复合材料	640~670
TiC	4000	玻璃纤维复合材料	100~300
低合金钢	500~1980	有机玻璃	60~110
奥氏体不锈钢	286~500	尼龙	52~90
镍合金	200~1600	聚苯乙烯	34~70
钛及钛合金	180~1320	聚碳酸酯	55
碳钢	260~1300	聚乙烯	6~20
铸铁	220~1030	天然橡胶	3

表 A-2 常见材料的疲劳强度

材　料	疲劳强度/MPa	材　料	疲劳强度/MPa
25 钢(正火)	176	Ti 合金	627
45 钢(正火)	274	LY12(时效)	137
40CrNiMo	529	LC4(时效)	157
35CrMo	470	ZL102	137
超高强钢	784~882	H68	147
60 弹簧钢	559	ZCuSn10Pb1	274
GCr15	549	聚乙烯	12
18-8 不锈钢	196	聚碳酸酯	10~12
12Cr13 不锈钢	216	尼龙 66	14
QT400-18	196	缩醛树脂	26
QT700-2	196	玻璃纤维复合材料	88~147

表 A-3 常见材料的弹性模量、剪切模量和泊松比

材　料	弹性模量 E/GPa	剪切模量 G/GPa	泊松比 ν
铝	70.3	26.1	0.345
铜	129.8	48.3	0.343
黄铜	100	37	0.31~0.42
铁	211.4	81.6	0.293
灰铸铁	60~162	45	0.23~0.27
球墨铸铁	150~180	73~76	0.25~0.29
低碳钢(Q235)	200~210	81	0.24~0.28
中碳钢(45)	205	79	0.24~0.28
低合金钢	200~210	81	0.25~0.30
奥氏体不锈钢	190~200	79	0.30
镁	44.7	17.3	0.291
镍	199.5	76.0	0.312
铌	104.9	37.5	0.397
钽	185.7	69.2	0.342
钛	115.7	43.8	0.321
钨	411.0	160.6	0.280
钒	127.6	46.7	0.365
铅	17	5.8	0.420
氧化铝	340~370	—	0.22
金刚石	1140	—	0.07
陶瓷	58	24	0.230
玻璃	80.1	31.5	0.270
有机玻璃	4	1.5	0.350
橡胶	0.1	0.03	0.420
尼龙66	1.2~2.9	0.855	0.330
聚碳酸酯	2.0~2.5	0.829	0.39
聚乙烯	0.4~1.3	0.35	0.450
聚苯乙烯	2.7~4.2	1.2	0.330
石英(熔融)	73.1	31.2	0.170
碳化硅	450	—	0.170
碳化钨	627	—	0.220
混凝土	15~36	5~15	0.10~0.18
木材(顺纹)	9.8~11.8	0.5	—
木材(横纹)	0.49~0.98	0.44~0.64	—

表 A-4 常见材料的断裂韧度 K_{IC} 值

材 料	K_{IC}/MPa·m$^{1/2}$	材 料	K_{IC}/MPa·m$^{1/2}$
纯金属(Cu、Ni、Al、Ag 等)	100~350	聚丙烯	3
铸铁	6~20	聚乙烯	0.9~1.9
高强钢	50~154	尼龙	3
低碳钢	140	聚苯乙烯	2
中碳钢	51	环氧树脂	0.3~0.5
高碳工具钢	19	聚碳酸酯	1.0~2.6
硬质合金	12~16	有机玻璃	0.9~1.4
钛合金	55~115	MgO	3
铝合金	23~45	Si$_3$N$_4$	4~5
铍	4	SiC	3
玻璃纤维-环氧树脂复合材料	42~60	Al$_2$O$_3$	3~5
碳纤维复合材料	32~45	Co/WC 金属陶瓷	14~16
木材(裂纹和纤维垂直)	11~13	方解石	0.9
木材(裂纹和纤维平行)	0.5~1	苏打玻璃	0.7~0.8
混凝土	0.2	电瓷绝缘子	1
油页岩	0.6	冰	0.2

注：除冰以外，其他均为室温值。

表 A-5 常见材料的吸收能量冲击韧度

材 料	吸收能量/J	试样	材 料	冲击韧度/(kJ/m^2)	试样
退火态工业纯铝	30		高密度聚乙烯	30	
退火态黑心可锻铸铁	15		聚氯乙烯	3	
灰铸铁	3	V 型缺口试样	尼龙 66	5	缺口尖端半径0.25mm 缺口深度2.75mm
退火态奥氏体不锈钢	217		聚苯乙烯	2	
热轧碳钢(碳质量分数为 0.2%)	50		ABS 塑料	25	

表 A-6 几种裂纹的应力场强度因子 K_I 表达式

裂纹类型	K_I 表达式
无限大平板穿透裂纹 σ $2a$ σ	$K_I = \sigma \sqrt{\pi a}$

（续）

裂纹类型	K_I 表达式		
有限大平板穿透裂纹	$K_I = \sigma \sqrt{\pi a}\, f\!\left(\dfrac{a}{b}\right)$	a/b	$f(a/b)$
		0.074	1.00
		0.207	1.03
		0.275	1.05
		0.337	1.09
		0.410	1.13
		0.466	1.18
		0.535	1.25
		0.592	1.33
有限宽板单边直裂纹	$K_I = \sigma \sqrt{\pi a}\, f\!\left(\dfrac{a}{b}\right)$ 当 $b \gg a$ 时 $K_I = 1.12\sigma\sqrt{\pi a}$	a/b	$f(a/b)$
		0.1	1.15
		0.2	1.20
		0.3	1.29
		0.4	1.37
		0.5	1.51
		0.6	1.68
		0.7	1.89
		0.8	2.14
		0.9	2.46
		1.0	2.89
受弯单边裂纹梁	$K_I = \dfrac{6M}{(b-a)^{3/2}}\, f\!\left(\dfrac{a}{b}\right)$	a/b	$f(a/b)$
		0.05	0.36
		0.1	0.49
		0.2	0.60
		0.3	0.66
		0.4	0.69
		0.5	0.72
		$\geqslant 0.6$	0.73
无限大物体内部椭圆裂纹，远处受均匀拉伸	在裂纹边缘上任一点的 K_I 为 $$K_I = \frac{\sigma\sqrt{\pi a}}{\phi}\left(\sin^2\beta + \frac{a^2}{c^2}\cos^2\beta\right)^{1/4}$$ 其中 ϕ 是第二类椭圆积分： $$\phi = \int_0^{\pi/2}\left(\cos^2\beta + \frac{a^2}{c^2}\sin^2\beta\right)^{1/2}\mathrm{d}\beta$$ （其值见表 A-7）		

（续）

裂纹类型	K_{I} 表达式
无限大物体表面有半椭圆裂纹,远处受均匀拉伸 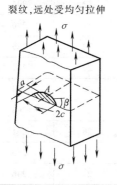	A 点的 K_{I} 为 $$K_{\mathrm{I}}=\frac{1.1\sigma\sqrt{\pi a}}{\phi}$$ 其中 ϕ 是第二类椭圆积分: $$\phi=\int_0^{\pi/2}\left(\cos^2\beta+\frac{a^2}{c^2}\sin^2\beta\right)^{1/2}\mathrm{d}\beta$$ （其值见表 A-7）

表 A-7 ϕ^2 值

ϕ^2	a/c	ϕ^2	a/c	ϕ^2	a/c	ϕ^2	a/c	ϕ^2	a/c
1.00	0.00	1.30	0.39	1.60	0.59	1.90	0.76	2.20	0.89
1.02	0.06	1.32	0.41	1.62	0.60	1.92	0.77	2.22	0.90
1.04	0.12	1.34	0.42	1.64	0.61	1.94	0.78	2.24	0.91
1.06	0.15	1.36	0.44	1.66	0.62	1.96	0.79	2.26	0.92
1.08	0.18	1.38	0.45	1.68	0.64	1.98	0.80	2.28	0.93
1.10	0.20	1.40	0.46	1.70	0.65	2.00	0.81	2.30	0.93
1.12	0.23	1.42	0.48	1.72	0.66	2.02	0.81	2.32	0.94
1.14	0.25	1.44	0.49	1.74	0.67	2.04	0.82	2.34	0.95
1.16	0.27	1.46	0.50	1.76	0.68	2.06	0.83	2.36	0.96
1.18	0.29	1.48	0.52	1.78	0.69	2.08	0.84	2.38	0.97
1.20	0.31	1.50	0.53	1.80	0.70	2.10	0.85	2.40	0.98
1.22	0.32	1.52	0.54	1.82	0.71	2.12	0.86	2.42	0.98
1.24	0.34	1.54	0.55	1.84	0.72	2.14	0.86	2.44	0.99
1.26	0.36	1.56	0.56	1.86	0.73	2.16	0.87	2.46	1.00
1.28	0.38	1.58	0.57	1.88	0.74	2.18	0.88		

表 A-8 硬度换算表

布氏硬度 HBW10/300	洛氏硬度		维氏硬度 HV	布氏硬度 HBW10/300	洛氏硬度		维氏硬度 HV
	HRA	HRC			HRA	HRC	
—	83.9	65	856	—	81.2	60	713
—	83.3	64	825	—	80.6	59	688
—	82.8	63	795	—	80.1	58	664
—	82.2	62	766	—	79.5	57	642
—	81.7	61	739	—	79.0	56	620

（续）

布氏硬度 HBW10/300	洛氏硬度		维氏硬度 HV	布氏硬度 HBW10/300	洛氏硬度		维氏硬度 HV
	HRA	HRC			HRA	HRC	
—	78.5	55	599	298	66.4	32	304
—	77.9	54	579	291	65.9	31	296
—	77.4	53	561	283	65.4	30	289
—	76.9	52	543	275	64.9	29	281
501	76.3	51	525	269	64.4	28	274
466	75.8	50	509	263	—	27	268
474	75.3	49	493	257	—	26	261
461	74.7	48	478	251	—	25	255
449	74.2	47	463	245	—	24	246
436	73.3	46	449	240	—	23	243
424	73.2	45	436	234	—	22	237
413	72.6	44	423	229	—	21	231
401	72.1	43	411	225	—	20	226
391	71.6	42	399	220	—	—	221
380	71.1	41	388	216	—	—	216
370	70.5	40	377	211	—	—	211
360	70.0	39	367	208	—	—	—
350	—	38	357	204	—	—	—
341	69.0	37	347	200	—	—	—
332	68.5	36	338	196	—	—	—
323	68.0	35	320	192	—	—	—
314	67.5	34	320	188	—	—	—
306	67.0	33	312	185	—	—	—

注：从原则上讲，不同测量方法得到的硬度之间是没有可比性的。但有时为了便于工程中的应用，可以近似给出各种不同硬度之间的换算，并且有专门的国家标准。

表 A-9 常见材料间的摩擦系数

材料名称	静摩擦系数		动摩擦系数	
	无润滑	有润滑	无润滑	有润滑
钢-钢	0.15	0.1~0.12	0.1	0.05~0.1
钢-软钢	0.2	0.1~0.2	—	—
钢-铸铁	0.3	0.2	0.05~0.15	—
钢-青铜	0.15	0.15~0.18	0.1~0.15	—
软钢-铸铁	0.2	0.18	0.05~0.15	—
软钢-青铜	0.2	0.18	0.07~0.15	—
铸铁-铸铁	0.18	0.15	0.07~0.12	—

（续）

材料名称	静摩擦系数		动摩擦系数	
	无润滑	有润滑	无润滑	有润滑
铸铁-青铜	0.15~0.2	0.07~0.15	—	—
青铜-青铜	0.1	0.2	0.07~0.1	—
皮革-铸铁	0.3~0.5	0.15	0.6	0.15
橡胶-铸铁	0.8	0.5	—	—
木材-木材	0.4~0.6	0.1	0.2~0.5	0.07~0.15

附录 B 几种常见的应力集中情况

1. 圆孔边缘附近的应力

对于带中心圆孔（半径为 a）的无限宽板受单向拉伸的情况，圆孔附近各应力分量以极坐标形式（图 B-1）表示为

$$\sigma_r = \frac{\sigma}{2}\left(1-\frac{a^2}{r^2}\right) - \frac{\sigma}{2}\left(1+3\frac{a^4}{r^4}-4\frac{a^2}{r^2}\right)\cos 2\theta$$

$$\sigma_\theta = \frac{\sigma}{2}\left(1+\frac{a^2}{r^2}\right) + \frac{\sigma}{2}\left(1+3\frac{a^4}{r^4}\right)\cos 2\theta$$

$$\sigma_{r\theta} = -\frac{\sigma}{2}\left(1-3\frac{a^4}{r^4}+2\frac{a^2}{r^2}\right)\sin 2\theta$$

或以直角坐标系（图 B-2）表示的应力分量为

$$\sigma_x = \frac{\sigma}{2}\left[\frac{a^2}{r^2}\cos 2\theta + \left(2\frac{a^2}{r^2}-3\frac{a^4}{r^4}\right)\cos 4\theta\right]$$

$$\sigma_y = \frac{\sigma}{2}\left[2+3\frac{a^2}{r^2}\cos 2\theta - \left(2\frac{a^2}{r^2}-3\frac{a^4}{r^4}\right)\cos 4\theta\right]$$

$$\tau_{xy} = -\frac{\sigma}{2}\left[\frac{a^2}{r^2}\sin 2\theta - \left(2\frac{a^2}{r^2}-3\frac{a^4}{r^4}\right)\sin 4\theta\right]$$

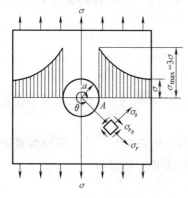

图 B-1　带中心圆孔无限
宽板的拉伸（一）

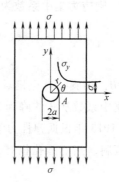

图 B-2　带中心圆孔无限
宽板的拉伸（二）

式中，σ 是没有小孔时拉伸引起的应力，$r=\sqrt{x^2+y^2}$；
$\theta=\arctan(y/x)$。由上述各式可见，各应力分量是位置 r
和角度 θ 的函数，也就是说各点的应力状态随其位置的
坐标（r，θ）而变化，因而应力分布是不均匀的。由此
可得，通过孔中心处与拉应力垂直截面上（$\theta=0$）的应
力分布为

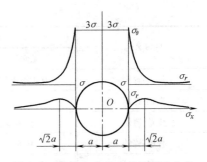

图 B-3　受拉应力的中心圆孔在与拉
　　　　应力垂直的截面上的应力分布

$$\sigma_y=\sigma_\theta=\frac{\sigma}{2}\left(2+\frac{a^2}{r^2}+\frac{3a^4}{r^4}\right)$$

$$\sigma_x=\sigma_r=\frac{3\sigma}{2}\left(\frac{a^2}{r^2}-\frac{a^4}{r^4}\right)$$

$$\tau_{xy}=\tau_{r\theta}=0$$

由上式可见，在孔边 $r=a$、$\theta=\pi/2$ 处，纵向应力取得最大值 $\sigma_y=3\sigma$；对 σ_x 求导并令 $d\sigma_x/dr=0$，可求得在 $r=\pm\sqrt{2}a$ 处，横向应力取得最大值 $\sigma_x=3\sigma/8$，如图 B-3 所示。借助有限元数值计算方法，可以得到孔边的应力场分布情况，如图 B-4 所示。可见与前面的定性分析结果是一致的。

图 B-4　圆孔附近应力场分布

a）y 方向应力等值线图　b）x 方向应力等值线图

　　进一步分析可知，上述应力最大值也是孔边全部应力中的最大值，即 $\sigma_{max}=3\sigma$，一般取基准应力 $\sigma_n=\sigma$，因此圆孔导致的应力集中系数为 $\alpha_\sigma=3$。若圆孔的直径 $2a$ 相对于板宽 $2B$ 不是很小，则应力集中系数为

$$\alpha_\sigma=2+\left(1-\frac{a}{B}\right)$$

因此仅当 $a\ll B$，即圆孔直径相对于板宽很小时，应力集中系数为 3。当板宽减小或者圆孔变大时，应力集中系数从 3 约降到 2.2。

　　Inglis 于 1913 年根据弹性力学计算得到了椭圆孔附近的应力解，其结果较为复杂，可参阅相关文献资料。当椭圆孔相对于板很小时，孔边拉应力集中系数为

$$\alpha_\sigma=1+2\sqrt{\frac{a}{\rho}}=1+2a/b$$

式中，a 和 b 分别是椭圆的长半轴和短半轴长度；ρ 是椭圆的曲率半径，在孔尖部为 $\rho = b^2/a$。显然，由于 $a>b$，椭圆孔的拉应力集中系数 $\alpha_\sigma > 3$，而且椭圆越扁（即 a/b 值越大），拉应力集中系数越大。如图 B-5 所示，当 $a = 3b$ 时椭圆孔的应力集中系数为 7。而且应力集中效应基本上局限于孔尖部处一个尺度为 ρ 的局部区域内。当 $b \ll a$ 时，椭圆趋向于一条裂缝，拉应力集中系数将非常大。此外，椭圆孔在板中的位置也会影响到拉应力集中系数。当椭圆孔的中心离板边的距离 d 减小时，拉应力集中系数增大。

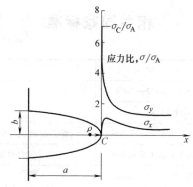

图 B-5 椭圆孔（$a = 3b$）处的应力集中效应

表 B-1 列出了椭圆孔拉应力集中系数示例。

表 B-1 椭圆孔拉应力集中系数示例

a/b	a/d						
	$0(d\to\infty)$	0.1	0.2	0.3	0.4	0.5	1.0
2.0	5.0	5.02	5.09	5.21	5.42	5.74	∞
4.0	9.0	9.03	9.12	9.30	9.60	10.02	∞

2. 集中力附近的应力

对于半无限体表面上受集中力作用时（图 B-6），受力点 A 附近的应力为

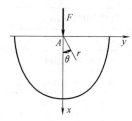

图 B-6 半无限体受集中力作用

$$\sigma_x = -\frac{2F}{\pi}\frac{\cos^3\theta}{r}$$

$$\sigma_y = -\frac{2F}{\pi}\frac{\sin^2\theta\cos\theta}{r}$$

$$\tau_{xy} = \frac{2F}{\pi}\frac{\sin\theta\cos^2\theta}{r}$$

上式表明，受力点附近的应力与 $1/r$ 成比例，即当 $r\to 0$ 时，σ_x、σ_y、$\tau_{xy}\to\infty$。

3. 裂纹尖端附近的应力

I 型裂纹尖端 A 附近（图 B-7）的应力为

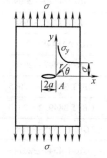

图 B-7 I 型裂纹尖端附近的应力

$$\sigma_x = \frac{K_I}{\sqrt{2\pi r}}\cos\frac{\theta}{2}\left(1-\sin\frac{\theta}{2}\sin\frac{3\theta}{2}\right)$$

$$\sigma_y = \frac{K_I}{\sqrt{2\pi r}}\cos\frac{\theta}{2}\left(1+\sin\frac{\theta}{2}\sin\frac{3\theta}{2}\right)$$

$$\tau_{xy} = \frac{K_I}{\sqrt{2\pi r}}\cos\frac{\theta}{2}\sin\frac{\theta}{2}\cos\frac{3\theta}{2}$$

式中，K_I 是 I 型裂纹的应力场强度因子，它是裂纹尖端应力强度的度量，与载荷的大小、构件与裂纹的尺寸与形状有关，对于无限大平板，$K_I = \sigma\sqrt{\pi a}$。上式表明，裂纹尖端附近的应力与 $1/\sqrt{r}$ 成比例，即当 $r\to 0$ 时，σ_x、σ_y、$\tau_{xy}\to\infty$。

附录C 相关国家标准

标 准 编 号	标 准 名 称
GB/T 10623—2008	金属材料 力学性能试验术语
GB/T 24182—2009	金属力学性能试验 出版标准中的符号及定义
GB/T 16825.1—2008	静力单轴试验机的检验 第1部分:拉力和(或)压力试验机测力系统的检验与校准
GB/T 16825.2—2005	静力单轴试验机的检验 第2部分:拉力蠕变试验机 施加力的检验
GB/T 13634—2008	单轴试验机检验用标准测力仪的校准
GB/T 25917—2010	轴向加力疲劳试验机动态力校准
GB/T 228.1—2010	金属材料 拉伸试验 第1部分:室温试验方法
GB/T 228.2—2015	金属材料 拉伸试验 第2部分:高温试验方法
GB/T 1040.1—2006	塑料 拉伸性能的测定 第1部分:总则
GB/T 528—2009	硫化橡胶或热塑性橡胶 拉伸应力应变性能的测定
GB/T 23805—2009	精细陶瓷室温拉伸强度试验方法
GB/T 7314—2005	金属材料 室温压缩试验方法
GB/T 7757—2009	硫化橡胶或热塑性橡胶 压缩应力应变性能的测定
GB/T 10128—2007	金属材料 室温扭转试验方法
GB/T 232—2010	金属材料 弯曲试验方法
YB/T 5349—2014	金属材料 弯曲力学性能试验方法
GB/T 6569—2006	精细陶瓷弯曲强度试验方法
GB/T 22315—2008	金属材料 弹性模量和泊松比试验方法
GB/T 13665—2007	金属阻尼材料阻尼本领试验方法 扭摆法和弯曲振动法
GB/T 33061.1—2016	塑料 动态力学性能的测定 第1部分:通则
GB/T 231—2009	金属材料 布氏硬度试验
GB/T 230—2009	金属材料 洛氏硬度试验(A、B、C、D、E、F、G、H、K、N、T标尺)
GB/T 4340—2009	金属材料 维氏硬度试验
GB/T 9790—1988	金属覆盖层及其他有关覆盖层维氏和努氏显微硬度试验
GB/T 18449—2009	金属材料 努氏硬度试验
GB/T 7997—2014	硬质合金 维氏硬度试验方法
GB/T 3849.1—2015	硬质合金 洛氏硬度试验(A标尺) 第1部分:试验方法
GB/T 3849.2—2010	硬质合金 洛氏硬度试验(A标尺) 第2部分:标准试块的制备和校准
GB/T 3398—2008	塑料 硬度测定
GB/T 4341—2014	金属材料 肖氏硬度试验
GB/T 17394—2014	金属材料 里氏硬度试验
GB/T 32660—2016	金属材料 维氏硬度试验
GB/T 21838—2008	金属材料 硬度和材料参数的仪器化压痕试验
GB/T 24523—2009	金属材料快速压痕(布氏)硬度试验方法

（续）

标 准 编 号	标 准 名 称
GB/T 33362—2016	金属材料 硬度值的换算
GB/T 3808—2002	摆锤式冲击试验机的检验
GB/T 229—2007	金属材料夏比摆锤冲击试验方法
GB/T 18658—2002	摆锤式冲击试验机检验用夏比 V 型缺口标准试样
GB/T 12778—2008	金属夏比冲击断口测定方法
GB/T 19748—2005	钢材 夏比 V 型缺口摆锤冲击试验 仪器化试验方法
GB/T 3075—2008	金属材料 疲劳试验 轴向力控制方法
GB/T 4337—2015	金属材料 疲劳试验 旋转弯曲方法
GB/T 12443—2007	金属材料 扭应力疲劳试验方法
GB/T 15248—2008	金属材料轴向等幅低循环疲劳试验方法
GB/T 24176—2009	金属材料 疲劳试验 数据统计方案与分析方法
GB/T 26077—2010	金属材料 疲劳试验 轴向应变控制方法
GB/T 1688—2008	硫化橡胶 伸张疲劳的测定
GB/T 6398—2000	金属材料疲劳裂纹扩展速率试验方法
GB/T 4161—2007	金属材料 平面应变断裂韧度 KIC 试验方法
GB/T 21143—2014	金属材料 准静态断裂韧度的统一试验方法
GB/T 7732—2008	金属材料 表面裂纹拉伸试样断裂韧度试验方法
GB/T 23806—2009	精细陶瓷断裂韧性试验方法 单边预裂纹梁（SEPB）法
GB/T 2039—2012	金属材料 单轴拉伸蠕变试验方法
GB/T 10120—2013	金属材料 拉伸应力松弛试验方法
GB/T 11546.1—2008	塑料 蠕变性能的测定 第1部分:拉伸蠕变
GB/T 9871—2008	硫化橡胶或热塑性橡胶老化性能的测定 拉伸应力松弛试验
GB/T 1685—2008	硫化橡胶或热塑性橡胶 在常温和高温下压缩应力松弛的测定
GB/T 15970.1—1995	金属和合金的腐蚀 应力腐蚀试验 第1部分:试验方法总则
GB/T 15970.9—2007	金属和合金的腐蚀 应力腐蚀试验 第9部分:渐增式载荷或渐增式位移下的预裂纹试样的制备和应用
GB/T 20120—2006	金属和合金的腐蚀 腐蚀疲劳试验
GB/T 3505—2009	产品几何技术规范(GPS) 表面结构 轮廓法 术语、定义及表面结构参数
GB/T 12444—2006	金属材料 磨损试验方法 试环-试块滑动磨损试验
GB/T 3960—2016	塑料 滑动摩擦磨损试验方法
GB/T 5478—2008	塑料 滚动磨损试验方法
GB/T 50081—2002	普通混凝土力学性能试验方法标准
GB/T 50123—1999	土工试验方法标准
GB/T 16414—2008	煤矿科技术语 岩石力学
GB/T 8170—2008	数值修约规则与极限数值的表示和判定

附录 D 相关专业术语及其符号

符号	单位	中英文名称	符号	单位	中英文名称
		力学性能　Mechanical Properties			力学试验　Mechanical Testing
		试样　Test Piece/Specimen			试验机　Tester
F	kN	载荷　Force	T	N·m	扭矩　Torque
F_m	kN	最大载荷　Maximum Force	T_m	N·m	最大扭矩　Maximum Torque
σ	MPa	应力　Stress 正应力　Normal Stress 真应力　True Stress	ε	—	应变　Strain 真应变　True Strain 轴向应变　Axial Strain
τ	MPa	切应力　Shear Stress	γ	—	切应变　Shear Strain
R	MPa	工程应力　Engineering Stress 名义应力　Nominal Stress	e	—	工程应变　Engineering Strain 名义应变　Nominal Strain 延伸率　Elongation 线应变　Longitudinal Strain
σ_m	MPa	平均应力　Mean Stress 静水压力　Hydrostatic Pressure	λ	—	拉伸比　Stretching Ratio 压缩比　Reduction Ratio
σ_0	MPa	初始应力　Initial Stress	ε_m	—	平均应变　Mean Strain
$u、v、w$	m	位移　Displacement	Δ	—	体应变　Bulk Strain
$x、y、z$	m	坐标位置　Coordinate Position	ε_t	—	横向应变　Transversal Strain
$L_0、L_1、L$	mm	长度　Length	$V_0、V_1$	mm^3	体积　Volume
$d_0、d_1、d$	mm	直径　Diameter	b	mm	宽度　Width
f	mm	挠度　Deflection	h	mm	高度　Height
φ	°	扭角　Torsional Angle	θ	°/m	单位长度扭角　Unit Torsional Angle
I_p	mm^4	极惯性矩　Polar Moment of Inertia	W_t	mm^3	抗扭截面系数 Section Modulus in Torsion
I	mm^4	惯性矩　Moment of Inertia	W	mm^3	抗弯截面系数 Section Modulus in Bending
L	mm	试样长度　Test Piece Length 标距　Gauge Length 跨距　Span	S	mm^2	横截面面积　Cross Sectional Area
L_o	mm	原始标距　Original Gauge Length	S_o	mm^2	原始横截面面积 Original Cross Sectional Area
L_u	mm	断后标距 Final Gauge Length After Fracture 引伸计标距 Extensometer Gauge Length	Z	%	截面收缩率 Percentage Reduction of Area
L_e	mm	扭转计标距 Troptometer Gauge Length 挠度计标距 Deflection Meter Gauge Length	A	%	伸长率　Percentage Elongation 延伸率　Percentage Extension
L_c	mm	平行长度　Parallel Length	L_D	mm	夹具间距　Distance Between Jigs
E	GPa	弹性模量　Modulus of Elasticity 杨氏模量　Young's modulus	G	GPa	剪切模量　Shear Modulus
ν	—	泊松比　Poisson Ratio	E_t	GPa	拉伸弹性模量 Tensile Modulus of Elasticity
E_c	GPa	压缩弹性模量 Compressive Modulus of Elasticity	E_b	GPa	弯曲弹性模量 Bending Modulus of Elasticity

（续）

符号	单位	中英文名称	符号	单位	中英文名称
E_{ch}	GPa	弦线模量　Chord Modulus	E_{tan}	GPa	切线模量　Tangent Modulus
λ	GPa	拉梅系数　Lame Coefficient	M	GPa	约束模量　Constraint Modulus
μ	GPa	剪切模量　Shear Modulus	K	GPa	体积模量　Bulk Modulus
E_ρ	MN·m·kg^{-1}	比刚度　Specific Stiffness	β	m/K m/℃	热膨胀系数　Thermal Expansivity
σ_p、R_{pm}	MPa	比例极限　Proportionality Limit	R_p	MPa	规定非比例延伸强度　Proof Strength, Non-Proportional Extension 规定塑性延伸强度 Proof Strength, Plastic Extension
σ_e、R_{em}	MPa	弹性极限　Elasticity Limit	R_r	MPa	规定残余延伸强度 Proof Strength, Permanent extension
σ_s	MPa	屈服强度　Yield Strength	R_t	MPa	规定总延伸强度 Proof Strength, Total Extension
σ_t、R_m	MPa	抗拉强度　Tensile Strength	R_{eH}	MPa	上屈服强度　Upper Yield Strength
σ_b	MPa	实际抗拉强度　True Tensile Strength	R_{eL}	MPa	下屈服强度　Lower Yield Strength
σ_f	MPa	实际拉伸断裂强度 True Tensile Fracture Strength	A_r	%	残余伸长率 Percentage Permanent Elongation
σ_B	MPa	名义拉伸断裂强度 Nominal Tensile Fracture Strength	A_e	%	屈服点延伸率 Percentage Yield Point Extension
A_u	%	断后伸长率 Percentage Elongation after Fracture	A_{gt}	%	最大力总延伸率　Percentage Total Extension at Maximum Force
Z_u	%	断面收缩率　Percentage Reduction of Area After Fracture	A_g	%	最大力塑性延伸率　Percentage Plastic Extension at Maximum Force
ε_f	—	断裂延性、断裂真应变 Fracture Strain	A_t	%	断裂总延伸率　Percentage Total Extension at Fracture
ε_b	—	形变强化容量 Working Hardening Capacity 极限应变　Ultimate Strain	n	—	形变强化指数 Working Hardening Exponent 应变硬化指数 Strain Hardening Exponent
ε_e	—	最大弹性应变 Maximum Elastic Strain	w_e	J/m^3	弹性比功　Elastic Strain Energy
E_p	GPa	线性强化模量 Modulus of Linear Strain-Hardening	U_t	MPa	静力韧度　Static Toughness 强塑积　Product of Strength and Elongation
σ_{pc}、R_{pc}	MPa	压缩比例极限 Compressive Proportionality Limit	R_{tc}	MPa	规定总压缩强度 Proof Strength, Total Compression
σ_{ec}、R_{ec}	MPa	压缩弹性极限 Compressive Elasticity Limit	R_{pc}	MPa	规定非比例压缩强度　Proof Strength, non-Proportional Compression
σ_{sc}	MPa	压缩屈服强度 Compressive Yield Strength	R_{eHc}	MPa	上压缩屈服强度 Upper Compressive Yield Strength
σ_c、R_{mc}	MPa	抗压强度　Compressive Strength	R_{eLc}	MPa	下压缩屈服强度 Lower Compressive Yield Strength
τ_{pm}	MPa	扭转比例极限 Torsional Proportionality Limit	τ_p	MPa	规定非比例扭转强度 Proof Strength, non-Proportional Torsion
τ_s	MPa	扭转屈服强度 Torsional Yield Strength	τ_{eH}	MPa	上扭转屈服强度 Upper Torsional Yield Strength
τ_m	MPa	抗扭强度　Torsional Strength	τ_{eL}	MPa	下扭转屈服强度　Lower Torsional Yield Strength
τ_k	MPa	真实抗扭强度 True Torsional Strength	γ_{max}	MPa	最大非比例切应变　Maximum Shear Strain, non-Proportional
σ_{bb}、R_{bb}	MPa	抗弯强度　Bending Strength	R_{pb}	MPa	规定塑性弯曲强度 Proof Strength, Plastic Bending

符号	单位	中英文名称	符号	单位	中英文名称
τ_b	MPa	抗剪强度　Shear Strength	f_{rb}	mm	规定塑性弯曲挠度 Proof Deflection, Plastic Bending
C	MPa	黏聚力　Cohesion	R_{rb}	MPa	规定残余弯曲强度 proof strength, Permanent Bending
φ	°	内摩擦角　Internal Friction Angle	f_{rb}	mm	规定残余弯曲挠度 Proof Deflection, Permanent Bending
σ_{et}	MPa	三轴抗压强度 Triaxial Compressive Strength	U	J/m³	弯曲断裂能　Bending Fracture Energy
HBW	—	布氏硬度　Brinell Hardness	HR	—	洛氏硬度　Rockwell Hardness
HV	—	维氏硬度　Vickers Hardness	HK	—	努氏硬度　Knoop Hardness
HS	—	肖氏硬度　Shore Hardness	HL	—	里氏硬度　Leeb Hardness
		压头　Indenter			压痕　Indentation
ω	Hz	振动频率　Vibration Frequency	A	—	振幅　Amplitude
G_1	GPa	储能模量　Storage Modulus	δ	°	损耗角　Loss Angle
G_2	GPa	损耗模量　Loss Modulus	$\tan\delta$	—	损耗因子　Loss Factor
f_r	Hz	共振频率　Resonance Frequence	ξ	—	阻尼比　Damping Fatio
G_d	GPa	动态剪切模量 Dynamic Shear Modulus	E_d	GPa	动态弹性模量 Dynamic Modulus of Elasticity 动态杨氏模量 Dynamic Young's Modulus
η	Pa·s	黏度　Viscosity	ρ	kg/m³	密度　Density
		阻尼力　Damping Capacity			内耗　Internal Friction
N_f	—	疲劳寿命　Fatigue Life, Endurance	$\Delta\sigma$	MPa	应力范围　Stress Range
σ_r、σ_{-1}	MPa	疲劳强度　Fatigue Strength	σ_a	MPa	应力幅　Stress Amplitude
σ_r、σ_{-1}	MPa	疲劳极限　Fatigue Limit	σ_m	MPa	平均应力　Mean Stress
N_t	—	转变疲劳寿命 Transition Fatigue Life	r	—	应力比　Stress Ratio
KU_2, KU_8 KV_2, KV_8	J	吸收能量　Absorbed Energy	α_K	J/cm²	冲击韧度　Impact Toughness
$\dot{\varepsilon}$	s⁻¹	应变率　Strain Rate	C_0	m/s	弹性波速　Elastic Wave Velocity
t	s	时间　Time	v	m/s	速度　Velocity
α_σ、α_τ	—	应力集中系数 Stress Concentration Factor	K	—	缺口敏感系数　Notch Sensitivity Ratio
q	—	应力集中敏感系数　Sensitivity Coefficient of Stress Concentration	NSR	—	缺口强度比　Notch Strength Ratio
K_I	MPa·m⁻¹ᐟ²	应力场强度因子 Stress Intensity Factor(SIF)	K_C、G_C、 J_C、δ_C		断裂韧度　Fracture Toughness
J_I	N/m	J 积分　J-Integral	K_{IC}	MPa·m⁻¹ᐟ²	平面应变断裂韧度 Plane-Strain Fracture Toughness
δ	mm	裂纹张开位移 Crack Opening Displacement(COD)	Y	—	裂纹形成因子　Crack Shape Factor
δ	mm	裂纹尖端张开位移 Crack Tip Opening Displacement(CTOD)	V	mm	裂纹嘴张开位移　Crack-Mouth Opening Displacement(CMOD)
da/dN	mm	疲劳裂纹扩展速率 Fatigue Crack Growth Rate	ΔK_{th}	MPa·m⁻¹ᐟ²	疲劳裂纹扩展门槛值 Fatigue Crack Growth Threshold
D	—	损伤变量　Damage Variable	E	MPa	损伤杨氏模量 Damage Young's Modulus
		弹性　Elasticity			塑性　Plasticity
		延性　Ductility			黏性　Viscidity
		韧性　Toughness			脆性　Brittlenes

参 考 文 献

[1] 郑修麟. 材料的力学性能 [M]. 2版. 西安：西北工业大学出版社，2000.

[2] 郑修麟. 工程材料的力学行为 [M]. 西安：西北工业大学出版社，2004.

[3] 束德林. 工程材料力学性能 [M]. 3版. 北京：机械工业出版社，2016.

[4] 王吉会，郑俊萍，刘家臣，等. 材料力学性能 [M]. 天津：天津大学出版社，2006.

[5] 时海芳，任鑫. 材料力学性能 [M]. 北京：北京大学出版社，2010.

[6] 莫淑华，于久灏，王佳杰. 工程材料力学性能 [M]. 北京：北京大学出版社，2013.

[7] 刘瑞堂，刘文博，刘锦云. 工程材料力学性能 [M]. 哈尔滨：哈尔滨工业大学出版社，2001.

[8] 高建明. 材料力学性能 [M]. 武汉：武汉理工大学出版社，2004.

[9] 王磊. 材料的力学性能 [M]. 沈阳：东北大学出版社，2007.

[10] 姜伟之，赵时熙，王春生，等. 工程材料的力学性能 [M]. 北京：北京航空航天大学出版社，2000.

[11] 那顺桑，李杰，艾立群. 金属材料力学性能 [M]. 北京：冶金工业出版社，2011.

[12] 孙茂才. 金属力学性能 [M]. 哈尔滨：哈尔滨工业大学出版社，2005.

[13] 匡震邦，顾海澄，李中华. 材料的力学行为 [M]. 北京：高等教育出版社，1998.

[14] 杨王玥，强文江. 材料力学行为 [M]. 北京：化学工业出版社，2009.

[15] 周益春，郑学军. 材料的宏微观力学性能 [M]. 北京：高等教育出版社，2009.

[16] Norman E. Dowling. 工程材料力学行为 [M]. 江树勇，张艳秋，译. 北京：机械工业出版社，2016.

[17] Thomas H. Courtney. 材料力学行为 [M]. 北京：机械工业出版社，2004.

[18] 刘春廷，马继. 材料力学性能 [M]. 北京：化学工业出版社，2009.

[19] 刘春廷，陈克正，马继. 工程材料力学行为 [M]. 北京：化学工业出版社，2015.

[20] 刘鸿文. 材料力学 [M]. 北京：高等教育出版社，1992.

[21] 盖秉政. 实验力学 [M]. 哈尔滨：哈尔滨工业大学出版社，2006.

[22] 计欣华，邓宗白，鲁阳，等. 工程实验力学 [M]. 北京：机械工业出版社，2005.

[23] 戴福隆，沈观林，谢惠民. 实验力学 [M]. 北京：清华大学出版社，2010.

[24] 范钦珊，王杏根，陈巨兵，等. 工程力学实验 [M]. 北京：高等教育出版社，2006.

[25] 王习术. 材料力学行为试验与分析 [M]. 北京：清华大学出版社，2010.

[26] 马德军. 材料力学性能仪器化压入测试原理 [M]. 北京：国防工业出版社，2010.

[27] 范镜泓. 材料变形与破坏的多尺度分析 [M]. 北京：科学出版社，2008.

[28] 章晓中. 电子显微分析 [M]. 北京：清华大学出版社，2006.

[29] 郭素枝. 电子显微镜技术与应用 [M]. 厦门：厦门大学出版社，2008.

[30] 秦飞，吴斌. 弹性与塑性理论基础 [M]. 北京：科学出版社，2011.

[31] 何平笙. 高聚物的力学性能 [M]. 合肥：中国科学技术大学出版社，2008.

[32] Brian Lawn. 脆性固体断裂力学 [M]. 龚江宏，译. 北京：高等教育出版社，2010.

[33] 杨卫. 宏微观断裂力学 [M]. 北京：国防工业出版社，1995.

[34] 庄茁，蒋持平. 工程断裂与损伤 [M]. 北京：机械工业出版社，2010.

[35] 哈宽富. 断裂物理基础 [M]. 北京：科学出版社，2000.

[36] 范天佑. 断裂理论基础 [M]. 北京：科学出版社，2003.

[37] Derek Hull. 断口形貌学 [M]. 李晓刚，等译. 北京：科学出版社，2009.

[38] 余寿文，冯西桥. 损伤力学 [M]. 北京：清华大学出版社，1997.

[39] 谢和平. 岩石混凝土损伤力学 [M]. 徐州：中国矿业大学出版社，1990.

[40] 李兆霞. 损伤力学及其应用 [M]. 北京：科学出版社，2002.

[41] 葛修润，任建喜，蒲毅彬，等. 岩土损伤力学宏细观试验研究 [M]. 北京：科学出版社，2004.

[42] 谢和平. 分形-岩石力学导论 [M]. 北京：科学出版社，1996.

[43] 刘伟东，屈华，刘秉余，等. 材料结构与力学性质 [M]. 北京：冶金工业出版社，2012.

[44] 吴刚. 材料结构表征及应用 [M]. 北京：化学工业出版社，2002.

[45] 李立碑，孙玉福. 金属材料物理性能手册 [M]. 北京：机械工业出版社，2011.

[46] 刘鸣放，刘胜新. 金属材料力学性能手册 [M]. 北京：机械工业出版社，2011.

[47] 黄新跃，胡本润，陈新文，等. 航空材料的力学行为 [M]. 北京：国防工业出版社，2012.

[48] 贾德昌，宋桂明. 无机非金属材料性能 [M]. 北京：科学出版社，2008.

[49] 陈平，唐传林. 高聚物的结构与性能 [M]. 北京：化学工业出版社，2005.

[50] Gottfried. W. Ehrenstein. 聚合物材料——结构·性能·应用 [M]. 张萍，赵树高，译. 北京：化学工业出版社，2007.

[51] 倪礼忠，陈麟. 聚合物基复合材料 [M]. 上海：华东理工大学出版社，2007.

[52] 沈观林，胡更开. 复合材料力学 [M]. 北京：清华大学出版社，2006.

[53] 黄争鸣. 复合材料细观力学引论 [M]. 北京：科学出版社，2004.

[54] 陈颙，黄庭芳. 岩石物理学 [M]. 北京：北京大学出版社，2001.

[55] J. A. Hudson, J. P. Harrison. 工程岩石力学（上卷：原理导论）[M]. 冯夏庭，等译. 北京：科学出版社，2009.

[56] 蔡美峰，何满潮，刘东燕. 岩石力学与工程 [M]. 北京：科学出版社，2002.

[57] 谢和平，陈忠辉. 岩石力学 [M]. 北京：科学出版社，2004.

[58] 杨永明，鞠杨，彭瑞东. 储层岩石细观结构表征与变形破坏行为 [M]. 北京：科学出版社，2016.

[59] 陈仲颐，周景星，王洪瑾. 土力学 [M]. 北京：清华大学出版社，1994.

[60] A. M. Neville. 混凝土的性能 [M]. 刘数华，等译. 北京：中国建筑工业出版社，2011.

[61] P. Kumar Mehta, Paulo J. M. Monteiro. 混凝土微观结构、性能和材料 [M]. 覃维祖，等译. 北京：中国电力出版社，2008.